Kleinschiffbau

Schiff, Maschine, Propeller, Gewichte und Montagedaten

Von

Dr.-Ing. Ewald Sachsenberg
Privatdozent an der Technischen Hochschule Berlin

Erster Teil

Mit 166 Textabbildungen

Springer-Verlag Berlin Heidelberg GmbH
1920

Ursprünglich erschienen bei Julius Springer in Berlin 1920

ISBN 978-3-662-34862-8 ISBN 978-3-662-35192-5 (eBook)
DOI 10.1007/978-3-662-35192-5

Dem Andenken
des erfolgreichen Konstrukteurs im Kleinschiffbau,
meines verehrten Lehrers, des verstorbenen

Oberingenieurs Ernst Dietze
in Roßlau a. d. E.

gewidmet
vom Verfasser.

Vorwort.

In der gesamten Literatur ist der Bau kleinerer Schiffe und deren Maschinenanlagen bisher nur selten eingehender besprochen worden. Ich habe mit solchen Schiffen lange Jahre zu tun gehabt, und hielt es daher für angebracht, auch einmal diesen Zweig des Schiffbaues eingehender durchzuarbeiten und Unterlagen für die Weiterarbeit auf diesem schwierigen und vom Wege abliegenden Gebiet zu geben. Ich bin dabei von dem Gesichtspunkte ausgegangen, daß dem Leser nicht nur fertige Konstruktionen in die Hand gegeben werden sollen, sondern auch die Gründe für die einzelnen Anordnungen besprochen werden. Ferner sollen auch da, wo genügend Unterlagen vorhanden sind, Erfahrungen für den Werkstattbeamten und für den Probefahrtingenieur mitgeteilt werden. Da gewisse Verhältnisse im Flußschiffbau bei den verschiedensten Bauarten die gleichen sind, wie z. B. die Beobachtung der Schleppwiderstände, manche Konstruktionsrücksichten und ähnliches, sind diese Punkte bei dem ersten, eigenartigsten Typ einmal durchgesprochen. Bei den späteren Beschreibungen wird dann hierauf immer wieder verwiesen. Es wird dadurch notwendig, daß der Leser die Abhandlung über das Radschiff eingehend durchliest, bevor er die späteren Kapitel vornimmt. Da das Buch mit den Zeichnungen bei einer Besprechung des gesamten Kleinschiffbaues zu umfangreich würde, enthält die Abhandlung im vorliegenden 1. Teil nur den Raddampfer, Schraubendampfer und den Kahn, soweit dieser auf Binnengewässern verkehrt, ferner den Flußfrachtdampfer, Rheinseedampfer, Prähme, Hafen- und Seeschlepper und Fischdampfer. Der 2., noch in Vorbereitung befindliche Teil soll dann sämtliche Marine-Hilfsfahrzeuge inkl. der Beiboote, Wasserfahrzeuge u. a., dann Feuerschiffe, Tjalken. Bäderdampfer, Bereisungsdampfer und noch ähnliche kleine Fahrzeuge behandeln.

Ich möchte an dieser Stelle nicht versäumen, noch all den Firmen, die mich durch Hergabe wichtigen und eingehenden Materials in so liebenswürdiger Weise unterstützt haben, und allen meinen Freunden am Rhein, die mir noch reichliches Material gesammelt haben, sowie Herrn Dr.-Ing. Schaffran, der die Bearbeitung des Abschnittes „Schraube“ übernommen hat, meinen herzlichsten Dank auszusprechen. Zu besonderem Danke fühle ich mich Herrn L. Wirsing, Oberingenieur der Ver. Elbschiffahrts-Gesellschaften A.-G., Dresden, verpflichtet, der außer der Lieferung seines reichen Materials noch eine eingehende Durchsicht des Textes vorgenommen hat.

Berlin, im Juni 1920.

Der Verfasser.

Inhaltsverzeichnis.

Allgemeines.

Der gesamte Kleinschiffbau, der in dem vorliegenden Buche behandelt werden soll, umfaßt eine große Zahl verschiedenartigster Gebiete. Es kommt hier zunächst in Frage der ganze Binnenverkehr mit seinen verschiedenen Dampfern und Kähnen, dann der Küstenverkehr, Wattverkehr, Fischer-, Lotsen- und Schlepperdienst auf See. Schließlich gehört auch der Verkehr auf den überseeischen Strömen und Küstengewässern zu dem hier besprochenen Gebiet.

Festigkeit. In konstruktiver Hinsicht liegen uns verschiedene Aufgaben vor. Diese unterscheiden sich einmal in den Anforderungen, die an das Material selbst gestellt werden und dann in den vorhandenen Unterlagen. Die Flußschiffe werden heute noch von fast jeder Werft eigens durchkonstruiert, und weisen nicht nur in ihren äußeren Formen, Verhältnissen und Leistungen, sondern auch in ihren Festigkeitseigenschaften grundverschiedene Typen auf. Bei den Seeschiffen ist das ganz anders. Wenn sich auch die einzelnen Formen stärker voneinander unterscheiden, so sind doch die Festigkeitseigenschaften der verschiedenen Klassen durch die vom Germanischen Lloyd festgelegten Erfahrungstabellen überall annähernd die gleichen. Daß diese Erfahrungstabellen in sehr vielen Punkten noch verbesserungsfähig sind und dauernd verbesserungsfähig bleiben werden, ist nicht zu bestreiten. Trotz allem wird durch sie die Konstruktion der Schiffe und auch der wichtigen Maschinenteile derart vereinfacht und gegen Fehler gesichert, daß eine Aufstellung ähnlicher Tabellen auch für die Flußschiffe im Interesse der Ökonomie der konstruktiven Arbeit, sowie der Sicherheit der Schiffe selbst, dringend erwünscht wäre. Die Zugrundelegung der Tabellen des Germanischen Lloyd mit den zugelassenen Abzügen für Flußschiffe ist heute leider nicht recht angängig. Die auf den Seeschiffbau zugeschnittenen Verhältnisse ergeben trotz aller Schwächungen für Flußschiffe im allgemeinen viel zu schwere Schiffskörper und lassen doch, bei den andersartigen Beanspruchungen Schwächen in den Flußschiffen, die nicht zugelassen werden dürfen. Die Aufstellung neuartiger und von den Seeschiffstabellen vollkommen unabhängiger Zahlenreihen, welche beim Flußschiffbau zugrunde gelegt werden könnten, würde ein dankbares Gebiet sein, und einen großen volkswirtschaftlichen Nutzen darstellen. Das Seeschiff ist dauernden hohen Biegungsbeanspruchungen über den ganzen Schiffskörper ausgesetzt, da bei Seegang die Schwimmlinie des Schiffes keine gerade ist wie beim Flußschiff, sondern große Höhendifferenzen aufweist. Das Seeschiff liegt gleichsam wie eine Brücke oft an beiden Enden auf und schwebt in der Mitte frei, oder es liegt wie eine Drehbrücke in der Mitte auf dem Wellenberg und hängt an den Enden frei. Beiden Konstruktionsbedingungen muß das Seeschiff mit und ohne Ladung ohne Gefährdung genügen können. Das Flußschiff hat hiergegen in seiner Längsfestigkeit viel günstigere Beanspruchungen. Da es aber im allgemeinen stärkere Maschinenanlagen, und zwar an einer Stelle konzentriert, hat, so müssen seine lokalen Verbände über kurze Strecken stärker sein. Auch sind, besonders auf wenig regulierten Flüssen, die Bodenverletzungen bei Flußschiffen viel häufiger; es muß daher die örtliche Versteifung des Schiffsbodens, wenn auch keine stärkere, aber eine engere sein wie beim Seeschiff.

Die häufigen Bodenverletzungen der Flußschiffe hängen mit der Eigenart der benutzten Wasserstraßen zusammen. Das Flußschiff muß einen Tiefgang haben, der so gering ist wie irgend möglich. Jeder Zentimeter, welcher im Tiefgang gespart wird, kann hier von Wert sein. Beim Seeschiff dagegen ist ein etwas größerer Tiefgang nur in seltensten Fällen von besonderem Nachteil.

Steuerbarkeit. Es ist hier auf die rein konstruktiven Unterschiede zwischen Flußschiffen und Seeschiffen hingewiesen, soweit sich diese auf die Festigkeit der Schiffe beziehen. Betrachten wir nun die verschiedenen Anforderungen, die an ein Flußschiff und an ein Seeschiff gestellt werden. Ersteres hat sich auf einem schmalen Wasserwege zu halten und muß allen Windungen des Flußlaufes oder Kanals mit Sicherheit folgen können. Man verlangt daher von Flußschiffen in erster Linie eine große Steuerfähigkeit. Diese wird auch dadurch bedingt, daß bei dem fortdauernden Begegnen mit anderen Schiffen und dem häufigen Anlaufen enger Hafenmündungen, womöglich noch bei Seitenströmungen, ein ständiges Ausweichen notwendig wird. Das Seeschiff hat große und im Verhältnis zum Flußschiff sehr breite Wasserstraßen zu seiner Verfügung. Die Steuerfähigkeit kann daher eine viel geringere sein. Sie ließe sich auch nicht so weit steigern, wie dies beim Flußschiff geschieht, weil eine zu große Steuerfläche auf See einfach wegschlagen würde.

Verwendungsbedingungen für Schlepper und Frachtschiffe. Wenden wir uns nun zunächst der Betrachtung der Flußschiffe im allgemeinen zu. Auf unseren Binnenwasserstraßen werden so gut wie auf See, neben geringeren Mengen von Stückgütern, in der Hauptsache Massengüter transportiert. Es hat sich nicht als vorteilhaft erwiesen, diese Massengüter in die Dampfer selbst zu verstauen. Die häufigen und langen Lösch- und Ladezeiten und die kurzen Transportwege, dabei das Erfordernis verhältnismäßig großer Schiffskörper bei geringem Tiefgang, würden einen solchen Transport wirtschaftlich unvorteilhaft gestalten. Man hat daher die Lösung gefunden, die Massengüter in Schiffsgefäße ohne jeden Eigenfortbewegungsmechanismus zu verladen und diese Schiffsgefäße, die sogenannten Schleppkähne, in großer Zahl an ein Schiff mit besonders starkem Fortbewegungsmechanismus, den Schleppdampfer, anzuhängen, und an das Ziel bringen zu lassen. Man spart so für den Dampfer mit seinem großen Mannschaftsbestand die langen unnützen Liegezeiten, da er sofort nach Abgabe seines Schleppzuges einen neuen aufnehmen und nach anderen Zielen verschleppen kann. In gleicher Weise verfährt ja auch die Eisenbahn, die eine Zugkraft in der Lokomotive konzentriert und eine große Zahl von Wagen ohne eigene Fortbewegungskraft anhängt. Auch beim Lastauto hat sich wenigstens ein Anhänger häufig bewährt. Dieses Prinzip wird für den Güterverkehr auf Binnenwasserstraßen überall verfolgt, mit der geringen Ausnahme derjenigen Güter, die, wegen der Dringlichkeit ihres Transportes, höhere Frachten vertragen, und dadurch Verladung in besondere Eilgüterdampfer ermöglichen. Die Art des Schleppens ist im ganzen Binnenverkehr überall die gleiche, wenn auch die Schlepper selbst, wie auch die Kähne, von ganz verschiedener Bauart und Größe, je nach den äußeren Verhältnissen sein müssen. Auf die einzelnen Unterschiede in der Bauart wird später noch zurückzukommen sein. Es können hier zunächst nur die sofort ins Auge fallenden hauptsächlichen Abweichungen erörtert werden. Der Schlepper wird teils als Seitenrad-, Heckrad- oder Schraubenschlepper ausgeführt. Es hängt dies mit den Erfordernissen der zu befahrenden Stromstrecken zusammen. Breite, jedoch flache Flußläufe oder solche mit stark wechselndem Wasserstand lassen sich am besten mit dem Seitenradschlepper befahren. Wenn dieser auch in Anschaffung und Betrieb wesentlich teurer ist als der Schraubenschlepper, so ist er doch unter derartigen Verhältnissen rationeller als letzterer. Er ist auch bei niedrigstem Wasser an den flachsten Stellen im allgemeinen noch mit hohem

Wirkungsgrad zu benutzen, auch auf solchen Strecken, in denen für die Schrauben die nötige Wassertiefe fehlt, um stärkere Maschinen ausnutzen zu können. Für eine normale Schlepperschraube ist ein Durchmesser unter 1,80 m nicht vorteilhaft. Es ergibt sich hieraus ein Tiefgang des Schleppers von wenigstens 2 m und eine Mindesttiefe der Fahrstraße von 2,30 m. Wo diese nicht vorhanden, muß man, wenn größere Leistungen verlangt werden, zum Radschlepper übergehen. Man ist aber hier nicht an den Seitenradschlepper allein gebunden. Wenn die Fahrstraßen sehr eng sind, würde man mit diesen breiten Schiffen große Schwierigkeiten haben oder überhaupt nicht mehr fahren können, zumal wenn Schleusen mit geringer Breite im Wege liegen. Man hat sich hier geholfen, indem man die Räder nicht mehr neben das Schiff, sondern hinter den Schiffskörper legte, und ist dadurch auf die Konstruktion der sogenannten Heckraddampfer gekommen. Diese Schiffsart ist überall in engen und flachen Fahrwassern, auch auf unregulierten Flüssen, gut geeignet. Der Wirkungsgrad ist aber etwas schlechter wie der des Seitenraddampfers. Aus diesem Grunde wird man, solange es möglich ist, an der Seitenlage der Räder festhalten.

Wo das Fahrwasser schmal und tief oder breit und tief ist, wo sich besonders unangenehme flache Stellen und Furten nicht befinden und nicht bilden, wo auch der Wasserstand einigermaßen gleichmäßig ist, wird in allen Fällen der Schraubendampfer vorzuziehen sein. Er kann bei geringeren Kräften die Form des Einschraubenschleppers, bei größeren die des Doppelschraubenschleppers annehmen. Ebenso ist diese Dampferart in Häfen sehr geeignet, da hier dieselben Bedingungen vorliegen und ein kurzes Schiff mit besonders großer Wendigkeit verlangt wird. Für den Schleppverkehr bei großen Kräften die Schraube so hoch zu legen, daß sie über den Wasserspiegel schlägt und in einen Tunnel des Schiffes verlegt werden muß, damit sie das Wasser über dem normalen Niveau festhalten kann, ist nicht zu empfehlen. Auf die Konstruktion dieser Schiffe wird noch später einzugehen sein. Es mag hier nur erwähnt werden, daß sie bei tiefem Wasser gewöhnlich noch brauchbare Wirkungsgrade zeigen. Bei flachem Wasser, wofür diese Schiffe gebaut sind, sinkt der Wirkungsgrad sehr schnell.

Verwendungsbedingungen für Personenschiffe. Auch für den Personenverkehr liegen ähnliche Verhältnisse vor. Bei Flüssen mit stark wechselndem Wasserstande ist man auch hier meist auf Raddampfer angewiesen. Da es bei dieser Art des Verkehrs nicht nur auf sicheres Fahren, sondern auch auf Innehaltung der Fahrzeiten ankommt, spielt hier der Tiefgang der Dampfer meist eine ganz besondere Rolle. Wenn zu wenig Wasser zwischen Schiffsboden und dem Grund vorhanden ist, saugt sich das Schiff leicht fest und kommt nicht mehr vorwärts. Diese Erscheinung tritt bei Schleppern mit langsamem Fortgang weniger auffällig hervor, fällt aber bei Personendampfern, wo die Geschwindigkeiten hoch werden, so stark ins Gewicht, daß zeitweise der ganze Fahrplan in Frage gestellt werden kann. Es kommt hier also darauf an, die Dampfer mit so geringem Tiefgang zu bauen, daß selbst niedrige Wasserstände ein Festsaugen nur in geringem Maße hervorrufen. Die Konstruktion der Personendampfer, soweit sie diesen Bedingungen entsprechen müssen, ist noch dadurch erschwert, daß möglichst große Deckfläche verlangt wird. Die Dampfer haben vielfach zwei übereinanderliegende Decks, einzelne schon den Ansatz eines dritten Decks. Im Auslande, zumal in Amerika, sind drei oder vier Decks bereits vollkommen durchgebildet, was bei uns die niedrigen Brücken meist verbieten werden. Die höheren Decks können aber eben aus Gewichtsgründen nicht so fest mit dem Schiffskörper verbunden werden, daß sie zur Verstärkung der Längsfestigkeit beitragen. Sie erhöhen daher fast nur das Eigengewicht des Schiffes, weswegen der ganze Schiffskörper zum Ausgleich dieses Gewichts besonders leicht gehalten werden muß, wenn ein geringer Tiefgang erzielt werden soll. Für den Personenverkehr hat der Raddampfer noch die Vorteile, daß er sehr große Deckflächen gestattet, zumal dann, wenn es möglich ist, die Decks an die Radkasten heranzuziehen, so daß außerhalb des eigentlichen Schiffskörpers noch nutzbare Deckfläche geschaffen werden kann. Bei den höheren Decks ist diese Maßnahme meist nicht möglich oder unpraktisch, weil dann die Stabilität des Schiffes leiden würde. Besonders beim Aussteigen drängt sich das ganze Publikum auf die überhängenden Decks und die Schiffe bekommen dann eine große Schräglage.

Ein Nachteil der Raddampfer für den Personenverkehr liegt besonders darin, daß sie sehr schwer anlegen können. Bei Wind bietet ihre große Oberwasserfläche einen guten Angriffspunkt, so daß die Schiffe entweder von der Brücke abhalten oder gegen diese mit Kraft geworfen werden, was häufig zur Zertrümmerung der Radkästen führt. Erschwert wird diese Erscheinung noch dadurch, daß die durch ihren geringen Tiefgang erzeugte kleine Unterwasserfläche keinen Widerstand bietet, so daß die Schiffe vom Wind wie eine leichte Blase auf dem Wasser hin und her geweht werden.

Diese Nachteile weist der Schraubenschlepper nicht auf. Er hat großen Tiefgang, geringe Angriffsflächen für den Wind und kann, namentlich wenn er als Doppelschrauber gebaut wird, auch in den schwierigsten Einfahrten leicht anlegen. Er wird sich als Personendampfer also überall da eignen, wo die nötigen Tiefen vorhanden sind, wo ein häufiges Landen notwendig ist und wo es sich mehr um lokalen Verkehr handelt. Da der Schraubendampfer die großen Decksflächen der Raddampfer im Binnenverkehr meist nicht hat, ist er für die Passagiere unbequemer, so daß hier der Raddampfer bevorzugt wird. Im Seeverkehr, wo auch die Schraubenschiffe bis zu den größten Tiefgängen gebaut werden, die in der Binnenschiffahrt längst nicht mehr denkbar sind, kommen diese Erwägungen natürlich nicht zur Wirkung.

Verwendungsbedingungen für Eilfrachtdampfer. Neben den Schleppern und den Personendampfern verkehren noch die Gütertransportdampfer auf unseren deutschen Binnenwasserstraßen. Diese Schiffe dienen, wie die Schlepper, dem Güterverkehr, doch in der Form, daß sie ihr Transportgut, meist Stückgüter, selbst an Bord nehmen. Es handelt sich da nur um Güter, die hohe Transportkosten vertragen und bei denen eine gewisse Geschwindigkeit des Transports verlangt werden muß. Teilweise werden auch die einfacheren Personendampfer, welche als Radschiffe gebaut sind, für den Güterverkehr mit benutzt. In diesem Falle handelt es sich um die besonders eiligen Güter und entsprechen die Linien dem Eilgutverkehr der Bahn. Die Dampfer haben vielfach keine besondere Ausrüstung, nur sind die Decks etwas verstärkt und die Ladevorrichtungen verbessert. Letzteres geschieht meist nur in der Form, daß ein Dampfdrehkran auf dem Deck aufgestellt ist. Diesen Schiffen fehlt oft auf dem Vorderschiff, wo die Güter übernommen werden, das Oberdeck, so daß ein leichter Überschlag möglich ist. Von dort aus wird die Ladung auch nach dem Hinterschiff verkarrt. Die eigentlichen Güterdampfer, die keinen Personenverkehr mit übernehmen, sind als schlanke Schraubendampfer mit im Hinterschiff liegender Maschine und Kessel gebaut. Sie übernehmen mit ein oder zwei Mastenwinden die Ladung in gedeckte Laderäume, welche über das ganze Schiff verteilt sind. Die Schiffe fuhren früher meist Tag und Nacht durch oder versuchten, wenigstens abends noch einen Hafen zu erreichen, wo sie nachts löschen konnten. Heute führen sie doppeltes Personal, wo die schnelle Beförderung eingehalten werden soll.

Allgemeines über Überseedampfer. Auch die leichten Dampfer für Übersee sollen später hier noch besprochen werden. Man sieht diese Schiffe häufig auf einzelnen unserer Werften, jedoch sehr selten bei Probefahrten auf unseren Flüssen. Diese Schiffe werden meist als Heckraddampfer, manchmal als kleine Schraubendampfer gebaut. Der endgültige Zusammenbau erfolgt an Ort und Stelle. In Deutschland werden bei ganz kleinen Schiffen nur die einzelnen Abteilungen zusammengebaut und genietet. Bei etwas größeren und großen Schiffen findet nur ein Zusammenpassen und Zusammenschlagen auf den Werften statt, und die möglichst gut gezeichneten Platten, Winkel und anderen Schiffsteile werden dann einzeln verpackt, um an der Gebrauchsstelle endgültig zusammengenietet zu werden. Die Schraubendampfer dieser Art zeigen im äußeren Ansehen keinen besonderen Unterschied von unseren gewöhnlichen kleinen Motorbooten oder Bereisungsbooten. Die Heckraddampfer jedoch sind meist vollständig brückenartig durchkonstruiert. Da diese Schiffe besonders leicht sein müssen, in ihrer Höhe aber selten durch Brücken, Kräne usw. behindert werden, baut man aus Draht oder Stangen konstruierte Spannwerke, wie sie später noch beschrieben werden sollen, über die Dampfer, um sie vor Durchbiegen und Durchbrechen zu schützen. Diese Spannwerke werden dann zum Tragen der Sonnensegel, manchmal auch noch zum Tragen eines zweiten Decks benutzt.

Allgemeines über Kähne. Unter den Kähnen finden wir auf unseren Binnenwasserstraßen drei verschiedene Bauarten. Zunächst begegnen wir, allerdings meist im Osten, häufig ganz aus Holz gebauten Kähnen. Diese haben den Vorteil billiger Herstellung, geringer Verletzbarkeit und bei kleinen Verletzungen meist billiger Reparaturmöglichkeit. Ihre Formen sind nicht praktisch und ihr Schleppwiderstand ist unverhältnismäßig hoch. Wegen der geringen Wärmeleitungsfähigkeit des Holzes sind sie angenehm bewohnbar, weil Winterkälte und Sommerhitze nicht so auf die Innenräume einwirken können. Aus demselben Grunde schonen sie gewisse Güter, besonders frisches Obst u. dgl., beim Transport mehr als eiserne Kähne. Sie werden nur in kleineren und mittleren Größen ausgeführt und sind durch die Eisenschiffe mehr und mehr verdrängt.

Die eisernen Kähne führen sich überall mehr ein und sind auf den westlichen Wasserstraßen fast allein vorherrschend. Sie lassen sich bis zu den größten gewünschten Abmessungen ohne Schwierigkeiten herstellen, sind gut und leicht in Abteilungen unterteilbar und haben als einzige hölzerne Bestandteile nur eine hölzerne Strau, bis zur halben Höhe eine hölzerne Seitenwegerung und hölzerne Lukendeckel. Auch letztere werden vielfach schon durch Wellblechdeckel verdrängt. Auf Flüssen, die noch wenig reguliert sind und bei denen vielfach einzelne Findlinge oder eingeschwemmte Baumstämme aus dem Grund hervorstehen, haben diese Schiffe insofern Bedenken, als ihr Boden leicht verletzlich ist. Da hierbei nicht nur der Kahn allein, sondern seine gesamte Ladung mit gefährdet ist, hat sich in solchen Strecken ein Zwischending zwischen Eisen- und Holzkahn, ein Eisenkahn mit Holzboden, herausgebildet. Ein solcher Kahn ist gegen Havarien wesentlich unempfänglicher als der reine Eisenkahn und steht auch im Gewicht etwas günstiger, weil Fußbodenstrau und Bodenwrangen gespart werden. Er hat aber den großen Nachteil des Holzkahns, da er sich schwer schleppt. Besonders wenn der Boden sich mit der Zeit bürstenartig ausfranst, wächst sein Widerstand im Verhältnis zu dem des Eisenkahns ganz enorm.

Die einzelnen Bauarten dieser Kähne und ihre Konstruktionen, sowohl für Kanal wie für Fluß, werden später besprochen werden. Es erübrigt sich nur noch, einige Sondereigenschaften der kleinen Seeschiffe und Küstenschiffe zu geben, welche im folgenden mit behandelt werden sollen.

Sondereigenschaften kleiner See- und Küstenschiffe. Der Raddampfer kommt auch heute als modernes Schiff im engeren Küstenverkehr, so z. B. im Verkehr mit unseren Nordseeinseln noch vor. Der Vorteil des geringen Tiefgangs fällt hier weniger ins Gewicht, kann aber hier und dort, besonders bei Wattfahrt, noch mit ausgenutzt werden. Die große Deckfläche und vor allen Dingen seine günstigen und ruhigen Bewegungen im Seegang machen ihn beliebt. Das Bedenken, das gegen ihn ins Feld zu führen ist, bleibt vor allen Dingen die leichte Verletzlichkeit seiner Räder bei schwerer See.

In allen anderen Fällen, sowohl für den Personenverkehr über große Strecken, für den Handelsverkehr, sowohl zwischen Seehäfen unter sich, wie auch zwischen Flußhäfen und Seehäfen, für den Fischfang, für den Hafenschleppverkehr und für Marinezwecke hat heute der Schraubendampfer den Raddampfer vollkommen verdrängt.

Diejenigen Seedampfer für Personenverkehr, die hier noch behandelt werden sollen, laufen nur an der Küste im Watt oder in tiefen Buchten, wie z. B. in der Kieler Förde. Es sind meist praktische, nicht mit großer Bequemlichkeit ausgerüstete Schiffe, die für den Lokalverkehr vollkommen genügen und häufig mit besonders günstiger Schotteinteilung gebaut sind, so daß sie annähernd als unsinkbar gelten können. Bei dem regen Verkehr in ihren Fahrstraßen sind auch besondere Maßnahmen für den Schutz der Passagiere notwendig, zumal die Schiffe im Sonntagsverkehr oft stark überladen sind. Für die Mitnahme von Fracht haben diese Schiffe meist sehr unvollkommene oder gar keine Einrichtungen, weil das Frachtgeschäft Nebensache bleibt, oder die Güter von den Personen mitgenommen werden.

Sondereigenschaften der Rheinseeschiffe. Von den Schiffen für Handelsverkehr sollen nur die kleinen Küstenfrachtschiffe besprochen werden und besonders diejenigen Schiffe, welche den Verkehr zwischen einem Hafen im Innern des Landes und Häfen fremder Küste vermitteln. Es wird hierbei besonders an den hoch entwickelten Rheinseeverkehr zwischen Köln—Rotterdam und England oder den Ostseehäfen gedacht. Diese Schiffe sind so gebaut, daß sie den Anforderungen des Flußverkehrs noch recht gut entsprechen, bei mittlerem Wasser auch noch mit gewinnbringender Ladung den Fluß weit aufwärts fahren können und dabei doch in ihren See-Eigenschaften nichts einbüßen. Ihre Maschinen liegen mittschiffs, weil auch bei leerem Schiffe wegen der geringen zur Verfügung stehenden Wassertiefe auf dem Fluß ungünstige Trimmlagen vermieden werden müssen. Im übrigen unterscheiden sie sich von kleinen Seedampfern nur noch durch die Größe des Ruders, das für den Flußverkehr etwas kräftiger gewählt werden muß und in einzelnen Fällen durch die Anordnung ihrer Ladevorrichtungen, die für diesen eingerichtet sein müssen.

Sondereigenschaften der Fischdampfer. Einen gewaltigen Aufschwung hat der Bau von Kleinschiffen im letzten Jahrzehnt für den Fischfang genommen. Man kommt immer mehr von den kleinen Ewern und Booten beim Fischfang ab und geht zum Bau kleiner Dampfer über, welche den Fang nicht nur direkt an den Küsten, sondern auf hoher See, teilweise selbst bis nach Island hin, ausdehnen können. Da die Schiffe mit Schleppnetz arbeiten, und auch bei schwerem Wetter draußen sind, dabei aber nur eine geringe Größe haben, verlangen sie besonders gute See-Eigenschaften. Trotzdem gehen alljährlich viele dieser Dampfer verloren. Der Grund hierfür liegt darin, daß sie bei aufkommendem Sturm ihre Netze noch einholen wollen, anstatt die Taue zu kappen, und dann vor den Netzen kentern. Die Dampfer haben eine Menge interessanter Einrichtungen, sowohl was ihre Winden, ihre Lagerräume für Fische, als auch ihre Fangeinrichtungen betrifft.

Sondereigenschaften der Hafen- und Seeschlepper. Auch die Hafen- und Seeschlepper gehören noch in das Gebiet des Kleinschiffbaus. Gebaut sind diese meist als kleine niedrige, aber sehr seefähige Schiffe, mit besonders hoher Stabilität, damit sie nicht umschlagen, wenn sie beim Schleppen einmal quer zur Schlepprichtung geraten. Ihre Schleppvorrichtungen, die an sehr kräftigem Bügel eingebaut sind, haben den Konstrukteuren schon viel zu schaffen gemacht, da sie festhalten und doch jederzeit, auch bei gespanntem Tau, zu lösen sein müssen. Auf die einzelnen Unterschiede zwischen reinen Hafen- und reinen Seeschleppern wird später eingegangen werden.

Der Seitenraddampfer.

Das Schiff.

Hauptabmessungen. Nach dieser Darstellung der besonderen bezeichnenden Eigenheiten der einzeln zu besprechenden Schiffstypen soll nun auf die Konstruktionseinzelheiten der Schiffe sowie der Maschinenanlagen näher eingegangen werden.

Als stärkstes und wichtigstes Fahrzeug auf unseren Flüssen kommt der Seitenraddampfer in Betracht. Zu unterscheiden ist hier zwischen Radschleppern sowie Radpersonendampfern.

Die vorkommenden Größen bei Schleppern und Personendampfern zeigt nachstehende Tabelle:

Radschlepper					Radpersonendampfer				
Längenmaße zwischen den Perpendikel in/m L	Breite über Schiffskörper B_1	Breite über Radkästen B_2	Seitenhöhe H	Tiefgang fahrbereit T	Längenmaße zwischen den Perpendikel L	Breite über Schiffskörper B_1	Breite über Radkästen B_2	Seitenhöhe H	Tiefgang fahrbereit T
73,2	8,8	19,4	3,35	1,4	83	9,5	16,5	2,9	1,20
72	9,1	19,9	2,9	1,02	73	8,25	15	2,8	0,97
61	7,0	17,2	2,4	1,00	37,2	4,5	8,2	2,18	0,72
25	3,1	5,8	1,2	0,4	15	3	4,9	1,9	0,50

	Radschlepper	Radpersonendampfer
B_1/L	etwa 1/8,0 bis 1/7,8	etwa 1/8,8 bis 1/5
Völligkeitsgrad des Schiffskörpers (δ)	„ 0,77 „ 0,84	„ 0,65 „ 0,70
Völligkeitsgrad des Hauptspants (β)	„ 0,95 „ 0,99	„ 0,92 „ 0,94
Völligkeitsgrad der C. W. L. (α)	„ 0.8 „ 0,9	„ 0,7 „ 0,76
Kimmradius in m/m	„ 200 „ 300	„ 300 „ 500

Die größten Ausmaße kommen hierbei für die Schlepper auf dem Rhein, die kleineren im allgemeinen auf Elbe, Oder und Weser in Betracht. Bei den Personendampfern sind die größten die sogenannten Schnelldampfer für den Rheinverkehr, die mittleren diejenigen für den normalen Personenverkehr auf Rhein und Elbe sowie für den gemischten Verkehr von Personen und Frachtgütern von Holland nach dem Oberrhein, und die kleinen sind in der Hauptsache Bereisungsdampfer.

Bei den angegebenen Völligkeitsgraden (δ) kommt es für Schlepper auf einige Prozente nicht an, da bei den geringen Geschwindigkeiten der Schiffe ihr Formwiderstand bei etwas völligerem Bau nicht so stark zunimmt, daß er wesentlich ins Gewicht fiele. Man geht hier mehr von praktischen Erwägungen des Auftriebs sowie der Steuerfähigkeit aus. Es ist vielfach versucht worden, Radschleppern im Hinterschiff schlanke Formen zu geben, so daß sie sich ganz entfernt den Hinterschiffsformen von Schraubenschleppern näherten. Die Schiffe sehen dann wesentlich besser aus. Sie setzen sich aber viel leichter, so daß sie schwerer schleppen. Auch wird ihre Steuerfähigkeit eine stets schlechtere, da auf dem Fluß ein volles Hinterschiff bei den geringen in Betracht kommenden Tiefgängen leichter dreht als ein scharfes.

Fig. 1 zeigt einen Spantenriß eines hinten ziemlich schlank gehaltenen Radschleppers. Diese Form ist, wie eben dargestellt, nicht zu empfehlen. Die günstigere Form ist in Fig. 2 zu sehen.

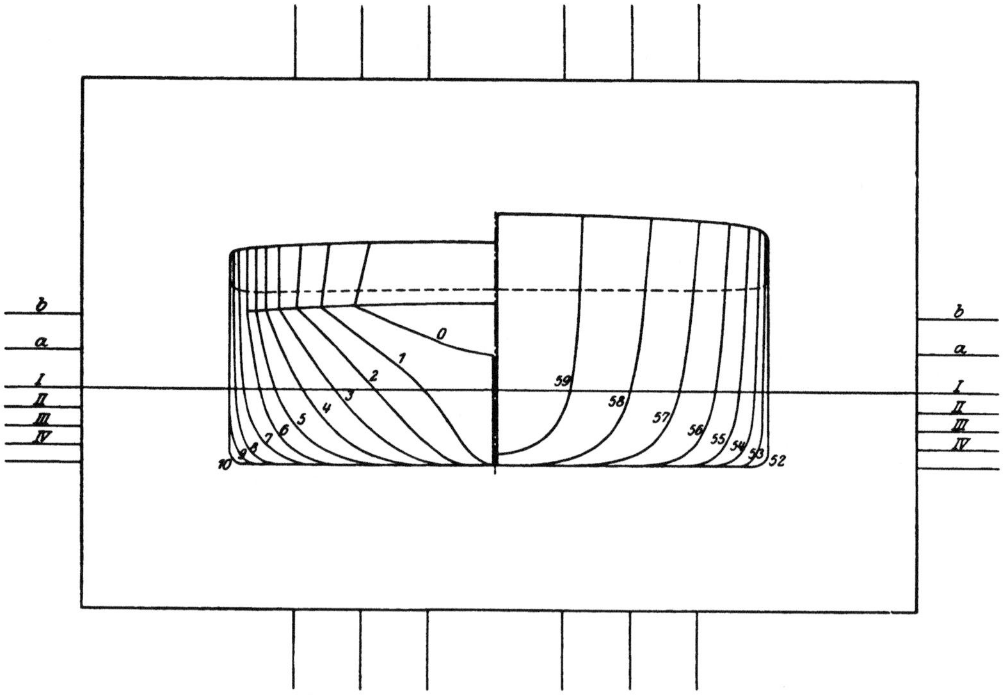

Fig. 1. Spantenriß eines hinten scharfen Radschleppers.

$L = 75{,}00$ m. $B = 8{,}90$ m. $T_g = 1{,}25$ m. $H = 3{,}30$ m.

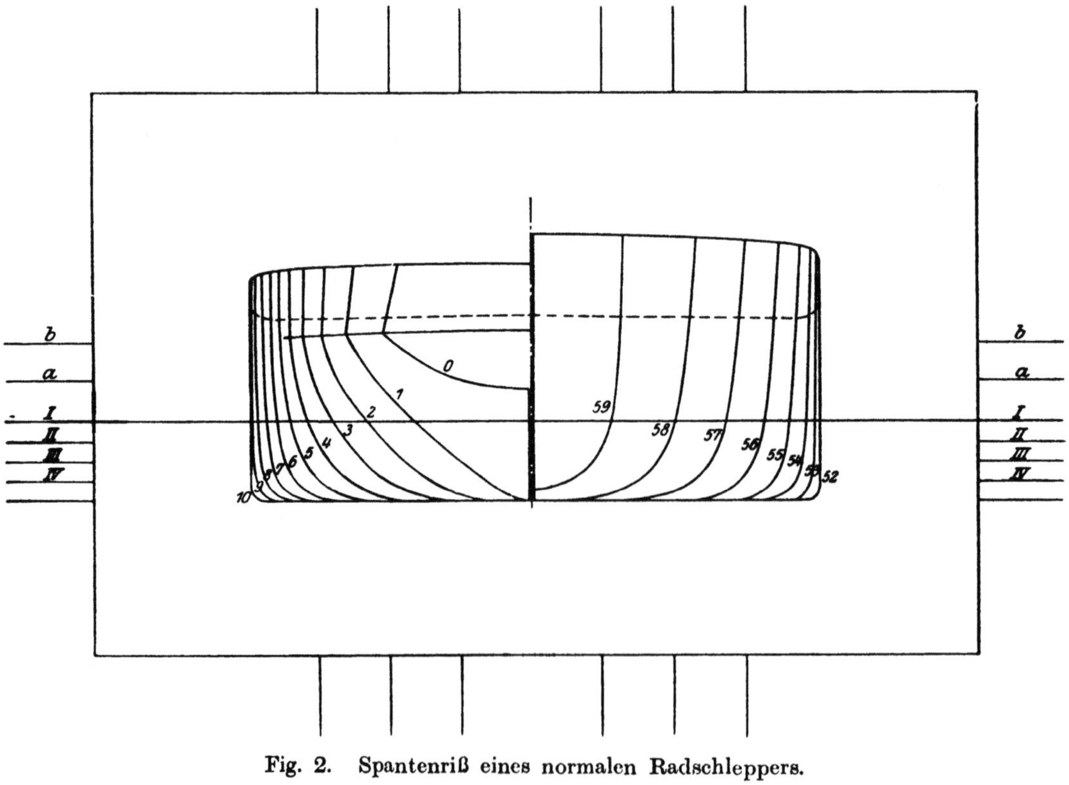

Fig. 2. Spantenriß eines normalen Radschleppers.

$L = 75{,}00$ m. $B = 8{,}90$ m. $T_g = 1{,}25$ m. $H = 3{,}30$ m.

Der Völligkeitsgrad des Hauptspants (β) ist sehr groß. Dies kommt daher, daß der Seitenradschlepper mit langem Mittelschiff und völlig geradem Boden eine Kimm mit sehr kleinem Radius zuläßt. Die Konstruktionen der Werften weisen fast bei sämtlichen Schiffen einer Werft den gleichen Kimmradius auf. Es kommt dies daher, daß viele von ihnen Walzen besitzen, durch welche die Kimmplatten in ihrer Längsrichtung, also senkrecht zur Biegung, in ganzer Länge durchgezogen werden. Die Oberwalze ist bei diesen Maschinen eine Kugel, die zwei unteren Walzen bilden die Gegenform zu dieser, so daß ohne Auswechslung der Walzen nur ein bestimmter Radius gebogen werden kann. Die Plattenlänge kann hierbei jedoch beliebig sein. Für die Herstellung der Kimmplatten sind solche Walzen sehr zu empfehlen, nur müssen sich die Konstrukteure bei der Herstellung der Linien von vornherein nach dem einmal gegebenen Kimmradius richten.

Die gleiche Kimm kann auch bei Personendampfern benutzt werden. Jedoch pflegt man hier den Radius gewöhnlich etwas größer zu halten, so daß man auf der eben genannten Maschine für diesen Fall einen zweiten Satz Walzen in Reserve hält. Die schlankere Form der Personendampfer gibt leichtere Übergänge, wenn der Hauptspantquerschnitt nicht ganz so völlig ist wie beim Schleppdampfer. Die Konstruktion der Linien von Radpersonendampfern muß große Rücksicht auf die großen Geschwindigkeiten, welche diese Schiffe zu haben pflegen, nehmen. Man kann die Geschwindigkeiten nicht mit denen in tiefem, stillem Wasser vergleichen, da der Widerstand in dem engen Fahrwasser und im flachen Flußbett ein erheblich höherer ist als der bei ausgebreitetem Wasser. Besonders der Reibungswiderstand des Bodens spielt hier eine große Rolle. Bei der Talfahrt tritt dies noch schärfer hervor wie bei der Bergfahrt, da dann die Geschwindigkeit über Grund eine höhere ist. Bei gleichem Hauptspantquerschnitt zeigt innerhalb der üblichen Grenzen der breitere und weniger tiefgehende Dampfer einen wesentlich geringeren Widerstand als der schmalere und dafür entsprechend tiefer liegende. Es ist dies gerade das umgekehrte Verhältnis wie auf See und auf den größeren Binnenseen. Das Vorderschiff soll bei allen Radpersonenschiffen möglichst schlank gehalten sein. Das Hinterschiff kann bei flachgehenden Dampfern etwas völliger sein. Bei tiefgehenden muß auch dieses so schlank als möglich bleiben, damit nicht zuviel Wasser mitgeschleppt wird. Den Schwerpunkt des Deplacements lege man jedoch möglichst weit nach vorne, damit auch die Räder nach vorn gelegt werden können und möglichst unbeeinflußt von der mitgezogenen Heckwelle arbeiten können. Diese liegt auf Flüssen weiter nach vorn wie auf See.

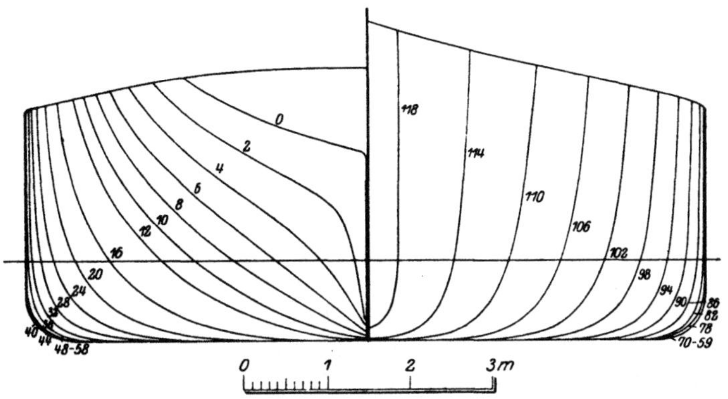

Fig. 3. Spantenriß eines großen flachgehenden Personendampfers.
$L = 75{,}00$ m. $B = 8{,}00$ m. $H = 2{,}80$ m. $T_g = 0{,}975$ m.

Fig. 3 zeigt den Spantenriß eines größeren flachgehenden Radpersonendampfers. Es fällt hierbei noch besonders auf, daß das Heck weiter auslädt wie bei den Spantenrissen der Radschlepper, und daß das Schanzkleid nach außen fällt im Gegensatz zum Schanzkleid der Schlepper. Das ausfallende Schanzkleid und das lange Heck können natürlich auch bei Personendampfern das lange, auf dem Fluß notwendige Ruder gegen Havarien nicht decken. Das Ruder wird in jeder Lage immer noch vorstehen. Das Schiff macht aber mit längerem Heck einen besseren Eindruck, und auch das ausfallende Schanzkleid gibt ihm eine gewisse Schlankheit, die mit eingezogenem Schanzkleid nur schwer zu erreichen ist. Außerdem wird die nutzbare Deckfläche, die beim Personendampfer wichtig ist, bei ausfallendem Schanzkleid größer wie beim eingezogenen Schanzkleid, und der Schmutzwinkel, der sich unter dem eingezogenen Schanzkleid leicht bildet, vermieden. Aus allen diesen Gründen kann ein ausfallendes Schanzkleid bei Personendampfern empfohlen werden, trotzdem es sehr häufig zu Havarien Anlaß gibt. Beim Radschlepper, dem noch leichter einmal Kähne auflaufen und der in seinen Bewegungen unbeholfener ist, muß es beim eingezogenen Schanzkleid am Heck bleiben. Bei diesen kann auch dann das Heck soweit gekürzt werden, daß eine Plattenbreite genügt, um das Heck vollständig auszubilden.

Widerstandsrechnung. Für die Berechnung des Widerstandes, sowohl der Schlepper wie der Personendampfer, ist bei Flußschiffen nur die von Rhien angegebene Widerstandsformel zu empfehlen, und zwar in der nicht vereinfachten Form, wie sie in Johows Hilfsbuch für den Schiffbau, zweite Auflage, S. 660, zu finden ist und lautet:

$$W = 20\,B\,T\left[i_1\,C_1\left(\frac{B}{2\,L_v}\right)^2 + i_2\,C_2\left(\frac{B}{2\,L_h}\right)^2\right]v^{2,5} + 0{,}153\,\frac{L}{B}\,B\,T\left(2 + \frac{\alpha\,B}{T}\right)v^{1,83}\ ^{1)}.$$

Die Benutzung dieser Formel ist deshalb wichtig, weil sie eine der wenigen ist, welche die Völligkeit der Wasserlinie des Vorderschiffes und der des Hinterschiffes berücksichtigt. Ein Faktor, auf den beim Flußschiff gar nicht genug Wert gelegt werden kann. Bei der Berechnung des Widerstandes von Flußdampfern muß außerdem noch darauf Rücksicht genommen werden, daß sie sich auf einer schiefen Ebene befinden. Der Ablauf auf dieser ist so bedeutend, daß Schraubendampfer und Kähne eine eigene Fahrgeschwindigkeit auch ohne Zuhilfenahme von Schleppern und Maschinen bekommen. Die Fahrgeschwindigkeit, die hier erzeugt wird, ist so groß, daß die Schiffe vollkommen steuerfähig bleiben. Bei Raddampfern ist der Widerstand der stillstehenden Räder zu hoch, als daß eine genügende Fahrgeschwindigkeit erzeugt werden könnte. Jedoch muß ihre Lage auf der schiefen Ebene auch hier genau so berücksichtigt werden wie beim Kahn. Dieses Gebiet ist eingehend bearbeitet worden in der Dissertation von Dr.-Ing. Asthöver: „Gleitgeschwindigkeit und Widerstand von Schleppkähnen. Nach Versuchen auf dem Rheinstrom. Selbstverlag. 1912." Zum genaueren Studium dieser Frage, auf die ich hier nicht näher eingehen kann, ist dieses Werk zu empfehlen.

---

[1]) Nach Johow ist hierin L = Länge zwischen Perpendikel, B = Breite des Schiffes über Außenhaut, T = Tiefgang des Schiffes, L_v = Länge des Vorderschiffes, L_h = Länge des Hinterschiffes.

Die Werte C_1 und C_2 werden gefunden nach Berechnung von

$$n_1 = \frac{\alpha_v}{1 - \alpha_v} \quad \text{und} \quad n_2 = \frac{\alpha_h}{1 - \alpha_h},$$

worin α_v der Völligkeitsgrad der Oberwasserlinie des Vorderschiffes, α_h der Völligkeitsgrad der Oberwasserlinie des Hinterschiffes ist.

C_1 und C_2 stellen sich dann dar durch die Formeln:

$$C_1 = \frac{n_1^3}{3\,n_1 - 2} \cdot \frac{1{,}1}{1 + n_1^3\left(\frac{B}{2\,L_v}\right)^2} \quad \text{für } L_v,$$

$$C_2 = \frac{n_2^3}{3\,n_2 - 2} \cdot \frac{1{,}1}{1 + n_2^3\left(\frac{B}{2\,L_h}\right)^2} \quad \text{für } L_h.$$

$$i_1 = \frac{1}{2} + \frac{1}{2\,C_1}; \qquad i_2 = \frac{1}{3} + \frac{2}{3\,C_2}.$$

Bei der Einsetzung der Geschwindigkeit in die Widerstandsformel darf natürlich nicht die Geschwindigkeit gegen Ufer, die meist in den Verträgen als Schleppgeschwindigkeit oder Fahrtgeschwindigkeit bezeichnet wird, eingesetzt werden, sondern es muß die Geschwindigkeit gegen Strom in Betracht gezogen werden. Die Strömungsverhältnisse sind auf unseren deutschen Binnenschiffahrtsstraßen von Kilometer zu Kilometer so wesentlich verschieden, daß mit einem Durchschnittswert gerechnet werden muß. Es haben daher Messungen, die an einzelnen Stellen mit Woltmannschen Flügeln vorgenommen werden, sehr wenig Zweck. Notwendig sind Stabschwimmerversuche. Man läßt Rohre, die so tief eintauchen, wie die normal abgeladenen Kähne einzutauchen pflegen, und andere, deren Eintauchtiefe dem Tiefgang des Dampfers gleichkommt, durch die Fahrrinne durchtreiben und kontrolliert deren Geschwindigkeit von Kilometer zu Kilometer. Was sich dann für Geschwindigkeitsunterschiede in den einzelnen Strecken ergeben, zeigt z. B. Tafel 8 des Asthöverschen Werkes für die Strecke zwischen Köln und Ruhrort. Da es sich jedoch bei Probefahrten, wo die Leistung nachgewiesen werden muß, nicht um Fahrten zwischen einzelnen Kilometern, sondern meist um lange Fahrten, auf dem Rhein gewöhnlich um die ganze Strecke zwischen Ruhrort und Köln handelt, muß man sich aus diesen so gemessenen Geschwindigkeiten eine mittlere Geschwindigkeit herausrechnen.

Fig. 4 gibt diese Daten für die verschiedenen Pegelhöhen als Durchschnittswerte bei den wichtigsten Probefahrtstrecken auf Rhein und Elbe.

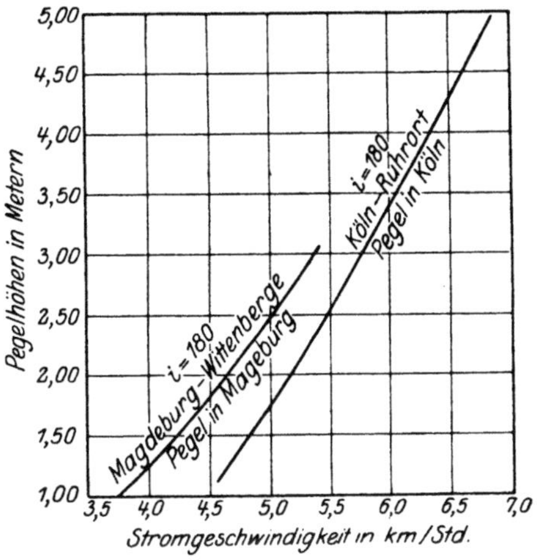

Fig. 4. Stromgeschwindigkeiten auf Rhein und Elbe für Normalschiffe in der Fahrrinne.

Stabilität. Auf die Stabilität braucht bei Personendampfern, soweit sie über 7,75 m Breite haben, keine besondere Rücksicht genommen zu werden. Derartige Schiffe pflegen selbst mit zwei Decks und voller Belastung reichlich Stabilität zu besitzen. Bei schmaleren Schiffen muß allerdings sehr genau gerechnet werden, weil hier sehr ungünstige Belastungsverhältnisse eintreten. Der ungünstigste Fall pflegt der zu sein, daß das Schiff etwa halb besetzt ist. Es drängen dann bei gutem Wetter alle Fahrgäste auf das höhere Deck. Dieses ist aber gewöhnlich noch nicht so gefüllt, daß die Personen sich nicht bewegen könnten. An den Anlegestationen, an besonders guten Aussichtspunkten oder bei Unfällen drängen dann sämtliche Fahrgäste am Oberdeck auf eine Seite. Das Schiff bekommt so erhebliche Schlagseite, daß das eine Rad stark im Wasser wühlt, das andere fast aus dem Wasser herauskommt und das Schiff aus dem Ruder läuft. Außerdem haben derartige Personenschiffe meist keine runden Bulleys, sondern viereckige weite Fenster in Holzrahmen zur besseren Beleuchtung der Salons unter dem Hauptdeck. Diese Fenster halten schon an sich nicht dicht, sind aber bei schönem Wetter meist noch geöffnet. Bei starker Schlagseite läuft dann das Wasser in diese Fenster hinein, und das Schiff füllt sich sehr schnell, so daß ein Absinken oder Kentern zu befürchten ist. Es muß also bei schmalen Radschiffen besonders Rücksicht darauf genommen werden, daß die Anfangsstabilität eine möglichst hohe ist, damit nicht erst große Schräglagen auftreten können. Vor allen Dingen sollten bei schmaleren Schiffen die Decks nicht nach dem Radkasten hinausgezogen werden, damit die Fahrgäste keine Gelegenheit finden, seitlich über den eigentlichen Schiffskörper hinauszutreten. Wenn die Gänge,

Doppelschraubenschlepper.

Länge in der C.W.L.	$L = 42{,}35$ m
Größte Breite	$B = 6{,}52$ m
Tiefgang im Mittel mit Heizmaterial	$T = 1{,}715$ m
Deplacement	$D = 254$ t
Seitenhöhe	$H = 2{,}715 + 0{,}9$ m
In Rechnung gezogene Schiffsquerschnitt	$Q = 1676{,}1$ cm²
Trägheitsmoment dieses Querschnittes	$J = 25\,140\,000$ cm⁴

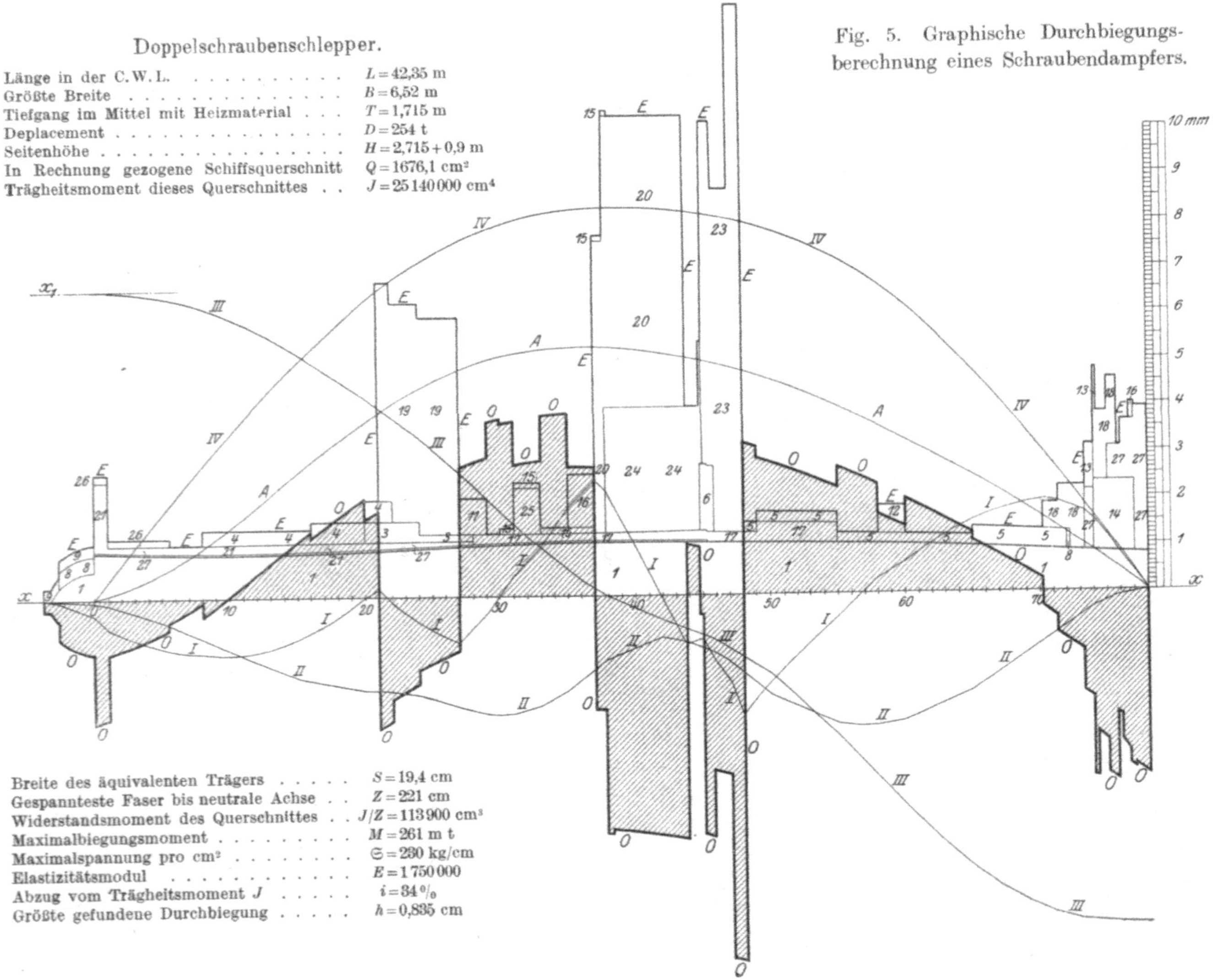

Fig. 5. Graphische Durchbiegungsberechnung eines Schraubendampfers.

Breite des äquivalenten Trägers	$S = 19{,}4$ cm
Gespannteste Faser bis neutrale Achse	$Z = 221$ cm
Widerstandsmoment des Querschnittes	$J/Z = 113\,900$ cm³
Maximalbiegungsmoment	$M = 261$ m t
Maximalspannung pro cm²	$\mathfrak{S} = 230$ kg/cm
Elastizitätsmodul	$E = 1\,750\,000$
Abzug vom Trägheitsmoment J	$i = 34\,\%$
Größte gefundene Durchbiegung	$h = 0{,}835$ cm

A A Deplacementsskala
E E Eigengewichtskurve
O O Belastungskurve
I I Kurve der scheerenden Kräfte [erste Integralkurve zu *O O*]
II II Kurve der Biegungsmomente [zweite Integralkurve zu *O O*]
III III Hilfskurve [dritte Integralkurve zu *O O*]
IV IV Elastische Linie [vierte Integralkurve zu *O O*]

Poldistanz [Maßstab].

Für *I I*	1,82 cm
„ *II II*	1,82 „
„ *III III*	1,82 „
„ *IV IV*	3,64 „

Maßstab

Für alle Längen . . . . . . 1 : 275
Für die Ordinaten der Kurven *A A*, *E E*, *O O*, 1 cm² der Zeichenfläche 755 kg
I I . . . 1 cm Höhe = 13,75 t
II II . . . 1 „ „ = 137,5 t

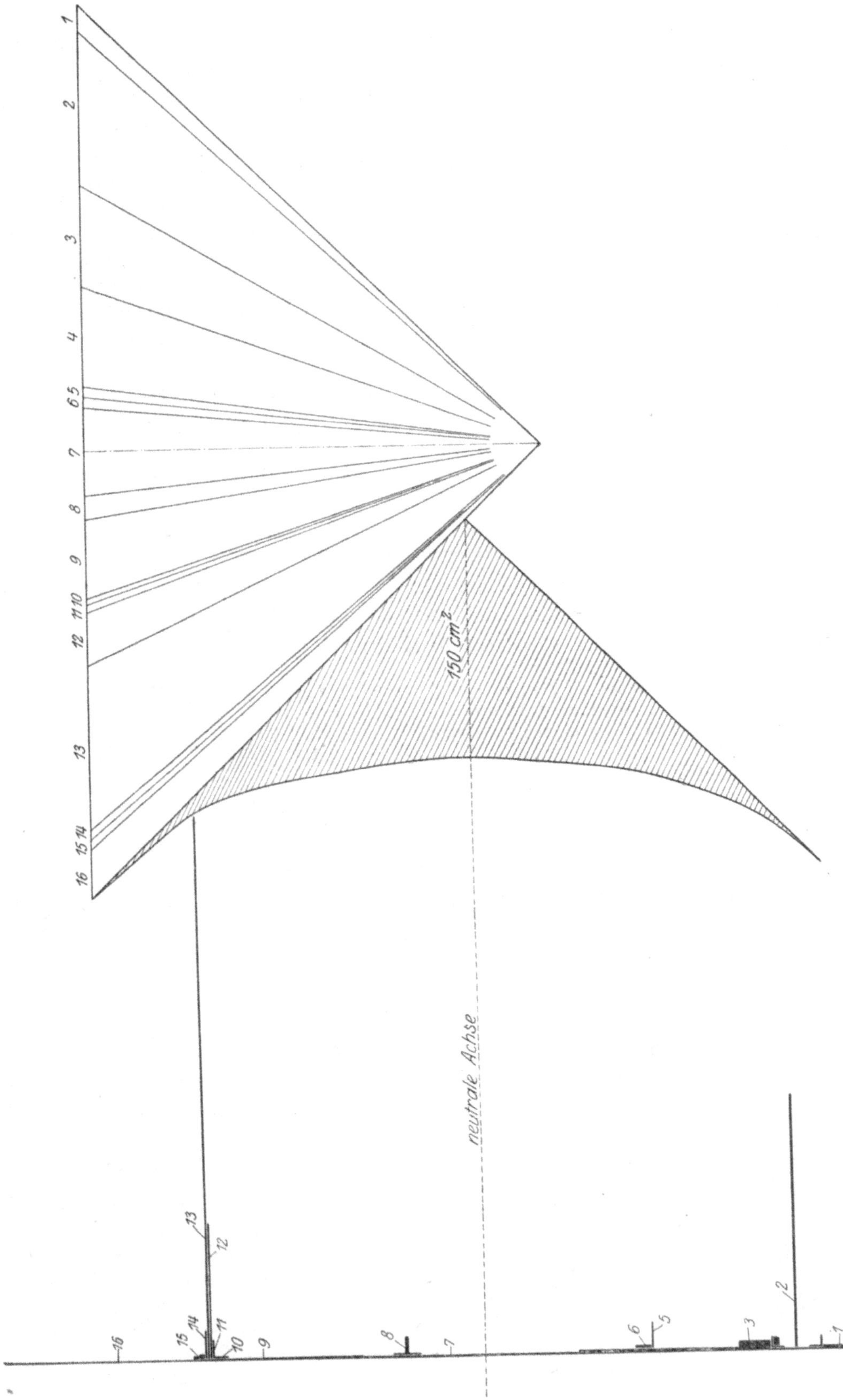

Fig. 5 a. Zu: Graphische Durchbiegungsberechnung eines Schraubendampfers.

die zu denjenigen Stellen führen, welche zum Aus- und Einsteigen benutzt werden, so schmal gehalten sind, daß immer nur eine oder zwei Personen nebeneinander mit dem nötigen Gepäck durchtreten können, wird hierdurch bei schmalen Schiffen die Möglichkeit einseitiger Belastung auch geringer und die Schlagseite beim Anlegen, wo sie besonders stört, vermieden werden.

Längsfestigkeit. Die Berechnung der Längsfestigkeit muß bei jedem neuen Typ eines Flußdampfers, sobald er nicht nach den Unterlagen des Germanischen Lloyd gebaut werden konnte, ganz eingehend vorgenommen werden. Besonders notwendig ist dies für die Personendampfer, die ausnahmsweise leicht gebaut werden müssen, und dabei große wechselnde Belastung durch wandernde Menschenmassen auf Deck auszuhalten haben, und von deren Festigkeit und Sicherheit viele Menschenleben abhängen. Flußdampfer haben stets eine verhältnismäßig niedrige Seitenhöhe, große Unterbrechungen der Außenhaut durch weite lange Fenster, und, bei vorhandenem Oberdeck, besondere Zusatzbelastungen in einzelnen Querschnitten, d. h. da, wo die Stützen des Oberdecks auf dem Hauptdeck stehen. Das Oberdeck selbst pflegt bei der weichen Verbindung desselben mit dem Schiffskörper nicht

Festigkeits- und Durchbiegungsberechnung eines Doppelschraubers.

Momente.

Angenommen ist, daß die Depl.-Kurve und die Lage des Depl. ⊙ festgelegt sind.

Von Sp. bis Sp.	Nr.		Gewicht in t		bez. auf Sp. 0 in m	Metertonnen
Sp. 0—78	1	Außenhaut und alles darauf Bezogene .		80,3	20,7	1662,21
0—78	2	Balkenkiel (150 × 34)		1,725	21,17	36,52
20—28	3	Fundamente zur Maschine u. Pumpen .		2,404	12,50	30,05
8—22	4	Ausbau des Hinterschiffes:				
		a) Fußboden und Verschalung . . .	3,86	5,06	8,7	44,00
		b) Inventar	1,2			
48—72	5	Ausbau des Vorderschiffes:				
		a) Fußboden und Verschalung . . .	4,75	6,55	33,50	219,42
		b) Inventar	1,8			
45—46	6	Steuerwinde		1,3	24,60	32,00
45—0	7	Steuerleitung		1,4	12,30	17,20
0—(—1)	8	Quadrant		0,9	—0,70	—0,63
0—(—2)	9	Ruder usw. (1,1 m²)		0,9	—1,00	—0,9
35—37	10	Kesselhaube, Schornstein usw. . . .		2,4	19,50	46,80
29—30	11	Schleppbock		1,58	15,20	24,02
58—60	12	Mast mit Zubehör		1,3	32,20	41,86
72—74	13	Dampfankerwinde		2,0	39,70	79,40
74—77	14	Anker, Ketten, Trossen		4,5	41,00	184,50
30—39	15	2 Boote mit Kränen		1,0	18,50	18,50
77—78	16	Ankerdavid		0,141	41,70	5,83
28—55	17	Deckaufbau: Salon, Küche, Brücke inkl. Inventar		7,2	23,40	168,48
0—78	18	Deckinventar		4,0	40,00	160,00
21—27	19	Maschine		28,11	13,00	365,30
37—44	20	Kessel mit Wasser		42,5	21,90	930,75
0—28	21	Wellenleitung		3,8	5,5	29,36
0	22	Schrauben		1,52		
45—48	23	Masut I mit Tank		25,8	25,3	652,74
37—45	24	„ II „ „		19,2	22,4	430,08
31—33	25	Wasser (2 t)		2,0	17,2	34,40
0—8	26	Vorräte		1,0	1,50	1,50
73—78	27	Ballast vorn (Zement mit Butzen) .		6,0	41,0	249,10
		Sa.		254,58		5442,37

System ⊙ Lage 21,29 m vor Sp. 0

mitzutragen und sollte bei der Festigkeitsberechnung vollkommen außer acht gelassen werden. Die übliche Art der Festigkeitsberechnung durch Auftragung der Gewichte und der Deplacementsskala auf einer Achse, Bildung der Differenzkurve und Konstruktion der Kurve der Biegungsmomente, Doppelintegrierung derselben zur Aufstellung der elastischen Linie, das Finden des Maßstabes für die Durchbiegung durch graphische Konstruktion des Widerstandsmomentes des Schiffes muß als bekannt vorausgesetzt werden. Es kann auch hier wieder auf Johows Hilfsbuch verwiesen werden. Die graphische Konstruktion ist bei den einfachen Verhältnissen des Flußschiffbaues stets zu empfehlen und führt am schnellsten zum Ziele. Ein Beispiel ist in folgender Berechnung und in Fig. 5 in der Durchbiegungsberechnung eines Schraubendampfers gegeben.

Man sieht dort, daß die tatsächliche Durchbiegung des Schiffes, selbst des Schraubenschiffes, in ruhigem Wasser eine erhebliche ist. Findet sich bei der Berechnung, daß das Schiff schwache Stellen hat, oder zeigt sich die Möglichkeit, bei der konstruktiven Durchbildung Platten so zu verschieben, daß das Trägheitsmoment des Schiffskörpers ein günstigeres wird, so soll man die Veränderungen in jedem Falle

Trägheitsmomente.

Zur Konstruktion der Trägheitsmomente ist der Schiffsquerschnitt an Sp. 40 wie folgt benutzt:

Nr.		Abmessungen	Flächen
1	Balkenkiel	150 × 34	51 cm²
2	Kielgang + Mittelkielplatte + Garnierungswinkel	9,5 × 120 + 9,5 × 23,5 + 4 × 65 × 65 × 7,5	289,4 „
3	Bodengang	8 × 120	192 „
4	Kimmgang	8 × 120	192 „
5	Kimmkielschweine ⅃L horiz. Schenkel	130 × 7,5	19,5 „
6	„ vert. „	85 × 7,5	25,5 „
7	Seitengang	8 × 100	160 „
8	Seitenstringer ⅃L vert. u. horiz. Schenkel	130 × 85 × 7,5	45 „
9	Schergang	10 × 75	150 „
10	Deckunterzüge ⊥ vert. Schenkel	80 × 8	12,8 „
11	„ ⊥ horiz. „	80 × 8	12,8 „
12	Deckstringer	8 × 63	101 „
13	übriges Deck	6 × 514	308 „
14	Rinnstein und Stringerwinkel, horiz. Schenkel	130 × 7	18,2 „
15	„ „ „ , vert. „	65 × 7	18,2 „
16	Schanzkleid	4,5 × 90	81 „
		Sa.	1676,1 cm²

Schlußrechnung.

Die Fläche des Seilpolygons in $^1/_{10}$ für Sp. 40 ist gleich 150 cm².

Größtes Trägheitsmoment: $J_{max} = 150 \times 1676{,}1 \times 10 \times 10 = 25\,140\,000 \text{ cm}^4$.

Dicke des Balkens gleicher Festigkeit: $\delta = \frac{12 \times 25\,140\,000}{15\,530\,000} = 19{,}4 \text{ cm} \left(\delta = \frac{12 J_{max}}{H^3}\right) H = 394$.

Abstand der am stärksten gespannten Faser von der neutralen Achse: $Z = 221$ cm.

Widerstandsmoment: $W = \frac{J_{max}}{Z} = \frac{25\,140\,000}{221} = 113\,900 \text{ cm}^3$.

Abzug für Nietung, Luken, Fenster: $i = 34\% = 8\,550\,000$; $J_{max} - i = J = 16\,590\,000 \text{ cm}^4$.

Größtes Biegungsmoment: $M = 261$ mto; Elastizitätsmodul: $E = 1\,750\,000$.

Größte Spannung: $S = \frac{M \cdot 100\,000}{W} = 230 \text{ kg/cm}^2$.

Errechnete Durchbiegung: $h = \frac{\underset{\text{(Maßst.)}}{250} \times \underset{(3\times\text{Pold.})}{1000} \times \underset{\text{(4. Pold.)}}{20} \times \underset{\text{(Längenmaßst. 3)}}{125\,000} \times \underset{\text{(s. Zeichn.)}}{(-30{,}87)}}{\underset{(E)}{1\,750\,000} \times \underset{(J)}{16\,590\,000}} = -0{,}835 \text{ cm}$.

durchführen, und auch die Mühe einer zweiten Durchbiegungsberechnung zur Korrektur des Stapels nicht scheuen. Die Arbeit wird sich immer lohnen. Beim Radschiff, von dem hier noch die Rede ist, wird die Durchbiegung noch größer, da das Schiff an sich eine geringere Längsfestigkeit hat und die Maschinen- und Kesselgewichte, welche in kurzen Räumen konzentriert sind, noch unverhältnismäßig bedeutender werden. Man muß für den Personendampfer die Durchbiegungsberechnung einmal für fahrbereites, aber nicht von Personen besetztes Schiff durchführen, und die Konstruktion so einrichten, daß das Schiff in diesem Zustande noch eine ganz leichte Wölbung nach der Mitte hin behält. Der Boden mittschiffs sollte etwa bei unbesetztem Schiffe noch 3—4 cm höher liegen als an den Enden, bei einer Schiffslänge von etwa 70 m. Bei vollbesetztem Schiff wird dann die Rechnung ergeben, daß der Boden annähernd gerade ist. Das Schiff würde wesentlich stärker durchbiegen, wenn ein Personendampfer gleichmäßig besetzt wäre. Aber selbst bei allerstärkster Besetzung wird man finden, daß sich die meisten Personen nach den Enden hindrängen, so daß die rein konstruktiv mögliche höhere Belastung der großen Deckfläche des Mittelschiffs nicht eintritt. Da Personendampfer meistens Holzdecks haben und die oberste Faser des hier zu berechnenden Brückenträgers, die dieses Deck darstellt, im ruhigem Wasser stets auf Druck beansprucht wird, wird die Durchbiegung derartiger Schiffe eine um 25—30% geringere, wie die Rechnung eines gleichen Schiffes mit gleicher scheinbarer Festigkeit mit Eisendeck ergibt. Das Holzdeck, welches durch Faltenbildung nicht so ausweichen kann wie das Eisendeck, gibt dem ganzen Schiffskörper eine wesentlich höhere Starrheit. Die vorhin erwähnte Lage im unbesetzten Zustande, so daß es in der Mitte noch etwa 4 cm Wölbung besitzt, ist aber nicht dadurch zu erreichen, daß man das Schiff auf Stapel mit 4 cm Wölbung legt und es so stark konstruiert, daß es sich durch Einbau der Maschinen und Kessel nicht oder nur unwesentlich durchbiegt. Nachrechnungen ergeben bei den üblichen Materialstärken ganz bedeutende Durchbiegungen, die sich nicht vermeiden lassen. Man legt daher nach den Konstruktionsdaten die Durchbiegungskurve fest und baut nachher den Stapel genau nach dieser Durchbiegungskurve + 4 cm. Der Stapel darf dann nicht eher entfernt werden, bevor das Schiff in all seinen Nähten fest vernietet, das Deck verlegt und wenigstens einmal kalfatert ist. Dann erst darf das Schiff zu Wasser gelassen werden. Es wird vielfach der Fehler gemacht, das Schiff, um die Helling frei zu bekommen, zu Wasser zu lassen, bevor das Deck vollständig fertig ist. Derartige Schiffe werden später immer eine falsche Lage im Wasser bekommen, d. h., wie die Schiffer zu sagen pflegen, mit einem Hängebauch fahren. Die Beanspruchungen solcher Schiffe sind dann ungünstige. Auch ist ihr Widerstand ein höherer und ihr Tiefgang größer, wie die Tiefgangsmarken an den beiden Steven angeben, wodurch die Schiffe leicht in der Mitte auflaufen.

Bei den Personenbooten ist aus praktischen Gründen das Deck nach den Enden nur ganz wenig hochgezogen. Der Verkehr auf solchen Decks wickelt sich, wenn sie möglichst gerade gehalten werden können, viel glatter ab. Man kann also bei der Festigkeitsberechnung diese Form des Decks unberücksichtigt lassen. Bei den Radschleppern dagegen sind die Decks nach den Enden sehr stark herabgezogen. Es geschieht dies einmal, um höhere Maschinenräume zu bekommen, und dann hauptsächlich, um die Stützkraft des Deckbogens auszunutzen. Bei Festigkeitsberechnungen derartiger Schiffe muß also die Form des Decks berücksichtigt werden. Der Unterschied in der Durchbiegung zwischen einem Radschlepper mit geradem Deck von 67 m Länge und von einem gleichen, dessen Deck nach den Enden zu gleichmäßig um 50 cm herabgezogen ist, beträgt etwa 40%. Der Einfachheit halber kann dies also sinngemäß bei ähnlichen Schiffen eingesetzt werden, ohne daß eine besondere Rechnung, die ziemlich schwierig ist, durchgeführt zu werden braucht.

Ausbildung der einzelnen Konstruktionsteile. Nachdem so die allgemeinen konstruktiven Gesichtspunkte, von denen beim Entwurf eines Raddampfers ausgegangen werden muß, festgelegt sind, können nunmehr auch die Einzelheiten besprochen werden. Derjenige Teil des Schiffes, der die meisten Beanspruchungen aufzunehmen hat und auch am leichtesten äußeren Beschädigungen ausgesetzt ist, ist die Außenhaut mit Boden und Decks. Das Material dieser Teile soll für die Außenhaut und den Boden bester Siemens-Martin-Schiffbaustahl, für die Decks dasselbe Material oder Siemens-Martin-Riffelblech oder Holz sein. Der Siemens-Martin-Schiffbaustahl, nach den neuesten Vorschriften des Germanischen Lloyd mit 42—44 kg Festigkeit, bewährt sich nicht so gut wie der nach den alten Vorschriften mit 37—42 kg Festigkeit. Letzteres Material ist weicher, läßt sich besser bearbeiten und hält den vielen kleinen Schwingungen und auch den Bodenverletzungen, denen ein Flußschiff ausgesetzt ist, besser stand als das neuere härtere Material. Auch bei Verwendung von Blechen höherer Festigkeit ließe sich bei den äußerst geringen Dicken der verwandten Bleche nicht mehr sparen, da bereits das natürliche Abrosten und sonstige Beschädigen der Platten diese Dicke unbedingt verlangen. Man tut daher gut, sich für die eben genannten Teile mit dem Material geringerer Festigkeit zufrieden zu geben. Thomasstahl hat sich nach verschiedenen Versuchen bei Flußschiffen nur bewährt in den Mittelgängen der Decks. Bei allen anderen Platten, die höheren Beanspruchungen ausgesetzt sind oder einer Kalt- oder Warmbearbeitung unterzogen werden müssen, ist das Material dadurch unangenehm, daß es an den Nietlöchern leicht ausspringt. Dies tritt besonders dann ein, wenn bei Warmbehandlung Fehler gemacht sind, die sich jedoch nie ganz vermeiden lassen.

Das Riffelblech hat am besten eine rhombische Riffelung, die möglichst tief ausgewalzt ist. Bei Dickenangaben darf aber nur die Dicke nach Abzug der Riffelung gerechnet werden. Wo Riffelblechplatten einander überlappen, muß die Riffelung der unten liegenden Platte abgehobelt oder mit dem Preßlufthammer abgekreuzt werden, damit einerseits eine gute Dichtung, andererseits die nötige Festigkeit gewährleistet werden kann. Geschieht dies nicht oder wird nur mit Zwischenlagen gearbeitet, so werden die Nieten bald locker und die ganze Decksteifigkeit wird für die Längsfestigkeit des Schiffes wertlos.

Da sich außer den Kähnen kaum ein Schiff so gut für die Ausnutzung der Massenfabrikation bei seiner Herstellung eignet wie der Raddampfer mit seinem langen, geraden, fast viereckigen Mittelschiff, soll man diesen Vorteil nicht ungenutzt lassen. Man wähle sämtliche Außenhaut-, Deck- und Bodenplatten, bis auf die Außenhautplatten des Vorder- und Hinterschiffes, von gleicher Länge und Breite und verändere nur die Dicke. Auch die Nieteinteilung der Längs- und Quernähte wähle man nach Möglichkeit überall gleich und verändere die Nietstärke. Man ist dann in der Lage, eine Schablonenplatte für einen sehr großen Teil aller Boden-, Außenhaut- und Deckplatten genau anzureißen und zu bohren, diese Platte auf allen anderen Platten aufzulegen und sämtliche Platten hiermit durchzukernen. Es braucht dann keine weitere Platte angerissen zu werden, und die Durchkernarbeit kann von ungelernten Arbeitern mit Leichtigkeit durchgeführt werden. Die Kerner müssen aber ziemlich passend in die Löcher der Schablonenplatte hineingehen, damit genaue Arbeit geleistet wird. Die Locharbeit der angekernten Platte muß mittels solcher Stempel vorgenommen werden, welche an ihrer unteren Fläche eine kräftige Kernspitze besitzen, die in das angekernte Loch hineingreift. Der Durchmesser der Stempel wird gemäß der beabsichtigten Nietung verändert und vor Vornahme der Lochung auf jeder Platte mit Bleiweiß aufgeschrieben. Da die Platten bei ihrer geringen Stärke ziemlich leicht sind, kann man große Dimensionen wählen. Vorteilhaft sind Plattenlängen von 5—$5^1/_2$ m und Plattenbreiten von 1,6—1,8 m. Durch richtig gewählte Breite der Platte ist es meist möglich, eine Längsnaht in jeder Außenhautseite zu sparen. Platten von den genannten Dimensionen lassen sich noch leicht von einem Mann lochen. Man muß sie jedoch entweder in zwei in Kugellagern laufende Schwenkkräne hängen oder, wenn man nur einen Kran zur Verfügung hat, mit aufgespannten Winkeln und Gegengewicht arbeiten. Bei den Schwenkkränen sollte darauf geachtet werden, daß sie stets im besten Zustande sind und gut geradestehen. Wenn ihre Vertikalaufhängung von der Senkrechten abweicht, schwingen sie besonders mit Gegengewicht stets nach einer Seite aus, und der Locher hat viel unnötige Arbeit. Die Lochung wird ungenau. Bei der geringen Plattendicke kann das Versenk in den Platten nicht so gemacht werden, wie es nach den Vorschriften des Germanischen Lloyd für die einzelnen Nietdimensionen vorgesehen ist. Man muß sich mit flacherem Versenk begnügen und sollte in jeder Platte wenigstens noch 1—2 mm des Loches stehen lassen, welche nicht vom Versenk berührt sind. Man bekommt dadurch eine bessere Anlage der Platten und ein dichteres Schiff. Die so erzielten Versenke genügen noch, wenn sie im Durchmesser entsprechend größer gemacht werden. Auf zweierlei Art werden die Versenke hergestellt. Entweder mit den bekannten schwenkbaren Wand-Versenkmaschinen mit fahrbarem Wagen und Rollentisch. Diese Art erfordert ziemliche Transportkosten, ist jedoch in der Arbeitsausführung schnell und sauber. Man kann aber auch die Platten mit elektrischen Handbohrmaschinen, wo sie zufällig liegen, versenken. Man spart dabei den Transport. Der Arbeitsvorgang ist einfacher wie bei der ersten Art. Es wird aber sehr viel Material an Maschinen und Bohrern verdorben.

Für die Montage der Platten sind leichte Derrick-Kräne oder leichte fahrbare elektrische Kräne mit hohem Arm zu empfehlen. Wo diese Mittel nicht vorhanden, oder wegen schlechten Grundes nicht anwendbar sind, kann man die Platten auf einem Gerüst in Deckshöhe mittels Feldbahn an den Dampfer heranfahren und mittels Flaschenzug montieren.

Seitenraddampfer.

Hauptabmessungen.

Seitenraddampfer		Länge zwischen Staren	Breite auf Spanten	Breite auf Radkasten	Tiefgang	Seitenhöhe	PSi	Bemerkungen
Personendampf.	ganz leichte	51,40	6,50	—	0,63	2,10	—	⊗ Fig. 8
	leichte . . .	77,00	8,15	14,65	0,97	2,90	700	⊗ Fig. 6
	schwere . . .	57,50	7,31	—	beladen 1,88	3,05	1000	Radd. für Anatolische Eisenbahn Sch. nach Bureau Veritas
Schleppdampfer	leichte . . .	70,00	8,70	18,90	3 t Trossen + 10 t Kohle 1,05	2,90	1100	
für den Rhein	schwere . . .	75,00	9,00	21,60	6 t Trossen + 10 t Kohle 1,30	3,35	1500	⊗ Fig. 9
Schleppdampfer	leichte . . .	61,20	7,22	—	KONSTR. 0,860	2,50	600	Hugo Marcus
für Donau, Elbe usw.	schwere . . .	63,00	7,90	—	mit Ausrüstung + 10 t Kohle 0,90	2,50	—	⊗ Fig. 11

Innere Querverbände	Bezeichnung der Verbände	Seitenrad-Personendampfer: ganz leichte	Seitenrad-Personendampfer: leichte	Seitenrad-Personendampfer: schwere	Seitenrad-Personendampfer: schwere für Küstenfahrt	Seitenrad-Schleppdampfer für den Rhein: leichte	Seitenrad-Schleppdampfer für den Rhein: schwere	Seitenrad-Schleppdampfer für Donau, Elbe usw.: leichte	Seitenrad-Schleppdampfer für Donau, Elbe usw.: schwere
Decksbalken	Anzahl	an jedem Spant	an jedem Spant	an jedem Spant	an jedem 2. Spant	an jedem Spant	an jedem Spant	an jedem Spant	an jedem Spant
	Profil unter Ankerwinde, Steuerwinde, Steuervorrichtung usw.	∢40·60·5 ∢50·75·7	∢50·75·7 ∢60·90·8	∢50·75·8 ∢75·100·10	∢70·130·9 Zwischenbalken	∢50·75·8 ∢70·70·9 bis 75·100·10	∢50·75·8 ∢85·100·10	∢50·75·7 ∢70·70·9	∢50·75·7 ∢75·100·10
	an Querschotten	∢40·40·5	∢50·50·6	∢50·50·6	∢65·65·8	∢50·50·7	∢50·50·7	∢50·50·6	∢50·50·6
Rahmenbalken	Profil der Decksverbindung	∢40·40·5	∢50·50·6	∢50·50·6	—	M. R. ∢80·80·9 S. ∢50·50·7	M. R. ∢80·80·10 S. ∢50·50·7	∢50·50·6	∢50·50·6
	Rahmenplatten	200·4	200·5	200·5	—	M. R. 300·5; E 200·5	M. R. 300·6; E 200·5	200·5	200·5
	Garnierungswinkel	∢40·40·4	∢50·50·6	∢50·50·6	—	∢50·50·7; ∢45·45·5	∢60·60·8; ∢50·50·6 ∢45·45·5	∢50·50·6 u. ∢45·45·5	∢50·50·7; ∢45·45·5
Spanten	Entfernung	M. u. K. R. 400—500 E 500	M. u. K. R. 350—600 E 600	M. u. K. R. 350—600 E 600	550	M. u. K. R. 400—600 E 600	M. u. K. R. 400—600 E 600	M. u. K. R. 400—600 E 600	M. u. K. R. 400—600 E 600
	Prof. d. Spanten	∢40·50·5	∢50·75·7	∢50·50·7	∢65·75·8	∢50·50·7	∢50·65·7 u. 8	∢50·75·6	∢50·65·7
	Profil der Bodenspanten	—	∢50·50·6	∢50·50·6	—	∢40·60·6	—	∢45·45·5	∢45·55·6
	Profil der Schottspanten	∢40·40·5	∢50·50·6	∢50·50·6	∢65·65·8	∢50·50·7	∢50·50·7	∢50·50·6	∢50·50·6
Rahmenspanten	Anzahl	nur im M. u. K. R.	nur im M. u. K. R.	nur im M. u. K. R. 2·7 Stück	nur im M. u. K. R.	an jedem 4. bis 6. Spant	an jedem 4. bis 6. Spant	an jedem 6. Spant; im M. R. enger	an jedem 4. bis 6. Spant
	Profil der Außenhautverbindung	∢40·40·5; 60·60·8 u. ∢70·70·9[3])	∢50·65·6,5; 70·70·8 u. 80·80·10[3])	∢50·50·7; 70·70·9 u. 80·80·10	∢65·75·8 —	∢50·50·7; ∢70·70·8 ∢65·100·8[3])	∢50·50·7; ∢75·100·10 ∢75·120·11[3])	∢50·50·6; ∢55·75·7 u. 8; ∢65·85·8[3])	∢50·50·6; ∢70·70·9 ∢65·100·10 100·100·12[3])
	Rahmenplatten	200·4	M. R. 300·5 K. R. 200·5	200·5	230·7	M. R. 300·5 K. R. 200·5; E 150·4	M. R. 300·6 K. R. 200·5; E 150·4	M. R. 300·5; K. R. 200·5 E 150·5	M. R. 350·5; K. R. 200·5 E 150·4
	Garnierungswinkel	40·40·4 bis 60·60·8	50·50·6 bis 60·60·8	50·50·7 u. 60·60·8	∢80·80·8, einfach	M. u. K. R. ∢80·80·9 ∢50·50·7 E ∢45·45·5	M. u. K. R. ∢90·90·10 ∢50·50·8 E ∢50·50·6	M. u. K. R. ∢45·45·5 ∢70·70·9 E ∢40·40·5	M. u. K. R. ∢80·80·10 ∢45·45·6 E ∢45·45·5
Bodenwrangen im M. u. K. R.	Anzahl	an jedem 2. Spant	durchweg an jedem Spant	an jedem Spant	an jedem Spant	an jedem Spant	an jedem 2. Spant	durchweg an jedem Spant	an jedem Spant
	Platten	250·4	M. R. 600·7 u. 400·5 K. R. 350·5	M. R. 450·7 K. R. 350·6	300·8	M. R. 600·7 u. 400·5 K. R. 300·5	M. R. 600·7 u. 360·6 K. R. 300·5	M. R. 450·8 K. R. 300·5	M. R. 450·8 K. R. 250·6
	Garnierungswinkel	M. R. 60·60·6 K. R. 40·40·5, dopp.	M. R. ∢60·60·8 K. R. ∢50·50·7	M. R. 60·60·8 K. R. 50·50·7	∢50·50·6, doppelt	∢50·50·7	∢60·60·8 ∢50·50·7	∢70·70·9 ∢50·50·6	∢70·70·9 ∢50·50·6
Bodenwrangen an den E	Anzahl	—	an jedem 2. bzw. jedem 3. Spant.	an jedem 2. Spant	an jedem Spant	an jedem 2. Spant	an jedem 2. Spant	an jedem 2. Spant	an jedem 2. Spant
	Platten	—	300·4,5	300·5	300·6	200·4	300·5	250·4	250·4
	Garnierungswinkel	—	∢45·45·5	∢50·50·6	∢50·50·6, einfach	∢45·45·5	∢50·50·6	∢40·40·5	∢50·50·6
Kesselträger	Platten	7	8	8	8	9	9	8	8
	Garnierungswinkel	60·60·8, doppelt	70·70·9, doppelt	80·80·10, doppelt	∢80·80·10, doppelt	∢80·80·10, doppelt	∢80·80·10, doppelt	∢75·75·9, doppelt	∢80·80·10, doppelt
Decksstützen	Profil der	T 70·35·6	T 80·40·7	T 120·60·10	Rundeisen 50 ∅	T 120·60·10	T 120·60·10	T 100·50·8,5	T 100·50·8,5

Bemerkungen: 1) Vollständige Stringer bzw. Kielschweine = aus Platten und Winkeln gebaut und fest mit Außenhaut bzw. Boden verbunden. Unvollständige usw. aus über Innenkante, Spantflansch bzw. Bodenwrangen laufenden Winkeln oder Profilen bestehend, ohne Verbindung mit Außenhaut oder Boden. Befestigung an Spantflansch oder Bodenwrange durch Lukswinkel. 2) Die unter Rubrik „Anzahl" angegebene Stückzahl der Längsverbände bezieht sich stets auf einen vollen Schiffsquerschnitt. 3) Die schweren Profile kommen an die Rahmenspanten, an denen die Radkastenträger sitzen. M. R. = Maschinenraum; K. R. = Kesselraum; E = Schiffsenden; M. u. K. R. = Maschinen- und Kesselraum.

Innere Längsverbände		Seitenrad-Personendampfer				Seitenrad-Schleppdampfer			
						für den Rhein		für Donau, Elbe usw.	
Bezeichnung der Verbände.		ganz leichte	leichte	schwere	schwere für Küstenfahrt	leichte	schwere	leichte	schwere
Decks-unter-züge	Anzahl Verlauf	2 Stück über ganze Schiffslänge	2 Stück über ganze Schiffslänge	2 Stück über ganze Schiffslänge	— —	2 Stück in ganzer Schiffslänge	2 Stück in ganzer Schiffslänge	2 Stück in ganzer Schiffslänge	2 Stück In ganzer Schiffslänge
	Platten	—	M. u. K. R. 340 · 5 E 180 · 4	M. u. K. R. 300 · 5 E 200 · 4	—	M. u. K. R. 300 · 5 E 245 · 5	M. u. K. R. 360 · 6 E 250 · 5	M. u. K. R. 200 · 6 E 150 · 5	M. u. K. R. 270 · 7 E 150 · 5
	Garnierungs-winkel	T 80 · 40 · 6	M. u. K. R. ∢60·60·8, doppelt E ∢45·45·5, einfach	M. u. K. R. ∢60·60·8, doppelt E 50·50·6, einfach	—	∢60·60·8, doppelt ∢45 · 45 · 5, einfach	∢60·60·8, doppelt ∢50·50·6, doppelt	∢60·60·8, einfach ∢50·50·6, einfach	∢70·70·9, einfach ∢50·50·6, einfach
	Profil der Decks-verbindung	—	T 100 · 50 · 8,5	T 120 · 60 · 10	—	T 150 · 75 · 10	T 160 · 80 · 13	∢50 · 50 · 7 ∢50 · 50 · 6	∢50 · 50 · 7 ∢50 · 50 · 6
Seiten-stringer, Weige-rung	Anzahl Art	2 Stück vollständige	4 Stück vollständige, 2 im Bereich des M. R.; 2 im Bereich der M. u. K. R., die sich nach hinten als unvollständige Str. fortsetzen	4 Stück vollständige; 2 über ganze Schiffslänge 2 vollständige im Bereich der M. u. K. R., an E unvollständig	2 Stück unvollständige	4 Stück vollständige, davon 2 im Bereich der Radkasten, 2 im M. u. K. R. und Bunker	6 Stück vollständige, 2 im M. K., 2 über M. u. K. R.; 2 über M. u. K. R. und Bunker u. vorderen Laderaum reichend	4 Stück vollständige, davon 2 über Radkasten u. 2 über M. u. K. R. und Bunker reichend	4 Stück vollständige, davon 2 über Radkasten u. 2 über M. u. K. R. und Bunker reichend
	Verlauf	nur im M. u. K. R.	—	—	über ganze Schiffslänge	—	—	—	—
	Platten	250 · 5	M. R. 350 · 5 K. R. 240 · 4	M. R. 350 · 5 250 · 5		M. R. 360 · 5 K. R. 240 · 5	M. u. K. R. 360 · 6 u. 260 · 6 Bunker u. Lader. 200 · 4	M. u. K. R. 345 · 4 u. 245 · 5 Bunker 195 · 4	M. u. K. R. 395 · 6 u. 245 · 6 Bunker 195 · 6
	Garnierungs-winkel	∢40·50·5, doppelt	M. R. ∢45 · 45 · 6 doppelt K. R. ∢45 · 45 · 6 einfach	50 · 50 · 6, doppelt 50 · 50 · 6, einfach	—	∢60·60·7 u. 40·40·5 ∢80 · 80 · 10 (am Radkasten)	∢60·60·8 u. 50·50·7 ∢80 · 80 · 10 (am Radkastenträger)	∢45 · 45 · 6 ∢45 · 45 · 5	∢45 · 45 · 6 ∢45 · 45 · 5
	Profil der Außenhaut-verbindung	∢40 · 40 · 5	∢45 · 45 · 6	∢45 · 45 · 6	—	∢60 · 60 · 7 u. ∢50 · 50 · 6	∢70 · 70 · 9 u. ∢60 · 60 · 8	∢60 · 60 · 7 ∢50 · 50 · 6	∢50 · 50 · 7 ∢50 · 50 · 6
	Profil des unvollständigen Stringers	—	T 80 · 80 · 9	T 100	∢80·80·8, doppelt	—	—	—	—
Kiel-schweine	Anzahl Art	4 Stück vollständ. im M. u. K. R., nach vorn u. hinten Fortsetzung als unvollständige Kielschweine	4 Stück vollständige	4 Stück vollständige	3 Stück vollständige (1 Mittel-, 2 Kimm-)	4 Stück vollständige	5 Stück vollständige	4 Stück vollständige	4 Stück vollständige
	Verlauf	—	über ganze Schiffslänge	über ganze Schiffslänge	über ganze Schiffslänge	über ganze Schiffslänge	über ganze Schiffslänge	über ganze Schiffslänge	über ganze Schiffslänge
	Platten	300 · 4	M. R. 450 · 5 K. R. 400·5; E 340·4	M. R. 6; K. R. 5; E 4	Mittel- 380 · 8 Kimm- 380 · 7	M. u. K. R. 340 · 5 E 240 · 4	M. u. K. R. 410 · 6 E 350 · 5	M. u. K. R 300 · 8 u. 300 · 5 E 250 · 4	M. u. K. R. 450 · 8 u. 350 · 6 E 250 · 5
	Kielschwein-winkel	∢40·50·5, doppelt	M. u. K. R. ∢50·50·6, doppelt E ∢40·40·5, doppelt	M. u. K. R. 50·50·7 E 50 · 50 · 5	∢80·80·10, doppelt	∢40·40·6, doppelt ∢40·40·5, doppelt	∢50·50·8, doppelt ∢50·50·6, doppelt	∢50·50·6, doppelt ∢40·40·5, doppelt	∢50·50·7, doppelt ∢45·45·6, doppelt
	Profil des unvollständigen Kielschweins	∢40·50·5, doppelt	—	—	—	—	—	—	—
Masch. Funda-ment	Platten Garnierungs-winkel	6 (Gurtung 8) ∢65·75·8, doppelt	7 (Gurtung 9) ∢90 · 120 · 11, doppelt	8 (Gurtung 10) T 90 · 120 · 13	9 (Gurtung 12) 90·120·13, doppelt	8 (Gurtung 12) 90·120·13, doppelt	9 (Gurtung 12) 90·130·14, doppelt	8 (Gurtung 12) 90·110·11, doppelt	9 (Gurtung 12) 90·130·14, doppelt

Plattenstärken	Bezeichnung der Verbände	Seitenrad-Personendampfer								Seitenrad-Schleppdampfer							
										für den Rhein				für Donau, Elbe usw.			
		ganz leichte		leichte		schwere		schwere für Küstenfahrt		leichte		schwere		leichte		schwere	
		Mitte	Enden	Mitte	Enden	Mitte	Enden	Mitte	Enden	Mitte	Enden	Mitte	Enden	Mitte	Enden	Mitte	Enden
Außenhaut	Kielgang	4	4	7	6	7	6	½ L 10	9	6	6	7,5	6,5	6	5,5	6	6
	Bodengänge	3	3	6	6	6	6	10	8	6	6	6	6	6	5,5	6	5,5
	Kimmgänge	5	4	8	v. 7, h. 6	10	7	10	8	9, 8 u. 7	v. 3, h. 7	12 u. 10	5	8	7	8 u. 7	v. 6, h. 5
	Seitengänge	3	3	6	5	6	5	10	8	5	4	7 u. 6	5	6 u. 5,5	4,5	5	4
	Schergänge	4	4	8	v. 7, h. 6	10	7	12	8	9, 8 u. 7	4	11 u. 10	5	8 u. 7	v. 6, h. 5	8 u. 7	v. 6, h. 5
Nietung	Längsnietung	einfach	überlappt	einfach	überlappt	einfach	überlappt	einfach	überlappt	einfach	überlappt	einfach	überlappt	einfach	überlappt	einfach	überlappt
	Quernietung	doppelt	überlappt	doppelt	überlappt	doppelt	überlappt	doppelt	überlappt	doppelt bzw. dreifach	überlappt •	doppelt bzw. dreifach	überlappt	doppelt	überlappt	doppelt	überlappt
Deck	Decksstringer	5	4	7	5	8	6	½ L 9	8	7	6	10	6	7	5	8	5
	Decksbeplattung	—	—	—	—	—	—	—	—	5	4	9	5	4,5	4	6	4,5
	Decksbänder	—	—	—	—	7	7	9	7	—	—	—	—	—	—	—	—
	Decksstringerwinkel	60·60·6	60·60·5	60·60·8	60·60·6	80·80·8	80·80·8	80·80·12	80·80·10	80·80·10	60·60·7	80·80·12	80·80·8	70·70·9	60·60·5	70·70·9	60·60·5

Aus den Fig. 6—11 sowie den hier eingefügten Tabellen kann man die üblichen Materialstärken, wie sie bei großen und bei kleinen Personendampfern, bei schweren und leichten Rhein- und Elbeschleppern vorkommen, ersehen. Die stärksten Platten befinden sich im Kimmgang und in dem obersten Gang. Im Kimmgang sind die Platten gerade bei der Fahrt auf dem Fluß den meisten Verletzungen ausgesetzt und müssen hier besonders stark sein. Der oberste Gang entspricht nicht ganz dem Schergang bei Seeschiffen, da er gewöhnlich das Schanzkleid mit bildet. Bei Raddampfern muß besonders beachtet werden, daß das Hinterschiff im Durchschnitt in der Plattenstärke 1 mm schwerer gebaut sein muß als das Vorderschiff. Das Hinterchsiff arbeitet dauernd in den Radwellen, während das Vorderschiff ziemlich ruhig liegt. Ersteres ist daher wesentlich höher beansprucht, so daß seine gesamten Verbände auf diese Beanspruchung eingerichtet sein müssen. Bei Schleppern kommt noch hinzu, daß der Druck der Schlepptrosse an einzelnen Punkten angreift, und daß dieser Druck vielfach stark wechselt. Man soll daher die Verbände besonders unter dem Schleppbock im Hinterschiff stärker konstruieren als bei dem übrigen Schiff und soll unter dem Schleppbock für gute Verteilung der Kräfte auf die benachbarten Partien des Schiffes sorgen.

Da die Radschiffe in der Mitte durch die Gewichte und das Arbeiten der Maschine und des Rades ganz besonders hohen Beanspruchungen ausgesetzt sind, müssen sämtliche Verbände besonders unter dem Maschinenraum kräftig gehalten werden. Es braucht daher nicht aufzufallen, daß der Kimmgang bei den schweren Rheinschleppern in der Mitte von 12 und 10 mm starken Platten gebildet wird, während die Plattenstärke dieses Ganges nach den Enden bis zu 5 mm abfällt. Die Enden dieser Schiffe sind eben, außer durch Eisgang, äußerst gering beansprucht. Bei irgendwie stärkerem Eisgang können derartige Schiffe aber überhaupt nicht mehr fahren.

Das Stumpfstoßen der Platten ist nur bei Personendampfern notwendig, weil hier eine überlappte Nietung für die Geschwindigkeit schädlich sein würde. Bei den geringen Geschwindigkeiten der Radschlepper kann man ohne Bedenken überlappte Nietung wählen und spart dabei noch an Gewicht.

Bei den dünnen Platten der Flußschiffe muß man namentlich im Vor- und Hinterschiff sehr acht geben, daß die Platten vorzüglich an den Spanten anliegen und daß die abliegenden Gänge gut mit Unterlagen ausgefüttert sind. Man erhält sonst ein sehr schlechtes Aussehen der Schiffe, da die Platten beim Nieten, zumal wenn schwerere Preßlufthämmer verwandt werden, so stark an die Spanten herangezogen werden, daß sich jeder Spant an der Außenhaut der Schiffe deutlich ausprägt. Dieser Fehler ist, wenn er einmal gemacht, nicht wieder herauszubringen.

Bei den Spanten muß man diejenigen, die direkt unter den Kesselträgern liegen, stärker nehmen, am besten doppelt und durch ausnahmsweise hohe Bodenwrangen verstärken. Wo man dies nicht tun will und etwas Gewicht übrig hat, kann man unter den Kesseln schwere Doppel-T-Träger über die Breite des ganzen Schiffes weglegen. Normalprofile 18, 19, 20 genügen, je nach Breite des Schiffes und Gewicht des Kessels. Die Enden dieser Träger werden rund abgebrannt, daß sie genau in die Kimm passen, und ein nach oben gehender Rahmenspant wird mit ihnen in der Weise vernietet, daß der eine Flansch des Trägers zum Durchtritt des Rahmenspantes soweit wie nötig weggebrannt wird.

Rahmenspanten kann man unter Verwendung geflanschter Platten bauen. Nur im Maschinenraum, wo zur Aufnahme lokaler Stöße und Gewichte besonders schwere Rahmenspanten notwendig sind, können geflanschte Platten nicht mehr empfohlen werden.

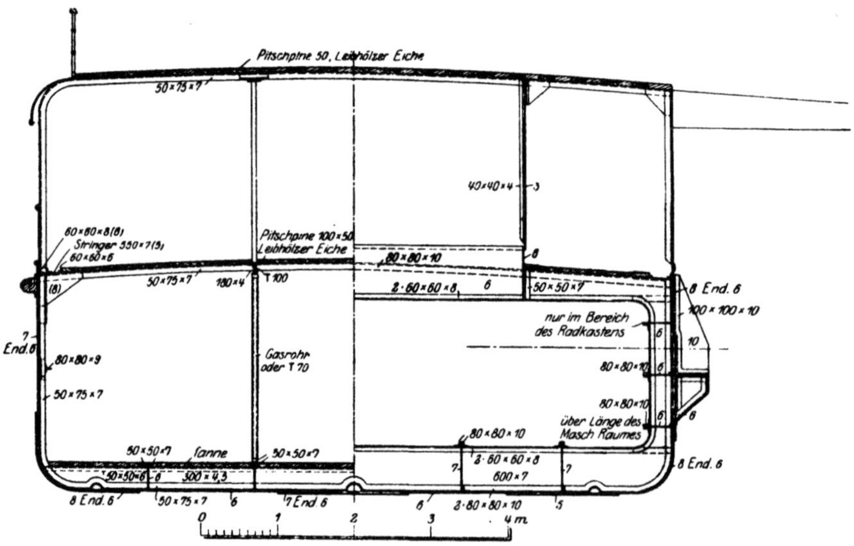

Fig. 6. Hauptspant eines großen Radpersonendampfers.

Abmessungen:
Länge 77,00 m.
Breite auf Spanten 8,15 m.
Seitenhöhe 2,90 m.

Vorsteven:
Schmiedeeisen 120 · 30.

Rudersteven:
Schmiedeeisen 100 · 50.
Spantentfernung: 350—600.

Außenhaut:
Kielgang 7 u. 6; Bodengänge 6; Kimmgang 8 u. 6; Seitengänge 6; Oberster Gang 8 u. 6.

Nietung:
Längsnähte: Einfach überlappt; Stöße: 4reihige Laschennietung.

Schotte:
8 wasserdichte Schotte; 3 mm Dicke; Versteifung: ∢ 40·40·5 in etwa 600 Entfernung.

Bodenwrangen:
In Maschinen- und Kesselräumen: 600 · 7 an jedem Spant; Im übrigen 300 · 4,5 an jedem 2. und 3. Spant.

Bei der Spanteinteilung sowohl wie bei allen anderen Verbänden muß beim Flußschiff besonders beachtet werden, daß hier nicht die Querfestigkeit des Schiffes in der Weise gesichert zu werden braucht wie beim Seeschiff. Es handelt sich hier immer um rein lokale Beanspruchungen, sowohl bei Belastung und Stößen z. B. durch die Maschine wie auch durch Angriffe von außen beim Auflaufen.

Es kann hier darauf aufmerksam gemacht werden, daß die in den Tabellen angegebenen halben Millimeter sowohl bei Platten wie bei Winkeln durchaus innegehalten werden müssen. Die Belastungen sind so stark, daß dieser halbe Millimeter ein Sicherheitszuschlag ist, welcher zwar mit der Zeit durch Rosten usw. aufgebraucht wird, dessen Weglassen von vornherein aber die Schiffe nach kurzer Zeit so weich werden läßt, daß sie Betriebsstörungen erleiden können. Eine Aufrundung nach oben auf volle Millimeter läßt gewöhnlich der sehr begrenzte Tiefgang nicht zu.

Für die Längsfestigkeit genügt es im allgemeinen, wenn die Bodenwrangen querschiffs vollständig durchgeführt und die Kielschweine interkostal eingesetzt sind. Diese Bauart ist die billigste, weil man dabei die Spanten entweder im ganzen oder wenigstens in Hälften aufstellen kann. Wird das Schiff in seiner Längsfestigkeit bei Wahl schwächerer Verbände zu stark beansprucht, ist es ratsam, durchlaufende mittlere Kielschweine zu wählen und die Querverbände hierzu zu unterbrechen.

(Fortsetzung siehe Seite 26).

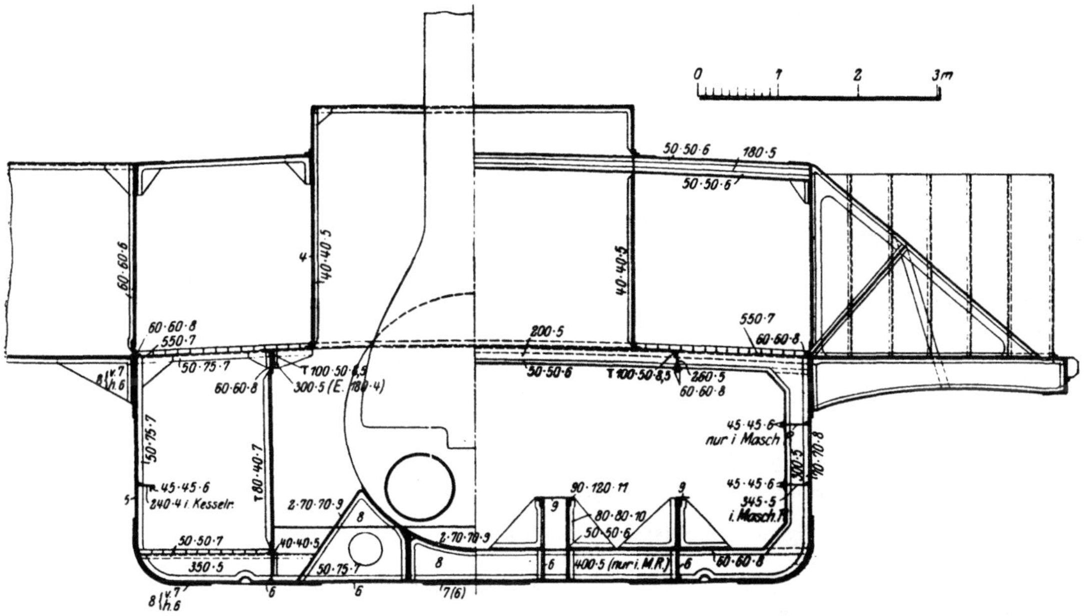

Fig. 7. Hauptspant eines kleinen Radpersonendampfers.

Außenhaut:
Kielgang 7, E 6.
Bodengänge 6.
Kimmgang 8 {v. 7. / h. 6.
Seitengänge 5.
Schergang 8 {v. 7. / h. 6.

Nietung:
Nähte: Einfach überlappt.
Stöße: Doppelt überlappt.
Deckstringer: 550·7, E 380·5.
Decksbänder: 6.
Stringer: ∢ 60·60·8, E 60·60·6.
Decksbelag: 50 mm Pitschpine.

Decksbalken: ∢ 50·75·7; unter Ankerwinde, Steuerwinde und Steuervorrichtung: ∢ 60·90·8.
Spantentfernung: Im Maschinen- und Kesselraum 350÷600; Enden 680.
Spantprofil: ∢ 50·75·7.
Schottspanten: ∢ 50·50·6.
Bodenspanten: ∢ 50·50·6.
Rahmenspanten: Nur im Maschinen- und Kesselraum.
Querschotte: 4 mm.
Versteifungen: ∢ 50·50·5 in etwa 700 Abstand.

Bodenwrangen: Im Maschinen- und Kesselraum an jeden Spant, Enden an jeden 2. bis 3. Spant.
Deckstützen: T 80·40·7. Unterzüge von vorn bis hinten durchlaufend.
Kielschweine: 4 Stück von vorn bis hinten durchlaufend.

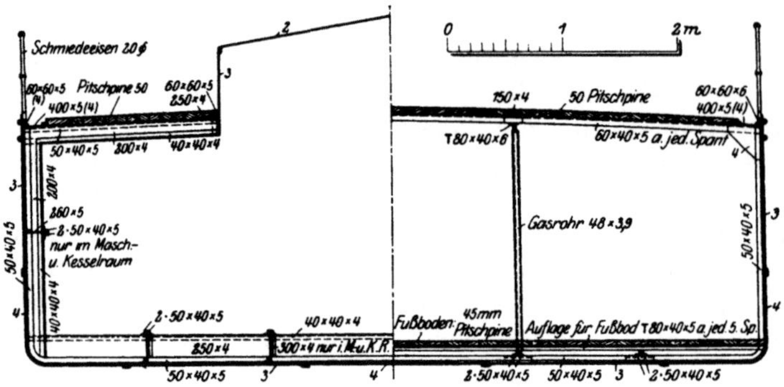

Fig. 8. Hauptspant eines leichten Radpersonenschiffes.

Abmessungen:
Länge zw. Steven 51,40 m.
Breite a. Spanten 6,50 m.
Seitenhöhe 2,10 m.

Spanten: ∢ 50 · 40 · 6.

Gegenspanten: ∢ 40 · 40 · 4.

Spantentfernung: 500 mm.

Bodenwrangen: 250·4 nur im Maschinen u. Kesselraum an jedem Spant.

Rahmenspanten: 200 · 4, ∢ 40 · 40 · 4 im Maschinen- u. Kesselraum an jedem 5. Spant.

Seitenstringer im Bereich des Maschinenraums 250 · 5 + 2 · 50 · 40 · 5.

Kielschweine: Im Masch.- und Kesselraum 300 · 4 + 2, ∢ 50 · 40 · 5. An den Schiffsenden 2 ∢ 50 · 40 · 5. Über Spanten laufend.

Außenhaut:
Kielgang 4 mm.
Kimmgang 4 mm, Enden 3.
Boden- u. Seitengänge 3 mm.

Nietung:
Nähte: Einfach überlappt.
Stöße: Doppelt überlappt.

Schotte:
Unten 4 mm, oben 3 mm.
Versteifungen: ⊥ 60 · 30 · 5,5.

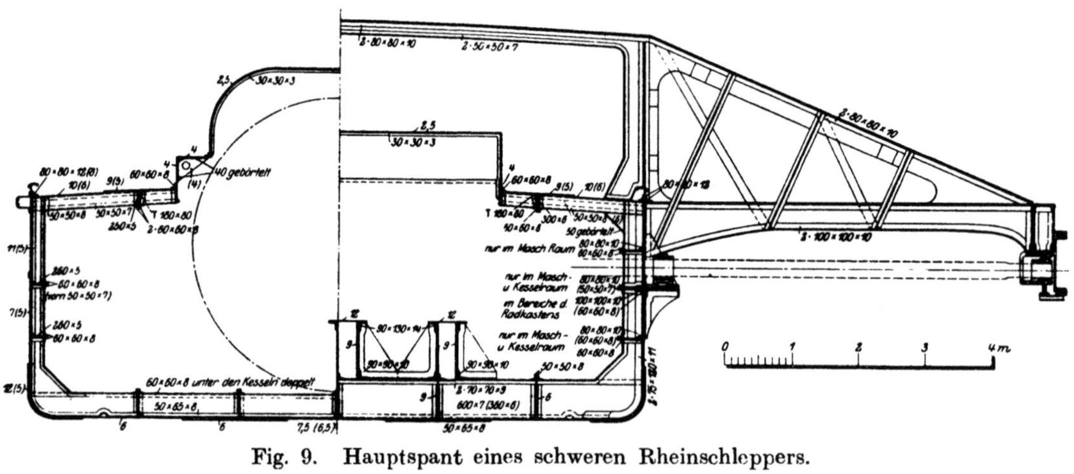

Fig. 9. Hauptspant eines schweren Rheinschleppers.

Abmessungen
Länge zwischen Steven 75,00 m.
Breite auf Spanten 9,00 m.
Breite, größte über Fender 21,60 m.
Seitenhöhe 3,32 m.
Tiefgang mit Ausrüstung 1,80 m.

Spantentfernung: Maschinen- u. Kesselraum 400 bis 600; Enden 600.

Spanten: ∢ 50 · 65 · 7 u. 8. An Schotten und Rahmenspanten ∢ 50 · 50 · 7; 75 · 100 · 10 und 75 · 120 · 11.

Rahmenspanten im Maschinen- u. Kesselraum: 300 · 6 und 200 · 5; Enden 150 · 4. An jedem 4.—6. Spant.

Bodenwrangen an jedem Spant im Mittelschiff: 600 · 7, 360·6 und 300·5. An den Enden an jedem 2. Spant 300·5.

Gegenspanten: 50 · 50 · 6; 50 · 50 · 8; 60 · 60 · 8

Deck: Balken an jedem Spant ∢ 50 · 75 · 8. An Schotten und Rahmenbalken ∢ 50 · 50 · 7. Unterzüge in ganzer Länge des Schiffes 360 · 60; 250 · 5. Beplattung 9, Enden 5. Stringer 10, Enden 6. Stringerwinkel ∢ 80 · 80 · 12, Enden 80 · 80 · 8.

Außenhaut:

Kielgang:	Mitte 7,5;	Enden 6,5.
Bodengänge:	„ 6	„ 6.
Kimmgang:	„ 12	„ 5.
Seitengänge:	„ 6	„ 5.
Schergang:	„ 10	„ 5.

Nähte einfach überlappt, Stöße doppelt, bzw. dreifach überlappt genietet.

Kielschweine: 5 Stück über ganze Schiffslänge verlaufend, soweit Schiffsform es gestattet.
Stringer nur im Bereich des Maschinenraumes.
Stringer im Bereich der Maschinen- u. Kesselräume, der Bunker und des vorderen Laderaumes.
Stringer im Bereich der Maschinen- u. Kesselräume.

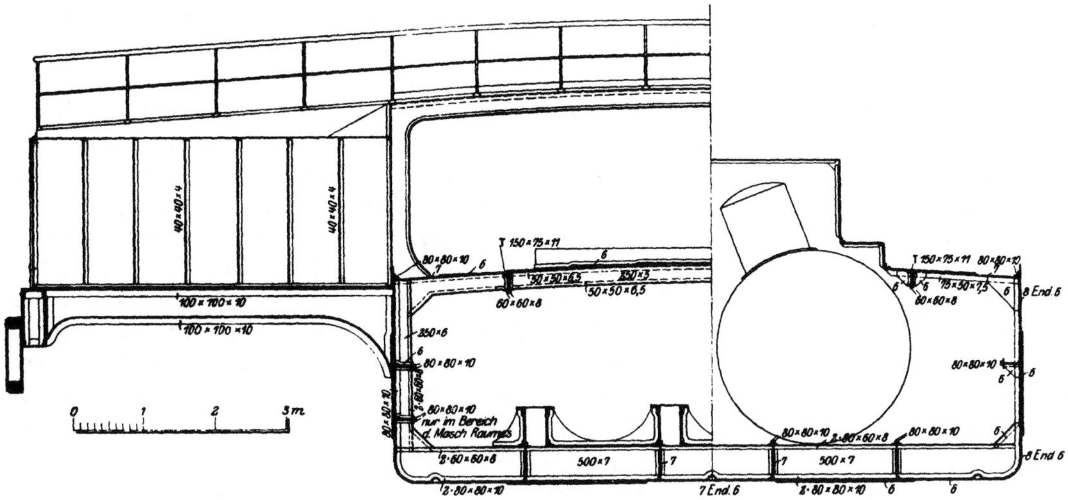

Fig. 10. Hauptspant eines leichten, aber kräftigen Rheinschleppers.

Abmessungen:
Länge zwischen Steven 70,00 m.
Breite auf Spanten 8,70 m.
Breite, größte über Fender 18,90 m.
Seitenhöhe 2,90 m.
Tiefgang 1,00 m.

Spanten: ∢ 50 · 65 · 6,5; 50 · 75 · 7; 80 · 80 · 10 u. 70 · 70 · 9.

Gegenspanten: ∢ 60 · 60 · 8; 50 · 50 · 7 + 6; 45 · 45 · 5.

Bodenwrangen: 300—500; 4,5 und 7 mm.

Decksbalken: ∢ 50 · 60 · 7; 60 · 90 · 7 und 50 · 75 · 7 an jedem Spant.

Deckstringer: 700 · 7; Beplattung 6 mm; Riffelblech.

Schotte: 4 mm; Versteifung ∢ 40 · 50 · 5.

Außenhaut:
Kielgang 7; Enden 6; Bodengänge 6.
Kimmgang 8; Enden 6; Seitengänge 6; Oberster Gang 8; Enden 6.
Längsnähte: Einfach überlappt.
Stöße: 4 reihige Laschennietung.
Weigerungen: Interkostalplatten 6 mm; ∢ 80 · 80 · 10 und 50 · 65 · 6,5.

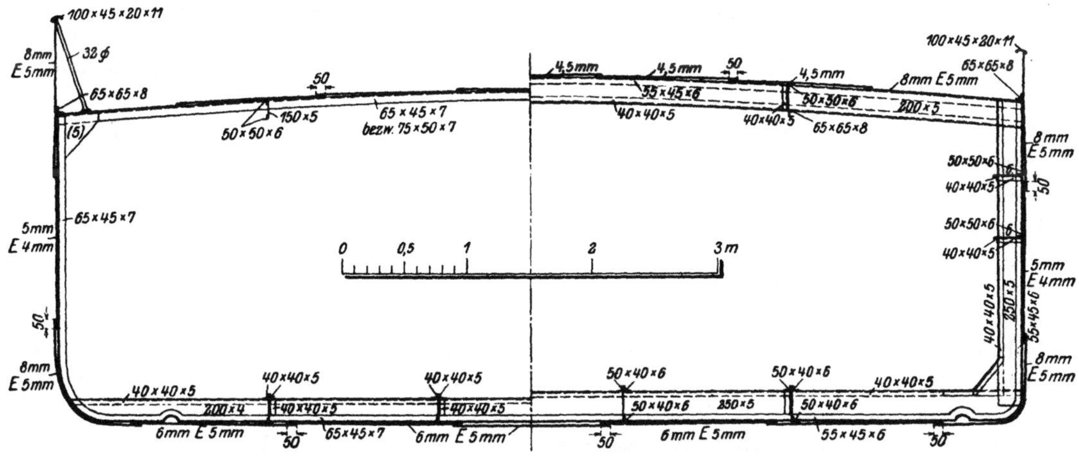

Fig. 11. Hauptspant eines Elbeschleppers.

Abmessungen
Länge zwischen Steven 63,00 m.
Breite auf Spanten 7,90 m.
Seitenhöhe 2,50 m.

Spanten: ∢ 65 · 45 · 7, bzw. 55 · 45 · 6. In Kessel- und Maschinenräumen — Rahmenspanten von 150 · 4 und 200 · 5. Gegenspanten ∢ 40 · 40 · 5.

Bodenstücke: 200 · 4 und 250 · 5. Kesselraum: 450 · 8.

Deckbeplattung: 4,5 mm; Stringer: 8 mm; Enden: 5 mm.

Außenhaut:
Kielgang: 6 mm.
Bodengänge: 6 mm; Enden 5 mm.
Kimmgang: 8 mm; Enden 5 mm.
Seitengänge: 5 mm; Enden 4 mm.
Schergang: 8 mm; Enden 5 mm.

Sämtliche Nähte überlappt — einfach genietet. Breite der Überlappung = 50 mm.

Deckbalken: ∢ 65 · 45 · 7 und 75 · 50 · 7. In Kessel- und Maschinenräumen — Balkenplatten 200 · 5.

Auch die Montage dieser Konstruktion ist noch ziemlich einfach. Bei den schon mehrfach erwähnten leichten Rheinschleppern genügt die Längsfestigkeit allerdings auch dann nicht mehr. Wenn alle Längsverbände durchgeführt werden, ist man hier genötigt, die Bodenwrangen interkostal zu bauen. Diese sogenannten leichten Schlepper sind nur leicht in ihrer Bauart. In ihrer Leistung kommen sie den schweren Schleppern jedoch gleich, haben aber anstatt eines Tiefganges von 1300 mm wie jene, nur einen solchen von 1030 mm. Sie werden zu besonderen Zwecken, namentlich für den Oberrhein gebaut und müssen, weil sie dort niedrige Brücken zu passieren haben, auch in ihren Seitenhöhen sehr niedrig gehalten werden. Zu erreichen ist der geringe Tiefgang nur durch große Ausmaße in der Breite (9, 10 m gegen 8,9 m der schweren Schlepper). Ihre geringere Seitenhöhe von 2,9 m gegen 3,35 m der anderen Schlepper läßt die Schiffe aber so weich werden, daß nur vollständig durchgeführte Kielschweine, Decksunterzüge usw. sowie einige im Laderaum und Kohlenbunker eingezogene brückenartige Konstruktionen, die Längsschotten teilweis ersetzen, die notwendige Längsfestigkeit überhaupt erreichen lassen.

Diese Ausführungen über die Längsfestigkeit führen zur Besprechung der Längsverbände im Innern des Schiffes. Ganz ohne Längsverbände im Boden sind nur sehr wenige, kurze Raddampfer, etwa Bereisungsdampfer u. dgl. Sehr leichte Längsverbände haben die Personendampfer der Elbe. Es sind hier mittschiffs vier, an den Enden zwei leichte T-Eisen auf den Gegenspanten vernietet. Eine Verbindung mit dem Schiffsboden selbst besteht hier nicht. (Siehe Fig. 12.) Eine ähnliche Konstruktion, wenn auch schon bedeutend schwerer, findet sich bei verschiedenen leichteren Elbeschleppern. Die Kielschweine sind hier in den Wohnräumen, manchmal auch im Laderaum, über den Spanten längs geführt und durch kurze Gegenwinkel mit diesen verbunden. Sie unterbrechen dann jedesmal an einer Bodenwrange, mit der sie wieder durch kurze Winkelstücke vernietet sind. Über dem Garnierungswinkel der Bodenwrange läuft dann der doppelte Garnierungswinkel des Kielschweins etwa in Dimensionen 40 × 40 × 5. Dieser ist mit den Garnierungswinkeln der Bodenwrangen verbunden und mit dem Kielschwein, welches 40 mm über die Bodenwrange hinausragt, vernietet. Im Kesselraum wird dann das Kielschwein wieder mit dem Boden verbunden, bekommt dadurch eine um Spanthöhe größere Höhe, ohne in seiner oberen Kante höher in den Raum hineinzuragen. Im Maschinenraum wird das Kielschwein dann so hoch gezogen, daß es die Maschinenfundamente bilden kann. Die Ausbildung dieser Fundamente selbst soll einer späteren Besprechung vorbehalten bleiben. Bei schwereren Radschleppern, auch bei den sogenannten leichten Rheinschleppern, sowie bei den Personendampfern ist eine Verbindung der Kielschweine mit dem Boden stets anzustreben, weil das Kielschwein dadurch viel besser trägt. Die Kielschweine werden bereits vor den Maschinenschotten so weit auseinandergezogen, daß sie einen Teil der Maschinenfundamentträger bilden und in Verbindung mit ihnen wird dann noch ein Hilfskielschwein als weiterer Maschinenträger durchgezogen. Die Verbindung (siehe Fig. 13) soll möglichst lang ausgezogen sein und der Knotenpunkt vor ein Schott verlegt werden. Anderenfalls ziehen sich die Verbände durch fortwährendes Arbeiten leicht auseinander. Wo man die an sich unangenehmen spitzen Winkel in der Verbindung sparen will und sehr wenig Gewicht zur Verfügung hat, können auch Hilfskielschweine ohne Verbindung mit den Hauptkielschweinen direkt bis zu den beiden Endschotten des Maschinenraumes führen und jenseits dieser Schotten noch kurze Übergangs-

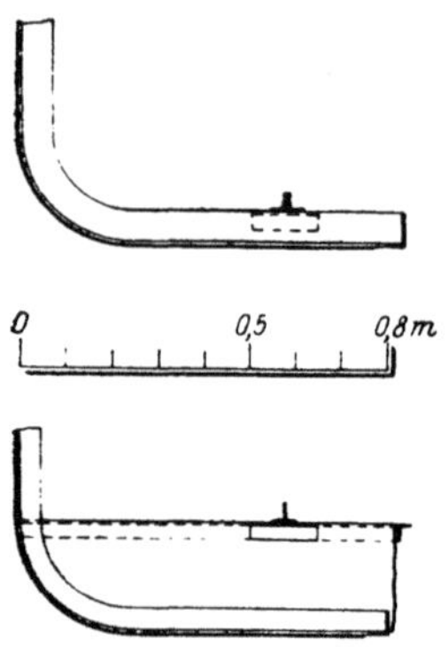

Fig. 12. Kielschweine über Spanten, nicht fest mit dem Boden verbunden.

stücke angesetzt werden. Auch diese Konstruktion hat sich bewährt. Die Seitenkielschweine werden bei Anordnung von Seitenbunkern zum Tragen der vorderen Kohlenbunkerwand mitbenutzt. Sie müssen dann so gezogen werden, daß ihr Abstand von der Außenbordwand der Kohlenbunkerbreite entspricht. In den letzten 5—6 m Schiffslänge brauchen die Kielschweine nicht mehr durchgeführt zu werden. Die Seitenkielschweine endigen meist bereits 15 m von den Schiffsenden, weil sie sonst zu nahe an die Mittelkielschweine herangeführt werden müßten.

Bei den Radschleppern ist zu empfehlen unter der Welle außer den normalen Seitenstringern etwa in der Länge von 10 Spanten einen zweiten Seitenstringer anzubringen, der an das Maschinenraumschott anschließt.

Kräftige Decksunterzüge in breiten Personendampfern mit Holzdeck sind deshalb notwendig, weil die Holzdecke gerade im Bereich des Maschinenraumes sehr stark beansprucht wird. Es findet hier die größte Belastung und Durchbiegung des Schiffes statt, und das Deck ist an dieser Stelle am schwächsten wegen der großen Ausschnitte für Maschinen- und Kesseloberlichter. Die Decks springen daher, besonders bei Dampfern, mit stärkeren Schwingungen, leicht nach oben aus und müssen durch die Unterzüge hier festgehalten werden.

Die Stichhöhe der Decksbalken ist etwa 250 × 350 mm mittschiffs. Die Balken werden von dem Einbau kalt auf diese Biegung durchgewalzt oder mit der Handpresse durchgedrückt. Ganz leichte Balken können sogar noch im Schiff selbst durchgestützt werden. Die mit diesen Decksbalken verbundenen Decks bestehen bei

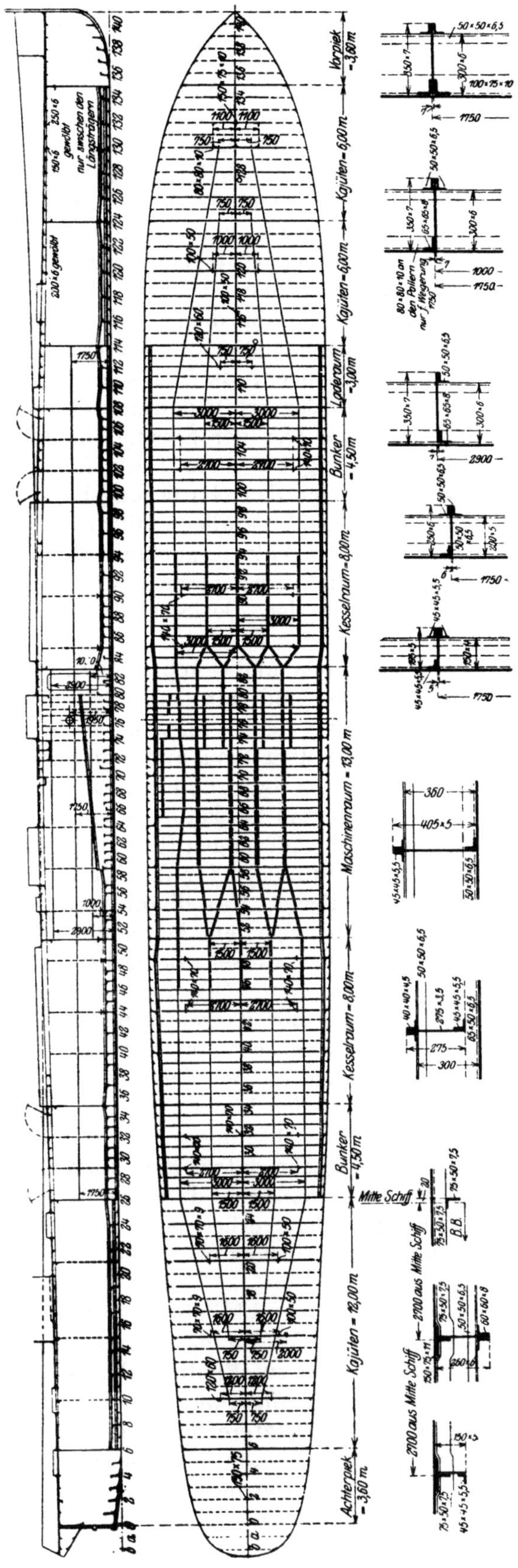

Fig. 13. Kielschweinplan eines Rheinschleppers.

schweren und leichten Rheinschleppern und bei schweren Elbeschleppern meistens ganz aus Siemens-Martin-Riffelblech. Bei leichteren Elbeschleppern und einzelnen Rheinschleppern aus Siemens-Martin-Riffelblech in der Mitte und aus Pitchpineholz über den Wohnräumen. Diese Anordnung wird eine Kleinigkeit schwerer, sie hat aber den Vorteil, daß die Wohnräume im Sommer kühler und im Winter wärmer bleiben, und daß das anden Enden beim Manövrieren arbeitende Personal nicht so leicht ausgleitet. Bei Schleppern sind die Decks an beiden Enden etwa um einen halben Meter heruntergezogen. Das Schiff wird dadurch, wie bereits früher erwähnt, wesentlich steifer. Ein hochgezogenes Deck wie bei Seeschiffen ist beim Flußschiff nicht notwendig, weil kein Wasser überkommt, welches von dem hochgezogenen Deck besser abläuft als von dem nach unten gezogenen Deck. Bei Personendampfern sind die Decks nach den Enden leicht angehoben, da hier sehr viel Wert auf das äußere Aussehen gelegt werden muß, und das Schiff dadurch eine angenehmere Form für das Auge erhält. Allerdings ist auch hier der Sprung im Schanzkleid größer als der im Deck, weil sonst die Bewegung auf dem Deck für das Publikum zu unbequem wird. Das Bergholz außen oder das Garnierungshalbrund ist bei diesen Schiffen aber meist mit dem Schanzkleid parallel geführt, liegt also an den Enden nicht genau in der Deckslinie. Die Widerstandskraft dieses Schiffsteiles bei Stößen wird dadurch geringer. Man muß dieses Opfer aber dem guten Aussehen bringen.

Einschnitte in den Decks sind bei Radschleppern gewöhnlich folgende vorzusehen:

Eine Einsteigluke in die Achterpik, 1200 × 1200. Diese ist mit leichten Winkeln zu garnieren und mit einem losen Deckel zu schließen.

Ein Niedergang zu der hinteren Wohnung, etwa 2100 bis 2300 × 950 bis 1000.

Ein Oberlicht über dem hinteren Wohnraum. 1000 × 1000.

Niedergang zum Laderaum, etwa 1000 × 1050 mit Steigleiter am Schott mit verschließbarem Deckel versehen.

Vier oder mehr Öffnungen für die Kohlenbunker, etwa 1000 × 950 lichte Weite.

Zwei große Öffnungen für die Einbringung der Kessel, auf die später die noch zu beschreibende Kesselhaube aufgesetzt wird. Die Größe dieser Öffnungen richtet sich nach dem Durchmesser der verwandten Kessel und danach, ob zwei oder vier Kessel vorgesehen sind. Bei großen Kesseln muß ein Teil der an der Seite dieser Öffnungen liegenden Platten noch lose gelassen und nach Einbringung der Kessel vernietet werden.

Zwei Maschinenoberlichter, eins über den Zylindern und eins über den Kurbeln so groß bemessen, daß der größte Zylinder und die Seitenwelle noch hindurchgebracht werden können.

Über diese Öffnungen werden später die Maschinenoberlichter aufgesetzt, welche die sehr notwendige Lüftung des Maschinenraumes sicherstellen.

Im Vorschiff kommen dann je nach Raumeinteilung wieder Kohlenbunkeröffnungen der vorher genannten Dimensionen, ein Laderaumluk und ein oder zwei Einsteigluken für die vorderen Wohnräume der Mannschaften in Betracht.

Fig. 14 gibt ein Bild eines normalen Decks eines starken Rheinschleppers.

Die Holzdecks der Raddampfer lassen sich nicht ausführen, ohne daß kräftige Decksbänder, sowohl zur Bindung der Decks mit der Außenhaut wie mit den Luken und Öffnungen vorgesehen werden. Fig. 15 gibt ein Bild der Führung dieser Decksbänder. Man kann letztere meist als Universaleisen gewalzt beziehen und sie teilweise als T-Eisen mit nach unten liegendem Steg ausführen. Bei Universaleisen genügen bei großen Personendampfern Ausmaße von 340 × 5 bis 180 × 4, als T-Eisen solche von 100 × 50. Die Decksbänder werden einmal längs der Außenhaut gezogen.

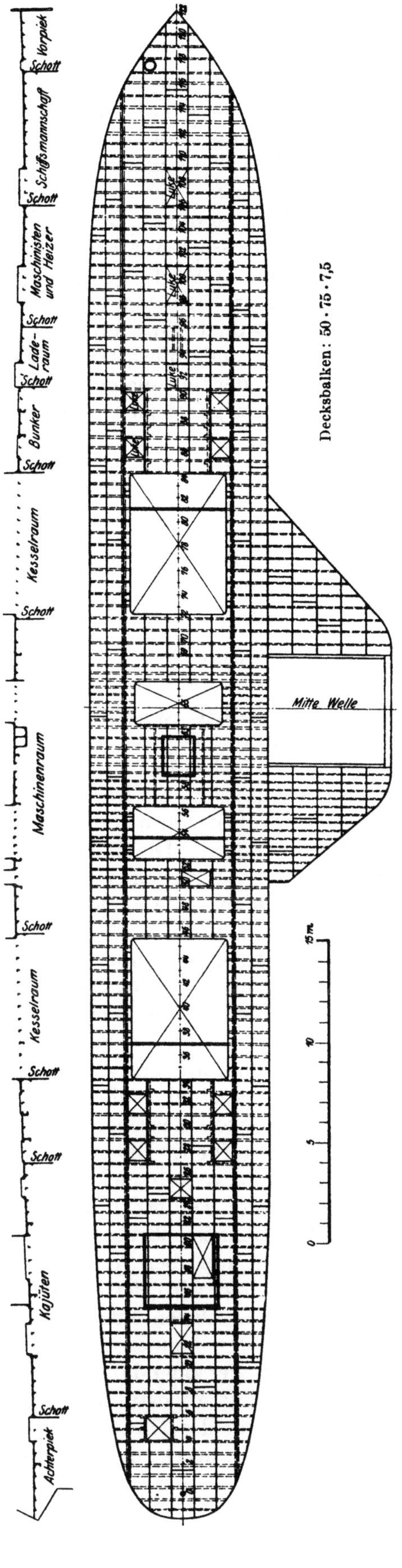

Fig. 14. Deck eines starken Rheinschleppers.

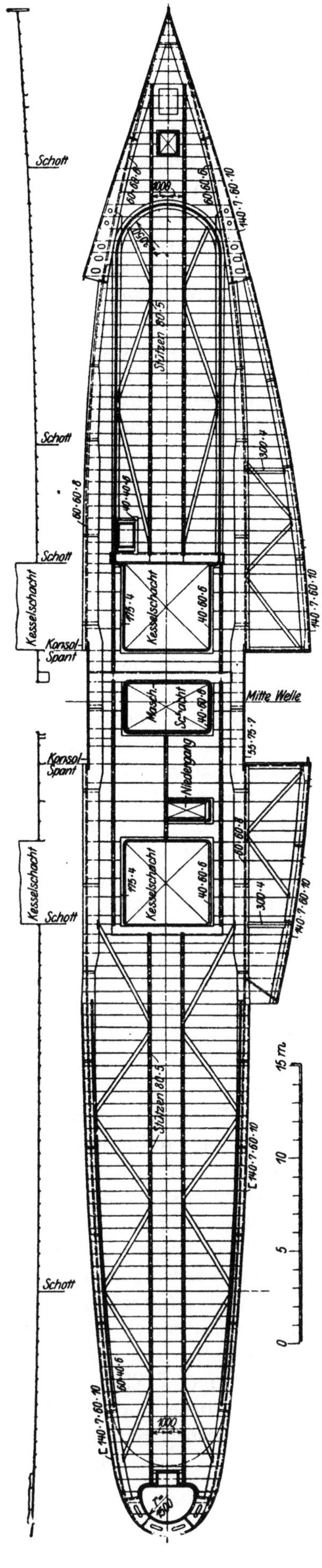

Fig. 15. Deck eines Personenraddampfers.

Hier tragen sie auch den sogenannten Wassergang, dessen Breite etwa 300 mm ist. Das Holzdeck stößt gegen den Innenwinkel dieses Wassergangs an, so daß das Wasser gut vom Deck ablaufen und im Wassergang zu den nach außenbords führenden Speigats geleitet werden kann. Die Garnierungswinkel des Wassergangs können außen 60 × 60 × 8, innen 45 × 45 × 6 durchgeführt werden. Sie sollen wenigstens 5 mm niedriger als das anstoßende Deck gehalten werden. Die größte Breite der seitlichen Decksbänder ist neben Maschinen und Kesseln durchzuführen, da hier das Schiff besonders hoch beansprucht wird. Die mehr mittschiffs liegenden Decksbänder, die vorher erwähnten T-Eisen, laufen in gerader Richtung vom Vorschiff zum Hinterschiff und sind in Breite der Luken angeordnet. Im Mittelschiff verspringen sie in Breite des Maschinenoberlichts und der Kesselhaube. Damit das Holzdeck bequem aufgelegt werden kann, sind die Enden der einzelnen Platten der Decksbänder stumpf miteinander zu stoßen, doppelte Nietung ist zu empfehlen.

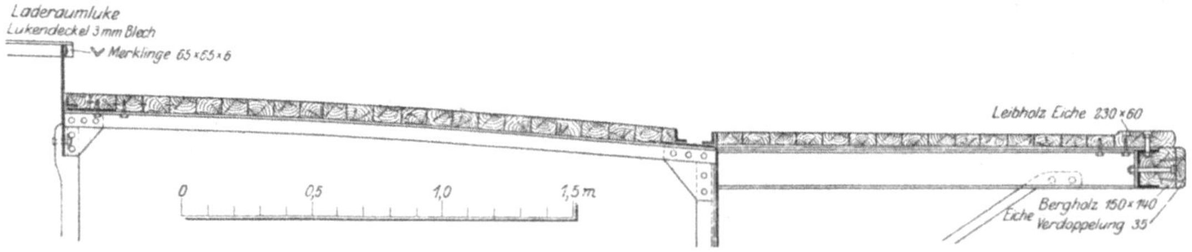

Fig. 16. Deck eines Personenraddampfers im Querschnitt.

Bei den größeren Personendampfern bestehen die Decksplanken gewöhnlich aus Pitchpinedielen von einer Breite von 100 und einer Höhe von 50 mm im fertiggehobeltem Zustand. Die Dielen sollen möglichst ast- und splintfrei in Längen nicht unter 8 m, besser 12 m mit den Jahresringen nach oben gelegt sein. Sie werden, wie Fig. 16 zeigt, von unten mittels verzinkter leichter Holzschrauben von 55 mm Länge und Vierkantkopf auf dem durchlochten Decksbalken festgehalten. Die Dichtigkeit wird meistens nicht nur durch Kalfaterung, sondern durch Einlegen verzinkter eiserner Deckfedern von 20 mm Breite und $^1/_2$ mm Stärke, die in jede Diele 10 mm eingelassen sind, gesichert. Da diese Decks für die einfacheren unteren Räume häufig gleich als Decke dienen, ohne weitere Verkleidung, kann man beim Durchschieben durch die Vierfach-Hobelmaschine an der unteren Kante gleich eine Zierkante anstoßen. Beim gleichen Arbeitsvorgang werden auch die Nuten für die Decksfedern gleich mit eingesägt. Die Dielen werden oben etwa 2 mm schmaler gehalten als unten, damit für die Kalfaterung, welche durch Eintreiben von Hanf und Vergießen mit Schiffspech stattfindet, Platz ist. Das Hauptdeck und auch das obere Deck findet seine Begrenzung am Winkel des Wassergangs. Der Stoß zwischen diesem Winkel und der Pitchpinediele muß besonders gut kalfatert werden. Die Abhalterdecks auf dem Radkasten sind in gleicher Weise verlegt. Sie werden meist außen gegen ein schweres eichenes Laibholz, welches gegen Verletzungen schützt und 20 mm höher ist, abgefangen. Das Laibholz wird auf seiner Innenkante, ebenso wie das Deck mit Holzschrauben, in der Mitte aber mit durchgezogenen und oben verdübelten Mutterschrauben festgehalten. Wenn das Deck im Herbst gelegt wird, ist im Frühjahr eine Nachkalfaterung notwendig. Das Oberdeck, dessen Dielen meist etwas leichter, gewöhnlich 40 oder 45 mm dick sind, steht bei leichten kleinen Personendampfern mit Stützen auf dem Hauptdeck. Bei den großen Personendampfern ist es mittels Doppel-T-Eisen, etwa Profil acht, auf der Außenhaut abgestützt. Es ist nicht richtig, diese Doppel-T-Eisen einfach auf die Decksbänder des Hauptdecks zu stellen, und mittels Knieblechen mit dem äußeren Wassergangwinkel zu verbinden. Sachgemäß ist es, diese Stützen durch das Decksband durchzustoßen und auf eine

Länge von 20—25 cm mit der Außenhaut zu vernieten. Es müssen dann natürlich an der Durchstoßstelle Dichtungswinkel vorgesehen werden. Die Abstände der Stützen und deren Profile müssen je nach der Belastungsmöglichkeit gewählt werden. Gewöhnlich lassen sie sich gerade so weit stellen, daß sie als Führung der Gegengewichte der Fenster bei einem Salon auf Hauptdeck benutzt werden können. Ist das Oberdeck schmaler gehalten als das Hauptdeck, was bei allen Schiffen, die keine Salons hinten haben, zur Vermeidung von Beschädigungen beim Anlegen des schiefliegenden Schiffes richtig ist, müssen die Deckstützen oben im Bogen unter das Oberdeck gezogen werden. Gegen den Absturz des Wassers vom Oberdeck auf das Hauptdeck schützt dann ein Blechkragen von etwa 2 mm Stärke, der mit einem leichten Halbrundeisen garniert und auf diesen Stützen abgestützt wird.

Fig. 17. Starker Rheinschlepper. (Erbaut von Gebr. Sachsenberg A.-G. in Roßlau.)

Bei Schleppern zieht man um das ganze Schiff ein Schanzkleid, das, wie schon früher erwähnt, mit zur Versteifung des Schiffes dient, indem der Schergang, der über das Deck hochgezogen ist, das Schanzkleid selbst bildet. Man ist zu dieser Konstruktion gewzungen, weil die Raddampfer eine zu geringe Seitenhöhe haben, und man dadurch die äußerste starke Längsversteifung ziemlich hoch legen kann. Um ein Ausweichen dieses Schanzkleides zu verhüten, garniert man es zunächst mit einem schweren Reelingeisen, etwa 100 × 40 bis 120 × 50 und stützt es außerdem mit kräftig geschmiedeten doppelfüßigen Stützen auf Deck ab. Durchbrochen wird das Schanzkleid nur durch Speigats, welche das Wasser über Bord leiten und durch zwei große Ausschnitte auf jeder Seite an der Stelle am Vorder- und Hinterschiff, an der die Hauptpoller stehen. Auf der Photographie eines Schleppers (17) sind diese Durchbrechungen zu sehen. Wenn man sich mehr Arbeit mit den Dichtungen machen will, ist es vorteilhafter, die Speigats nicht direkt durch das Schanzkleid, sondern zunächst durch das Deck nach unten und dann durch die Außenhaut nach außen zu führen und die Speigats etwa 2 cm über Außenhaut vorstehen zu lassen. Diese sind dann noch vollkommen durch das Bergholz gedeckt und das Wasser läuft nicht direkt am Schiff hinunter, was immer Schmutzstreifen gibt. In diesem Falle werden die Speigats, welche aus schmiedeeisernen oder Tempergußrohren mit aufgeschweißtem Flansch bestehen, mit einem Flansch von unten gegen Deck, mit dem anderen, nach gehöriger Unterlegung, gegen Außenhaut geschraubt oder genietet. Auch bei Personendampfern wird vielfach das Schanzkleid durchgeführt. Wo man Gewicht sparen muß und einen möglichst angenehmen Decksaufenthalt mit sauberem Deck schaffen will, verwendet man Deckstützen, die unten etwa 40, oben 20 mm stark sind. Die Stützen sind an zwei Stellen zu Kugeln ausgeschweißt und durch diese sind bei besserer Ausführung eiserne Stangen, bei einfacherer Ausführung Drähte oder Ketten gezogen. Ketten kann man auch einhaken. Die Köpfe dieser Stangen tragen, wie Fig. 18 zeigt, ein Teakholzprofil aufgeschraubt. Auf den Strak dieses Profils muß sehr viel Wert gelegt werden, da er besonders ins Auge fällt. Für das Oberdeck kommt ein derartiges Geländer überhaupt nur in Frage.

Die Decksaufbauten werden je nach Zweck entweder aus Holz oder dünnem Eisenblech hergestellt. Bei Radschleppern liegt hinten zunächst ein Oberlicht über den Wohnräumen. Dieses wird meist aus Eisen ausgeführt, da es so leichter und billiger wird und durch Abrutschen und Schlagen der Stangen und Geräte nicht so leicht verletzbar ist. Der Nachteil der Eisenausführung liegt hier darin, daß das Oberlicht im Winter stark schweißt und daher die Räume muffig werden. Vor diesem Oberlicht befindet sich gewöhnlich bei Rheindampfern ein Deckshaus für den Aufenthalt des Kapitäns und dessen Familie auf Deck. Dasselbe kann in den Ausmaßen 3500 × 3000 ausgeführt werden und enthält zugleich die Treppe zu den unteren Räumen. Dies Haus muß so niedrig gehalten sein, daß die Stränge bequem darüber hinweg streichen können. Die letzten Überläufer liegen am Ende dieses Hauses. Das Dach wird wegen des starken Schwitzwassers fast stets aus Holz mit Dachpappenverkleidung ausgeführt und der Form der Überläufer angepaßt. Die Umfassungswände bestehen meist aus Eisen. Innen werden sie mit Holz verkleidet oder mit Korkschutzmasse gestrichen.

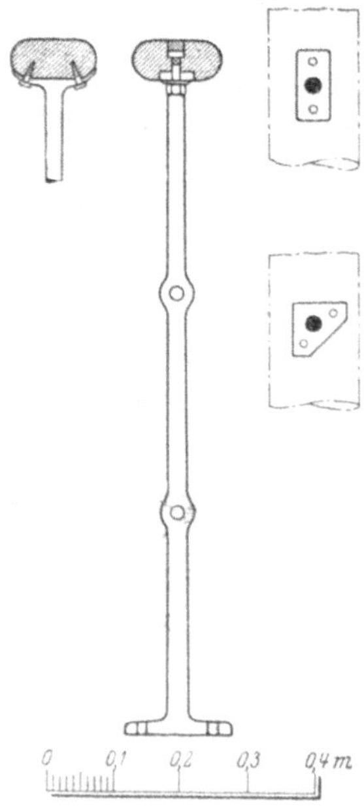

Fig. 18. Reelingstütze für Teakholzgeländer.

Im Gegensatz zu Seeschiffen können die Flußschiffe vollkommen offen gehalten werden, da ein Hineinschlagen von Wasser nicht zu befürchten ist.

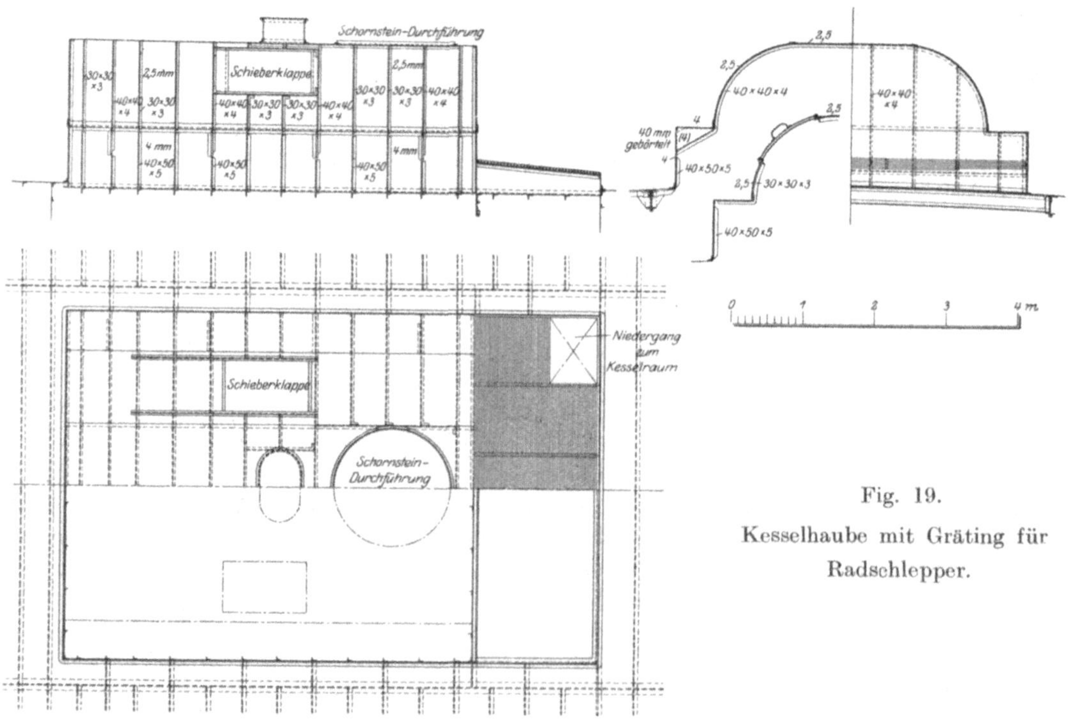

Fig. 19. Kesselhaube mit Gräting für Radschlepper.

Es ist dies sogar bei verschiedenen Räumen, wie Kesselräumen, direkt erwünscht, weil dadurch ein besserer Kesselzug gewährleistet wird und die Leute viel bequemeres Arbeiten haben. Die Aufbauten über den Kesselräumen unterscheiden sich daher auch ganz wesentlich von denen auf Seeschiffen. Fig. 19 zeigt eine solche Kesselhaube. Sie überdeckt den wegen seiner Größe und der geringen Höhe des Schiffes aus Deck herausragenden Teil des Kessels. An ihrer Vorderkante tritt der Schornstein und Rauchfang frei durch. Ein Scherstock von 400 mm Höhe, aus 5 mm starkem Blech gibt dem ganzen Kesselluk die gehörige Steifigkeit. Auf diesem steht, mit Winkeln verschraubt, die Kesselhaube selbst, die aus ganz leichten Winkeln und 2—$2^1/_2$-mm-Blech und kalt geschlagenen 6—8-mm-Nieten hergestellt ist. Der Scherstock trägt, soweit er vor der Kesselhaube liegt, rings um den Schornstein herum eine Gräting, welche gute Lüftung des Kesselraumes im Sommer gewährleistet und im Winter mit Blechen abgedeckt werden kann. An der Kesselhaube werden Schaulöcher für die Wasserstandsgläser, Klappen und Schieber zur Bedienung der Hauptabsperrventile und der Sicherheitsventile vorgesehen.

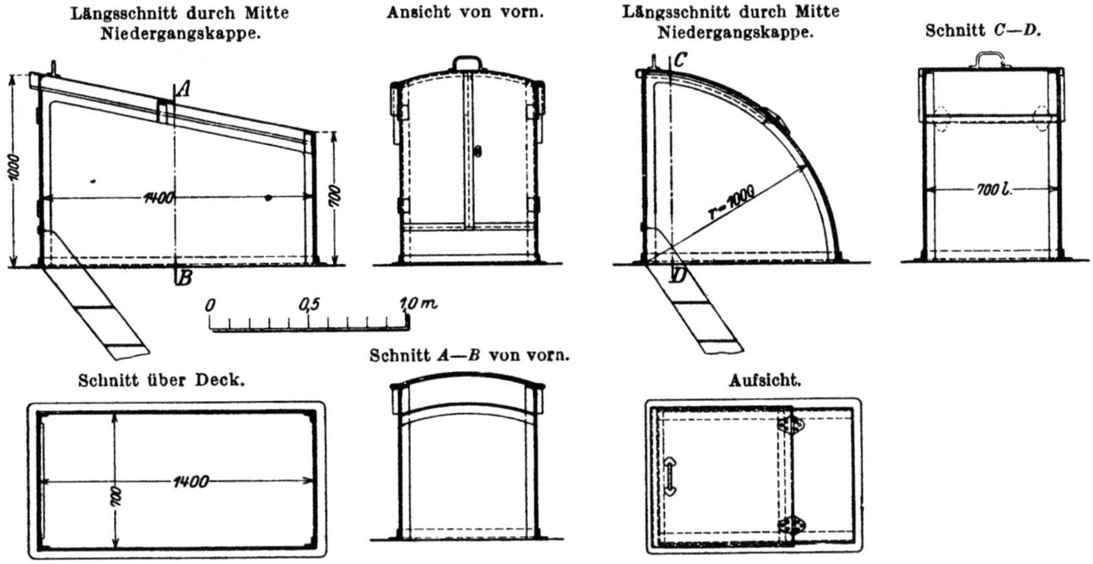

Fig. 20. Niedergangskappe.

Die Maschinenoberlichter, sowohl das Zylinder- wie das Wellenoberlicht, werden auf der Elbe und vielfach auch auf Rhein und Donau noch aus Holz ausgeführt. Sie bestehen dann aus einem etwa 20 mm starken hölzernen Rahmen mit schräg ablaufendem Dach, welches aufklappbar ist und in dem viereckige Fenster angebracht sind. Die Fenster sind gegen Zerschlagen durch Gitter geschützt. Die Klappen sind so eingeteilt, daß sie leicht bedient werden können. Feststellstangen, die vom Maschinenraum oder von Deck aus angezogen werden können, sichern die Lüftung. Neuerdings macht man diese Oberlichter häufig, ähnlich denen auf See, aus Eisen und läßt in jede Klappe drei kräftige runde Schiffsfenster ein, die wieder durch Gitter geschützt werden. Man ist zu dieser Konstruktion gekommen, weil die in der Nähe der Troßwindenanlage stehenden Oberlichter zu häufig durch das Bedienungspersonal der Stränge entzweigeschlagen wurden. Die eisernen Oberlichter sind haltbarer. Sie geben aber für den Maschinenraum viel weniger Licht, und es fragt sich, ob man den obengenannten Vorteil gegen den Nachteil der schlechten Belichtung erkaufen will. Alle Maschinenraumoberlichte müssen Persenninge erhalten, um das Licht bei Nachtfahrten abzudämpfen.

Die Niedergänge zu den Mannschaftslogis im Vorderschiff bestehen aus leichten Hauben, deren Rücken gebogen ist, und die über das Treppenloch gestülpt werden (siehe Fig. 20). Die Haube ist von vorn durch eine Doppeltür verschließbar und trägt oben einen Schieber, der das Betreten der Treppe erleichtert, da sie im allgemeinen nur 1,40 m hoch gehalten werden und man sich sonst zu sehr bücken müßte. Das Material der Haube ist 2 mm Eisenblech mit leichtem Halbrund garniert.

Bei Raddampfern kommen noch in Betracht die Anbauten auf den Radkasten. Die Trommeln über den Radkasten sollen reichlich weit gehalten sein, und zwar wenigstens so weit, daß eine Schaufel in ihrer vollen Höhe noch über den Radarm mittels Flaschenzug herausgehoben werden kann. Ferner soll die hintere Kante der Trommel so weit vom Rad entfernt sein, daß der größere Teil des mitgenommenen Wassers noch frei wegfallen kann. Die Breite der Trommel ergibt sich aus der Radkonstruktion, worüber später noch zu sprechen sein wird. Die Trommel selbst ist aus $2^1/_2$-mm-Blech, innen durch Winkel versteift, hergestellt. Die Seitenwände erhalten der besseren Abstützfähigkeit wegen $3—3^1/_2$-mm-Blech. An der inneren Seitenwand befindet sich eine Klapptür, deren Mindestbreite so groß sein soll, daß eine Radschaufel in liegendem Zustande bequem durch sie hindurchgezogen werden kann. Die Türen müssen gut dichten, da sonst Schleuderwasser hindurchtritt. Vor und hinter Radkastentrommel auf den Radkastenpodesten liegen Pissoir und Klosetts für Mannschaften und Kapitän, Laternen- und Besenkammer, auch gemeinschaftliche Küche für das gesamte Personal, welche alle aus 2-mm-Blech, auch mit eiserner Decke hergestellt werden.

Fig. 21. Eindeckradpersonendampfer (erbaut von Gebr. Sachsenberg A.-G. in Roßlau).

Die Aufbauten bei Personendampfern haben einen vollkommen anderen Charakter. Bei den kleineren Schiffen dieser Art findet man auch noch Niedergänge, Kesselhaube und Maschinenoberlichter in ähnlicher Ausführung wie sie eben beschrieben wurden. Bei den größeren sind aber alle diese Teile dem Zweck, möglichst angenehmer Beförderung von Fahrgästen und leichtester Verkehrsmöglichkeit, angepaßt. Es muß hier von vornherein prinzipiell entschieden werden, ob alle Aufbauten nach Möglichkeit in Holz oder in Eisen gehalten werden sollen. Die Gewichtsfrage ist hierbei nicht entscheidend, da die Ausführungen in Holz und Eisen, soweit man nicht schwere Teakholzbauten wählt, in annähernd gleichem Gewicht gehalten werden können. Maßgebend für die Wahl ist das Aussehen und die Erhaltungsmöglichkeit. Eiserne, gut unterteilte und in feinem Weiß gestrichene Aufbauten geben dem ganzen Schiff aus der Ferne ein besseres zweckentsprechenderes Aussehen und sind leichter zu erhalten. Dunkle oder hell gestrichene Holzaufbauten geben häufig dem Fahrgast das Gefühl großer Behaglichkeit und erinnern mehr an Wohnräume. Die Erhaltung dieser Bauten ist schwieriger und teurer. Wo Doppeldeck vorhanden, befinden sich die Maschinenoberlichter auf dem Oberdeck. Auf dem Hauptdeck ist hier ein Schacht, meist mit Fenstern, bis zum Oberdeck durchgeführt. Für das Oberlicht selbst kommen nur große Scheiben in Betracht, da sonst zu wenig Licht durch den tiefen Schacht nach unten fällt. Fenster im Schacht sind deshalb angebracht, weil der Fahrgast es besonders liebt, das Arbeiten der Maschinen sehen zu können. Bei Doppeldeckern fällt auch die Kesselhaube als solche fort. Es werden nur schachtartige Umbauten und ein weiterer nicht zu hoher, oben offener Schacht auf Oberdeck aufgebaut. In diesem, der auf Photographie 21 gut zu sehen ist, liegen dann auch die Ansätze des Schornsteins, sowie die Schornsteinwinden. Der Kesselschacht zwischen Hauptdeck und Oberdeck kann auf solchen Schiffen, wo Küchenbetrieb ist, auch noch für den Einbau von Wärmeschränken ausgenutzt werden. Die Radkastenanbauten, deren Ausnutzung für die verschiedenen Dampfertypen weiterhin besprochen wird, sind meist noch aus Holz gebaut. Sie sollten, um ein gutes Aussehen des Schiffes zu sichern, an den Enden abgerundet werden. Ebenso sollte ihr Dach in einer leichten, dem Aussehen des ganzen Schiffes entsprechenden Kurve, an den Enden nach unten gezogen werden. Der Bau des Schiffes wird dadurch ganz unwesentlich verteuert, das Aussehen aber erheblich gehoben.

Einer der wichtigsten Verbandsteile des Raddampfers sind die Radkastenträger mit Abweisern und Konsolen. Diese Teile haben den Zweck, das schwere Rad außen noch sicher und fest zu lagern und seine Schubkräfte, sowohl beim Vorwärts- wie beim Rückwärtsarbeiten aufzunehmen. Außerdem müssen sie noch Vertikalstöße, welche durch die eintauchenden Radschaufeln bei schlecht konstruierten Rädern auftreten, und die sehr erheblich sein können, auffangen. Man hat vielfach versucht, alle diese Kräfte in schweren Konsolen, welche man an die Außenhaut des Schiffes vernietete und mit kräftigen Rahmenspanten im Innern des Schiffes verband, zur Hauptsache aufzufangen. Diese Versuche sind mißglückt und mußten mißglücken, weil man bei den großen in Frage kommenden Hebelarmen, Gewichten und Kräften zu so schweren Konstruktionen käme, daß sie beim Flußschiffbau nicht mehr durchzuführen sind. Außerdem bekommen dann die Konsolen derartige Höhen, daß sie bei einigermaßen weggeladenem Schiff im Wasser schleifen und den Abfluß des Schaufelwassers verhindern. Dies führt zu schlechten Wirkungsgraden des Schleppers und des Rades. Bei leichten Schiffen sind derartige Lagerungen des Rades natürlich möglich. Bei stärkeren Kräften scheinen sie mir nicht mehr empfehlenswert, wenn auch anerkannte Konstrukteure sie anwenden. Die Radgewichte, die bei der Dimensionierung dieser Verbandsteile in Frage kommen, werden später bei den allgemeinen Angaben über Gewichte gebracht werden. Die Kräfte sind aus den später mitgeteilten Leistungen der Schlepper und Widerständen der Personenschiffe zu errechnen.

Um die äußere Lagerung des Rades zunächst in vertikaler Richtung sicherzustellen, ist man dazu übergegangen, eine Brückenkonstruktion anzuwenden, welche über das ganze Schiff wegreicht und zugleich die Stütze für die Kommandobrücke bildet. Fig.. 22 zeigt einen derartigen Radträger, einmal in der Konstruktionsart der Firma Sachsenberg, dann in einer häufigen anderen Bauart. Beide Konstruktionen sind gleichwertig. Die letztere ist etwas teurer, aber eleganter. Es muß hier besonders darauf geachtet werden, daß die obere Gurtung gerade durchgeführt wird, da sie rein auf Zug beansprucht wird. Da auf dieser Gurtung die Brücke liegt, wird häufig der Fehler gemacht, sie etwas zu wölben, wie man dies bei Brücken, die unter Druck stehen, macht. Solche Träger federn dann aber stark durch, gerade in der Richtung, in der die Last des arbeitenden Rades zur Wirkung kommt. Häufige Wellenbrüche, Warmlaufen der äußeren und inneren Lager sind die Folgen dieser Konstruktionen. Wenn auf die Wölbung der Kommandobrücke wegen des besseren Ablaufs des Wassers nicht verzichtet werden soll, so muß man unter allen Umständen die untere Kante der oberen Gurtung gerade machen, und kann dann unbedenklich die Oberkante wölben. Zwei derartige Spannwerke legt man über das Schiff, steift sie mit Konsolen, die nunmehr leichter und niedriger sein können, als wenn sie das ganze Radgewicht allein zu tragen hätten, gegen das Schiff einen Rahmenspant und verstärken Decksbalken ab, und verbindet sie an ihrer Außenkante mit einem schweren Kastenbalken, der das äußere Radlager trägt. Dieser Balken, der in der Mitte seine größte Höhe hat, ist zu berechnen als frei aufliegender, in der Mitte belasteter Kastenbalken. Um hier Durchfederung zu vermeiden, ist eine Belastung von höchstens 200 kg pro Quadratzentimeter zulässig. Wegen des exzentrischen Angriffs der Last sollte auch eine Nachrechnung auf Verdrehung erfolgen. Nähere Angaben, welche Profile bei der Konstruktion der Radkastenträger Verwendung finden, sind aus Fig. 22 für Radschlepper zu ersehen. Bei den Personendampfern sind die verwandten Profile nicht nur deshalb leichter, weil geringe Kräfte und Lasten auftreten, sondern auch deswegen, weil der Träger gewöhnlich höher gehalten werden kann, daher der Winkel zwischen oberer Gurtung und dem schräg ablaufenden Flügel ein spitzerer wird, wodurch die ganze Belastung günstiger ist.

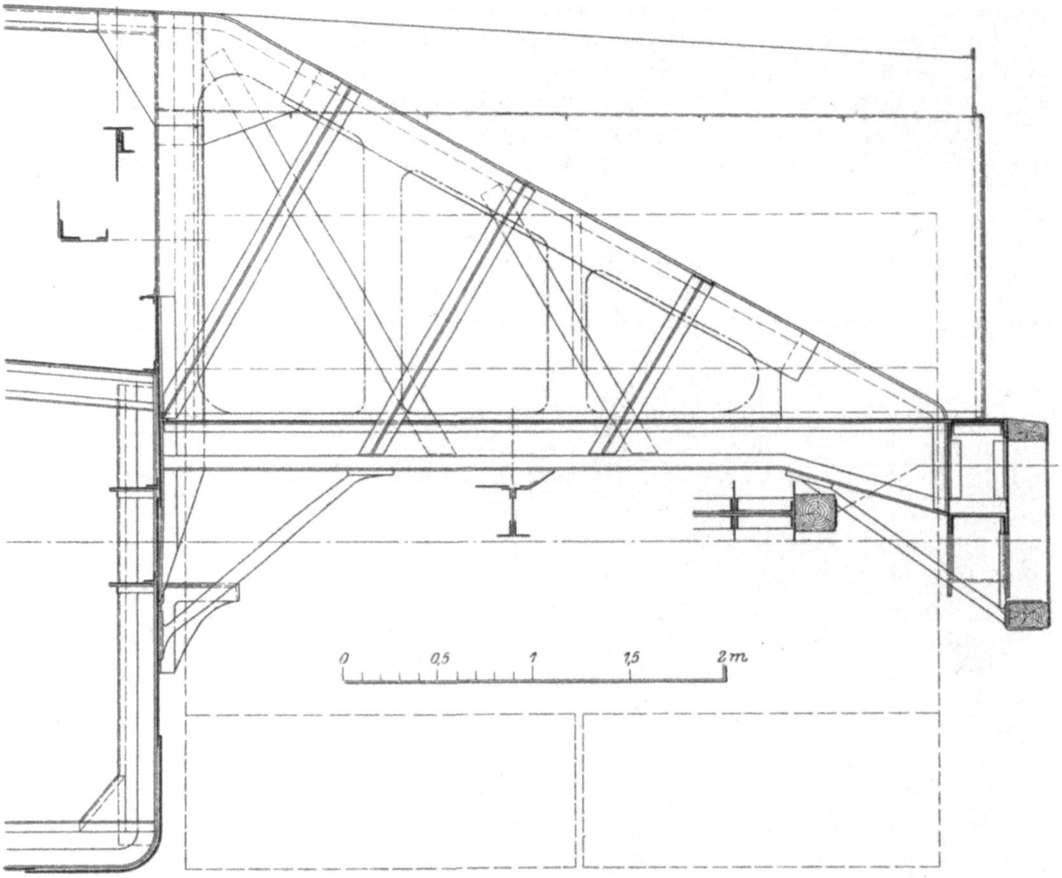

Fig. 22. Radträger-Querschnitt.

— Konstruktion Sachsenberg. —·— häufige andere Konstruktion.

Die Schubkräfte des Rades nach vorn und hinten werden durch die anschließenden Podeste (siehe Fig. 23) übertragen. Ferner muß noch ein Balken oder wenigstens ein starkes Drahtseil an kräftigen Trägern vor dem Rad in der Richtung der vorderen Kanten des Radkastenpodestes geführt werden, um antreibende Boote oder höhere Gegenstände vom Rade fernzuhalten. Dieser sogenannte Abweiser ist so tief gelegt, daß er bei tiefster Lage des Schiffes gerade noch von der Wasseroberfläche frei geht. Die Radkastenpodeste selbst haben beim Anlegen sehr viel auszuhalten und werden häufig eingedrückt. Bei Radschleppern genügt zu ihrem Schutz meistens ein schweres, eichenes, garniertes Bergholz von 200—250 mm Höhe, das in die Höhe des Abhalterdecks gelegt werden sollte, damit es nicht ausbiegt. Bei Personenschiffen, die dauernd anlegen, sehr flach sind, und durch den Wind gegen die Brücken getrieben werden, würde ein solches Bergholz noch eingedrückt. Man versteift daher dort jeden zweiten Podestbalken mit einem kräftigen Eichenholz von 150 × 100 mm. Noch besser ist es, wenn bei derartigen Schiffen die Abhalter mit einem kräftigen, kalfaterten Deck, anstatt mit losen Bohlen, belegt werden. Das Deck fängt alle Stöße recht günstig auf. Wenn man das zweite Radwellenlager nach außenbords verlegen will, wie dies meistens geschieht, so nietet man ein kräftiges Doppel-T-Eisen, etwa 400 × 155 mm bis 500 × 200 mm, welches mit Konsolen versteift wird, außenbords an. Werden die Lager noch breiter, ist eine Konsolenkonstruktion notwendig. Geachtet muß besonders darauf werden, daß die Stelle, an der ein solcher Konsol sitzt, innenbords wesentlich verstärkt werden muß und auch Außenhautplatte bis zu 12 mm erhalten sollte. Wo es konstruktiv durchführbar ist, sollte die Öffnung in der Außenhaut, durch welche die Welle hindurchgesteckt wird, so groß gemacht werden, daß die Welle mit den aufgekeilten Radrosetten ohne Lösung letzterer, hindurchgezogen werden kann. Man erleichtert dadurch die Montage und schont die Radrosetten.

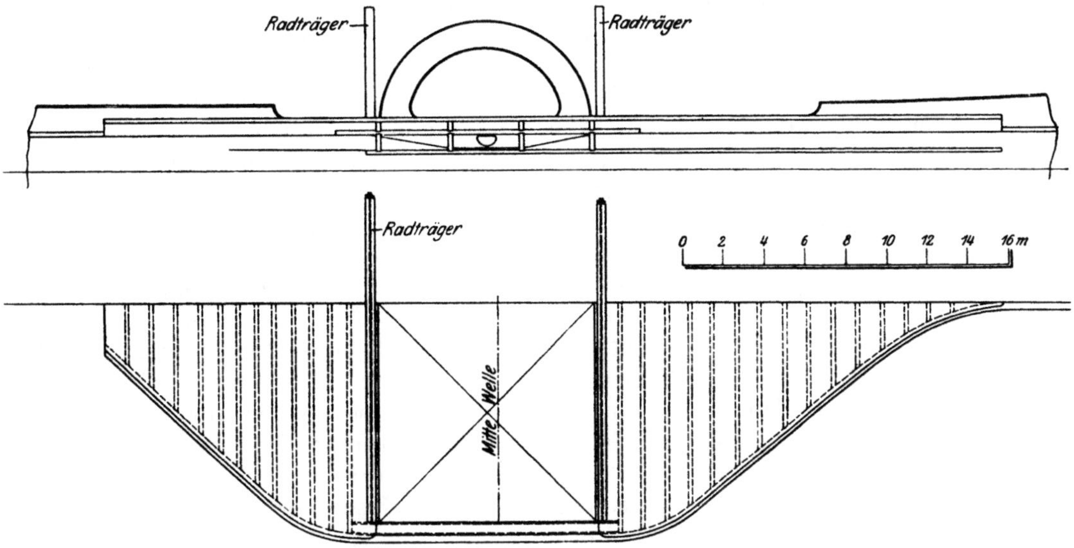

Fig. 23. Radträger mit Abweiser im Grundriß.

Wenn es die Raumeinteilung zuläßt, sollen die Kohlenbunkerwände nach Möglichkeit auf die Kielschweine gesetzt werden. Häufig ist es notwendig, die Wände losnehmbar zu machen. Man setzt sie dann am besten mit Schrauben oder bequemer mit Keilen gegen T-Eisen, welche zugleich die Versteifung bilden, fest. Wenn die Wände nicht losnehmbar sein sollen, genügt einfache Vernietung mit 12 mm Nieten. Die Bleche selbst haben bei den schweren Schleppern unten eine Stärke von 5, oben von 4 mm und können bei den leichten Schiffen bis auf 3 mm zurückgehen. Der Druck der Kohlen wird, wenigstens in den unteren Teilen der Kohlenbunker, noch mit 25 mm starken Tannenbohlen, welche als Verschalung eingebaut werden, abgefangen. Auch ein freies Gegenliegen der Kohlen gegen die Außenhaut ist bei den geringen Blechstärken des Schiffes nicht erwünscht. Auch hier ist Verschalung angebracht. Der Fußboden der Bunker soll aus verspundeten, etwa 30 mm starken Tannenbohlen bestehen. Die Stellen unter den Kohlenluken und diejenigen, auf denen die Schaufeln beim Herausholen der Kohlen aus den Türen laufen, sind am besten mit Blech zu beschlagen, weil sie sonst zu schnell weggearbeitet sind. Eine wasserdichte Ausführung der Kohlenbunker kommt bei Radschiffen nicht in Frage. Reichliche Schieber nach dem Heizraum hin, welche mit Gegengewichten ausbalanciert werden und so reichliche Füllöffnungen im Deck, daß auch bei Greiferbetrieb noch guter Ablauf eintritt, müssen vorgesehen werden. Wo es der zur Verfügung stehende Raum zuläßt, legt man am besten die Bunkerböden mit Fall nach den Türen. Man erleichtert dadurch das Kohlentrimmen wesentlich. Die Füllöffnungen richtet man so ein, daß sie einmal mit Gräting, einmal mit festem Deckel verschließbar sind, so daß eine Entlüftung der Kohlen jederzeit möglich ist.

Bei den größeren Radschleppern sowie den größeren Personendampfern sind wenigstens je 8 Schottwände, davon das vorderste etwa 4 m vom Vordersteven entfernt, als Kollisionsschott, vorgesehen. Die kleineren Schiffe haben noch 5—6 Schotten. Eine reichliche Schotteinteilung, soweit es die Verwendungsmöglichkeit der Dampfer nicht zu sehr beeinträchtigt, ist erwünscht. da die Kollisionsgefahr auf dem Fluß sehr groß ist. Allerdings ist es nicht möglich, die Schotten so eng zu wählen, daß, wenn zwei nebeneinanderliegende Räume vollaufen, noch an eine Schwimmfähigkeit der Schiffe gedacht werden kann. Auch die Schotten an sich müssen wegen der Gewichtsersparnis so leicht gebaut werden, daß sie bei einem vollständigen Vollaufen der Räume nicht mehr zu halten sind. Da aber alle Räume in diesen Schiffen sehr leicht zugänglich sind, kann meist noch im letzten Augenblick eine Absteifung mit Stützen vorgenommen werden. Die Schottplatten können bei den Schleppern in ihren unteren Teilen nicht stärker als 5 mm, in ihren oberen 3 mm genommen werden. Bei den Personendampfern bestehen sie durchweg aus 3-mm-Platten. Selbstverständlich sind Winkelverstärkungen in nicht zu großen Abständen, aber auch nur von leichten Winkeln, etwa 65 × 50 × 6 bis 60 × 40 × 5 vorgesehen. Bei den Personendampfern gehen die Versteifungen sogar auf 40 × 40 × 5 herunter. Weil die Schotten an sich schon zu leicht sind, muß natürlich jede Durchbrechung für Durchgänge vermieden werden. Da nur eine Deckshöhe vorhanden ist, kann man dieser Forderung leicht gerecht werden. Nur das Schott, welches die größten Räume voneinander trennt, zwischen Kessel- und Maschinenraum, muß wegen der Aufsichtsführung in beiden Räumen durch den Maschinisten eine wasserdichte verschließbare Durchgangstür bekommen. Es ist daher anzuraten, dieses Schott wenigstens in dem Winkel, in dem die wasserdichte Tür sitzt, aus Platten von mindestens 6 mm Stärke zu bilden und den Türrahmen kräftig zu garnieren, damit hier eine Abstützung bei Wassereinbruch in den Nachbarraum nicht notwendig wird. Die Anbringung eines Schotthahnes in einer Höhe von 1 m über dem Fußboden, ist der Kontrolle wegen hier auch notwendig.

Bei den Radschleppern, die viel mit und neben Kähnen arbeiten, ist es angebracht, einen Fender, um das ganze Schiff ringsum laufend, aus Hartholz zu bauen, der das Schiff gegen lokale Beschädigungen schützen kann. Wegen des geringen, zur Verfügung stehenden Eigengewichts kann ein solcher Fender leider nur bei den schwereren Rheinschleppern und solchen Schleppern leichter Art, die besonders für den Rangierdienst vorgesehen sind, angebaut werden. Die großen leichteren Schlepper, Personendampfer und die leichter gebauten Schlepper auf der Donau, Elbe, Weser usw. vertragen ihres Tiefgangs wegen die Anbringung eines solchen Fenders nicht. Man begnügt sich dort mit einem Schutz der Radkasten durch eigentliche Fender, und zieht um das ganze Schiff herum nur eine kräftige Leiste aus Halbrundeisen, die man gegen den Schandeckwinkel setzt. Sie schützt dann etwas gegen Beschädigungen. Um einen gut federnden Fender zu erhalten wird noch empfohlen, am Radkasten das Holz auf der Innenseite so mit Ausschnitten zu versehen, daß es nur aller 300 mm anliegt. Bei den oft anlegenden Personendampfern bringt man am Hinterschiff, wo die Dampfer beim Abfahren an der Brücke entlang streifen, einige kurze Fenderstücke von $1^1/_2$ m Länge an, damit das Schiff hier nicht geschrammt wird. Wo die Fender ringsum laufen, sind sie meist noch mit einem Flacheisen, etwa 90 × 10 bis 80 × 4 beschlagen. Der Fender wird zwischen Winkeln gefaßt, welche an seiner Ober- und Unterkante mitlaufen und mit der Außenhaut vernietet sind. Als Unterlagewinkel genügt ein solcher von 50 × 50 × 5, als oberer ein gleicher von 40 × 40 × 4. Den Fender mittels Bolzen durch die Außenhaut festzuhalten, ist nicht richtig, weil die Bolzen selten so gut abgedichtet werden können, daß sie bei Stößen auf den Fender noch dicht halten. Am besten verbolzt man den Fender durch die beiden Halterwinkel von oben nach unten. Wenn man dies nicht will, kann man einen schwereren Unterlagewinkel nehmen und den Fender auf diesen allein verbolzen. Man kann dann die Bolzenköpfe in das Holz verlegen und verdübeln. Der obere Fenderwinkel muß stets auf diesem gut abgedichtet sein, damit kein Wasser zwischen Fender und Schiffskörper treten und sich dort festsetzen kann. Fig. 24 zeigt einen Fender im Querschnitt am Schiff befestigt. Es ist nicht notwendig, dem Schiffe an denjenigen Stellen, wo der Fender aufliegt, eine senkrechte Form zu geben. Wo das Schiff spitz ausläuft wie am Hinterschiff, vermeidet man den doppelten Knick, der durch die senkrechte Auflagefläche des Fenders hervorgerufen würde, weil er große Schwierigkeiten bei der Anfertigung der Außenhaut machen würde. Man arbeitet lieber den Fender spitz aus. Wenn dieser dann bei stärkeren Stößen auch eine größere Neigung zum Abrutschen hat, wird er doch meist von Unter- und Überlagewinkel festgehalten, so daß ein Ausweichen nur in den seltensten Fällen vorkommt.

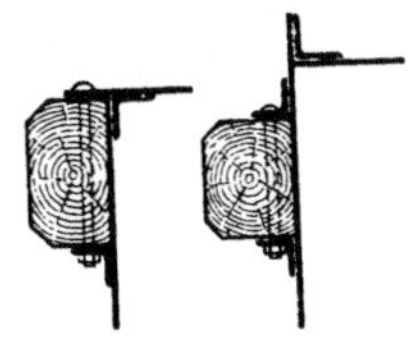

Fig. 24.
Fenderbefestigung.

Auch der Vorder- und Rudersteven der Radschiffe muß wesentlich leichter genommen werden, als er bei Seeschiffen nach den Vorschriften des Germanischen Lloyd sein sollte. Bei ganz leichten und kleinen Personendampfern und Schleppern verzichtet man ganz und gar auf einen Vorsteven und nimmt hier nur einen geschmiegten, vielleicht noch in Flanke gekröpften Winkel. Bei etwas stärkeren Schiffen nimmt man ein leichtes Flacheisen, an das man am Ende einen Winkel anschweißt, um den Übergang zu dem Schiffsboden zu erhalten. Bei schwereren Schleppern muß man immerhin Flacheisen bis 120 mm Höhe und je nach Bedarf 20—40 mm Dicke nehmen. Die Hintersteven, die das lange Ruder tragen, werden auch meist mit 120 mm Höhe, jedoch mit größeren Stärken, die zwischen 50 und 60 mm liegen, ausgeführt werden können. Die Ruderspuren müssen an diese Steven angeschmiedet oder angeschweißt sein. Angenietete Ruderspuren zu verwenden, ist nicht ratsam, da diese Stellen immer locker werden. Eine Bearbeitung der Steven, außer für die Nietlöcher, wird nur in den Löchern für die Zapfen der Ruderspuren und an deren oberer Fläche vorgenommen.

Ein besonders wichtiger Teil aller Radschlepper, die auf Flüssen verkehren, ist das Ruder. Schon die Photographie 16 läßt erkennen, wie unverhältnismäßig groß die Ruder im Verhältnis zu denen auf See genommen werden müssen. Die Raddampfer haben oft nur eine solche Flußbreite zum Drehen zur Verfügung, die ihre Länge um ein geringes übersteigt. Mit den Rädern können sie nicht B. B. voraus, St. B. rückwärts und umgekehrt fahren, sondern immer nur eine Richtung. Die ganze Drehbewegung muß also mittels des Ruders ausgeführt werden. Daher ist auch das Verhältnis vom Lateralplan des Schiffes zur Ruderfläche mindestens wie 1 : 10 zu wählen. Die großen Ruder würden aber nicht halten, wenn sie aus einer einzigen schweren Platte gebaut wären, die auf beiden Seiten mittels Winkeln oder Rippen versteift würde, zumal die Ruder häufig noch in den Sand haken. Man baut sie daher besonders steif, indem man einen ringsum laufenden Rahmen (siehe Fig. 25) herstellt, der in der Mitte noch durch eine Vertikalverbindung besonders versteift ist. Diesen Rahmen füttert man mit Holz aus, um ihn möglichst steif zu halten und den Platten, welche von beiden Seiten aufgelegt werden, den nötigen Halt geben. Die Platten werden dann mit dem Rahmen zu einem Stück vernietet mit zwei Längswinkeln versteift und bilden so ein sehr starkes, nicht übermäßig schweres Ganze.

Der Rahmen selbst ist an den Ruderschaft direkt angeschweißt. Selbst die beste Vernietung des Rahmens mit festen Enden, die mit dem Ruderschaft verschweißt waren, hat nie gehalten und immer zu Anständen Anlaß gegeben. Man ist daher von dieser früher viel gebräuchlichen und sehr bequemen Konstruktion wieder abgegangen und hat das Schmieden des gesamten Ruderrahmens mit dem Ruderschaft aus einem Stück, das nur in den besten Schmieden ausgeführt werden kann, aufgenommen. Manche Reedereien ziehen, der leichteren Reparaturmöglichkeit des Ruderschaftes wegen, angenieteten Ruderrahmen noch vor. Um wenigstens etwas an Gewicht zu sparen, hat man die Ruder, wie Fig. 25 zeigt, geschweift ausgebildet, d. h., man hat die meiste Fläche nach hinten gedrückt und die weniger wirksame Fläche dicht hinter dem Schiffskörper gespart. Viel Gewicht läßt sich durch diese Konstruktion nicht gewinnen, und da die Schmiede- und die Anreißarbeit größer wird, bleibt stets zu überlegen, ob man sie beibehalten will.

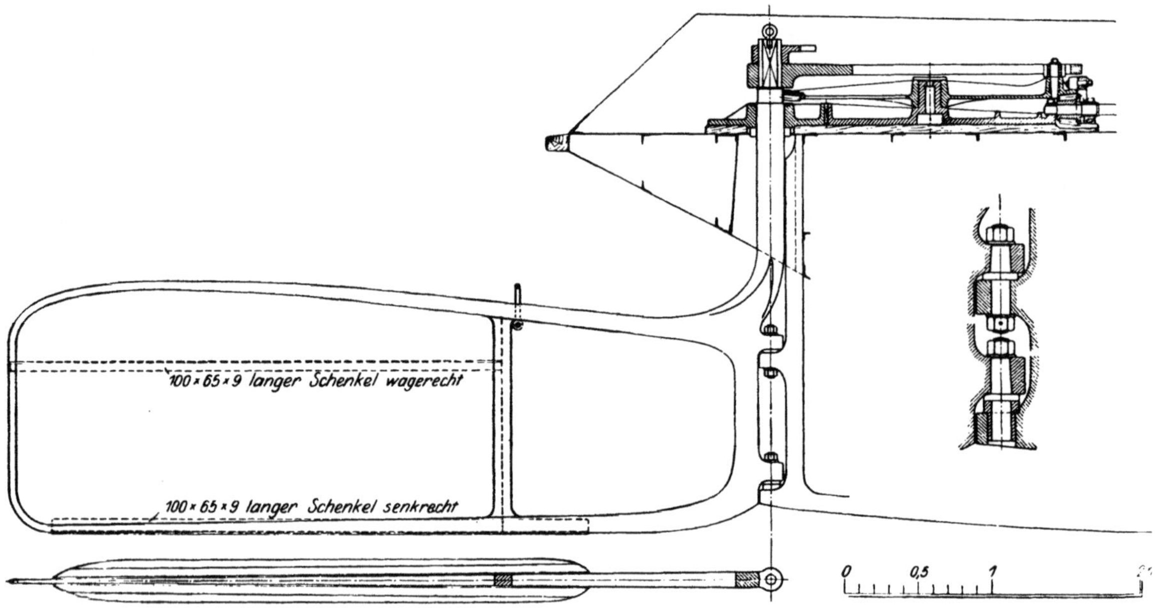

Fig. 25. Schlepperruder.

Wo der Antrieb des Ruders mittels Reep und Kette oder Kette und Stangenleitung geschieht, wird auf das Ruder ein Quadrant aufgesetzt. Dieser ist meist aus einem gebogenen U-Eisen, der mit Platte und Vierkant vernietet ist, hergestellt. Die Konstruktion ist einfach und leicht und genügt den auftretenden rein horizontalen Beanspruchungen bei einer Plattenstärke von 10—12 mm vollkommen. Die Ketten- und Stangenleitung wird am besten auf innerhalb des Schanzkleides befindlichen Rollen bis zur Rudermaschine geführt. Die Rudermaschine hat ihren Standort wegen der bequemen Dampfzuleitung, Bedienung und der einfachen Übertragungsverhältnisse von der Brücke aus, meist mittschiffs unter dieser. Bei Personenschiffen, wo die auf Deck liegende Leitung stören würde, bringt man sie unter Deck an, etwa im Winkel zwischen Deck und Außenhaut vor der Dreiecksverbindung der Spanten und Decksbalken. Will man sie besser unter Kontrolle halten, und bei Brüchen schnell reparieren können, verlegt man sie nach außenbords, etwa unter den Fender oder schützt sie an den Stellen, wo ein solcher nicht vorhanden ist, durch kurze Abweiser. Man kann hier die Leitung gut beobachten, jedoch besteht stets die Gefahr, daß sie bei Kollision abgekniffen oder behindert wird. In alle derartige Ruderleitungen müssen lange gesicherte auf Rädern laufende Spannschrauben eingeschaltet werden, damit die Leitung stets straffgehalten werden kann. Durch eingeschaltete Federn kann man Ungenauigkeiten bei der Einstellung solcher Ruderleitungen ausschalten und Stöße mildern.

Bei Personenschiffen wäre da, wo Dampfsteuerwinden vorhanden sind, noch zu erwägen, ob man die Winde nicht direkt am Ruderquadranten arbeiten ließe und sie mittels Telemotors von der Rrücke antriebe. Durchgeführt ist diese Konstruktion meines Wissens noch nicht. Sie führt zu einer ungünstigen Gewichtsverteilung, erzwingt lange Dampfleitungen durch Räume hindurch, die oft stark von Menschen besetzt sind, und entfernt die Rudermaschine von der Stelle, wo sie dem Maschinenraum am nächsten steht, und daher am besten durch das Maschinenpersonal kontrolliert werden kann. Die Anordnung hätte jedoch ihre großen Vorteile, indem die langen Ruderleitungen, die zu Havarien führen, vermieden werden und jeder tote Gang in stark belasteten Leitungen ausgeschlossen wird. Die Telemotorleitung könnte als feste Wellenleitung, die nur wenig toten Gang hat, und auch sonst nicht zu Brüchen neigt, unter Deck geführt werden.

Bei den schwereren Schleppern, und in letzter Zeit auch bei leichteren Schiffen, hat sich die sogenannte feste Ruderleitung sehr gut bewährt und ist immer weiter eingeführt. Auch bei dieser (siehe Fig. 26) steht die Rudermaschine unter der Brücke. Von der Rudermaschine nach dem Ruderquadranten führt eine feste Wellenleitung aus Siemens-Martin-Stahl von 65—80 mm Stärke, je nach Größe des Ruderdrucks. Die Leitung ist in gußeisernen nicht ausgegossenen Lagern geführt. Ihre Verbindungsstellen bestehen aber nicht aus festen Kupplungen, sondern aus kardanischen Gelenken, so daß die Leitung jeder Führung des Decks und jeder Bewegung des Schiffes leicht folgen kann und Klemmungen nicht vorkommen. Wo zwei Kessel nebeneinander im Schiff liegen, wird die Leitung meistens in gerader Richtung zwischen den Kesseln hindurchgeführt. Liegt ein Kessel im Schiff, wird sie mittels Gelenkketten um die Kesselhaube herumgeführt. Das Ende der Leitung bildet ein Ritzel, das auf einem Quadranten arbeitet. Dieser Quadrant könnte auf dem Ruderschaft aufgekeilt sein. Bewährte Konstruktionen lassen ihn aber um einen, besonders auf dem Deck vernieteten Zapfen, drehen (siehe Fig. 25). Der Quadrant

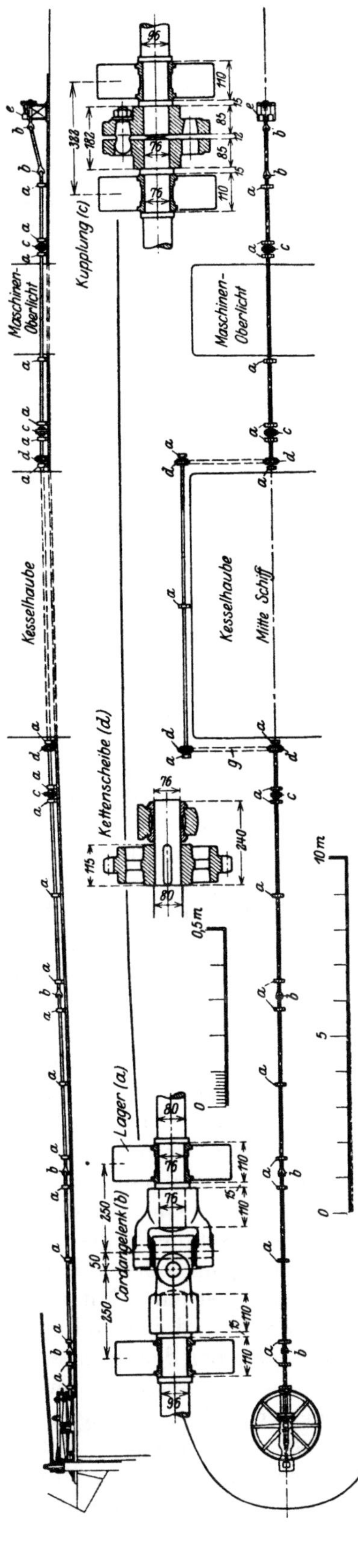

Fig. 26. Feste Ruderleitung.

trägt dann wieder nach oben gerichtet einen Zapfen, der mit einem Stein in einer Kulisse hin- und hergleitet. Diese Kulisse oder sogenannte Schere ist auf dem Ruderschaft aufgesetzt. Da die beiden Drehpunkte des Ruderschafts und des Quadranten exzentrisch zueinander liegen, kann die Anlage so eingerichtet werden, daß bei höchstem Ruderausschlag, wenn die höchste Ruderbeanspruchung auftritt, das Drehmoment der Rudermaschine am geringsten wird, umgekehrt bei gestreckter Ruderlage am größten. Die Ruderleitung hat dann immer den gleichen Druck. Diese Konstruktion ist sehr zu empfehlen.

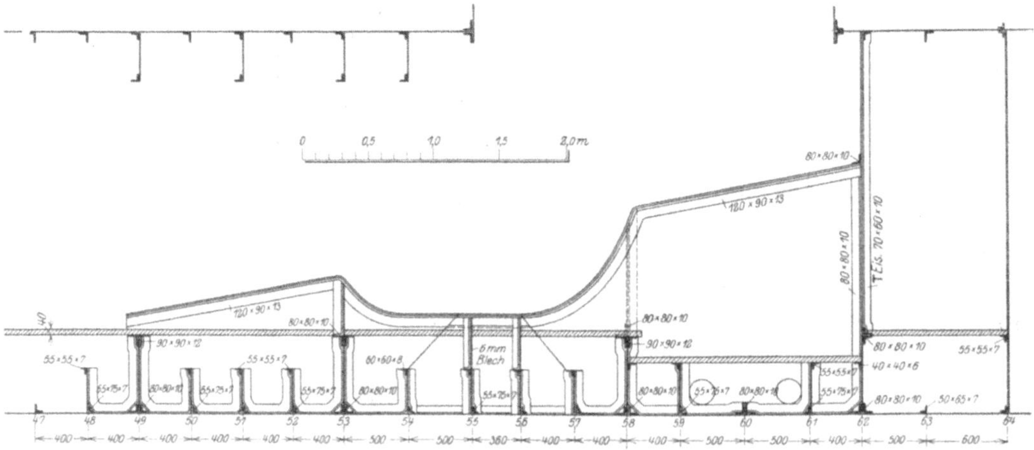

Fig. 27. Maschinenfundament in Seitenansicht. Radschlepper.

Als Schiffsteile sind auch noch die im Schiff fest eingebauten Maschinen- und Pumpenfundamente zu betrachten. Wie bei den Kielschweinen schon erwähnt, bilden die Fundamente für Radschiffsmaschinen gewöhnlich nur verstärkte, kräftig garnierte und in die Höhe gezogene Kielschweine. Neben den normalen Kielschweinen ist dann noch ein Gleiches in 200—400 mm Entfernung, je nach der Konstruktion der Maschine gezogen. Beide sind mit einer kräftigen Decksplatte verbunden, wodurch ein starker Kastenbalken hergestellt wird. Das ganze wird gewöhnlich durch eine durchbrochene Wand, die schottwandartig durch das ganze Schiff läuft, abgeschlossen, wodurch ein seitliches Kippen dieser Träger verhindert wird. Soweit es die durchschlagenden Kurbeln und Steuerungsteile irgend zulassen, sind auch die Bodenwrangen in die Höhe gezogen und mit schweren Doppelwinkeln garniert (siehe Fig. 27). Das wichtigste bei dem Bau aller Maschinenfundamente ist außer genügender Dimensionierung aller Teile sorgfältige und allerbeste Nietung. Es darf nicht ein einziger Niet lose sein und die Löcher müssen ausgezeichnet passen. Eine Unterstützung der Nietung durch sehr kräftig angezogene, durch Doppelmutter gesicherte Paßschrauben, etwa auf jedem zehnten Niet, besonders an der Verbindungsstelle der Querwand mit den Längsträgern ist zu empfehlen. Angestemmte Nieten sollen im Maschinenfundament nicht vorkommen. Die Nieten müssen schon durch den Nietvorgang selbst vollkommen festgezogen sein, dann dürfen sie, wo gewünscht, verstemmt werden. Mit 16—20 mm-Nieten, normalen Garnierungswinkeln von $80 \times 80 \times 8$ und Verbindungswinkeln mit der Querwand von $100 \times 100 \times 8 — 10$ kommt man bei den meisten, auch schwersten Maschinen aus. Bei leichteren Maschinen sowie solchen Konstruktionen, die für die Maschine einen geschlossenen Rahmen vorsehen, genügen Platten von 6—8 mm und entsprechende Winkel von $50 \times 50 \times 5 — 7$ bis $80 \times 80 \times 8$. Die Verbindung der einzelnen Stöße in den Maschinenfundamenten sollte stets durch doppelte Nietung und untergelegte Laschen erfolgen. Auch die Garnierungswinkel müssen mit doppelter Kettennietung befestigt sein.

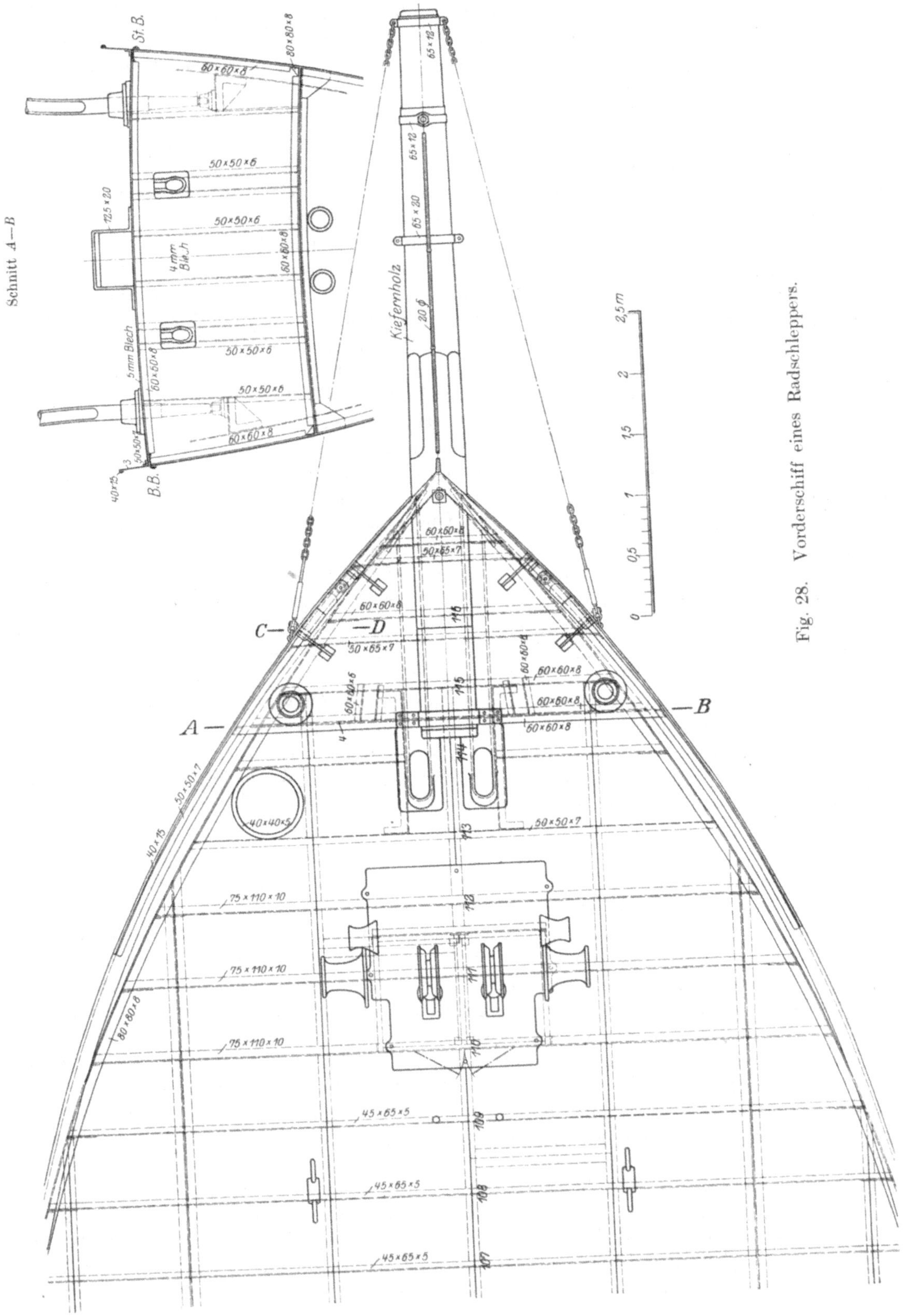

Fig. 28. Vorderschiff eines Radschleppers.

Von besonders interessanter Bauart ist bei Radschleppern das Vorderschiff (siehe Fig. 28). Da das Schiff eine sehr geringe Höhe besitzt, liegen die Ankerklüsen so wenig geneigt, daß ein Einziehen der Anker in dieselben nicht möglich ist. Wenn man die Ankerklüsen steiler stellen will, tauchen sie gewöhnlich mit ihrer unteren Öffnung ins Wasser, die angezogenen Anker hindern die Fahrt und das Wasser wird durch die Klüsen auf Deck gedrückt. Um diesen Übelstand zu vermeiden, hängt man die Anker an ein sogenanntes Bugspriet, einen schweren Balken aus Kiefern- oder Fichtenholz, welcher über die Spitze des Schiffes wesentlich hinausragt. Die Abmessungen dieses Balkens sind bei größeren Schiffen etwa 500 mm Durchmesser, bei leichteren Schiffen bis auf 200 mm zurückgehend. Für diesen Zweck haben die Anker außer der Hauptkette noch eine Öhrings- oder Boberkette, welche sie mitten zwischen den Flanken faßt und an der sie hängen. Die Kette dient beim Ankerholen auch noch dazu, den Anker leichter aus dem Grund zu heben. Das Bugspriet ist vorn gewöhnlich achtkant oder rund bearbeitet und mit Ringen beschlagen, an welchen Scheiben für die Ankerketten hängen. An seinem Vorderende trägt es noch eine leichte Flaggenstange und oben ein kurzes Geländer, damit die Besatzung beim Verklaren der Kette etwas Halt findet. Der Vordersteven ist durch das Bugspriet durchgeführt. An seinem Hinterende im Schiff ruht das Bugsprit auf einem leichten Aufbau an Deck, auf dem es mit zwei Fallen befestigt ist. Der Aufbau selbst wird mit einer Tür versehen und als Kasten zur Aufbewahrung von Tauen, Eimern usw. verwandt. Die Öhringskette oder Boberkette wird durch leichte Rollenklampen von der Ankerwinde über das Schanzkleid und die am Bugspriet hängenden Rollen zu den Ankern geführt. Die Hauptketten laufen von der Ankerwinde über die Klüsen zu den Ankern. Beim Ankerhieven werden zunächst die Öhringsketten angezogen und der Anker damit aus dem Boden geholt. Dann werden Öhringskette und Hauptkette zugleich so eingeholt, daß die Öhringskette stets straff ist, während die Hauptkette noch eine kleine Lose hat. Hängt der Anker unter dem Bugspriet, so liegt sein ganzes Gewicht in der Öhringskette. Diese wird mittels Schieber im Unterbau des Bugspriets oder mittels Kettenstopper daselbst festgehalten. Auch für die Hauptkette werden Stopper eingesetzt, welche sich meist in der Ankerwinde selbst befinden. Gegen ein Ausweichen nach der Seite ist das Bugspriet durch ein paar Drahtseile, welche nach der Schiffswand hinlaufen, festgezurrt. Diese können durch Wantschrauben angezogen werden.

Da fast alle Schleppschiffe genötigt sind, verhältnismäßig niedrige Brücken zu passieren, so müssen ihre höchsten Teile umklappbar eingerichtet sein. Für die großen Rheinschlepper, soweit sie nicht auf dem Oberrhein verkehren, ist immerhin eine bedeutende Höhenlage des festen höchsten Punktes (etwa 6,50 m) möglich. Für den Oberrhein nach Basel rechnet man 5,10 m, für die Elbe 4,65 m im Durchschnitt, auf der Oder ca. 4,0 m und der Donau 5,4—5,5 m. Es werden hier nur die Schornsteine umgelegt und zwar werden diese in der Mitte, wo sie schräg durchschnitten sind, mittels Winde umgeknickt. Es ergibt sich dann das Bild, daß der halbe Schornstein mit einem schrägen oberen Abschnitt hochsteht, während die andere Hälfte horizontal in der Luft hängt. Um diesen halben Schornstein leicht umlegen und aufrichten zu können, ist er mit schweren eisernen Gegengewichten ausbalanziert, so daß seine Bewegung nur geringe Kraftanstrengung erfordert. Das Umlegen und Wiederaufrichten wird meist durch lose Spillköpfe der später zu beschreibenden Troßwinden vorgenommen. Wenn die Schornsteine stehen, werden sie durch einen kräftigen Haken gegen Umschlagen gesichert. Die ganze Einrichtung eines solchen Schornsteines ist aus Fig. 29 zu ersehen. Rheinschlepper, welche die Kehler Brücke passieren, müssen den ganzen Schornstein umwerfen. Hierzu ist dann noch die Einschaltung eines Joches, der sogenannten Mücke, erforderlich, damit die Drähte, welche den Schornstein oben halten, immer in einem solchen Winkel zum Schornstein stehen, daß das Anheben desselben und sein Absenken noch möglich ist. Wenn der Schornstein steht, liegt die Mücke an Deck. Beim Niederlegen richtet sie sich auf, kann dann aber nachgeklappt werden, damit sie nun nicht ihrerseits vorsteht. Im übrigen unterscheidet sich die Niederlegevorrichtung nicht wesentlich von der der halben Schornsteine. Wo das Umlegen mittels der Troßwinden zu große Schwierigkeiten machen würde, baut man auch leichte besondere Schornsteinwinden. Notwendig ist das immer beim Niederlegen der Schornsteine auf Personendampfern, wo Strangwinden nicht vorhanden sind. Auf diesen Dampfern wird auch meistens ein Umlegen nicht vorgenommen, sondern nur ein Einziehen der teleskopartig gebauten Schornsteine.

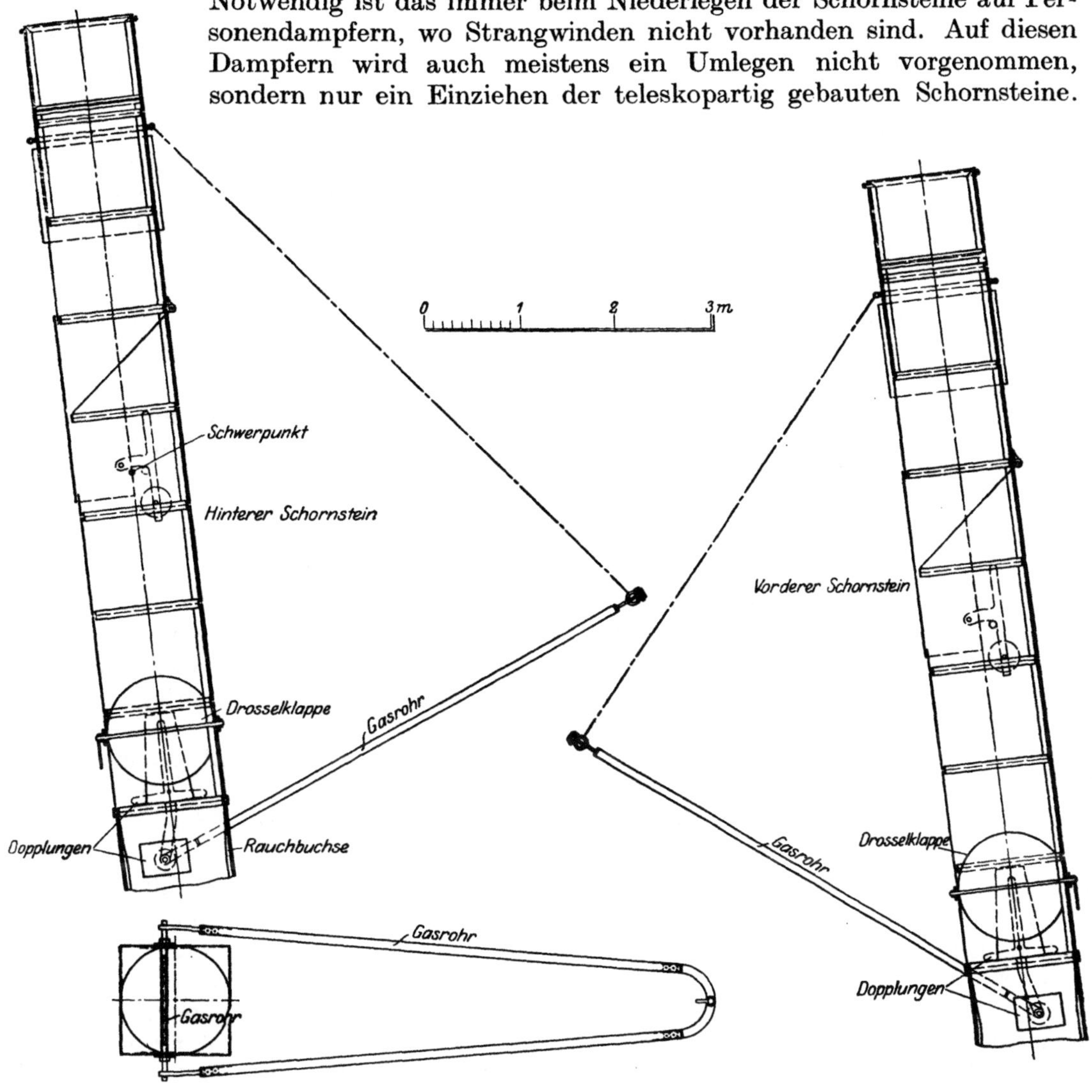

Fig. 29. Umklappbarer Schornstein.

Ein Umlegen würde hier durch den meist durch die umgelegten Rohre nach hinten ziehenden Rauch sehr störend wirken, während ein eingezogener Schornstein den Rauch immer noch nach oben abgibt. Da die teleskopartig einziehbaren Schornsteine wenigstens von zwei Seiten aus in Drähten hängen, damit sie nicht ecken, müssen die Winden zum Aufziehen derselben fest miteinander gekuppelt sein, damit nicht eine Winde vorläuft und der eine Draht schärfer angezogen wird wie der andere. Bei leichten Schornsteinen kann man in diesem Falle auch eine Winde vorsehen, die auf zwei Trommeln die beiden Einholdrähte aufwickelt. Es ist hier ein gleichmäßiges Anfassen der Schornsteine dann gesichert, wenn die

Drähte so angeschlagen werden, daß sie jederzeit in ihrer Länge ausgeglichen werden können. Wenn dies nicht möglich ist, längt sich gewöhnlich ein Draht mehr als der andere, wodurch dann wieder ein Ecken eintritt.

Die meisten modernen Schlepper tragen am Vorschiff nur noch eine höhere Fahnenstange für das Führen der Flaggen und der Signale. Auch diese Stange muß umlegbar eingerichtet werden. Ältere Schlepper führen noch einen größeren Mast. Auch dieser muß umlegbar eingerichtet werden, was Schwierigkeiten macht, eine besondere Mastwinde erfordert und das Manövrieren des Schiffes bei niedergelegtem Mast, der über das ganze Vorderdeck wegliegt, erschwert. Die Führung der Drähte für das Niederlegen des Mastes ist aus Fig. 30 zu ersehen.

Das Schleppen der Kähne geschieht auf den verschiedenen Flüssen in ganz verschiedenartiger Weise. Entweder befestigt man den ersten Kahn mittels eines doppelten Stranges, der auf Pollern auf dem Schleppdampfer belegt ist, und auf dem Kahn über eine Rolle geführt wird, am Dampfer, und hängt an diesen Kahn den nächsten usw. Diese Schleppart ist üblich auf der Elbe. Man gibt auf anderen Strömen wieder jedem Kahn sein eigenes Tau und belegt dies entweder auf Pollern oder in Tauklemmen auf dem Schlepper. Dies geschieht meist auf dem Rhein. Um die Züge zu verkürzen, wo die Fahrwasserbreite genügt, kann man auch zwei, teilweise auch 3 Kähne nebeneinander schleppen und sie mit Kreuztauen mit dem Dampfer verbinden. Alle diese Arten zu schleppen haben ihre besondere Eigenart und ihre Vor- und Nachteile. Den geringsten Widerstand ergibt ein Schleppzug, der so angeordnet ist, daß ein Kahn hinter den andern schleppt und möglichst dicht hinter dem vorhergehenden an diesem befestigt ist. Diese Anordnung ist nur dann möglich, wenn der Zug selten oder gar nicht aufdreht und nicht zu häufig Kähne aus dem Zug ausrangiert und neue aufgenommen werden müssen. Derartige Züge stoppen bei Talfahrt abends gewöhnlich in der Weise ab, daß der letzte Kahn zuerst einen Anker fallen läßt, dann die anderen Kähne und zuletzt der Dampfer ankert. Es wird dadurch ein Aufdrehen des Zuges und ein Auflaufen der Kähne auf den Dampfer vermieden. Möglich ist dies nur da, wo ein so geringer Strom und ein so guter Ankergrund vorhanden ist, daß die leichteren Anker der Kähne mit Sicherheit halten. Wie weit bei dieser Art von Kupplung der Schleppzüge der Widerstand herunter gehen kann, läßt sich aus meiner Doktordissertation, „Über den Widerstand von Schleppzügen", deutlich ersehen. Das Einzelschleppen, wie es auf dem Rhein Sitte ist, hat den Vorteil, daß eine schnelle Zusammenstellung der Züge und ein leichtes Ausrangieren jedes einzelnen Kahnes, selbst während der Fahrt, ermöglicht wird. Außerdem kann jeder Kahn bei breitem Fahrwasser das für seinen Tiefgang noch mögliche stillste Wasser aufsuchen. Wenn sich also Kähne von sehr verschiedenem Tiefgang im Zuge befinden, ist beim richtigen Fahren auch hier ein verhältnismäßig günstiger Widerstand des ganzen Zuges zu erreichen. Haben alle Kähne annähernd den gleichen Tiefgang, kommt allerdings der Widerstand jedes einzelnen voll zum Tragen. Die Züge werden ziemlich lang und daher unübersichtlich. Längen von 500—600 m sind keine Seltenheit.

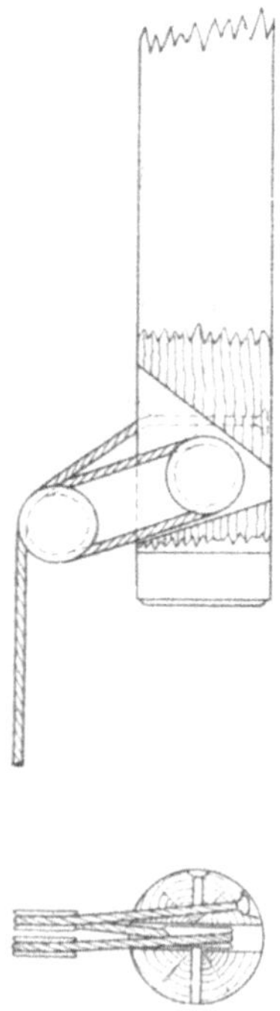

Fig. 30. Führung der Drähte für das Niederlegen des Mastes.

An jedem Radschlepper, auch an denen, welche Strangklemmen haben, sind hinter dem Radkasten 2—3 Poller zum Belegen der Schleppstränge angebracht. Diese Poller bestehen aus Zylindern von Siemens Martin-Stahl, die in der Fahrtrichtung etwas nach vorn geneigt sind, damit die Stränge nicht abrutschen. Auf

Deck sind sie mit einem Winkelring vernietet. Unter Deck müssen die Poller entweder durch schwere Konsolen oder durch Fortsetzung ihres Zylindermantels um etwa 1 m und Verbindung dieses mit der Außenhaut, gut abgestützt werden, weil sie sonst leicht abbiegen oder wegbrechen. Das Belegen erleichtern zwei eiserne, an jeder Seite etwa 100 mm vorstehende Stangen, die sogenannten Fingerlinge, welche in Längsschiffsrichtung durchgesteckt sind. Wo man die Stränge mehr schonen will, kann man diese Poller noch mit etwa 40 mm Eschenholz garnieren.

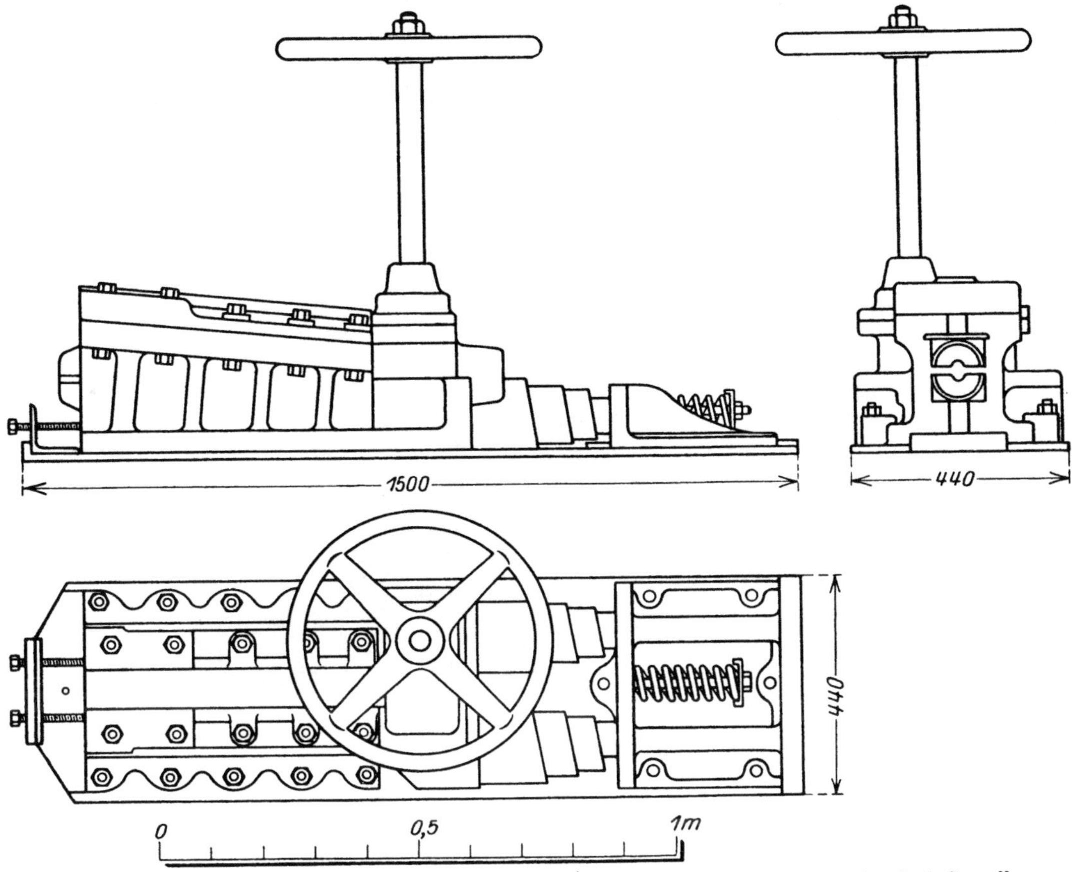

Fig. 31. Strangklemme mit Keil und Vor- und Rückfederung der Firma Ruthof Castell.

Das übrige Schleppgeschirr bilden auf dem Rhein außer den Strangwinden, die später bei den Hilfsmaschinen besprochen werden sollen, die Strangklemmen, Strangführungsrollen, der Schleppbock und die Überläufer. Die Strangklemmen werden in zwei konstruktiv voneinander verschiedenen Ausführungsformen gebaut. Fig. 31 stellt die hauptsächlich von der Firma Ruthof eingeführte Strangklemme mit Keil, Fig. 32 diejenige der gleichen Firma mit Zange dar. Beide Klemmen sind dazu bestimmt, den durch sie gezogenen Strang einmal festzuhalten, dann aber auch, wenn notwendig, leicht durchgleiten zu lassen und wieder aufzufangen. Sie sind in besserer Konstruktion sowohl in der Zugrichtung wie auf der Gegenseite mittels kräftiger Federn abgefangen. Die Federn in der Zugrichtung wirken für Ausgleich der verschiedenen Anspannung des Stranges, besonders bei Stößen, und vermeiden ein Eintreten dieser in die festhaltende Vorrichtung selbst. Die Gegenfedern verhüten ein Zurückschnellen der Klemmen bei plötzlich lose werdenden Strängen. Die Klemme mit Keil hält sehr gut über ihre ganze Länge fest, da sie sich dauernd selbst wieder fest zieht. Sie macht aber in ihren heutigen Konstruktionen ein Einlegen des Schleppstrangs von oben unmöglich. Außerdem gestattet sie nicht, daß stark verdickte Strangteile, z. B. starke Splissungen, durch sie hindurchgezogen werden. Die Zangenklemme, deren Zange nach oben geöffnet werden kann, hat gewöhnlich nicht die hohe festhaltende Kraft der Keilklemme. Sie hat aber einmal den Vorteil, daß die Stränge von oben eingelegt und daß auch stärkere Splisse eingezogen werden können. Es kann auch leicht, wenn nicht alle Klemmen besetzt sind, eine zweite Klemme als Reserve mit zum Festhalten desjenigen Strangs benutzt werden, der schon durch eine andere Klemme gezogen worden ist. In diesem Falle halten die zwei Klemmen dann fester als eine Keilklemme. Beide Klemmarten werden mit Weißmetall ausgegossen oder erhalten sehr weiches gußeisernes Futter, um die Schleppstränge beim Durchziehen zu schonen. Auf der Donau werden anstatt der Seilklemmen vielfach je zwei voreinanderliegende leicht bremsbare Rollen benutzt.

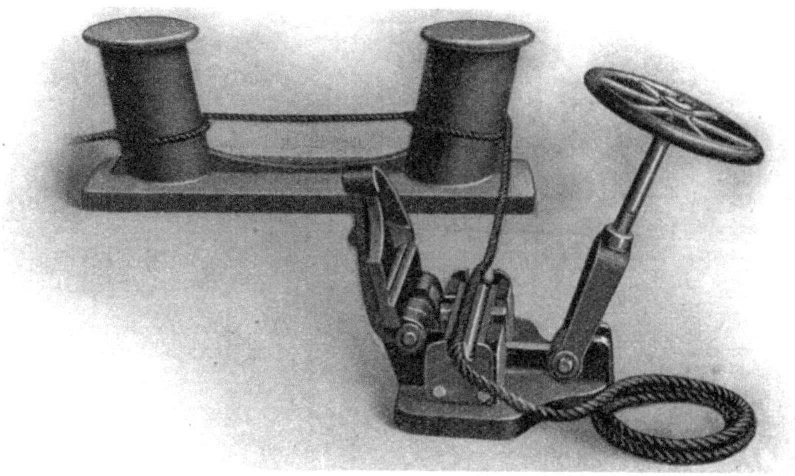

Fig. 32. Strangklemme mit Zange der Firma Ruthof, Castell.

Um diese Rollen werden die Schlepptrossen entweder einfach herumgelegt wie ein Riemen über zwei Scheiben oder sie werden wie ein gekreuzter Riemen geführt, wenn sie fester halten sollen. Die Scheiben gestatten eine sehr feine Einregulierung der Stranglängen, schonen die Schlepptaue und halten gut. Die Einlegung der Taue ist aber schwierig. Von den Klemmen laufen die Schleppstränge über einige Führungsböckchen, die vertikale und horizontale Metallrollen tragen, zu dem Schleppbock. Dieser (Fig. 33) ist ein Bogen aus schwerem Profileisen, der über die ganze Breite des Schiffes wegleitet und auf jeder Seite ein Stahlguß- oder ein Graugußgehäuse mit drei oder vier Führungsrollen aus Messing trägt. Dieser Bock hat den ganzen Druck sämtlicher Schleppstränge aufzunehmen und muß daher sehr kräftig gehalten und vor allen Dingen an seinen Enden mit dem Schiffe in bester Weise verbunden werden. Wie schon früher erwähnt, ist die Außenhaut unter diesem Bock von besonderer Stärke, ebenso die Decksplatte. Am besten wird er an eine Stelle im Schiff gestellt, wo ein Rahmenspant vorgesehen werden kann. Ferner ist es notwendig, den Schleppbock soweit möglich nach mittschiffs zu rücken, damit der Dampfer leicht dreht. Wenn der Schleppbock zu weit nach hinten steht, halten die Stränge das Schiff, besonders beim Aufdrehen, am

Schleppbock fest und es kommt nicht herum. Die Verbindung des Schleppbocks mit dem darunter befindlichen Rahmenspant oder garnierten Spant wird durch Konsolen sichergestellt. Eine Abstützung des Schleppbocks, sowohl in der Längsrichtung des Schiffes nach hinten und vorn, sowie auch nach unten auf das Deck unter dem Gehäuse der Führungsrollen ist dringend notwendig, weil er sonst abgerissen wird. Die Stütze nach unten wird, wenn möglich, in einer Säule bis auf die Bodenwrangen fortgesetzt. Wenn man das Gehäuse für die Führungsrollen sehr niedrig halten muß, kann man es so konstruieren, daß es seitlich an den Schleppbock angeschraubt werden kann und so hoch sitzt, daß die obere Kante der Führungsrolle gerade über den Schleppbock wegragt. Die Konstruktion ist deswegen unvorteilhaft, weil hierdurch der Schleppbock leicht schief gezogen wird. Wenn also Höhe vorhanden ist, setzt man das Gehäuse auf den Schleppbock selbst. Die Rollen dürfen aber nach oben nicht offen sein, weil sonst die Stränge herausschlagen. Ein leichtes Schloß über jeder Rolle muß hiergegen sichern. Ähnliche Formen wie der Schleppbock, doch in wesentlich leichterer Ausführung, erhalten

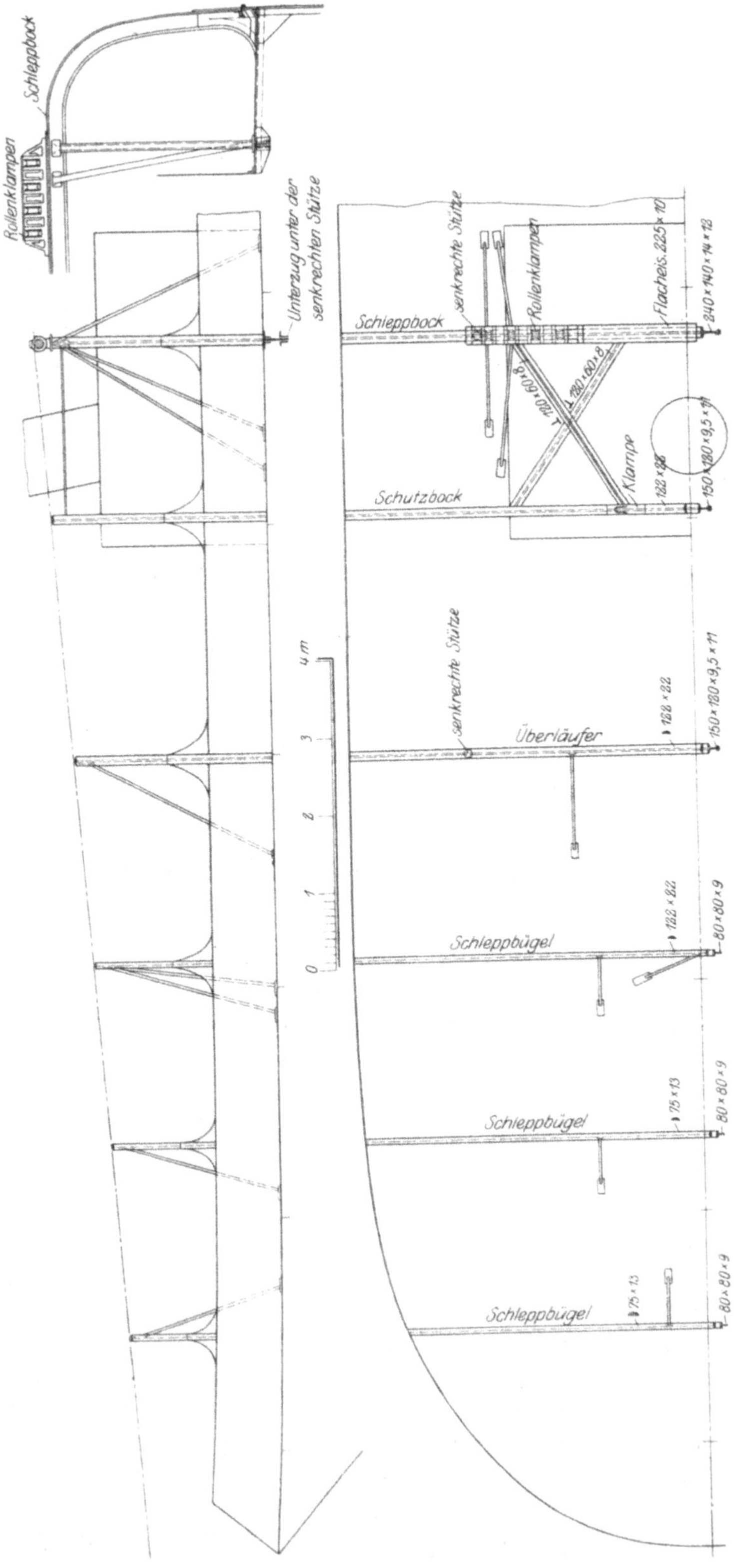

Fig. 33. Schleppstrangführung.

noch 2—3 weitere Profilbogen, die über das Schiff gezogen sind und ein Herabfallen der Stränge auf Deck verhüten sollen. Der erste Bogen steht kurz hinter dem Schornstein, und trägt steuerbord und backbord neben dem Schornstein eine kräftige Klampe, die beim Drehen ein Berühren des Schornsteins durch die Schleppstränge verhüten. Die hinteren Überläufer oder Schleppbügel, welche noch mittels leichter Eisenstangen miteinander verbunden sind, tragen keine Klampen und keine Führungsrolle. Die Stränge laufen nur über sie hinweg. Viel Druck haben sie nicht auszuhalten, können daher leicht sein und können am Schanzkleid befestigt werden Der letzte Überläufer liegt über oder kurz hinter dem früher beschriebenen Deckshaus für den Kapitän. Er trägt St. B. und B. B. in Höhe des Schanzkleides gewöhnlich noch ein paar größere einklappbare Haken, die ein Herabfallen loser Stränge unter das Schiff verhindern sollen. Außerdem muß darauf geachtet werden, daß die Überläufer mit der Reling keinen Knick bilden, damit die Stränge hinter diesem Knick nicht hängen bleiben.

Die Bootsdavits werden sowohl bei Schleppern wie bei Personenschiffen im Vorderschiff angebracht, weil hier die einzige Stelle ist, an der die Boote auch bei fahrendem Schiff zu Wasser gelassen werden können. Hinter dem Rade ist dies wegen der starken Wellenbildung nicht möglich. Die Davits stehen so weit vorn, daß das Boot gerade noch am vorderen Ende des graden Mittelschiffs, also so weit als möglich vor dem Rade, zu Wasser gebracht werden kann. Ihre Entfernung von einander entspricht der Entfernung der Aufhängeketten des Bootes. Diese müssen so weit nach den Enden zu angebracht sein, daß die Boote noch bequem durch die Davits durch nach Innenbords geschwungen werden können. In normaler Fahrt hängen die Boote außenbords in den Davits. Bei kleineren Schiffen, wo nur ein Boot geführt wird, werden die Davits häufig nach B. B.- und St. B.-Seite des Schiffes umsetzbar eingerichtet, so daß das eine Boot auf jeder Seite aufgeheißt werden kann. Bei den einfacheren Davits hängen die Boote, welche 5—7 m Länge haben, in Blöcken. Die losen Enden der Blocktaue werden an den Davits selbst in Klampen belegt. Bei besserer Bauart sind kleine Bootswinden, welche an den Davits festgenietet sind, angebracht. Diese Winden sind meist einfache Trommeln mit Kurbeln, welche mit oder ohne Vorgelege von Hand angetrieben werden. Auf diese wickelt sich der das Boot tragende Draht auf. Dieser Draht ist über eine Rolle am Kopf des Davits nach dem Boot geführt. Die Winde dreht sich mit dem Davit mit, so daß weitere Leitrollen für den Tragdraht unnötig werden. Gegen Zurückschlagen der Kurbel sichert ein Sperrrad. Zum Ablassen der Boote ist gewöhnlich noch eine Handbremse vorgesehen. Die Bootsdavits selbst wurden bisher meist voll, in der auch für Seeschiffe üblichen Form, ausgeführt. Sie können jedoch viel leichter als jene gehalten werden, weil ein Schwingen der Boote in den Davits, das bei Seegang leicht vorkommt und hohe Beanspruchung erzeugen kann, auf den Flüssen nicht zu befürchten ist. Die Davits können also mit Beanspruchung berechnet werden, die nur durch das Gewicht des Bootes mit etwa zwei Personen zusätzlich der beim Ablassen durch die Winden erzeugten Stöße hervorgerufen wird. In neuerer Zeit nimmt man, um Gewicht zu sparen, anstatt der vollen Davits, meist solche aus Mannesmannrohr. Auf Deck stehen diese in gußeisernen Spuren. Ein Lager auf der Reling sichert den Halt gegen Umschlagen. Bei umsetzbaren Davits wird dieses Lager aufklappbar eingerichtet. Die Verzurrung nach der Seite gegen unbeabsichtigtes Ausschwingen wird in der auch bei Seeschiffen üblichen Art ausgeführt und auf der Reling belegt. Die Boote selbst sind bei Schleppdampfern meist gute offene 7—13spantige Boote aus Eichenholz oder gleichgroße Eisenblechbote mit Luftkästen und einigen Sitzbänken, zwei Paar Riemen und einer lose eingelegten Strau. Auch bei Personendampfern findet man häufig eiserne Boote mit eingebauten Luftkästen, damit sie unsinkbar werden.

Die Kommandobrücke wird bei Raddampfern auf den Radkastenträgern angebracht. Der Aufgang erfolgt von hinten neben dem Kesseloberlicht. Belegt wird sie entweder mit Kiefernbohlen, besser mit einem kalfaterten Pitchpindecksbelag. Ein offenes oder geschlossenes Schanzkleid, entweder aus Stützen mit Eisenstangen oder Reelingholz oder aus leichtem Blech oder auch aus Segeltuch läuft in 1,20—1,30 m Höhe ringsum. Die Mitte der Brücke, auf der auch das Steuerrad und der Maschinentelegraph Platz findet, hat eine Breite von 3—4 m und reicht bis zu dem Radkasten. Auf diesem selbst sind dann anschließend von der Vorderkante der Brücke aus Ausläufer vorgesehen, um den Überblick seitlich über das Schiff zu erleichtern. Von diesen Ausläufern führen Stufen über die Radkastentrommeln auf die Radkastenpodeste. Auf der Brücke selbst steht für den Kapitän ein leichtes Wetterhaus aus Kiefernholz mit Sofa und Tisch zum Schreiben von Meldungen. Bei den besseren Schiffen ist vor dem Steuerrad eine versetzbare Schutzwand aus leichtem Blech von ca. 1,60 m Höhe angebracht, um den Steuermann vor direktem Regen zu decken. Manchmal ist auch noch eine Reihe herablaßbarer Fenster an der Vorderkante der Brücke eingebaut und ein leichtes Sonnensegel oder Dach übergezogen. Aus Gewichtsrücksichten sollte man diesen Luxus möglichst vermeiden, zumal er bei Regen, wenn er gerade schützen soll, die Aussicht so weit verschlechtert, daß die Fenster herabgelassen werden müssen.

Da die Raddampfer bei ihren schweren Schleppzügen und den großen Trossenlängen in den Flußbiegungen durch die Trossen häufig sehr schief gezogen werden, so daß das eine Rad stark im Wasser wühlt, während das andere fast leer läuft, haben viele Reedereien auf ihren Schiffen ein fahrbares Ausgleichgewicht vorgesehen, den sogenannten Ballastwagen. Es ist dies ein kleiner vierrädriger Karren, der etwa 3—4 t Eisengewicht faßt und auf ein paar Halbrundeisen von einer Deckseite zur andern geschoben wird um den schlechten Trimm etwas wieder auszugleichen. Im allgemeinen bringt ein solcher Wagen wenig Nutzen und sollte schon des Gewichts wegen fortgelassen werden.

Auf dem Rhein führen die schweren Schlepper gewöhnlich zwei große Anker von 1000—1300 Kilo, einen Notanker von 500—700 Kilo und einen kleinen Anker von 100—200 Kilo. Auf der Elbe, wo die Strömungen viel geringer sind, pflegen die Anker der Schlepper nur 500, 300 und 250 Kilo schwer zu sein. Die Ankerketten, welche am Rhein zwischen 70 und 100 m Länge, auf der Elbe zwischen 50 und 60 m Länge schwanken, haben den zugehörigen Ankern entsprechende Dimensionen. Die schon früher erwähnten Öhrings-Boberketten, welche das Schiff selbst nicht zu halten haben, sind natürlich entsprechend leichter. Als Signalgeber dienen Flaggen, Glocken, Dampfpfeifen, Sirenen und Sprachrohr. Auf dem Rhein kommen noch einige Böller hinzu, weil der normale Gebrauch der Dampfpfeifen dort verboten ist. Die Führung der Laternen richtet sich nach den polizeilichen Vorschriften, die der Flaggen einerseits ebenso nach diesen und dann nach dem allgemein anerkannten Gebrauch und den besonderen Wünschen der Reedereien. Sowohl bei Schleppern wie bei Personenschiffen pflegen alle diese Teile mitgeliefert zu werden, ebenso noch eine reichliche Deckausrüstung, Tauwerk, Werkzeug, sowohl für Zimmerleute wie für Maschinen- und Kesselpersonal, eine vollständige Wohnungsausrüstung für die Wohnräume der Kapitäne und Mannschaften. Auch Laufstege, Scheerbäume, Peilstöcke, Blöcke, Lecksegel und anderes gehören zur ersten Ausrüstung. Bei den Personendampfern kommt noch eine vollständige Salonausstattung, je nach Güte und Größe des Schiffes, ganze Beleuchtungsanlagen, gegebenenfalls Kühleinrichtungen für Speisen, Kücheneinrichtungen, gute Abort- und Waschanlagen, Tische, Stühle und Bänke hinzu.

Gesichtspunkte für die räumliche Ausnutzung der Schlepper. Die Raumeinteilung der Radschlepper ist im Prinzip folgende: Zunächst befindet sich ganz im

Hinterschiff ein kurzer Raum, der sich nicht mehr eignet, um Wohn- und Kammerräume dort unterzubringen, weil das Schiff dort schon zu spitz ist. Er wird zur Verstauung von Laternen, Tauen und dergleichen benutzt und von Deck aus durch eine Luke mit Leiter zugänglich gemacht. Abgetrennt ist er von den vor ihm befindlichen Wohnräumen durch ein wasserdichtes Schott. Die nun folgenden Wohnräume nehmen etwa den fünften Teil der Schiffslänge ein. Sie sind bestimmt als Unterkunftsräume für den Kapitän mit dessen Familie, da es bei dieser Art von Schiffen üblich ist, daß der Kapitän seine Familie, wenn irgend möglich, mit an Bord führt. Die Wohnräume bestehen meist aus Küche, einem großen Wohnzimmer, das quer durch das ganze Schiff geht und zwei großen Schlafzimmern nebst Klosett. Zugänglich sind alle diese Räume von einem mittschiffs neben dem Niedergang liegenden Flur, der auch in den für die Direktion bestimmten Salon, der auf den meisten Schleppdampfern vorhanden ist, führt. Fig. 34, der übliche Einrichtungsplan eines Schleppdampfers, gibt ein allgemeines Bild dieser Anordnung. An den Salon anschließend sind noch ein oder zwei Schlafkammern, um mitfahrenden Ingenieuren oder Direktionsmitgliedern Unterkunft zu gewähren. Die ganze Einrichtung ist gewöhnlich nicht bordmäßig gehalten, sondern macht den Eindruck einer Landwohnung. Nur die gestrichenen oder lackierten Holzwände und die kleinen runden Fenster, sowie die an den Wänden eingebauten Bänke erinnern an den Aufenthalt im Schiff. Auch diese Wohnräume sind gegen die vor ihnen liegenden Räume gewöhnlich wieder durch ein wasserdichtes Schott abgetrennt. Bei größeren Dampfern schließt sich nun an diese Räume ein größerer Laderaum an, der heute in keiner Weise ausgenutzt wird. Er gibt nur Deplacement für das Schiff, ohne selbst Ladung aufzunehmen. Manchmal werden in ihm Reserveteile wie Schaufeln u. dgl. mitgeführt. Dieser sowie der noch später zu erwähnende vordere Laderaum können aber in Zukunft eine große Bedeutung erhalten, wenn die Schiffe nicht mehr mit Kohlen feuern, sondern mit Koks. Wenn erst der Gedanke durchgebrochen ist, daß nur die veredelte Kohle für Feuerung noch verwandt werden darf, um den Raubbau an unseren Kohlen zu verhindern, dann reichen die heutigen Kohlenbunker bei dem größeren Koksvolumen nicht mehr aus, und die Laderäume werden zu Hilfe genommen werden müssen, ohne daß dadurch das Gewicht des ganzen Schiffes ein größeres wird.

Vor dem Laderaum liegt, durch ein wasserdichtes Schott von diesem getrennt, der hintere Kohlenbunker, der bis zum Kesselraum reicht. Dieser selbst hat ein sehr verschiedenes Aussehen je nach dem der Schlepper mit zwei oder mit vier Kesseln ausgerüstet ist. Die Frage, ob die Verwendung von zwei Kesseln oder von vier solchen vorteilhafter ist, wird von den verschiedenen Reedereien noch ganz verschieden beantwortet. Zwei Kessel sind für das Gewicht etwas günstiger, haben geringere Abkühlungsoberfläche, einfachere Rauchbusen und verlangen geringere Wartung wie vier Kessel. Die Instandhaltung ist aber schwieriger und die Liegezeiten der Schiffe mit zwei Kesseln sind größer, weil bei der Anordnung von vier Kessel bei der Talfahrt, wo nicht so viel Dampf gebraucht wird, stets ein Kessel außer Betrieb sein und gereinigt werden kann. Außerdem ist die Forcierungsmöglichkeit von vier Kesseln an kritischen Stellen etwas günstiger. Es kommt daher auf die Disposition der betreffenden Reederei an, ob sie zwei oder vier Kessel wählen will. Bei größeren Dampfern sind jedoch in beiden Fällen zwei Kesselräume notwendig, einer vor, einer hinter dem Maschinenraum, weil zwei der ganz großen Kessel in einem Raum nicht unterzubringen sind. Es fällt auf, daß die Kessel in den Kesselräumen nicht genau mittschiffs liegen, sondern etwas nach der Seite verrückt sind. Es hängt dies damit zusammen, daß bei vielen Konstruktionen der Schwerpunkt der Maschinenanlage etwas einseitig liegt, dadurch daß Luftpumpe, Kondensator, große wasserführende Leitungen und Niederdruckzylinder auf einer

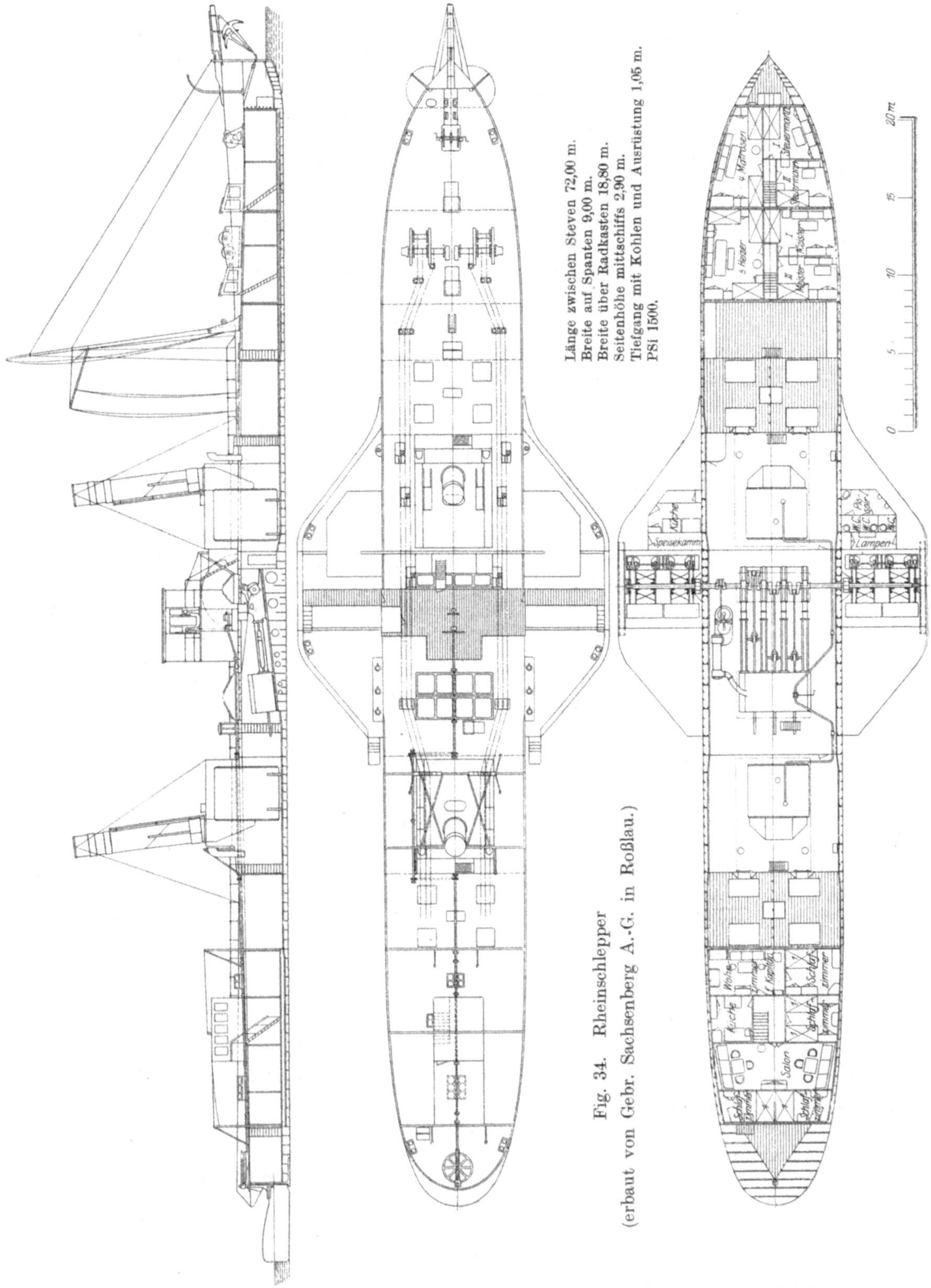

Länge zwischen Steven 72,00 m.
Breite auf Spanten 9,00 m.
Breite über Radkasten 18,80 m.
Seitenhöhe mittschiffs 2,90 m.
Tiefgang mit Kohlen und Ausrüstung 1,05 m.
PSi 1500.

Fig. 34. Rheinschlepper
(erbaut von Gebr. Sachsenberg A.-G. in Roßlau.)

Seite des Schiffes untergebracht sind und durch die Kessel diese Ungleichheit nach der anderen Seite wieder ausgeglichen werden muß. Der Kesselraum ist nach oben, wie schon früher erwähnt, möglichst gut zu lüften. Er wird am Kohlenraumschott durch eine Steigleiter betreten. Der andere Ausgang befindet sich im Maschinenraumschott, wo eine Tür nach dem Maschinenraum selbst vorgesehen ist. Mittschiffs schließt sich an den hinteren Kesselraum der sehr lange Maschinenraum mit quer durchgehender Welle an. Daran nach vorn wieder der zweite Kesselraum, Kohlenbunker, Laderaum und an diesen, wiederum durch Schott getrennt, der Wohnraum für Matrosen, Bootsleute, Heizer.

Zu diesen Wohnräumen führt ein Niedergang mit anschließendem kurzen Gang. Das Heizerlogis wird dann direkt von diesem aus betreten und liegt quer durch das ganze Schiff durch. Es bildet den vordersten Raum hinter dem Kollisionsschott. Die anderen beiden Räume, welche vom Gang aus St.-B. und B.-B. liegen, werden eingerichtet für das Deckspersonal auf der einen Seite, auf der anderen Seite für Meister und ersten Steuermann. Wo man etwas mehr Platz zur Verfügung hat, ist es vorteilhafter, zwei Niedergänge im Vorderschiff vorzusehen. Man richtet dann die eine Abteilung für das Deckpersonal und den Steuermann, die andere für Heizerpersonal und Meister ein. Da leicht zwischen diesen beiden Gruppen der Schiffsbesatzung Reibungen entstehen, ist diese Raumeinteilung immer vorzuziehen. Auch diese Räume sind trotz einfacher Ausstattung so ausgebaut, daß sie mit der Stadtwohnung eines Arbeiterhaushalts verglichen werden können. Eine reichliche Bemessung der Räume für Steuermann und Meister ist immer erwünscht, weil diese beiden, besonders wenn sie älter sind, wenigstens dann und wann auf einer Reise die Familie mitnehmen wollen. Wenn sich die Reedereien darauf einlassen, ist es immer vorteilhaft, wenigstens in den Räumen für Mannschaften, alle Holzeinbauten zu vermeiden und sowohl Betten wie Schränke und Bänke aus Eisenblech herzustellen. Auch auf unzugängliche Wandverkleidungen sollte, soweit möglich, verzichtet werden und da, wo sie unbedingt vorhanden sein müssen, wenigstens abnehmbar hergestellt werden. Es sammelt sich in diesen Räumen viel Ungeziefer, namentlich Wanzen, an, so daß das Leben in ihnen zur Qual wird. Da, wo die Reedereien auf Holzausbau bestehen, muß nach Möglichkeit, aus dem eben erwähnten Grunde, alles leicht auseinandernehmbar eingerichtet sein.

Die Beleuchtung sowohl dieser Wohnräume wie der des Kapitäns ist auf den ganz modernen Dampfern elektrisch. Man läßt einen kleinen Dampfdynamo, welche auch abends nach Abdecken der Kessel noch stundenlang weiter laufen kann, ohne den Wasservorrat der Kessel wesentlich zu erschöpfen, im Maschinenraum laufen. Eine Maschinenwache, soweit solche vorhanden, übernimmt die Bedienung. Anderenfalls können diese ganz leichten Apparate von 3 oder 4 i. PS auch ohne besondere Wartung durchlaufen. Wo diese Einrichtung noch nicht vorgesehen ist, übernehmen an das Deck gehängte Petroleumlampen die Beleuchtung des Raumes.

Die Heizung wird teils als Dampfheizung, teils als Ofenheizung ausgeführt. Die Dampfheizung ist an sich bequemer, versagt aber besonders bei Schiffen mit nur zwei Kesseln sehr leicht dann, wenn größere Reparaturen auch an den Kesseln vorgenommen werden müssen, was gewöhnlich in der Winterliegezeit notwendig ist. Es ist daher die Ofenheizung vorzuziehen.

Eine Klingelleitung von der Kapitänswohnung aus mit Anruf- und Antwortstellen im Raum für Heizer und Matrosen, sowie in der Maschine, erleichtert ein Signalgeben und ein Wecken von der Kapitänswohnung aus.

Vor dem vorderen Kollissionsschott befindet sich meist, außer dem Kettenkasten, nur noch ein wenig benutzter Stauraum für Schiffsinventar.

Räumliche Ausnutzung der Personendampfer. Die Einrichtung von Personendampfern (siehe Fig. 35), ist in Hinsicht auf ihren Zweck ganz anders gehalten.

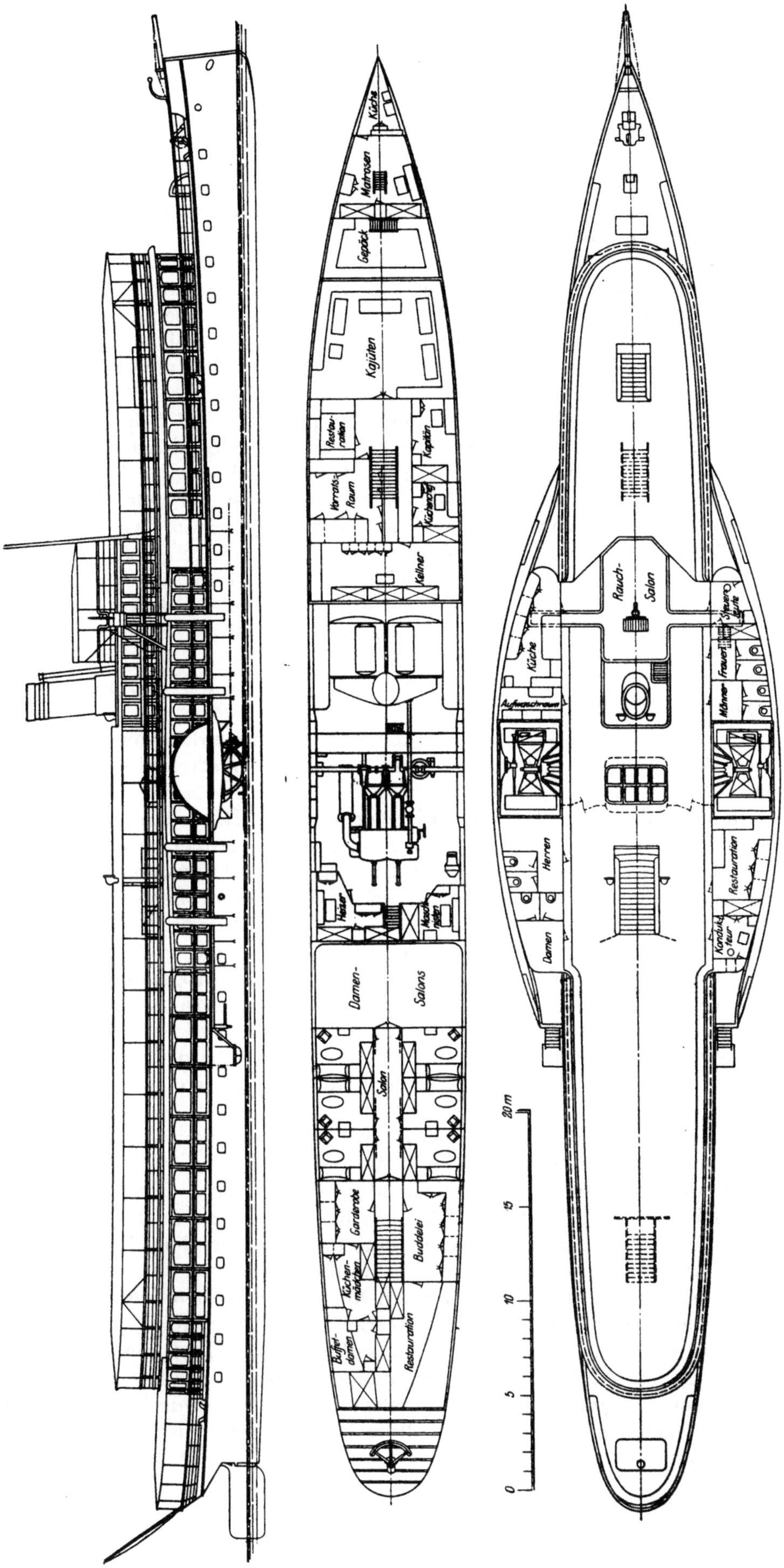

Fig. 35. Radpersonendampfer.

Es wird hier versucht, möglichst alle Räume für den Personenverkehr nutzbar zu machen. Die Besatzung, besonders der Kapitän, muß daher in ihrem Wohnbedürfnis eingeschränkt werden.

Wo ein Oberdeck vorhanden ist, wird dieses als freies, durchlaufendes Promenadendeck ausgebildet. Durch ein Sonnensegel geschützt und an seinem vorderen Teile durch eine Schutzwand mit herablaßbaren Fenster gegen Wind gedeckt, ist es der beliebteste und angenehmste Aufenthalt für die Fahrgäste bei schönem Wetter. Ringsumlaufende Bänke mit davorstehenden Tischen ermöglichen auch beim Einnehmen von Speisen einen freien Überblick über die Ufer und behindern den Durchgang in der Mitte wenig. Wo mehr Platz gewonnen werden soll, müssen mittschiffs noch ein oder zwei Tischreihen mit klappbaren Feldstühlen eingerichtet werden. Naturgemäß sind diese Tischreihen weniger beliebt. Escher, Wyss & Cie. in Zürich haben auf den von ihnen erbauten Dampfern für die Schweizer Seen die Raumfrage auf dem Oberdeck in glücklicher Weise so gelöst, daß mittschiffs eine Reihe Tische quer zur Fahrtrichtung aufgestellt sind und vor der Längsseite jedes Tisches eine bequeme Bank steht. Die Gäste sitzen hier entweder in der Fahrtrichtung oder rückwärts zur Fahrtrichtung. Vor den ringsum laufenden Bänken sind keine Tische mehr aufgestellt, so daß hier auf jeder Seite ein bequemer Raum zum Durchlaufen frei bleibt. Zum Einnehmen von Speisen setzen sich dann die Fahrgäste an die Tische, während sie sonst auf den äußeren Bänken Platz finden. Da auf diesen Dampfern meistens warme Speisen in größerem Umfange nicht verabreicht werden, ist die Lösung sehr praktisch. Auf dem Rhein, wo bei ganzen Tagesfahrten häufiger Speisen eingenommen werden, ist die Stellung der Tische vor den Seitenbänken vorzuziehen.

Einen Teil des Oberdecks bildet auf den größeren Rheindampfern vielfach noch ein kleiner Rauchsalon, der auch bei stark windigem Wetter einen angenehmen Aufenthalt auf dem obersten Deck gestattet.

Das Hauptdeck wird auf allen denjenigen besseren Rheindampfern, auf denen ein Oberdeck vorhanden ist, hinter dem Radkasten als großer geschlossener Salon ausgebaut. Es wird hierbei ein unverhältnismäßig großer Luxus entfaltet, da dieser Salon der Hauptaufenthalt aller besseren Fahrgäste bei rauhem Wetter und auf vielen Dampfern der Raum zur Einnahme der Hauptmahlzeit ist. Tische, Polsterstühle, Sofas, alles möglichst in der Nähe recht breiter und großer Fenster, sind üblich. Manchmal ist noch ein kleiner Raum für Damen abgeteilt. Dieser Salon findet meistens 6 bis 10 m vor dem Schiffsende seinen Abschluß und läßt nach hinten noch einen sehr beliebten Platz zum Sitzen frei.

Das Hauptdeck nach vorn ist gewöhnlich wie das Oberdeck mit Holzbänken und Tischen, sowie Feldstühlen ausgerüstet und wird durch eine gläserne Schutzwand gegen Wind gedeckt.

Die vorderen Niedergänge, in etwas besserer Ausstattung wie auf den Schleppdampfern, stehen aber wie diese frei an Deck, ebenso die Ankerwinde. Im Hinterdeck sind Niedergangskappen nicht notwendig, da der ganze Raum durch Seitenwände und Türen geschützt ist. Die Treppen laufen hier frei nach unten. Bei den größeren Rhein-Salondampfern ist auch der Raum unter dem hinteren Hauptdeck für den Personenverkehr ausgenutzt. Häufig befinden sich hier sehr vornehm ausgestattete Salons, ein allgemeiner und ein solcher für Damen, sowie eine Kleiderablage. Auf den Dampfern mit Küchenbetrieb kann gewöhnlich ganz hinten im Schiff noch ein guter Raum für den Restaurateur eingerichtet werden.

Anstatt der großen Salons sind auf einigen neueren Schiffen sechs bis acht kleine Ruhesalons mit je zwei Sofas vorgesehen. Die Einrichtung hat sich besonders für den Rheinverkehr gut bewährt, da diese Räume mehr ausgenutzt werden wie die großen Salons.

Im Vorderschiff befinden sich unter dem Hauptdeck, außer den Vorratsräumen für Speisen und Getränke, die Unterkunftsräume für Heizer, Deckspersonal, Kellner, Bootsleute, Maschinisten und alles übrige Personal. Auch hier ist wieder, wie schon bei den Schleppern betont, jede Verwendung von Holz wegen der Ungeziefergefahr zu vermeiden. Vor allen Dingen sollte die warme Wand, welche am Kesselraum liegt, nicht mit Korksteinen und Holz isoliert werden, weil sich dort eine wahre Brutstätte für Ungeziefer bildet. Eine eiserne Doppelwand mit guter Lüftung nach oben tut dieselben Dienste, ohne der Ungeziefergefahr Vorschub zu leisten.

Die Radkastenanbauten enthalten in ihren vorderen Teilen die Pissoirs, Aborte und Waschräume für Fahrgäste auf der einen Seite, sowie die Küchen auf der anderen Seite. Hinter der Radkastentrommel können sie zum Fahrkartenschalter, Speiseausgabe, Aufenthaltsraum für Kapitän und ähnlichen Zwecken ausgebaut werden.

Alle diese Einbauten sind natürlich nur auf den ganz großen Schiffen üblich, bei den kleineren finden sich wesentliche Vereinfachungen. (Siehe Fig. 36). Vor allen Dingen wird das ganze Schiff unter Hauptdeck häufig nicht mehr oder nur zu einem einfachen Aufenthaltsraum für Fahrgäste bei nassem Wetter ausgebaut, während vielfach der Raum über Hauptdeck in der Art des früher beschriebenen Oberdecks auch hinten ausgebaut wird. Bei noch einfacheren Schiffen befindet sich ein geschützter Aufenthaltsraum für Fahrgäste oft nur auf den Radkastenpodesten.

Anstrich. Der Anstrich der Schiffe muß schon während des Baues sehr sorgfältig vorgenommen werden. Alle diejenigen Eisenteile, die aufeinander liegen und nachher mit Farbe nicht mehr zu erreichen sind, müssen vor dem Zusammennieten mindestens einmal mit Rostschutzfarbe gut gestrichen und vor dem Streichen sauber gereinigt werden. Ohne diese Maßnahme wird man niemals ein festes und dichtes Schiff erreichen. Im übrigen wird bei Schleppern ein zweimaliger Anstrich genügen. Nur die Rauchfänge und Schornsteine sollten einen dreimaligen Anstrich erhalten. Unter dem Kohlenraum, Kesseln und unter der Maschine sollten alle Teile besonders sauber, zunächst mit Rostschutzfarbe gestrichen werden und dann einen Anstrich von Asphalt erhalten. Dadurch werden diese gegen Spritzwasser, auch gegen heißes, ziemlich unempfindlich.

Als Anstrich unter Wasser eignet sich bei Flußdampfern Kohlenteer. Dieser soll möglichst heiß aufgetragen werden und reichliche Zeit, mindestens nach jedem Anstrich drei Tage bei gutem Wetter und zehn Tage bei schlechtem Wetter zum Trocknen erhalten, bevor der nächste Anstrich aufgetragen wird. Es empfiehlt sich ein direktes Auftragen des Kohlenteers auf das Eisen ohne vorherigen Unterstrich mit Rostschutzfarbe, weil der Kohlenteer dann besser haftet. Ein gut hergestellter Kohlenteeranstrich steht sogar noch bei leichtem Überschleifen über eine Sandbank, wo jede Farbe sofort loslassen würde. Als Anstrich in der Wasserlinie und der oberen Wasserteile ist einmaliger Anstrich mit Rostschutzfarbe und Überstrich mit einer beliebigen guten anderen Ölfarbe zu empfehlen.

Das Deck wird am besten nach Aufnahme der Fahrt vom Personal selbst geteert, weil es dann am saubersten wird. Während der Werftliegezeit ist ein sauberer Decksanstrich kaum zu erzielen, weil immer wieder Schmutz in die Teerfarbe hineingetreten wird. Vor jedem Anstrich ist ein sachgemäßes Abrosten sämtlicher Eisenteile notwendig. Bei ganz wichtigen Teilen kann dies durch Eintauchen in Salzsäurelösung geschehen. Gewöhnlich genügt ein längeres Lagern der Bleche und Winkel im Freien, bis der Walzsinter abgerostet ist.

Die beste Rostschutzfarbe ist Bleimennige, Pb_3O_4. Da sie stark giftig ist, wird sie in manchen Betrieben vermieden und durch Eisenmennige ersetzt. Letztere besteht aus Leinöl mit Beimengung von Eisenoxyd.

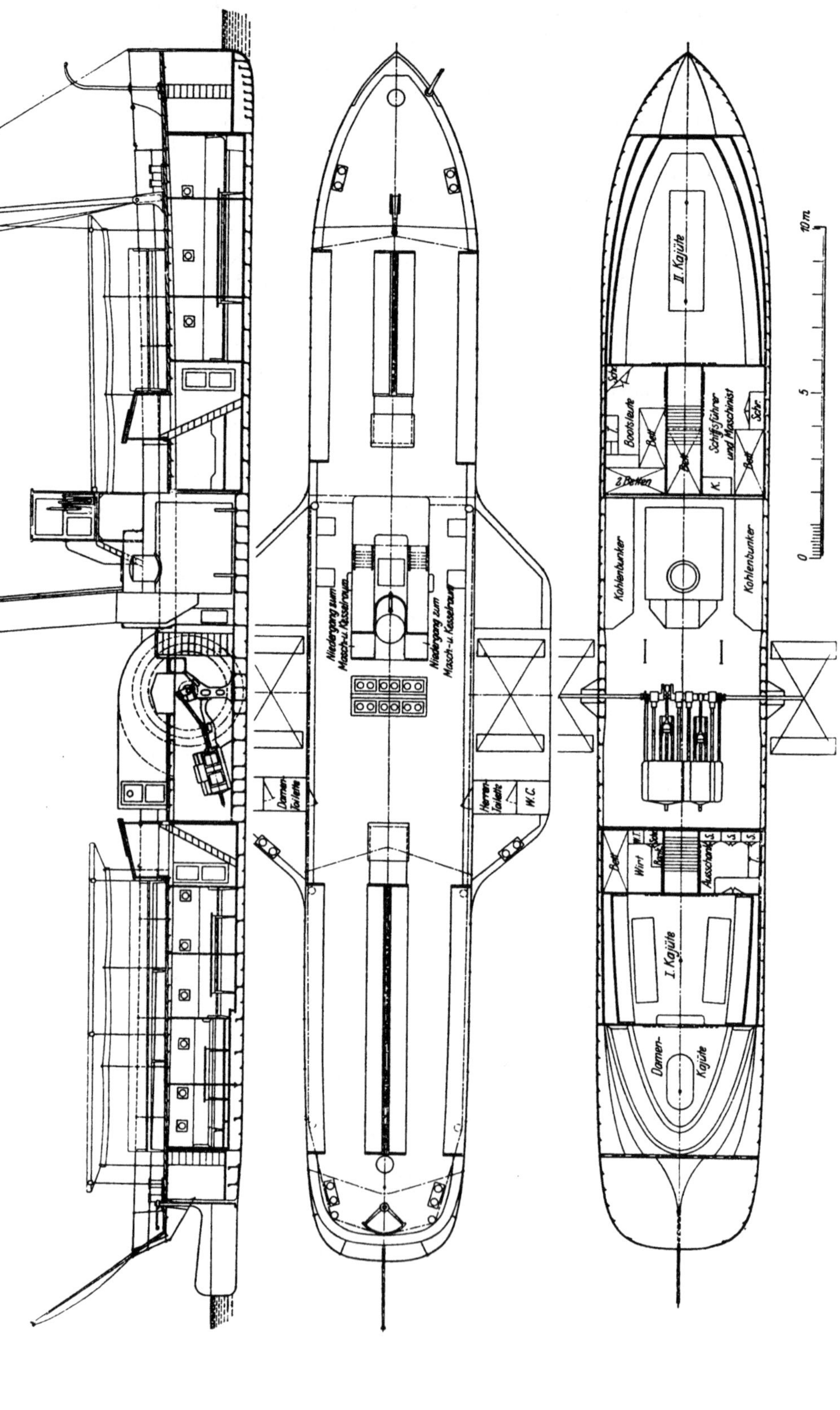

Fig. 36. Kleiner Radpersonendampfer.

Länge über alles 36,50 m.
Breite auf Spanten 5,00 m.
Höhe an der Seite 2,20 m.
Tiefgang 0,90 m.
PSi etwa 170

Bei den Personendampfern, die meist weiß gehalten sind, genügt der Unterstrich mit Rostschutzfarbe und Überstrich mit weißer Farbe nicht. Damit die ganzen Flächen schön glatt und gleichmäßig aussehen, müssen sie mehrfach mit Spachtelfarbe abgezogen und nach Trocknen dieser Teile mit Bimsstein glatt geschliffen werden. Erst auf diese geglättete Unterschicht kann der weiße Aufstrich, am besten mit Bleiweiß, stattfinden und dieser dann lackiert werden. Ein Anstrich mit dem billigeren Zinkweiß ist nicht zu empfehlen, da dieser unter dem Einfluß von Sonne und Wasser bald gelb wird. Es lohnt sich hier auch, die besten Japan- und Bernsteinlacke zu verwenden, da schlechtere Lacke sich bei dem häufigen Abwaschen der Flächen nicht halten.

Bodenanstrich gegen Anwachsen kommt bei Flußdampfern nicht in Frage.

Die Maschine.

Wahl der Expansionsstufen. Die Eigenart des Propellers verlangt gerade beim Raddampfer eine ganz anderartig durchkonstruierte Maschine, wie sie uns sonst beim Landmaschinenbau und beim Schraubenschiff bekannt ist. Man verwendet heute allgemein eine schräg liegende Bauart mit mehreren Zylindern. Die Radschiffsmaschine hat sehr hohe Leistungen bei recht niedrigen Umdrehungszahlen aufzuweisen, und steht auf einem Fundament, das trotz bester Konstruktion nicht als unbeweglich angenommen werden darf. Radschleppermaschinen mit Leistungen von 1800—2000 i. PS bei 36 minutlichen Umdrehungen sind keine Seltenheit mehr. Bei allem muß noch eine Sparsamkeit im Dampfverbrauch gesichert und es dürfen bestimmte Höchstgewichte nicht überschritten werden.

Die Berücksichtigung des Gewichts ist besonders bei den leichten Personendampfern von Wichtigkeit. Es kann daher auch zwischen ganz leichten und schwereren Maschinen von vornherein unterschieden werden. Die nicht miteinander in Übereinstimmung zu bringenden Forderungen des Gewichts und großer Sparsamkeit im Dampfverbrauch machen die Entscheidung über die Zahl der zu verwendenden Expansionsstufen schwierig. Alleräußerste Sparsamkeit würde scheinbar die Wahl von vier Expansionsstufen und Verwendung möglichst hohen Dampfdrucks empfehlen. Die Vierzylindermaschine wird aber sehr schwer, sie läßt sich in der Breite in einem normalen Schlepper nicht mehr unterbringen. Es müssen daher mindestens zwei Zylinder hinter- oder übereinander gelegt werden. Die Gestänge werden kompliziert. In den hohen Druckstufen stößt die Schmierung und Dichtung auf Schwierigkeiten. Die Maschine wird unübersichtlich und verlangt allersauberste Wartung, die bei Schleppern meist nicht gewährleistet werden kann. Ein weiterer, ganz besonders großer Nachteil dieses Maschinentyps ist die geringe Möglichkeit der Leistungssteigerung. Bei Flußschleppern ist es stets notwendig, in Stromschnellen, bei aufkommendem Hochwasser oder bei schwierigeren Anhängen die Maschinenkraft in hohen Grenzen gelegentlich steigern zu können. Eine erhöhte Füllung gibt bei dem kleinen Zylindervolumen des Hochdruckzylinders der Vierfach-Expansionsmaschine nur eine geringe Verstärkungsmöglichkeit. Hilft man sich dann dadurch, daß man direkten Dampf auf den ersten Mitteldruckzylinder gibt, so ist dieser Versuch nur dann ungefährlich, wenn der Cylinder für die Verarbeitung des hohen Dampfdruckes, sowohl im Gestänge wie in allen anderen Teilen richtig bemessen ist. Dann arbeitet die Maschine aber als Dreifach-Expansionsmaschine, meist mit falsch bemessenem Zylinderverhältnis, und verbraucht mehr Dampf wie eine von vornherein für dreistufige Expansion konstruierte Maschine. Sie ist dann außerdem noch wesentlich schwerer als eine solche und daher grundsätzlich zu verwerfen.

Günstiger im Gewicht und immerhin noch günstig im Dampfverbrauch ist die Dreifach-Expansionsmaschine. Hier wird auch die Verstärkungsmöglichkeit schon bedeutender, ohne Inanspruchnahme des Mitteldruckzylinders. Wenn man die Zylindervolumina richtig bemißt, Rücksicht auf möglichst kleine schädliche Räume nimmt, und womöglich noch Überhitzung anwendet, geben sie den Vierfach-Expansionsmaschinen im Dampfverbrauch kaum noch etwas nach. Sie haben ein sehr gleichmäßiges Drehmoment, erzeugen daher eine gleichmäßige Fahrt des Schiffes und eine ruhige Lage der Schleppstränge. Ihr Raumbedarf, besonders in der Breite, ist jedoch immer noch sehr groß.

Günstig sind hierin die Zweifach-Expansionsmaschinen, die auch das geringste Gewicht ergeben. Bei diesen liegt die größte Möglichkeit der Leistungssteigerung vor. Es ist aber nicht möglich, Dampfdrücke über 10—12 Atmosphären vorteilhaft durch sie zu verarbeiten. Das Drehmoment ist ungleichmäßig. Wenn die Räder nicht sehr gut konstruiert sind und die Schaufelteilung auf die Ungleichmäßigkeit des Tangentialdruckdiagramms dieser Maschinen keine Rücksicht nimmt, so schieben die Dampfer stark, was bei Personenschiffen unangenehm empfunden wird und bei Schleppschiffen zu starkem Tanzen der Schleppstränge führt.

Trotzdem ist die Zweifach-Expansionsmaschine gerade ihrer anderen Vorteile wegen bei allen leichteren Bauten sehr zu empfehlen, da auch ihr Dampfverbrauch bei richtiger Konstruktion und Anwendung kräftiger Überhitzung kein so wesentlich höherer ist wie der der Dreifach-Expansionsmaschine. Es wird also in allen den Fällen, wo es sehr auf Gewicht ankommt, wo große Krafterhöhung stellenweise notwendig ist und wo besonders billig gebaut werden soll, eine Zweifach-Expansionsmaschine gewählt werden müssen. In allen anderen Fällen, wo diese Gesichtspunkte nicht so ausschlaggebend sind und wo auf größere Ökonomie gesehen wird, ist die Wahl der Dreifach-Expansionsmaschinen zu empfehlen.

Bauarten der Maschinen. Abbildungen 37, 38, 39, 40, 41, 42, 43, 44 und 45 stellen verschiedene Typen von Radschiffsmaschinen dar, wie sie vielfach ausgeführt sind. Das Unterscheidungsmerkmal aller dieser Maschinen von sonstigen liegenden Konstruktionen beruht darauf, daß sie alle schräg liegen. Die größeren Maschinen haben eine geringe Schräglage, die kleinen eine sehr erhebliche. Es rührt dies daher, daß die Wellenlage wegen der möglichst groß gewählten Raddurchmesser eine ziemlich hohe ist und man naturgemäß vermeiden will, die Abstützungen und die Fundamente für die Zylinder unnötig hoch zu machen. Bei den großen Maschinen bringen daher die großen Zylinderdurchmesser die Lage der Zylindermittel höher als bei den kleinen Maschinen. Die abgebildeten Maschinen unterscheiden sich im Prinzip wenig in ihrer Zylinderanordnung, jedoch stark in der Wahl ihrer Fundamente und dem Bau der Wellenträger, der sogenannten Främe. So ist die Maschine, Fig. 37 und 38, nicht direkt auf das im Schiff eingebaute Fundament gesetzt, wie die übrigen Maschinen, sondern auf einen geschlossenen Rahmen, welcher Zylinder und Främe miteinander verbindet. Auch die Främe sind auf einen kräftigen rahmenartigen Unterbau aufgesetzt. Sogar für Pumpen und Luftpumpen ist, wie Fig. 38 zeigt, ein besonderer Fundamentrahmen vorgesehen. Die Konstruktion hat den Vorteil, daß sie die Werkstatt- und Bordmontage sehr erleichtert, eine sehr genaue Montage der ganzen Maschine auch im Schiff sichert und eine Verschiebung der Främe, wie sie bei anderen Konstruktionen vorkommen kann, unmöglich macht. Sie hat den Nachteil, daß sie nicht absolut notwendiges Gewicht in das Schiff bringt.

Främe. Das andere hauptsächliche Unterscheidungsmerkmal der dargestellten Maschinen liegt in der Konstruktion der Främe. Die einfachste und zunächst natürlichste Konstruktion in Fig. 41 zeigt Wellenlager, die durch Verbindungssäulen, welche zugleich als Kreuzkopfführung ausgebildet sind, gegen die Zylinder abstützt, und auf ein hohes Blechfundament im Schiff aufgesetzt sind.

Fig. 37. Liegende Radschiffsmaschine 1000—2000 PSi (erbaut von Escher Wyss & Cie. Zürich).

Fig. 38. Liegende Compoundmaschine 800 PSi für Radschiffe (erbaut von Escher, Wyss & Cie., Zürich).

Die Konstruktion ist einfach, leicht, und montiert sich gut. Sie kann aber nur bei kleineren Maschinen Anwendung finden, da die Lager bei den hohen Beanspruchungen, welche sie bei der Radschiffsmaschine auszuhalten haben, auf den Blechfundamenten mit ihren kurzen Füßen nicht fest zu bekommen sind und weil auch die Blechfundamente selbst bei ihrer großen Höhe auf die Dauer nicht halten.

Fig. 39. Radschiffsmaschine (erbaut von Escher, Wyss & Cie., Zürich).

Fig. 40. Radschiffsmaschine (erbaut von Escher, Wyss & Cie., Zürich).

Man hat bei etwas größeren Maschinen, wie aus Fig. 40 hervorgeht, diesen Lagern bereits einen breiteren Fuß gegeben und sie nach der Zylinderseite zu durch einen Pratzenfortsatz, gegen einen schweren Kastenbalken, der zugleich als Decksträger ausgenutzt ist, abgestützt. Noch besser ist die Konstruktion auf Fig. 42 zu sehen. Diese Wellenlager pflegen im allgemeinen auch bei größeren Maschinen noch festzustehen. Sie neigen höchstens noch zu einem seitlichen Kippen.

Um auch dieses zu vermeiden und die hohen Blechfundamente zu umgehen, ist die Konstruktion, Abbildung 38, durchgeführt worden, indem sämtliche Wellenlager zu einem doppelten Rahmen verbunden sind, der sich in einer breiten Fläche nach der Zylinderseite zu gegen den Kastenbalken abstützt. Es ist dies für kleine Maschinen die solideste und beste Konstruktion. Sie gibt nur dort bereits ziemlich schwierige Gußstücke und hohe Gewichte. Die Montage erleichtert sie wesentlich, da ein Ausrichten und Auskeilen der Främe, sowohl in Werkstatt wie an Bord vermieden wird.

Fig. 41. Radschiffsmaschine (erbaut von Escher, Wyss & Cie, Zürich).

Bei stärkeren Maschinen und bei Dreifach-Expansionsmaschinen würden bei Durchführung dieser Konstruktion die Gußstücke zu schwer und schwierig. Man hat daher wieder, wie Figuren 37, 38, 43—45 zeigen, jedes Wellenlager als Einzelkonstruktionsteile durchgebildet. Auf Fig. 37 und 38 stützen sich die Lager in pratzenartigen Füßen nach vorn und hinten gegen je einen Decksbalken ab. Die Pratzen werden daher bei richtiger Montage immer nur nach einer Richtung beansprucht. Die Schrauben, welche sie mit den Kastenbalken verbinden, bekommen keine wesentliche Zugbeanspruchung. Die Konstruktion baut etwas länger und erschwert die Montage insofern, als die Welle nur von oben eingelegt und herausgenommen werden kann. Aus diesen Gründen und auch der Gewichtsersparnis wegen sind in den Konstruktionen, Figuren 44 und 45, ähnlich wie in der Fig. 40, die Pratzen nur nach der Zylinderseite hin ausgeführt. Sie haben dort aber eine größere Anlagefläche und sind mit kräftigen Schrauben mit dem Kastenbalken verbunden. An der inneren Seite des Kastenbalkens ist noch eine größere Ankerplatte vorgesehen, um den Schraubendruck auf eine große Fläche des Kastenbalkens zu übertragen, damit nicht einzelne Schrauben das an sich leichte Blech durchziehen. Diese Konstruktion hat sich bei guter Ausführung und Montage auch bewährt und ist beibehalten worden, einerseits aus Gewichtsrücksichten und dann der leichteren Montage der Welle wegen. Man wendet nicht ganz mit Unrecht ein, daß alle Främkonstruktionen, die sich an zwei Flächen im Schiff abstützen, bedenklich sind, da sie entweder eine Versteifung des Schiffes bilden, und daher unnötige Beanspruchungen aufzunehmen haben, oder unter Schiffsschwingungen leiden und brechen.

Fig. 42. Radschiffsmaschine mit Ventilsteuerung 700 PSi (erbaut von Escher, Wyss & Cie., Zürich).

Wenn man aber feststehende, seitlich nicht ausweichende Främe haben will, muß man diese Konstruktion schon wählen und das Schiff an den betreffenden Stellen so stark bauen, daß Beanspruchungen der Främe vom Schiff aus nicht eintreten.

Fig. 43. Radschiffsmaschine für leichte Personendampfer 1250 PSi (erbaut von Gebr. Sachsenberg A.-G., Roßlau).

Fig. 44. Radschiffsmaschine für schweren Schlepper etwa 1800 PSi (erbaut von Gebr. Sachsenberg A.-G., Roßlau).

Wie Fig. 43 zeigt, sind bei den Maschinen für die leichten Personendampfer die Wellenlager aus Gewichtsrücksichten überhaupt nicht mehr gegen einen Kastenbalken abgestützt, sondern nur untereinander durch ein kräftiges Stahlrohr verbunden. Für derartige Maschinen mit leicht beanspruchtem Rad hat sich diese Konstruktion bewährt. Man spart dadurch Kastenbalken und Främgewichte. Für Schlepper ist sie nicht zu empfehlen.

Zylinderverhältnisse, Hub usw. Bei der Betrachtung der Einzelteile der Raddampfermaschinen fällt zunächst die mächtige Gruppe der Zylinder ins Auge. Bei den meisten Konstruktionen mittlerer Größe pflegt man die zwei und drei Zylinder durch mächtige, angegossene Flanschpartien zu einem Ganzen zu verbinden. Man leitet durch diese Verbindungsstellen auch den Dampf von einem zum andern Zylinder nnd läßt ihn den nachfolgenden Zylinder vollständig umströmen, bevor er in dessen Schieberkasten eintritt. Auf diese Art vermeidet man die Dampfrohre von einem Zylinder zum andern, schafft sich große Aufnehmerräume, und bildet eine sehr starke Zylindergruppe. Die Flanschen an den Verbindungsstellen sind leicht dicht zu halten und haben selten Schwierigkeiten gemacht. Sie können auch gleich zum Tragen der Zylinderbekleidung benutzt werden. Erst bei größeren Maschinen über 1000 PS und bei Anwendung von Überhitzung ist diese Verbindung der Zylinder nicht mehr zu empfehlen, da ihre große Dehnung die Mittelachsen zu weit verrücken würden. Hier ist es vorteilhafter, jeden Zylinder für sich zu bauen und Überströmrohre als Aufnehmer anzuordnen. Bei größeren Zweifach-Expansionsmaschinen trennt man häufig die Zylinder ganz, und legt den Hochdruck auf St.-B.- und Niederdruck auf B.-B.-Seite. Zwischen beiden bleibt dann ein reichlicher Gang, welcher die Bedienung der Maschine in allen ihren Teilen wesentlich erleichtert.

Fig. 45. Radschiffsmaschine für Personendampfer 750 PSi (erbaut von Gebr. Sachsenberg A.-G., Roßlau).

Die Leistungen der Zylinder sind leicht gleichmäßig zu bekommen, wenn man folgende Vulumenverhältnisse anwendet:

bei Zweifach-Expansionsmaschinen: 1 : 3,4—3,6,

bei Dreifach-Expansionsmaschinen: 1 : 2,5 : 6,6 bis 1 : 2,7 : 7.

Bei Anwendung von Überhitzung von etwa 350° muß man mit dem Verhältnis etwas heruntergehen und kommt dann mit folgenden Zylinderverhältnissen aus:

bei Zweifach-Expansionsmaschinen etwa 1 : 3,

bei Dreifach-Expansionsmaschinen 1 : 2,3 : 6,1.

Wegen der Eigenart des Propellers ist man auf sehr niedrige Umdrehungszahlen bei den Radschiffsmaschinen angewiesen. Bei Schleppern, die außer den Hauptspantquerschnitt des Dampfers selbst noch weitere Hauptspantquerschnitte der Anhänge durch das Wasser fortzubewegen haben, muß man größtmögliche Flächen mit geringster Geschwindigkeit durch das Wasser fortbewegen. Näher wird hierauf noch bei der Besprechung des Radpropellers eingegangen werden.

Günstige Grenzwerte bei schweren Radschleppern sind 34—38 Umdrehungen, für leichtere Radschlepper 36—40, bei Personendampfern 40—46 und bei Schiffen, die in sehr starken Strömungen, z. B. im Eisernen Tor, zu arbeiten haben, bis zu 50.

Die Forderung großer Kraftentwicklung bei sehr geringen Umdrehungen führt zu langhübigen Maschinen. Radschlepper über 1000 i. PS werden günstig mit Kolbenhüben von 1600—1800 mm ausgeführt, etwas leichtere Schlepper kommen mit Kolbenhüben von 1400—1600 und leichte Maschinen, auch solche von Personendampfern, mit Kolbenhüben von 1000—1200 mm aus. Die mittleren Kolbengeschwindigkeiten liegen dann bei allen diesen Schiffen zwischen 2,30 und 1,40 m pro Sekunde.

Wegen der langen federnden Gestänge ist bei den großen Maschinen ein Freischlag an der Deckelseite von wenigstens 12—18 mm, an der Kurbelseite von 10 bis 12 mm erwünscht. Wegen der großen Dampfmengen und der ungleichmäßigen Dampfströmung, die bei diesen langhübigen Maschinen hervorgerufen werden, sollte man mit der mittleren Dampfgeschwindigkeit in den Dampfzuleitungen nicht über 30 m pro Sekunde, in den Kanälen nicht über 40 m pro Sekunde gehen.

Berechnungsbeispiel. Da der eigenartige Betrieb eines Schleppers durch die verschiedenen Schiffsgeschwindigkeiten, die bei schwerem Anhang zu Berg und bei leerem Schiff erreicht werden, eigenartige Anforderungen an den Betrieb der Maschine stellt, muß die Berechnung für eine Schleppermaschine, sowohl für Schiff mit Anhang wie für Leerschiff durchgeführt werden. Nachfolgendes Beispiel gibt die Berechnung einer Zweifach-Expansionsmaschine von 600 i. PS, sowohl für Schlepper mit Anhang wie für Leerlauf:

Es sei gegeben:

$$\text{i. PS} = 600$$

$$\text{Kesseldruck } p = 9{,}5 \text{ Atm.}$$

Durch ein günstig arbeitendes Rad werde gefordert eine Tourenzahl

$$n = 36$$

bei fünf Knoten Geschwindigkeit des Schiffes mit Anhang.

Angenommen ist:

$$\text{Kolbengeschwindigkeit } c = 1{,}45$$

$$\text{H. D.-Füllung } \varepsilon_H = 0{,}50$$

$$\text{Zylinderverhältnis} = 1 : 3{,}63.$$

Diese Annahmen ergeben:

$$\text{Gesamtfüllung } \varepsilon = \frac{0{,}5}{3{,}63} = 0{,}1375\,,$$

$$\text{Gesamtexpansion} = \frac{1}{0{,}1375} = 7{,}25\text{fache.}$$

$$\text{Der Hub } s \text{ wird} = \frac{30\,c}{n} = \frac{30 \cdot 1{,}45}{36} = 1{,}2 \text{ m.}$$

Es ist ferner

$$p_i = p_{abs} \cdot k \cdot \varepsilon\left(1 + \ln\frac{1}{\varepsilon}\right) = \text{mittlerer Dampfdruck auf den Kolben,}$$

$$p_i = 10{,}5 \cdot 0{,}65 \cdot 0{,}411 = 2{,}8\,.$$

Hierin ist:

$p_{abs} = 10{,}5$ Atm.

$k = 0{,}65$ = Völligkeitsgrad des Diagramms. So angenommen wegen geringer Tourenzahl und Ventilsteuerung

$$\varepsilon\left(1 + \ln\frac{1}{\varepsilon}\right) = 0{,}411 \text{ (siehe Hütte).}$$

Es wird nun Fläche des Niederdruckzylinders:

$$F = \frac{600 \cdot 2250}{2{,}8 \cdot 36 \cdot 1{,}2} = 1{,}114 \text{ m}^2.$$

Unter Berücksichtigung der abzuziehenden Flächen der durchgehenden Kolbenstangen von der arbeitenden Fläche werden die Durchmesser des Niederdruck- und des Hochdruckzylinders:

$$D_N = 1{,}19 \text{ m},$$

$$D_H = 0{,}63 \text{ m}.$$

Es wäre nun wünschenswert für den Entwurf der Steuerung, die Füllung des Hochdruckzylinders festzustellen, wenn das Schiff mit 10 Knoten bei 44 Umdrehungen leer läuft, und eine größere Maschinenkraft als 600 PSi nicht erreicht werden soll. Es mögen die Indices 10 und 5 die verschiedenen zu den entsprechenden Knotenzahlen gehörigen Werte bezeichnen. Es läßt sich dann aufstellen:

$$\frac{p_i^{(10)}}{p_i^{(5)}} = \frac{n^{(5)}}{n^{(10)}} = \frac{36}{44},$$

$$\frac{\varepsilon\left(1 + \ln\frac{1}{\varepsilon}\right)^{(10)}}{\varepsilon\left(1 + \ln\frac{1}{\varepsilon}\right)^{(5)}} = \frac{36}{44} = \frac{0{,}399}{x},$$

$$x = \frac{0{,}399 \cdot 36}{44} = 0{,}325.$$

Der Völligkeitsgrad des Diagramms k bleibe gleich, da zwar die Drosselung wächst, aber zugleich die Kondensation geringer wird.

$$\varepsilon = 0{,}0975,$$

$$\frac{1}{\varepsilon} = \frac{1}{0{,}0975} = 10{,}25 \text{fache Gesamtexpansion.}$$

Es ist nun:

$$10{,}25 = \frac{3{,}63}{x},$$

$$x = 35{,}5\% \text{ Füllung.}$$

Die Maschine würde also für Leerlauf des Schiffes mit 44 Touren nur 35,5% Füllung verlangen.

Der Völligkeitsgrad des Diagramms schwankt bei diesen Maschinen, wenn sie mit Schiebern gesteuert werden, im allgemeinen zwischen 0,52—0,59. Die kleineren Werte finden sich bei Zweifach-Expansionsmaschinen mit hoher Überhitzung, die höheren Werte bei Dreifach-Expansionsmaschinen mit Naßdampf.

Konstruktion der Zylinder. Bei der Konstruktion der Zylinder (siehe Fig. 46) muß folgendes beachtet werden:

Wegen der großen Ausdehnung in der Längsachse bei den langhübigen Zylindern, zumal bei Verwendung von überhitztem Dampf, sollten alle Längsrippen am Rundkörper des Zylinders vermieden werden. Die Füße sind so kurz wie möglich anzusetzen, weil sie sonst leicht am Zylinder einreißen, da der Hebelarm der angreifenden Kraft zu lang wird. Der Fuß an der Deckelseite muß ovale Löcher erhalten, damit sich der Zylinder bei Ausdehnung nach hinten frei weggeben kann. Der ganze Gegendruck des Zylinders wird also durch den vorderen Fuß aufzunehmen sein, weshalb dieser stärker als der Fuß an Deckelseite ausgebildet werden sollte. Die Schieberkasten sollen nach Möglichkeit getrennt werden. Wenn dies nicht geschieht, treten sowohl im Zylinder wie auch im Schieberkasten selbst so hohe Spannungen auf, daß einer von beiden Teilen zu reißen pflegt. Bei Anwendung von Flachschiebern anstatt der Rundschieber, was meist bei Niederdruck geschieht, gießt man am besten den Schieberkasten am Zylinder überhaupt nicht fest, sondern setzt ihn auf. Auch hier ist eine Teilung des Schieberkastens für beide Seiten bei Zylindern von über 1600 mm Länge anzuraten.

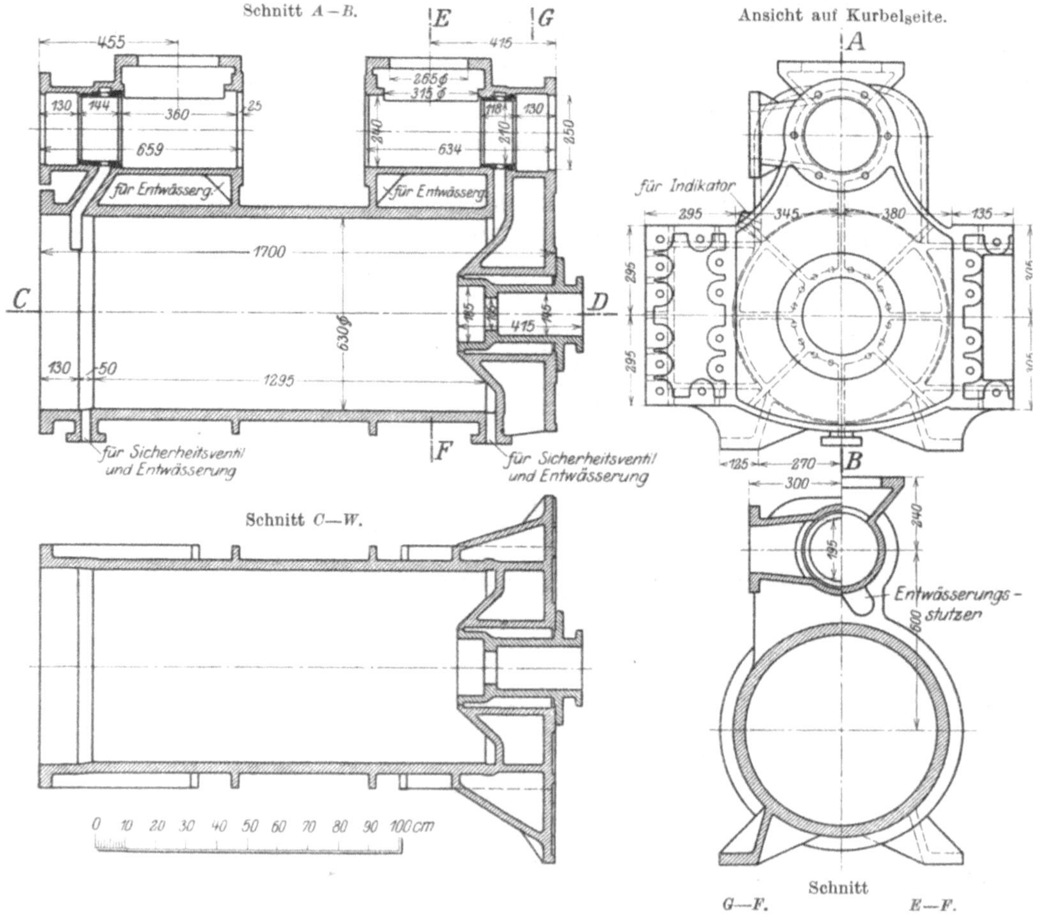

Fig. 46. H. D.-Zylinder einer Radschiffsmaschine.

Wenn man zur Verkürzung der Kanäle die Schieberachse so nahe an den Zylinder heranlegt wie irgend möglich, wird die Befestigung dieser Schieberkasten im Zylinderflansch schwierig, weil an der Stopfbüchse der Schieberstange keine Befestigungsschrauben angebracht werden können. Es genügt jedoch hier meist, an beiden Seiten dieser Stopfbüchse eine stärkere Schraube vorzusehen. Schwieriger wird die Befestigung noch, wenn man die Dampfzuführung um den Zylindergußkörper zu vereinfachen, in den angesetzten Schieberkasten verlegt. An der Einströmungsstelle wird die Befestigung des Kastens stets mangelhaft, wenn man den Schieberkasten so niedrig wie möglich hält. Außer einer Anbringung von Schrauben neben dem Einströmungsstutzen muß man da wenigstens noch eine Schraube in den Rohrkörper selbst verlegen. Die Schraube bleibt am Zylinder immerhin noch von außen anziehbar. Sie muß im Einströmungsstutzen selbst gut unterlegt werden, weil sie sonst nicht dicht hält. Grundsätzlich wäre eine solche Konstruktion zu vermeiden. In diesem Falle muß sie aber aus Gewichtsrücksichten in den Kauf genommen werden.

Da große schädliche Räume einen ungünstigen Einfluß auf die Ökonomie der Maschine ausüben, soll man die Kanäle so gerade wie möglich führen und sie so weit nach dem Kopf des Zylinders legen, wie dies irgend durchführbar ist. Zu prüfen ist hierbei, ob man einen etwas längeren Kanal im einzelnen Falle vorzieht, um die Stirnfläche von Zylinder und Rundschiebergehäuse in eine Ebene zu legen, oder ob man ganz gerade Kanäle verwenden will und die Stirnfläche in verschiedene Ebenen auseinander zieht. In ersterem Falle hat man eine wesentlich leichtere Bearbeitung des ganzen Gußstücks und ein geschlosseneres, übersichtlicheres Aussehen der Maschine. In letzterem Falle wird der schädliche Raum noch etwas verringert. In Abbildung 45 ist der erste Weg gewählt. Auf die Entscheidung über diese Frage wird häufig auch die Durchkonstruktion der Volumendiagramme der Maschine Einfluß haben, wobei man oft findet, daß eine allzu große Verringerung des schädlichen Raumes im Einzelfalle nicht mehr wünschenswert erscheint. Es werden dann die Kompressionen manchmal zu hoch. Bei den Hochdruckzylindern werden meist Kolbenschieber gewählt, weil sich diese bei der schwierigen Schmierung und Entlastung bei hochgespanntem Dampf am besten eignen. Beim Niederdruck- und Mitteldruckzylinder findet bei Naßdampf der Flachschieber meist Anwendung. Bei Heißdampf ist auch für den MD-Zylinder noch Rundschieber zu empfehlen. In neuerer Zeit sind auf dem Rhein durch die Firma Gebr. Sachsenberg, ebenso wie auf den schweizerischen Seen, von den Firmen Escher Wyss & Co. und Sulzer Maschinen mit Ventilsteuerung mit großem Erfolg angewandt worden. Die Maschinen auf dem Rhein haben gewöhnlich Lentzventile. Auf diese Bauart wird bei Besprechung der Steuerung noch näher einzugehen sein. Zylindereinsätze werden vielfach vorgesehen, um später ein leichteres Ausbohren und eine schnellere Bearbeitung in der Werkstatt zu erreichen. Auch wenn der Zylinder sich als nicht ganz dicht in der Lauffläche erweist, ist es gut, wenn man einen Einsatz hat. Ob der Einsatz durch die Vorteile, die er bietet, den Nachteil des erhöhten Gewichts wieder aufwiegt, ist nur von Fall zu Fall zu entscheiden. Der Raum zwischen Einsatz und Zylinderwand kann zur Mantelheizung ausgenutzt werden. Deckelheizung ist bei derartigen Maschinen selten. Im Einströmungsraum braucht bei überhitztem Dampf und vorheriger guter Entwässerung eine besondere Entwässerung nicht vorgesehen zu werden. Im Ausströmungsraum ist dies notwendig. Ferner sind reichliche Zylinderentwässerungen an den beiden Zylinderenden, vor allen Dingen sehr reichliche beim Niederdruckzylinder anzubringen. Bei der Einspritzkondensation läuft der Niederdruckzylinder sehr leicht voll Wasser. Es geschieht dies namentlich dann, wenn die Maschine auf der Fahrt einen Augenblick angehalten wird. Die Luftpumpe läuft dann, wenn die selbsttätige Einspritzung nicht vor Absetzen der Maschine abgestellt ist, voll Wasser, der Dampf im Niederdruck kondensiert und saugt das Wasser an. Wenn dann beim Anfahren nicht sehr reichliche Entwässerungsvorrichtungen vorhanden sind, treten meist Deckelbrüche ein. Als Entwässerungsapparate eignen sich besonders die unter dem Namen Klapperapparate bekannten doppelsitzigen Entwässerungen, die sich bei jedesmaliger Ausströmungsperiode selbsttätig öffnen, so daß ein glattes Auslaufen des Kondenswassers möglich ist. Das Vollaufen der Zylinder durch den Kondensator kann durch ein gewöhnliches mit der äußeren Atmosphäre in Verbindung stehendes Rückschlagventil verhindert werden, das sich gut bewährt hat.

Eine gute Isolierung der Zylinder mit Kieselgur und Bekleidung mit Schwarzblech ist, wie bei allen Maschinen, üblich und selbstverständlich. Wenn man die Montagezeit an Bord etwas abkürzen will, kann man anstatt mit Kieselgur auch mit Isoliersteinen abdecken. Die Isolierung ist dann nicht ganz so gut, aber man braucht mit der Isolierung nicht erst zu warten, bis die Zylinder unter Dampf gesetzt werden können. Als Stopfbüchsenpackung ist für Hochdruckzylinder jede

Metallpackung, für Niederdruckzylinder entweder eine solche oder auch eine Weichpackung brauchbar. Acht gegeben muß darauf werden, daß, namentlich bei überhitztem Dampf, die Packungen nicht zu hart angezogen werden. Die Stopfbüchsenreibung erzeugt meist bei stark angezogener Stopfbuchse eine so kräftige Zusatzhitze zur Temperatur des überhitzten Dampfes, daß keine Packung diesen Wärmegraden standhält. Man lasse daher lieber im Anfang die Packungen leicht blasen und sich einlaufen. Wo geschliffene Kolbenstangen und Hartpackungen verwendet werden, wie dies bei den besten Fabrikaten üblich ist, liegen hier natürlich keine Bedenken vor. Da halten die Stopfbuchsen meist von Anfang an dicht.

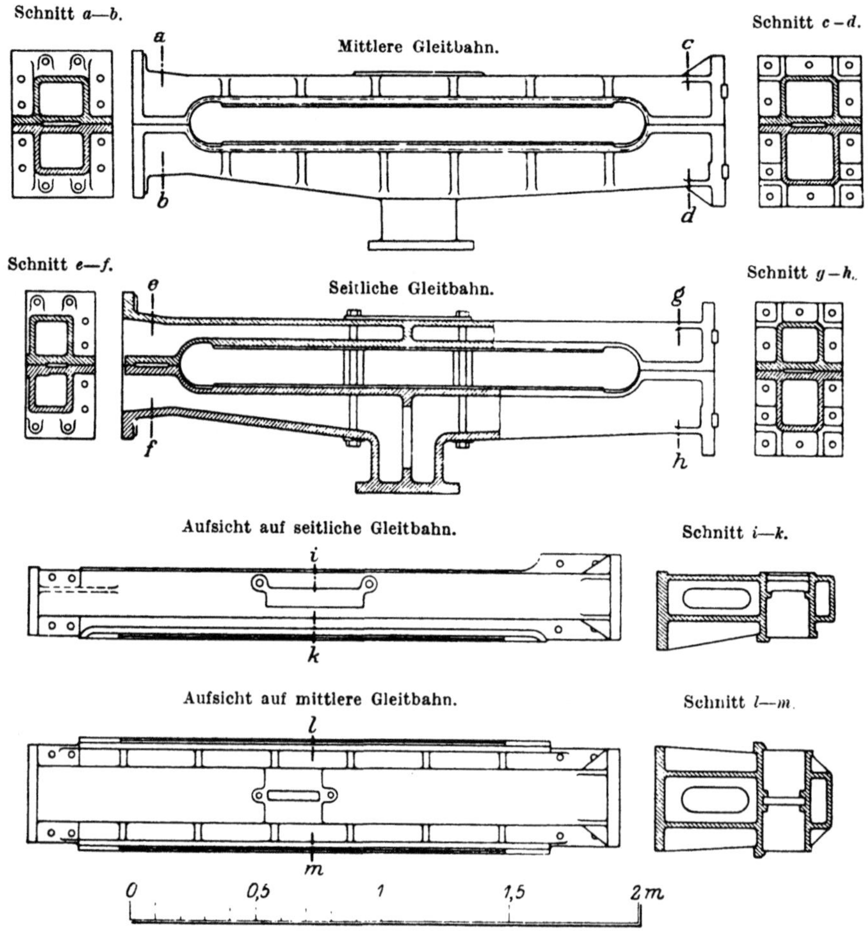

Fig. 47. Gleitbahn einer Radschiffsmaschine.

Gleitbahnen. Außer den Füßen sind an der Kurbelseite der Zylinder noch zwei mächtige Pratzen, wie dies aus Fig. 46 ersichtlich ist, angegossen. Sie dienen zur Verbindung der Zylinder mit den Gleitbahnen. Diese stellen sowohl eine Absteifung zwischen Zylinder und Främen als auch eine Führung für den Kreuzkopf dar. Sie werden in zwei verschiedenen Formen ausgeführt. Vielfach bestehen sie aus einfachen, in der Mitte vierkantigen Säulen, welche gegen Zylinderkopf und Främe verschraubt sind. Zu sehen ist diese Bauart auf Fig. 37, 41 und 42. Oft sind sie auch als doppelte oder einfache Kästen mit innenliegender gehobelter Fläche ausgebaut, wie auf Abbildung 44 und 47. Der Kreuzkopfschuh läuft bei der ersten Ausführung auf der oberen und unteren Fläche der vierkantigen Säulen, bei der zweiten Konstruktion zwischen den beiden Kasten. Beide Arten von Gleitbahnen kann man der größeren Sicherheit wegen noch auf dem Schiffsfundament durch eine Säule abstützen. Die beiden Kastenträger, von denen je einer über und einer unter dem Kreuzkopfschuh liegt, können dann als gemeinsam tragend angesehen werden, wenn sie durch kräftige Anker, wie auf Fig. 47, miteinander verbunden sind. Wenn eine solche Verbindung aus Konstruktionsrücksichten nicht geschaffen werden konnte, müssen sie entsprechend schwerer gehalten werden. Da die zwischen zwei Zylindern liegende Gleitbahn die Kraft zweier Kreuzköpfe zu tragen hat, müßten sie hierfür berechnet werden. Es kann aber in Rücksicht gezogen werden, daß bei der üblichen Kurbelversetzung sich nie beide Kreuzköpfe zu gleicher Zeit in Mitte Gleitbahn befinden. Es werden dadurch die Beanspruchungen des Mittelträgers, wenn er doppelt so stark wie die Seitenträger ausgeführt ist, in Wirklichkeit noch günstiger als die der Seitenträger. Eine Belastung von etwa 240 kg pro Quadratzentimeter ist bei den Gleitbahnen zulässig, ohne daß sich irgendeine störende Durchfederung zeigt. Als Belastungsdruck kann der höchste auftretende Kolbendruck mal Kurbelradius durch Pleuelstangenlänge angenommen werden. Die Enden der Gleitbahn soll man nicht nur mit Zylinder und Främen verschrauben, sondern auch durch eine wagerechte Feder gegen Abrutschen sichern, damit die Schrauben nicht auf Abscheerung beansprucht werden. Die Kastenbalken werden meist aus Gußeisen mit gußeisernen Laufflächen, die Säulen aus Schmiedeeisen mit schmiedeeisernen Laufflächen ausgeführt. Die darauf laufenden Kreuzkopfschuhe bestehen aus Bronze.

Pleuelstangen. Die Pleuelstangen werden bei Raddampfermaschinen verhältnismäßig sehr lang. Das Verhältnis der Pleuelstangenlänge zum Kurbelradius wählt man etwa wie 1 : 4. Da die Stange in horizontaler Lage arbeitet und daher ein Durchfedern nach unten zu befürchten ist, muß bei der Berechnung auf Knickung mit großer Sicherheit gerechnet werden. Zu beachten ist besonders eine Nachprüfung der Stange auf Biegung, wenn Joy-Steuerung gewählt wird. Der Druck des Lenkers auf die Pleuelstange muß dann in seiner vollen Höhe als zusätzliche Belastung eingesetzt und mit kombinierter Knickung und Biegungsbeanspruchung gerechnet werden. Dieser Lenker erzwingt auch die eigentümlich kurze Form der Pleuelstangengabel am Kreuzkopfende. Der Kopf muß hier so kurz wie möglich an den Kreuzkopf herangezogen werden, damit die Lenkerstange noch von der Gabel frei geht. Der Querschnitt der Gabelenden wird hierdurch in vertikaler Richtung sehr hoch, weil in der Tiefenrichtung der angreifenden Kraft kein Platz vorhanden ist. Wegen der starken Durchfederung der Pleuelstangen tut man gut, für ihre Herstellung nicht zu hartes Material zu wählen. Festigkeiten von 36—40 kg/cm bei 25% Dehnung sind zu empfehlen.

Kolbenstangen. Die Kolbenstangen werden bei den meisten Radschiffmaschinen als durchgehende Stangen ausgebildet, damit die schweren Kolben die Zylinder auf ihren unteren Flächen nicht zu stark ausschleißen. Die Lagerung in der Stopfbüchse soll reichlich lang gebaut sein. Die geeigneten Maße für die Zylinderstopfbüchse findet man, wenn man das Gewicht der Kolbenstange und der Kolben als frei schwebend annimmt und es in der Stopfbüchse auffangen läßt. Der Flächendruck soll dann 30 kg pro Quadratzentimeter nicht übersteigen. Auch bei geringerer Belastung sollte die Stopfbüchsenlänge niemals geringer gewählt werden, als der doppelte Stangendurchmesser beträgt. Um ein gutes Tragen der Kolben und Stopfbüchsen zu gewährleisten, wird empfohlen, sowohl tragende Kolben als auch Stopfbüchsenbrillen zuerst genau nach Maß zu drehen. Sie dann je nach Größe um $^1/_2$—$^3/_4$ mm nach unten bzw. oben zu rücken und nochmals nach dem Lehrenmaß über- bzw. auszudrehen. Die untere Lauffläche in einem Winkel von etwa 120° trägt dann

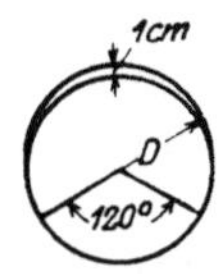

Fig. 48.

allein, während der obere Teil der Ausdehnung des Kolbens oder der Stange freies Spiel läßt.

Wellen[1]). Die Kurbelwelle ist mit den Seitenradwellen direkt gekuppelt. Die Verbindung erfolgt, namentlich bei leicht gebauten Schiffen, durch Schleppkurbeln, um den unvermeidlichen Verbiegungen des Schiffskörpers Rechnung zu tragen. Dabei müssen aber teilweise sehr ungünstige Beanspruchungen in den Schrumpfstellen der aufgesetzten Kurbeln zugelassen werden, die bei öfterem Auftreffen der Räder zu Wellenbrüchen führen. In neuerer Zeit werden deshalb an Stelle der Schleppkurbeln gekröpfte Kurbelwellen verwendet, deren Wangen zur Erzielung guter Federung rechtwinklig zur Wellenmitte schwach gehalten sind. Frémont führt entgegen dieser Anschauung bei der ihm patentierten Kurbelform die Wangen normal breit, aber rechtwinklig zur Welle sehr hoch aus und schneidet das Mittelstück ganz heraus (Fig. 48). Dadurch wird bei Wellenverlagerungen eine zu starke Federung der einzelnen Kurbelwangen und die zu Brüchen führenden anormalen Kantenspannungen an der inneren Anlauffläche des Kurbelzapfens und der Welle vermieden.

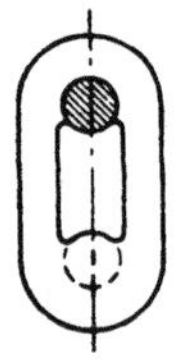

Fig. 49. Frémontsche Kurbelwange.

Als ein weiterer Vorteil der gekröpften Wellen sind die für alle Zylinder gleichen Pleuelstangenköpfe und Kurbelzapfenlager zu bezeichnen. Bei Schleppkurbeln kann hierauf aus Gewichtsersparnissen keine Rücksicht genommen werden.

Zweikurbelmaschinen erhalten gewöhnlich eine gekröpfte und eine Schleppkurbel, Dreikurbelmaschinen eine gekröpfte und zwei Schleppkurbeln. Im ersteren Falle wird das der Bordwand zugekehrte freie Wellenende des Kurbelkropfes durch Flansch mit der Seitenradwelle verbunden, auf der anderen Seite dann eine weitere Kurbel entweder warm aufgeschrumpft oder hydraulisch aufgepreßt. Der Verdrehungsschub wird außerdem durch einen runden, stramm eingetriebenen oder mit feinem Gewinde eingesetzten Stahldorn aufgenommen. Die letztere Sicherungsform ist besser, da sie bei Lockerungen ein Abfallen der Kurbel verhindert. Bei Dreikurbelmaschinen wird auf jedes freie Wellenende des Kurbelkropfes eine Kurbel in der gleichen Weise befestigt. In den aufgeschrumpften Kurbelwangen sind die Zapfen mit einem schlanken Konus von 1 : 19—20 und Mutter eingesetzt. Bei der Berechnung des Zapfens ist darauf zu achten, daß zu dem Biegungsmoment bei 0 oder 180° Kurbelstellung infolge der Durchleitung des halben Drehmoments, rechtwinklig hierzu, ein weiteres Biegungsmoment tritt. Es müssen deshalb Beanspruchungen bis 1500 kg/qcm und Flächenpressungen bis 30 kg/qcm zugelassen werden. Auf dem freien Ende erhält der Zapfen radial zwei parallele Abflachungen, die den Druck auf die Kurbelwange der anderen Seitenradwelle übertragen. Um ein Fressen an dieser Stelle zu vermeiden, füttert man die Bohrung der Kurbelwange mit einer Bronzebüchse oder zwei Keilstücken mit Oberflächenhärtung aus. In radialer Richtung erhält der Zapfen auf beiden Seiten mindestens je 8 mm Luft, um bei Wellenverlagerungen ein Aufsitzen zu vermeiden. Zur Schmierung wird konsistentes Fett verwandt.

Gekröpfte Wellen werden entweder wie bei Seeschiffsmaschinen aus einzelnen Stücken zusammengeschrumpft bzw. gepreßt oder jeder Kurbelkropf erhält zur Verbindung auf beiden Seiten Flanschen. Auf Austauschbarkeit ist wegen einer Reservewelle Rücksicht zu nehmen.

Der Luftpumpenantrieb erfolgt entweder vom Kreuzkopf des Niederdruckzylinders oder durch einen auf eine der beiden Seitenradwellen aufgekeilten Exzenter. Zur Verminderung der Reibungsarbeit wird auch statt des Exzenters ein Kurbelkropf

---

[1]) Von Oberingenieur Wirsing bearbeitet.

mit kleinem Radius vorgesehen, der aber eine Schwächung und bei schwerem Arbeiten der Luftpumpe ein Zittern dieses Wellenteiles zur Folge hat. Jede der Seitenradwellen trägt dann nach Größe des Rades zwei, drei oder auch vier Radrosetten, die warm aufgeschrumpft und je zwei um 90° versetzte Keile erhalten. Werden die Rosetten aus Gußeisen angefertigt, dann ist bei Dimensionierung der Keile auf die Flächenpressung zu achten. Man verwendet deshalb meistens Stahlguß oder schrumpft in die gußeisernen Rosetten Stahlgußringe ein, die dann durch je drei lange mit Gewinde eingesetzte Stahldorne gegen Verdrehung gesichert werden.

Als Material wird für die Kurbelwelle mittelharter Spezial-Martinstahl von 55—60 kg/qmm Festigkeit bei 20% Dehnung oder auch 3 proz. Spezial-Nickelstahl von 55—65% Festigkeit bei ca. 20% Dehnung verwandt, die Seitenradwellen dagegen aus mittelhartem Martinstahl von 44—47 kg/qmm bei 20% Dehnung hergestellt. Werden nur gekröpfte Kurbelwellen vorgesehen, dann genügt Siemens-Martinstahl von 44—47 kg/qmm Festigkeit und 20% Dehnung, da in diesem Falle die Dehnung zur Erzielung besserer Federung in erster Linie berücksichtigt werden muß.

Um die großen Druckkräfte gut aufnehmen zu können, erhält jede Kurbelwelle auf beiden Seiten ein Lager von $\frac{l}{d} = 1{,}5$—$1{,}7$; Flächenpressung nicht über 20 kg/qcm. Werden die Zylinder aus Raum- und Gewichtsersparnis, soweit dies die Kreuzkopfführungen bzw. hinteren Zylinderflanschen zulassen, zusammengerückt, dann müssen auch je zwei dieser Wellenlager vereinigt werden, wobei $\frac{l}{d} = 1{,}9$—$2{,}0$ wird. Die Länge dieser Lager soll nicht zu groß gewählt werden, da innerhalb desselben bereits Verbiegungen der Welle eintreten, die zu dauerndem Warmlaufen Veranlassung geben. In diesem Fall soll die Unterteilung dieser Lager mit kleineren $\frac{l}{d}$ beibehalten und zwischen dieselben, wenn angängig, die Kupplung der Kurbelwellen gelegt werden, auf die dann evtl. der Luftpumpenexzenter aufzukeilen ist. Namentlich rechts und links von Schleppkurbeln sind kräftige Lager vorzusehen, da hier große Biegungsmomente auftreten, die sogar im Lager und Lagerbock parallel zur Wellenmitte Drehmomente zur Folge haben; bei stegförmigen Lagerböcken ist zur Vermeidung von Verbiegungen im Maschinentakte hierauf besonders zu achten. Die Seitenradwellen werden außerhalb des Schiffes bei freihängenden Rädern nur an der Bordwand, sonst auch noch an der inneren Seite des in diesem Falle besonders kräftig ausgeführten Radkastenträgers gelagert.

Radschiffswellen mit Zweikurbelantrieb, freihängenden Rädern und Schleppkurbeln lassen sich, überschlägliche Berechnung vorausgesetzt, rechnerisch noch gut erfassen, da nur zwei- und dreifach unterstützte Balken zugrunde zu legen sind.

Für genauere Rechnungen empfiehlt es sich aber, jedes Wellenlager nicht als einen, in der Lagermitte befindlichen Stützpunkt zu betrachten. Es sind vielmehr, wie die elastische Linie zeigt, deren zwei vorhanden, die in die äußeren Flanschkanten des Lagerstuhles und nicht die der Lagerschalen zu legen sind. Wird das Lager nur als Stützpunkt betrachtet, dann erhält man in diesen Punkten rechnerisch ganz anormale Belastungen, die genau zentral anfassen und kein Drehmoment im Lagerbock ergeben, während tatsächlich beim Betrieb starke Verbiegungen des Bockes im Maschinentakte und daraus resultierend Brüche desselben festzustellen sind. Außerdem brechen die Wellen nicht an dieser rechnerisch am stärksten belasteten Stelle, sondern meistens in der aufgeschrumpften Kurbelnabe. Bei den Lagern der Seitenwelle rücken die Stützpunkte bis an die äußeren Lagerkanten, da hier die

Schalenkanten mit den Flanschkanten des Lagerbockes bündig sind, oder auch das Weißmetall direkt in den Bock eingegossen wird.

Die Berechnung derartig vielfach unterstützter Wellen ist natürlich nicht so einfach, da sie auf die allgemeine Clapeyronsche Gleichung zurückgeführt und für jeden Stützpunkt eine solche aufgestellt werden muß, wobei man n Momente über den Stützpunkten erhält, wenn n Stützen vorhanden sind. Diese Momente müssen dann eliminiert und in Verbindung mit den Drücken berechnet werden. Diese Rechnung wird natürlich mit zunehmenden Stüzpunkten immer umfangreicher, so daß namentlich für überlastete Bureaus auf eine genaue Berechnung der Welle verzichtet wird, selbst wenn andere Anstände in bezug auf Gewichte usw. in Kauf genommen werden müssen.

In der Hütte, 21. Auflage, Band III, wird nun gezeigt, wie mittels der aus den Drittelsenkrechten zu bestimmenden Festpunkten, der verschränkten Stützensenkrechten und der aus den allgemeinen Clapeyronschen Gleichungen hergeleiteten Stützenmomenten die unbekannten Momente über den Stützen bestimmt werden können.

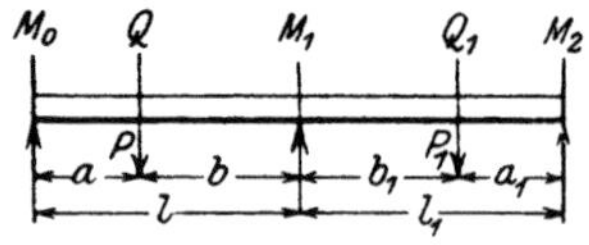

Fig. 50.

Die allgemeine Clapeyronsche Gleichung für einen dreifach unterstützten Balken oder einen solchen Ausschnitt aus einem n-fach unterstützten lautet:

$$M_0 l + 2 M_1 (l + l_1) + M_2 l_1 = -6\left(\frac{L}{l} + \frac{L_1}{l_1}\right) = N_1$$

wenn gleichhohe Stützen und keine Wärmebeeinflussungen angenommen werden. In dieser Gleichung ist

$$L = \int_0^l M_{0x} \cdot dx = M_{0x} \frac{l^2}{2}$$

das statische Moment der einfachen Momentenfläche der ersten Öffnung für die linke Auflagerlotrechte und

$$L_1 = \int_0^l M_{1x} \cdot dx = M_{1x} \frac{l_1^2}{2}$$

das gleiche für die zweite Öffnung, bezogen auf die rechte Auflagerlotrechte. Da aber jeder Ausschnitt zwischen zwei Stützpunkten als ein an beiden Seiten eingespannter Balken betrachtet werden kann, so ist das statische Moment

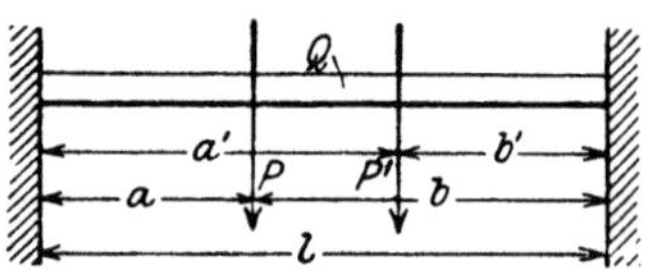

Fig. 51.

$$M_{0x} = \left(\frac{\varepsilon P_a b^2}{l^2} + \frac{Q l}{12}\right)$$

und

$$L = \left(\frac{\varepsilon P_a b^2}{l^2} + \frac{Q l}{12}\right) \frac{l^2}{2} .$$

Hiermit kann immer für zwei nebeneinander liegende Balkenabschnitte

$$N x$$

berechnet werden. Das Stützmoment für die beiden ersten Ausschnitte ist dann

$$T_1 = \frac{N_1}{3 (l + l_1)} .$$

Dieses Stützenmoment wird auf der Stützensenkrechten v_1 aufgetragen, die mit den Drittelsenkrechten d und d_1 den Festpunkt L_1 ergeben. Man trägt von der

Stütze 1, siehe Fig. 52 nach links die Länge $\frac{l}{3}$ und nach rechts $\frac{l_1}{3}$; außerdem von dem so erhaltenen linken Schnittpunkte nach rechts $\frac{l_1}{3}$ ab: Die in diesem Punkt errichtete Senkrechte ist dann die Stützensenkrechte v_1. Zieht man nun, da der Festpunkt L_0 mit dem Stützpunkt 0 zusammenfällt, unter einem beliebigen Winkel eine Linie A, verbindet B mit C, dann ist der Schnittpunkt der Verbindungslinie A—D mit der Wagerechten der gesuchte Festpunkt L_1. Die folgenden Festpunkte L_2, L_3 . . . werden auf gleiche Weise bestimmt, nur ist der Ausgangspunkt der jeweilig vorhergehende Festpunkt. Bei überhängenden Lasten ist der erste, demselben entgegengesetzte, Stüzpunkt L_0, so daß bei zweiseitig überhängenden Lasten die Festpunkte und Stützensenkrechten zweimal, ausgehend von den beiden Endstützen, bestimmt werden müssen.

Auf den Stützensenkrechten werden dann die negativen Stützenmomente T_x nach oben, die positiven nach unten abgetragen und von der äußersten Stütze beginnend, durch ihre Endpunkte der Linienzug L_1', L_2', . . . L_n' gelegt, dessen Eckpunkte senkrecht über den jeweiligen Festpunkten liegen. Zieht man dann von dem anderen Nullpunkt aus ebenfalls durch diese Punkte einen Linienzug, dann schneidet derselbe auf den Stützenmittellinien die gesuchten Momente M_1, M_2 . . . M_n ab. Mit diesen Werten und der allgemeinen Clapeyronschen Gleichung können dann die Stützendrücke bestimmt werden. Auf Fig. 52 sind sowohl die für einen drei- als auch achtfach unterstützen Balken nötigen Formeln angegeben. Die in den Indexen ersichtliche Gesetzmäßigkeit ermöglicht sofort die Aufstellung der Formeln für weitere Stützpunkte. Bei überhängenden Lasten werden die Momente auf dem zugehörigen Stützpunkt aufgetragen und durch den Momentenendpunkt und den nächsten Festpunkt eine Gerade gelegt, die auf der nächsten Stützenmittellinie das durch die überhängende Last in diesem Stützpunkt hervorgerufene Moment abschneidet. Eine Gerade durch diesen Punkt und den weiteren Festpunkt schneidet auf der folgenden Stützenmittellinie wieder das Moment ab. Auf diese Weise wird der Einfluß der überhängenden Last auf allen Stützen bestimmt. Sind über den einzelnen Stützen bereits andere Momente vorhanden, dann ist die Gerade vom Hauptmoment der überhängenden Last nicht durch L_2, sondern L_2' zu legen, wodurch sofort bei den Momenten der mittleren Stützpunkte die der überhängenden Last addiert bzw. subtrahiert werden.

Durch diese analytisch-graphische Rechnungsmethode ist die Berechnung von vielfach unterstützten Wellen, selbst bei Berücksichtigung von je zwei Stützpunkten in einem Lager verhältnismäßig einfach.

An einem der Praxis entnommenen Beispiel soll nun der Rechnungsvorgang, soweit notwendig, verfolgt werden, wobei die in Frage kommenden Daten in den Fig. 53, 54 und 55 vermerkt sind. Zu Fig. 53 und 54 ist der Berechnung eine einfach gekröpfte, durch Schleppkurbel verbundene und in sieben Lagern gestützte, und in Fig. 55 für die gleichen Verhältnisse eine doppelt gekröpfte Radschiffswelle zugrunde gelegt. Die beiden ersteren unterscheiden sich nur dadurch, daß einmal für jedes Lager ein Stützpunkt in Lagermitte, dann aber zwei in den äußeren Kanten des Lagerbockes angenommen wurden. Bei der doppelt gekröpften Welle ist die Berechnung nur unter Annahme eines Stützpunktes in Lagermitte durchgeführt.

Die Bestimmung der Festpunkte ist bei der einfach gekröpften Welle von den beiden äußeren Radlagern und der zweimal gekröpften vom linken äußeren Radlager aus erfolgt. Die Kräfte selbst sind in wagerechte und senkrechte zerlegt und dann wieder zu resultierenden Momenten zusammengelegt. Die einzelnen Kräfte und ihre Lage sind aus angegebenen Figuren ersichtlich.

Bestimmung von $L = \int_0^l M_{ax} \cdot x \cdot dx$.

$$L = \left[\frac{P\,a\,b^2}{l^2} + \frac{Q\,l}{12}\right]\frac{l^2}{2}$$ bzw. auf A als Drehpunkt A

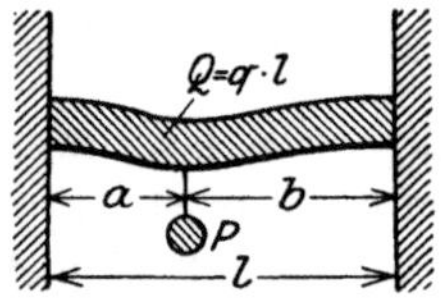

Träger auf drei Stützen (frei aufliegend).

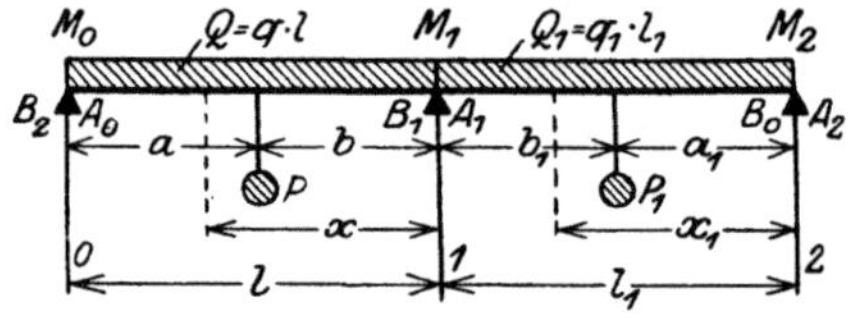

Träger auf drei Stützen (mit einseitig überhängender Last).

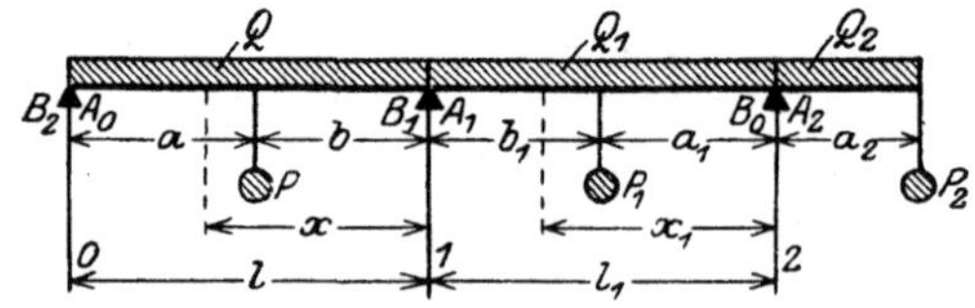

Träger auf drei Stützen (mit zweiseitig überhängender Last).

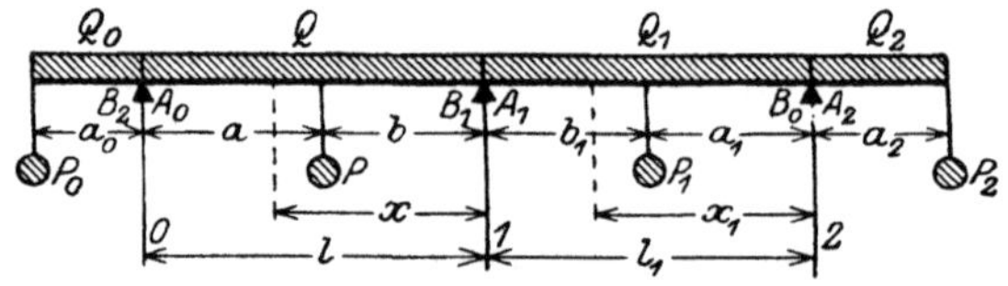

Träger auf acht Stützen (mit zweiseitig überhängender Last).

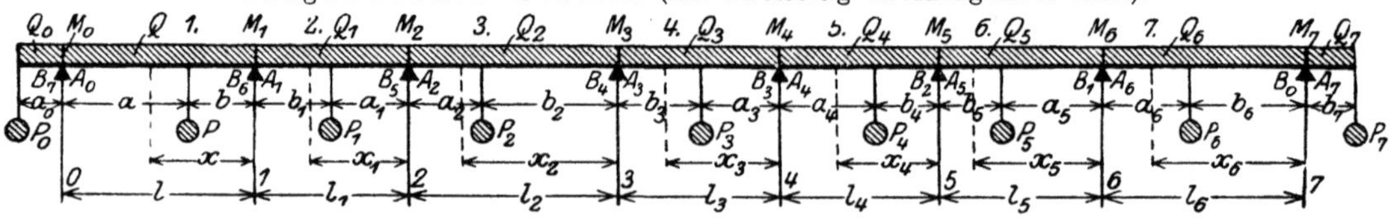

Träger auf vier Stützen (mit zweiseitig überhängender Last).

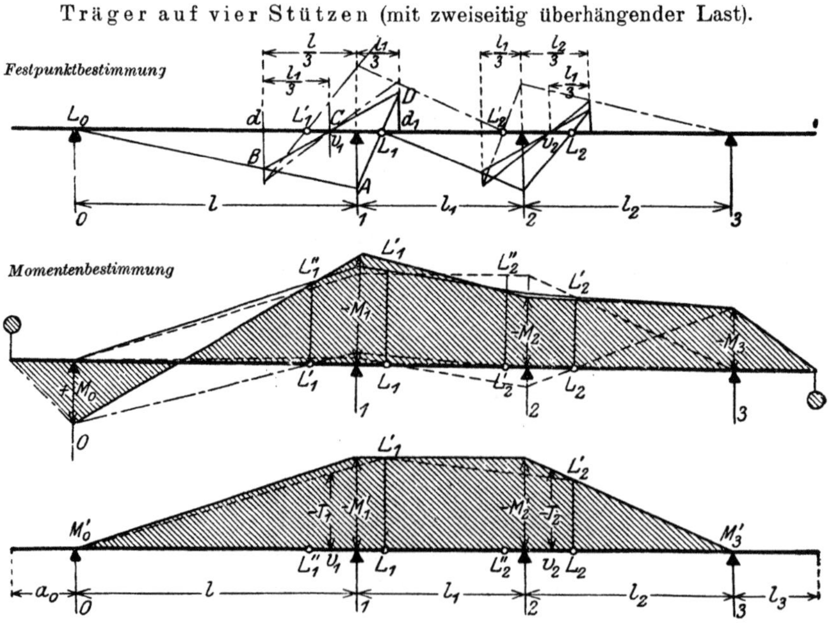

Fig. 52.

unterstützten, durchlaufenden Wellen. (Gleich hohe Stützen).

Stützmomente T_x.

Träger auf drei Stützen (Enden frei aufliegend).

$$T_1 = -2\,\frac{\left[\sum \frac{P\,a\,b^2}{l^2} + \frac{Q\,l}{12}\right]\frac{1}{2} + \left[\frac{\sum P_1\,a_1\,b_1^2}{l_1^2} + \frac{Q_1\,l_1}{12}\right]\frac{l_1}{2}}{l + l_1};$$

Formel auch gültig für ein- und zweiseitig überhängende Last.

Träger auf acht Stützen (Enden frei aufliegend).

$$T_1 = -2\,\frac{\left[\sum \frac{P\,a\,b^2}{l^2} + \frac{Q\,l}{12}\right]\frac{1}{2} + \left[\frac{\sum P_1\,a_1\,b_1^2}{l_1^2} + \frac{Q_1\,l_1}{12}\right]\frac{l_1}{2}}{l + l_1}$$

$$T_2 = -2\,\frac{\left[\sum \frac{P_1\,b_1\,a_1^2}{l_1^2} + \frac{Q_1\,l_1}{12}\right]\frac{l_1}{2} + \left[\sum \frac{P_2\,b_2\,a_2^2}{l_2^2} + \frac{Q_2\,l_2}{12}\right]\frac{l_2}{2}}{l_1 + l_2},$$

$$T_3 = -2\,\frac{\left[\sum \frac{P_2\,a_2\,b_2^2}{l_2^2} + \frac{Q_2\,l_2}{12}\right]\frac{l_2}{2} + \left[\sum \frac{P_3\,a_3\,b_3^2}{l_3^2} + \frac{Q_3\,l_3}{12}\right]\frac{l_3}{2}}{l_2 + l_3},$$

$$T_4 = -2\,\frac{\left[\sum \frac{P_3\,b_3\,a_3^2}{l_3^2} + \frac{Q_3\,l_3}{12}\right]\frac{l_3}{2} + \left[\sum \frac{P_4\,b_4\,a_4^2}{l_4^2} + \frac{Q_4\,l_4}{12}\right]\frac{l_4}{2}}{l_3 + l_4},$$

$$T_5 = -2\,\frac{\left[\sum \frac{P_4\,a_4\,b_4^2}{l_4^2} + \frac{Q_4\,l_4}{12}\right]\frac{l_4}{2} + \left[\sum \frac{P_5\,a_5\,b_5^2}{l_5^2} + \frac{Q_5\,l_5}{12}\right]\frac{l_5}{2}}{l_4 + l_5},$$

$$T_6 = -2\,\frac{\left[\sum \frac{P_5\,b_5\,a_5^2}{l_5^2} + \frac{Q_5\,l_5}{12}\right]\frac{l_5}{2} + \left[\sum \frac{P_6\,b_6\,a_6^2}{l_6^2} + \frac{Q_6\,l_6}{12}\right]\frac{l_6}{2}}{l_5 + l_6}.$$

Äußere Stützenmomente (frei aufliegend). $M_0 = 0$ $\qquad M_2 = 0$;

" " (mit einseitig überhängender Last). $M_0 = 0$, $\qquad M_2 = -\left[\sum P_2\,a_2 + \frac{Q_2\,a_2}{2}\right]$;

" " (mit zweiseitig überhängender Last). $M_0 = +\left[\sum P_0\,a_0 - \frac{Q_0\,a_0}{2}\right]$, $\qquad M_2 = -\left[\sum P_2\,a_2 + \frac{Q_2\,a_2}{2}\right]$.

Stützendrücke.

Träger auf drei Stützen (mit zweiseitig überhängender Last).

$$A_0 + B_2 = \frac{M_1 - M_0}{l} + \frac{Q}{2} + \frac{\sum P\,b}{l} + \frac{-M_0}{a_0} + \frac{Q_0}{2}, \qquad A_1 + B_1 = \frac{M_2 - M_1}{l_1} + \frac{Q_1}{2} + \frac{\sum P_1\,a_1}{l_1} + \frac{M_0 - M_1}{l} + \frac{Q}{2} + \frac{\sum P\,a}{l},$$

$$A_2 + B_0 = \frac{-M_2}{a_2} + \frac{Q_2}{2} + \frac{M_1 - M_2}{l_1} + \frac{Q_1}{2} + \frac{\sum P_1\,b_1}{l_1}.$$

Träger auf acht Stützen (mit zweiseitig überhängender Last).

$$A_0 + B_7 = \frac{M_1 - M_0}{l} + \frac{Q}{2} + \frac{\sum P\,b}{l} + \frac{-M_0}{a_0} + \frac{Q_0}{5},$$

$$A_1 + B_6 = \frac{M_3 - M_2}{l_1} + \frac{Q_1}{2} + \frac{\sum P_1\,a_1}{l_1} + \frac{M_0 - M_2}{l} + \frac{Q}{2} + \frac{\sum P\,a}{l},$$

$$A_2 + B_5 = \frac{M_3 - M_2}{l_2} + \frac{Q_2}{2} + \frac{\sum P_2\,b_2}{l_2} + \frac{M_1 - M_2}{l_1} + \frac{Q_1}{2} + \frac{\sum P_1\,b_1}{l_1},$$

$$A_3 + B_4 = \frac{M_4 - M_3}{l_3} + \frac{Q_3}{2} + \frac{\sum P_3\,a_3}{l_3} + \frac{M_2 - M_3}{l_2} + \frac{Q_2}{2} + \frac{\sum P_2\,a_2}{l_2},$$

$$A_4 + B_3 = \frac{M_5 - M_4}{l_4} + \frac{Q_4}{2} + \frac{\sum P_4\,b_4}{l_4} + \frac{M_3 - M_4}{l_3} + \frac{Q_3}{2} + \frac{\sum P_3\,b_3}{l_3}$$

$$A_5 + B_2 = \frac{M_6 - M_5}{l_5} + \frac{Q_5}{2} + \frac{\sum P_5\,a_5}{l_5} + \frac{M_4 - M_5}{l_4} + \frac{Q_4}{2} + \frac{\sum P_4\,a_4}{l_4},$$

$$A_6 + B_1 = \frac{M_7 - M_6}{l_6} + \frac{Q_6}{2} + \frac{\sum P_6\,b_6}{l_6} + \frac{M_5 - M_6}{l_5} + \frac{Q_5}{2} + \frac{\sum P_5\,b_5}{l_5},$$

$$A_7 + B_0 = \frac{-M_7}{b_7} + \frac{Q_7}{2} + \frac{M_6 - M_7}{l_6} + \frac{Q_6}{2} + \frac{\sum P_6\,a_6}{l_6}.$$

$\sum A_x + \sum B_x = \sum P_x + \sum Q_x$. Auf Vorzeichen achten!

Balkenmomente M_x.

Balkenabschnitt 1: $\quad M_{x_0} = M_1 - \frac{q\,x^2}{2} - \sum_0^a P\,[a + x - l] + B_6\,x$,

Balkenabschnitt 2: $\quad M_{x_1} = M_2 - \frac{q_1\,x_1^2}{2} - \sum_0^{b_1} P_1\,[b_1 + x_1 - l_1] + B_5\,x_1$

Balkenabschnitt 3: $\quad M_{x_2} = M_3 - \frac{q_2\,x_2^2}{2} - \sum_0^{a_2} P_2\,[a_2 + x_2 - l_2] + B_4\,x_2$,

Balkenabschnitt 4: $\quad M_{x_3} = M_4 - \frac{q_3\,x_3^2}{2} - \sum_0^{b_3} P_3\,[b_3 + x_3 - l_3] + B_3\,x_3$,

Balkenabschnitt 5 $\quad M_{x_4} = M_5 - \frac{q_4\,x_4^2}{2} - \sum_0^{a_4} P_4\,[a_4 + x_4 - l_4] + B_2\,x_4$,

Balkenabschnitt 6: $\quad M_{x_5} = M_6 - \frac{q_5\,x_5^2}{2} - \sum_0^{b_5} P_5\,[b_5 + x_5 - l_5] + B_1\,x_5$

Balkenabschnitt 7 $\quad M_{x_6} = M_7 - \frac{q_6\,x_6^2}{2} - \sum_0^{a_6} P_6\,[a_6 + x_6 - l_6] + B_0\,x_6$.

Beanspruchung einer einfach gekröpften, durch Schleppkurbel verbundenen und in 7 Lagern geschützten Radschiffswelle.

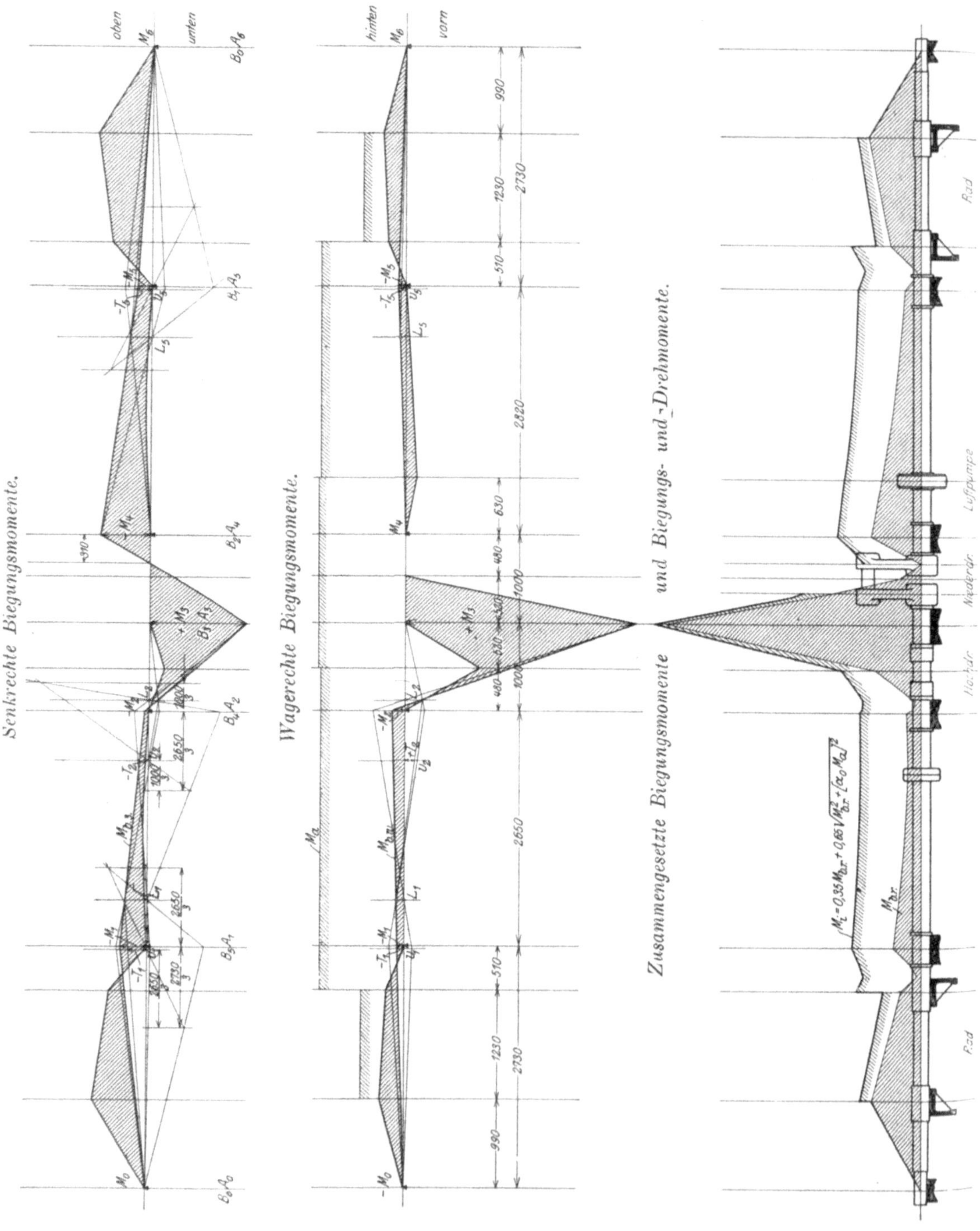

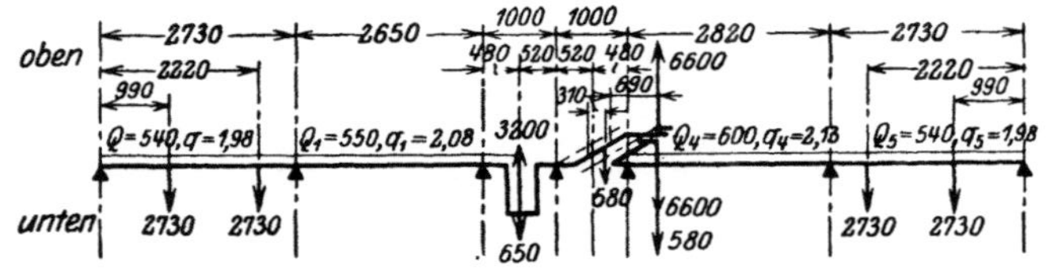

Stützenmomente		Momente der Stützpunkte		Stützendrücke	
T_0 —	cm/kg	M_0 —	cm/kg	$B_6 + A_0 +$ 2075	kg
T_1 — 79000	„	M_1 — 122000	„	$B_5 + A_1 +$ 4603	„
T_2 — 440	„	M_2 — 15000	„	$B_4 + A_2 +$ 3072	„
T_3 —	„	M_3 + 437000	„	$B_3 + A_3 -$ 11760	„
T_4 —	„	M_4 — 223000	„	$B_2 + A_4 +$ 8060	„
T_5 — 78000	„	M_5 — 60000	„	$B_1 + A_5 +$ 3420	„
T_6 —	„	M_6 —	„	$B_0 + A_6 +$ 2300	„

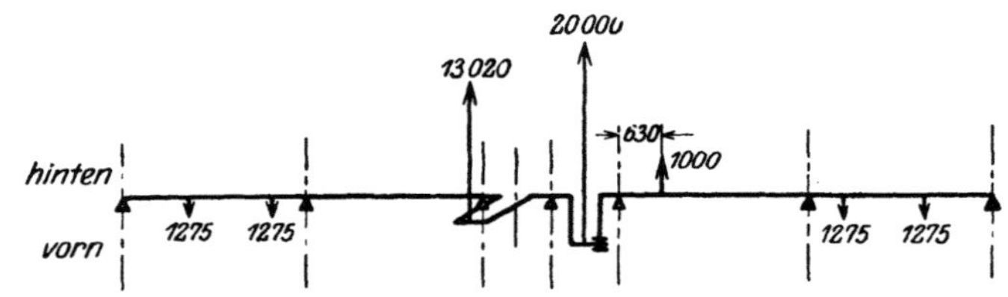

Stützenmomente		Momente der Stützpunkte		Stützendrücke	
T_0 —	cm/kg	M_0 —	cm/kg	$B_6 + A_0 +$ 940	kg
T_1 — 31000	„	M_1 — 30000	„	$B_5 + A_1 +$ 1501	„
T_2 + 42700	„	M_2 — 59000	„	$B_4 + A_2 +$ 4349	„
T_3 —	„	M_3 + 1040000	„	$B_3 + A_3 -$ 37240	„
T_4 —	„	M_4 —	„	$B_2 + A_4 -$ 900	„
T_5 — 21600	„	M_5 — 35000	„	$B_1 + A_5 +$ 1535	„
T_6 —	„	M_6 —	„	$B_0 + A_6 +$ 920	„

Längenmaßstab 1 : 75,
Kräftemaßstab (Biegungsmomente) 1 mm = 30000 kg,
(Drehmomente) 1 mm = 30000 cm/kg.

Maschinendimensionen $\frac{580 \cdot 980}{1200}$,
Kesselüberdruck 9,0 Atm,
Leistung, Hochdruck 194 PSi,
„ Niederdruck 246 „
Min.-Umdr. 34,5 .

Fig. 53.

Beanspruchung einer einfach gekröpften, durch Schleppkurbel verbundenen und in 7 Lagern gestützten Radschiffswelle.

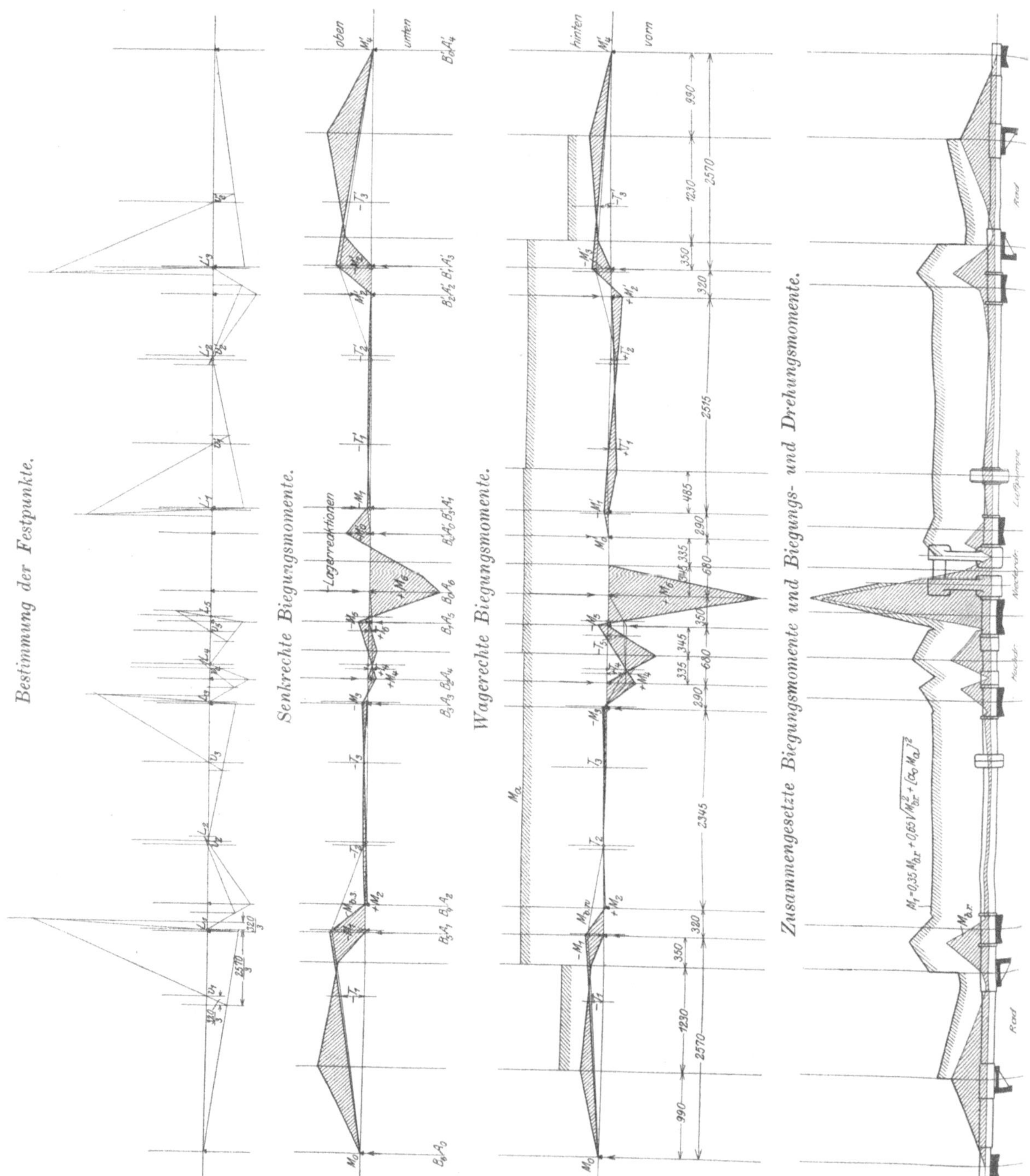

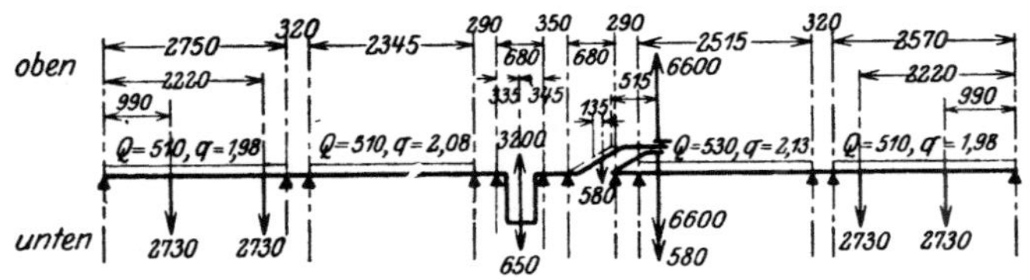

Stützenmomente			Momente der Stützpunkte			Stützendrücke		
T_0	—	cm/kg	M_0	—	cm/kg	$A_0 + B_6 +$	1655	kg
T_1	— 110200	„	M_1	— 167000	„	$A_1 + B_5 +$	4859	„
T_2	— 8750	„	M_2	+ 8000	„	$A_2 + B_4 -$	413	„
T_3	— 8850	„	M_3	— 22000	„	$A_3 + B_3 +$	2589	„
T_4	+ 14900	„	M_4	+ 42000	„	$A_4 + B_2 -$	4842	„
T_5	+ 14500	„	M_5	— 49000	„	$A_5 + B_1 +$	10984	„
T_6	—	„	M_6	+ 332000	„	$A_6 + B_0 -$	16930	„
T_0'	—	„	M_0'	— 118500	„	$A_0' + B_4' +$	10930	„
T_1'	— 9930	„	M_1'	— 10000	„	$A_1' + B_3' -$	3445	„
T_2'	— 9830	„	M_2'	—	„	$A_2' + B_2' -$	4995	„
T_3'	— 110200	„	M_3'	— 167000	„	$A_3' + B_1' +$	9535	„
T_4'	—	„	M_4'	—	„	$A_4' + B_0' +$	1655	„

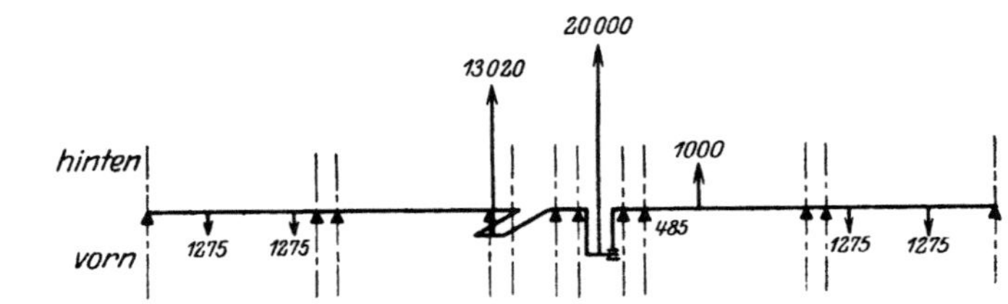

Stützenmomente			Momente der Stützpunkte			Stützendrücke		
T_0	—	cm/kg	M_0	—	cm/kg	$A_0 + B_6 +$	657	kg
T_1	— 47100	„	M_1	— 77000	„	$A_1 + B_5 +$	4738	„
T_2	—	„	M_2	+ 14000	„	$A_2 + B_4 -$	2961	„
T_3	—	„	M_3	— 12000	„	$A_3 + B_3 +$	5089	„
T_4	+ 76000	„	M_4	+ 132000	„	$A_4 + B_2 -$	14160	„
T_5	+ 74200	„	M_5	— 43000	„	$A_5 + B_1 +$	17150	„
T_6	—	„	M_6	+ 690000	„	$A_6 + B_0 -$	41000	„
T_0'	—	„	M_0'	—	„	$A_0' + B_4' -$	552	„
T_1'	+ 6750	„	M_1'	— 16000	„	$A_1' + B_3' +$	24	„
T_2'	+ 28000	„	M_2'	+ 55000	„	$A_2' + B_2' -$	4795	„
T_3'	— 47100	„	M_3'	— 83000	„	$A_3' + B_1' +$	6232	„
T_4'	—	„	M_4'	—	„	$A_4' + B_0' +$	635	„

Längenmaßstab 1 : 75,
Kräftemaßstab (Lagerreaktionen) 1 mm = 30 000 kg,
(Biegungsmomente) 1 mm = 30 000 cm/kg,
(Drehmomente) 1 mm = 30 000 „

Maschinendimensionen $\frac{580 \cdot 980}{1200}$,
Kesselüberdruck 9 Atm,
Leistung, Hochdruck 194 PSi,
„ Niederdruck 246 „
Min.-Umdr. 34,5 .

Fig. 54.

Beanspruchung einer doppelt gekröpften und in 7 Lagern gestützten Radschiffswelle.

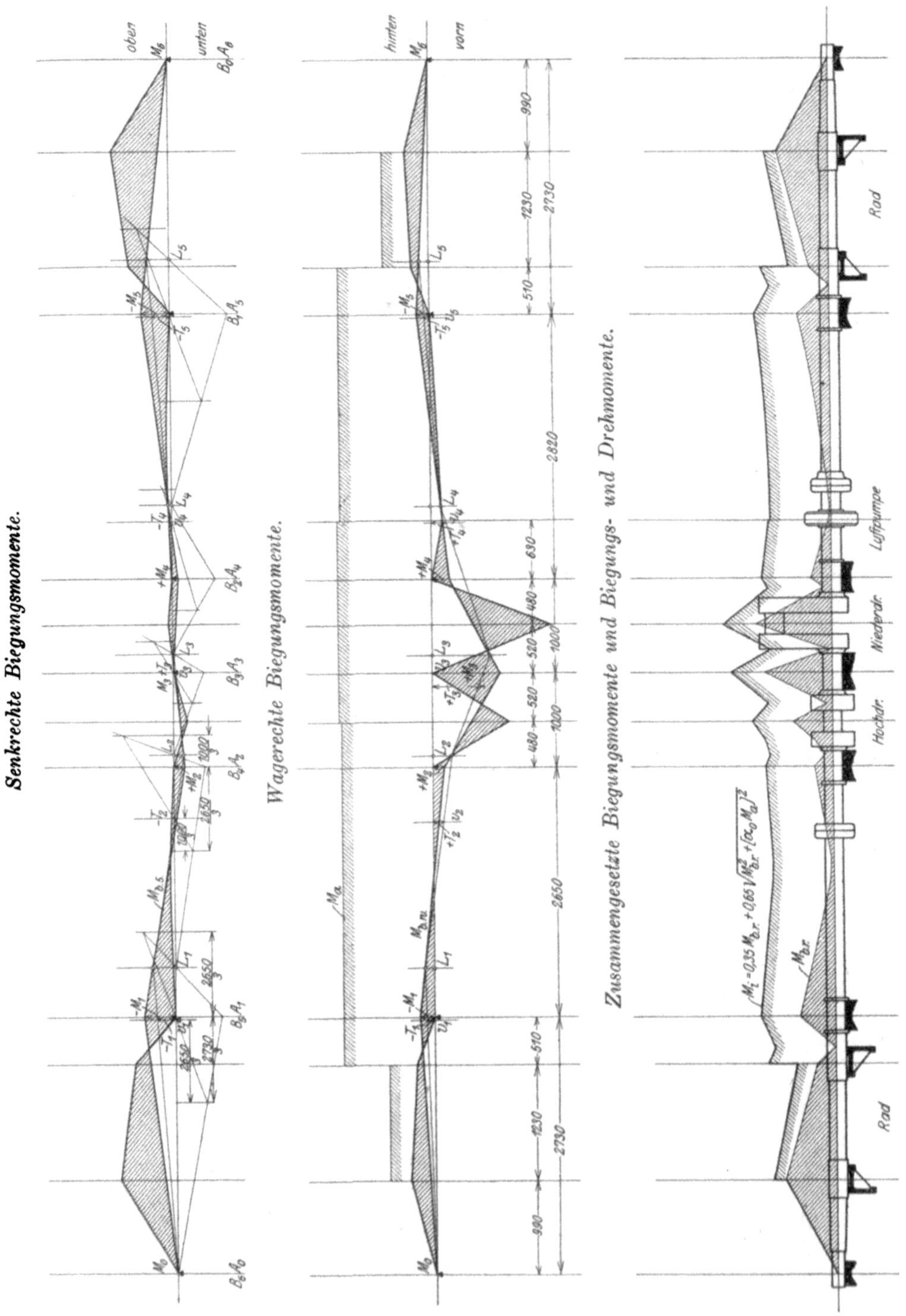

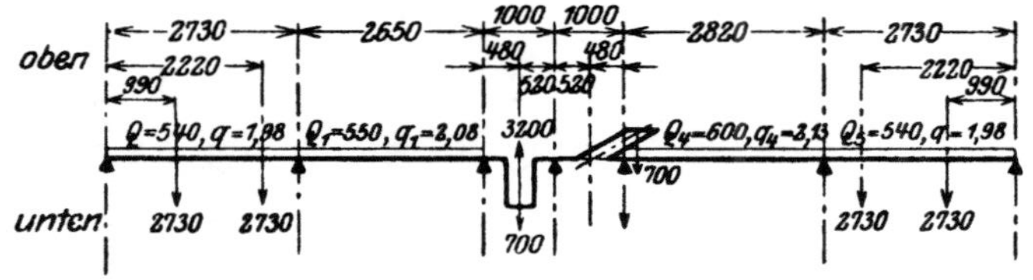

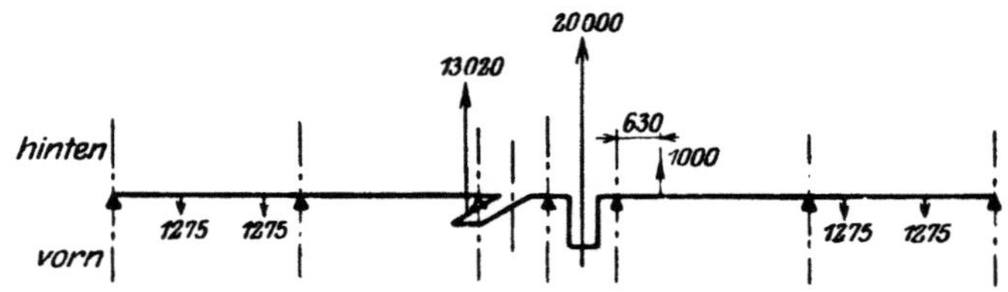

Stützenmomente	Momente der Stützpunkte	Stützendrücke
T_0 — cm/kg	M_0 — cm/kg	$B_6 + A_0 + 2\,030$ kg
$T_1 - 79\,000$ „	$M_1 - 134\,000$ „	$B_5 + A_1 + 4\,947$ „
$T_2 - 575$ „	$M_2 + 52\,000$ „	$B_4 + A_2 - 2\,247$ „
$T_3 + 11\,650$ „	M_3 — „	$B_3 + A_3 - 95$ „
$T_4 - 12\,700$ „	$M_4 + 25\,000$ „	$B_2 + A_4 - 117$ „
$T_5 - 78\,000$ „	$M_5 - 125\,000$ „	$B_1 + A_5 + 4\,770$ „
T_6 — „	M_6 — „	$B_0 + A_6 + 2\,062$ „

Stützenmomente	Momente der Stützpunkte	Stützendrücke
T_0 — cm/kg	M_0 — cm/kg	$B_6 + A_0 + 830$ kg
$T_1 - 31\,000$ „	$M_1 - 60\,000$ „	$B_5 + A_1 + 2\,135$ „
$T_2 + 42\,700$ „	$M_2 + 50\,000$ „	$B_4 + A_2 - 4\,825$ „
$T_3 + 215\,000$ „	$M_3 + 285\,000$ „	$B_3 + A_3 - 20\,290$ „
$T_4 + 63\,000$ „	$M_4 + 76\,000$ „	$B_2 + A_4 - 9\,545$ „
$T_5 - 21\,600$ „	$M_5 - 53\,000$ „	$B_1 + A_5 + 1\,929$ „
T_6 — „	M_6 — „	$B_0 + A_6 + 856$ „

Längenmaßstab 1 : 75,
Kräftemaßstab (Biegungsmomente) 1 mm = 30 000 kg,
(Drehmomente) 1 mm = 30 000 cm/kg.

Maschinendimensionen $\frac{580 \cdot 980}{1200}$,
Kesselüberdruck 9 Atm,
Leistung, Hochdruck 194 PSi,
„ Niederdruck 246 „
Min.-Umdr. 34,5 .

Fig. 55.

Mit diesen wird für Fig. 53 in senkrechter Richtung:

$$T_5 = -\frac{2\left[\left[\frac{2730}{2732}(99\cdot 174^2 + 222\cdot 51^2) + \frac{540\cdot 273}{12}\right]\frac{273^2}{2\cdot 273} + \left[0 + \frac{600\cdot 282}{12}\right]\frac{282^2}{2\cdot 282}\right]}{273 + 282}$$

$= -78\,000$ cm/kg.

Hiermit wird

$$M_6 = \qquad 0 \text{ cm/kg}$$

$$M_5 = \qquad -60\,000 \quad ,,$$

$$M_4 = (-6600 - 580)\; 31 = -223\,000 \quad ,,$$

Der Einfluß der überhängenden Lasten auf das Moment M_5 ist graphisch bestimmt worden. Mit diesen Momenten werden die Stützendrücke

$$A_6 + B_0 = 0 + \frac{-60\,000 \pm 0}{273} + \frac{540}{2} + \frac{2730}{273}(174 + 51)$$

$$= 0 + 2300 = +2300 \text{ kg},$$

$$A_5 + B_1 = \frac{0 + 60\,000}{273} + \frac{540}{2} + \frac{2730}{273}(222 + 99) + \frac{-223\,000 + 60\,000}{282} + \frac{600}{2}$$

$$= +3700 - 280 = +3420 \text{ kg},$$

$$A_4 + B_2 = \frac{-60\,000 + 223\,000}{282} + \frac{600}{2} + 0 + \frac{0 + 223\,000}{31} + 0$$

$$= +880 + 7180 = +8060 \text{ kg},$$

ε nach oben wirkender; unten wirkender Kräfte

2300 kg	2 · 2730 = 5460 kg
3420 ,,	600 ,,
8060 ,,	540 ,,
13 780 kg	7180 ,,
	13 780 kg

Die Momente in den verschiedenen Punkten sind:

M_{x5} für

$$x = 99 \text{ cm};\quad 0 - \frac{1{,}98\cdot 99^2}{2} - 0 + 2300\cdot 99 = +217\,300 \text{ cm/kg},$$

$$x = 222 \text{ cm};\quad 0 - \frac{1{,}98\cdot 222^2}{2} - 2730\cdot 123 + 2300\cdot 222 = +126\,300 \text{ cm/kg},$$

$$x = 273 \text{ cm};\quad 0 - \frac{1{,}98\cdot 273^2}{2} - 2730\,(174 + 51) + 2300\cdot 273 = -60\,000 \text{ cm/kg}.$$

M_{x4} für

$$x = 94;\quad -60\,000 - \frac{2{,}13\cdot 94^2}{2} - 0 - 280\cdot 94 = -95\,700 \text{ cm/kg},$$

$$x = 141;\quad -60\,000 - \frac{2{,}13\cdot 141^2}{2} - 0 - 280\cdot 141 = -120\,000 \text{ cm/kg},$$

$$x = 219;\quad -60\,000 - \frac{2{,}13\cdot 219^2}{2} - 0 - 280\cdot 219 = -172\,200 \text{ cm/kg},$$

$$x = 282;\quad -60\,000 - \frac{2{,}13\cdot 282^2}{2} - 0 - 280\cdot 282 = -223\,000 \text{ cm/kg}.$$

Diese Momente können direkt von der bereits vorhandenen Momentenlinie, diesmal aber die positiven nach oben, die negativen nach unten, abgetragen werden. Die von diesen beiden Kurvenzügen eingeschlossene Fläche ergeben, senkrecht gemessen, die an den einzelnen Punkten vorhandenen Momente. Zur leichteren Übersicht sind unter den Kräfteskizzen die Stützenmomente, Stützendrücke und Momente über den Stützen tabellarisch angegeben.

Die Zusammensetzung der wagerechten und senkrechten Momente ist graphisch und die der resultierenden Biegungs- und Drehmomente nach Hütte, 21. Auflage, Band I, S. 605, mit $\alpha_0 = 1$ erfolgt.

Die Bemerkungen in Fig. 54 und 55 sind analog ausgeführt, nur daß in der ersteren die Lagerstützpunkte bis auf die äußeren Radlager aus den Lagermitten an die äußeren Kanten der Lagerböcke gerückt, also doppelt genommen wurden. In Fig. 55 ist bei der doppelt gekröpften Welle wegen der kleineren Drücke das einfachere Verfahren, ein Stützpunkt in Lagermitte, zugrunde gelegt.

Ein Vergleich der Wellenberechnung mit einem bzw. zwei Stützpunkten pro Lager zeigt, wie von Fall zu Fall die eine oder andere Rechnungsart zu wählen ist; die letztere wird bei einem besseren Überblick natürlich zeitraubender. Außerdem ist aus den Rechnungen auch noch der Vorteil einer gekröpften Welle ersichtlich, wenn man die Verlagerungen der Wellen im Betrieb durch entsprechende Ausbildung der Kurbelwangen, soweit wie möglich, ausgleicht. Die Annahme von zwei Stützpunkten pro Lager ergibt der Praxis besser entsprechende Werte, da Schleppkurbeln gewöhnlich in der aufgeschrumpften Kurbelnabe brechen und die mittleren Lagerböcke in der Wellenrichtung (siehe Lagerreaktionen Fig. 54) im Maschinentakte Verbiegungen unterworfen sind, die sich bis auf die gekröpfte Kurbel erstrecken.

Wellenlager. Die Wellenlager selbst sind, wie Fig. 56 zeigt, gewöhnlich aus Stahlguß gebaut und mit Weißmetall ausgegossen. Seltener findet man noch Bronzelager. Letztere haben den Vorteil, daß sie nach dem Einlaufen sehr lange Zeit halten und beim Warmwerden nicht leicht zerstörbar sind. Sie verziehen sich hierbei aber leichter und sind in der Anschaffung teurer. Außerdem machen sie anfangs während des Einlaufens so große Schwierigkeiten, daß man mehr und mehr von ihnen abgesehen hat. Man ist in neuerer Zeit daher immer mehr zu Stahlgußlagern übergegangen und hat diese so eingerichtet, daß sie durch Kühlwasserleitung im Innern gekühlt werden können. Die Bolzen für das Festhalten der Lagerdeckel können am besten an ihrem unteren Ende verlängert und zum Festhalten der Lager in dem Främ selbst mit benutzt werden. Es ist jedoch darauf zu achten, daß die hierbei oft angewandten Keilflächen sehr reichlich, wenigstens gleich dem halben zugehörigen Bolzendurchmesser gewählt werden, weil an diesen Stellen die Främe leicht reißen. Die Lagerteilung geschieht nicht horizontal, sondern an der nach dem Radialdruckdiagramm günstigsten Stelle, meistens in einem Winkel von 35—40° gegen die Horizontale. Für die Form der Schmiernuten sind die von Professor Gümbel gemachten Vorschläge zu beachten, da diese bei weitem die beste Lagerkühlung sichern. Bei der geringen Umdrehungszahl der Maschinen braucht auf die Umfangsgeschwindigkeit

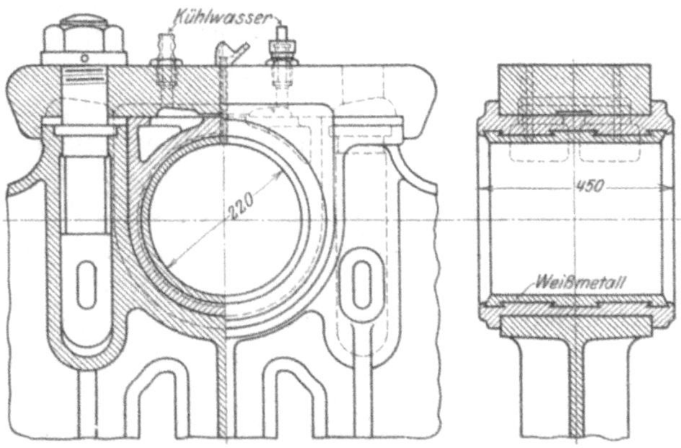

Fig. 56. Wellenlager einer Radschiffsmaschine.

der Welle im Lager wenig Rücksicht genommen zu werden. Der Lagerdruck selbst soll, nach höchstem Zylinderdruck berechnet, wie bereits im vorigen Abschnitt gesagt, 20 kg pro Quadratzentimeter nicht übersteigen. Es ist nicht empfehlenswert, die Hauptwellenlager nur mit zwei Bolzen in den Främen festzuhalten. Auch bei leichten Maschinen haben derartige Lager Neigung zum Kippen gezeigt. Eine Befestigung durch vier Bolzen, die zugleich als Deckelbolzen durchgeführt werden, ist vorzuziehen. Die Zugbeanspruchung in den Lagerbolzen wird meistens mit 300—400 kg/qcm, die Biegungsbeanspruchung der Deckel und Lager selbst mit höchstens 300 kg pro Quadratzentimeter angenommen. Höhere Belastungen sind nicht erwünscht, da beim Aufschlagen der Räder sehr unangenehme Stöße gerade in diese Teile hineinkommen können, welche bei schwächerer Bemessung zu Brüchen führen.

Steuerung. Für die Steuerung der Raddampfermaschinen kommen im allgemeinen nur drei Steuerungsarten in Frage, die sich in der Praxis als vorteilhaft erwiesen haben. Die einfachste Steuerungsart ist die Stephenson-Kulisse mit offenen oder gekreuzten Stangen. Sie wird meistens bei Personendampfern, wo auf das Gewicht größerer Wert gelegt wird und bereits höhere Umdrehungszahlen bis 45 in der Minute vorkommen, angewendet. Gut brauchbar ist sie nur bei Zweifachexpansionsmaschinen, da sie die Maschine breit macht. Sie zwingt zur Anordnung der Schieberkästen seitlich von den Zylindern, was auch für die Montage unbequem ist. Maschinen mit dieser Steuerung werden etwa ein Drittel breiter als solche, deren Steuerung eine Unterbringung der Schieber auf den Zylindern erlaubt. Trotz alledem wird diese Steuerungsart wegen der Einfachheit ihres Entwurfs und ihrer Bearbeitung, sowie wegen ihrer geringen Instandhaltungsschwierigkeiten gern gewählt. Sie ergibt auch eine gute Dampfverteilung und gestattet viel leichter als Lenkersteuerungen eine Beseitigung von Entwurfsfehlern durch Umkeilen der Exzenter.

Am meisten verbreitet ist eine exzenterlose Hebelsteuerung, die sog. Joy-Steuerung. Diese Steuerung läßt eine schmale Bauart der Maschine zu, da sie weder Exzenter verlangt noch die seitlichen Anordnungen der Schieberkasten bedingt. Sie hat den Nachteil einer sehr großen Zahl von Gelenken, die sich leicht ausnutzen und zu Ungenauigkeiten Veranlassung geben. Bei Raddampfermaschinen ist dieser Nachteil unbedeutend, weil bei der geringen Umdrehungszahl derselben die Abnutzung langsam vor sich geht. Diese wird auch noch durch Lagerbolzen aus gehärtetem Stahl, die in Buchsen aus sehr hartem Glockenmetall oder durch Lager aus Phosphorbronze mit starkem Prozentsatz von Phosphor laufen, auf ein Geringes vermindert. Natürlich muß auf leichte Auswechselbarkeit der Buchsen im Lager besondere Rücksicht genommen werden. Es ist erwünscht, daß ein Nachziehen von Lagern in der Steuerung in größerem Maßstabe nicht stattfindet, da sich hierdurch die Steuerungsverhältnisse erheblich verändern. Anstatt des Nachziehens ist stets das Einsetzen von Reservebuchsen und -lagern vorzuziehen. In den Lagern mit geringerer Bewegung sollten Flächenpressungen über 30 kg pro Quadratzentimeter und in denen mit größerer Bewegung solche über 20 kg pro Quadratzentimeter nicht zugelassen werden. Auch in der Bemessung der schädlichen Räume ist man bei Anwendung der Joy-Steuerung konstruktiv freier wie bei Anwendung der Stephenson-Steuerung, weil, namentlich bei kleinen Zylindern, der Exzenterabstand nicht in Frage kommt. Wenn man für verschiedene Diagramme bei der Joy-Steuerung absolut gleiche Steuerungsteile erreichen will, was für Bearbeitung, Montage und Betrieb von hohem Vorteil ist, so muß man zwischen dem letzten Gliede der Steuerung und der Schieberstange noch einen weiteren Hebel einschalten (siehe Fig. 57). Dieser Hebel ermöglicht erst die Überführung der Bewegung der Steuerung in die verschieden hoch liegenden Schieberachsen und erzeugt die gewünschten Exzentrizitäten und $e + v$-Werte, durch Übersetzung des Hebelverhältnisses.

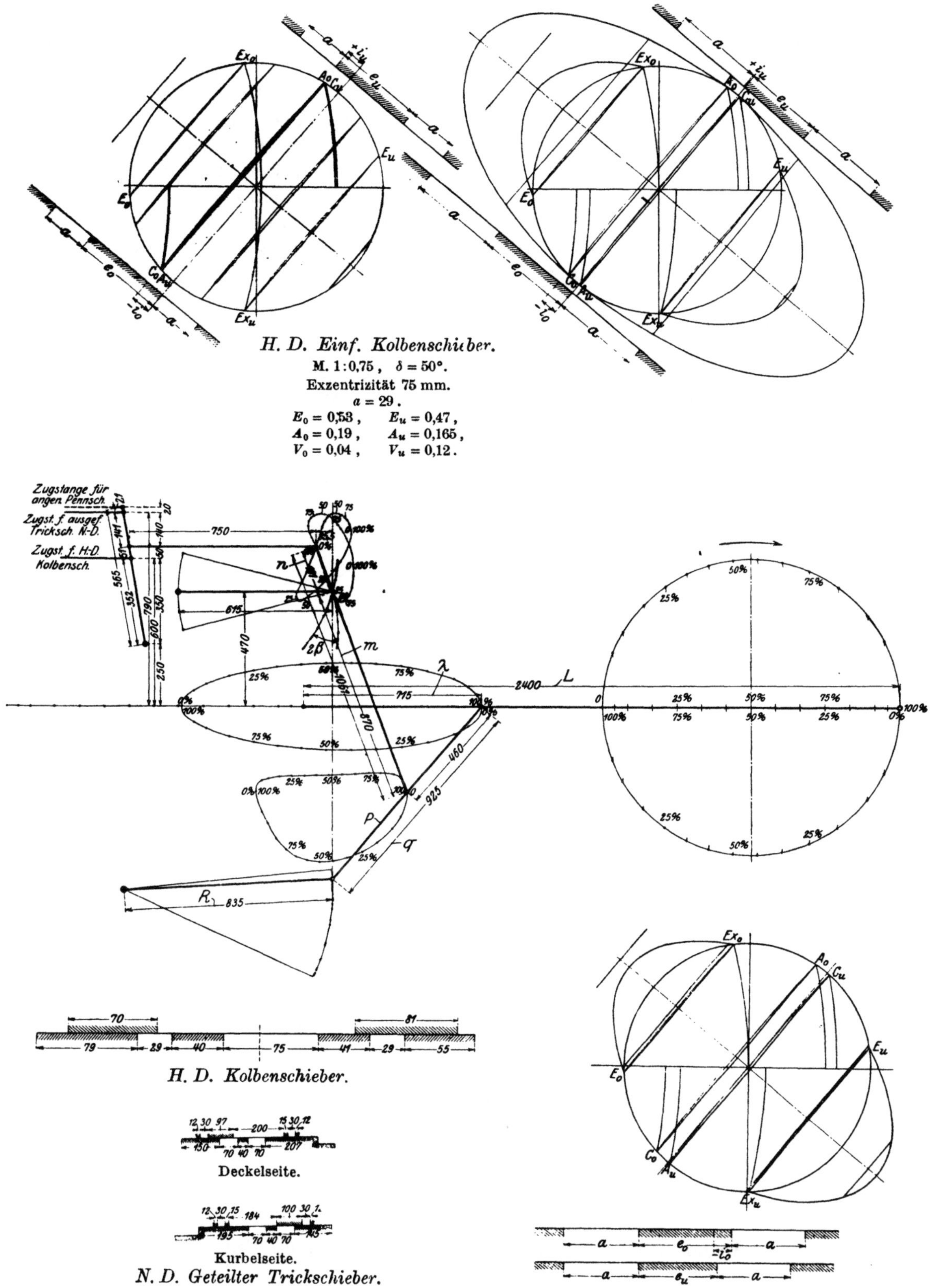

Fig. 57. Schema einer Joy-Steuerung mit Bewegungskurven und Diagrammen.

Da dieser Zwischenhebel seinen Ruhepunkt nur unten auf dem Maschinenrahmen haben kann und die Steuerungsachse des Niederdruckschiebers höher liegt als die des Hochdruckschiebers, so wird hierdurch für den Niederdruck eine höhere Exzentrizität bedingt als für den Hochdruckschieber. Diese Tatsache muß bei der Wahl der Schieberart beachtet werden. Meist läßt diese erzwungene Exzentrizität die Verwendung des Penn-Trick-Schiebers nicht zu, so daß für den Niederdruckzylinder ein einfacher Penn- oder Trick-Schieber gewählt werden muß. Bei den großen zumeist in Frage kommenden Schiebern ist die Penn-Trick-Bauart auch deshalb nicht zu empfehlen, weil sich solche Schieber unter dem Einfluß der Temperaturunterschiede zwischen ihren einzelnen Wandungen leicht verziehen. Sollen die Steuerungsteile einer Joy-Steuerung z. B. für beide Diagramme einer Zweifachexpansionsmaschine oder für die drei Diagramme einer Dreifachexpansionsmaschine gleich werden, so müssen die gleichen Voreilungswinkel δ_r, sowie gleiche $e + v$-Werte Verwendung finden. Als Beispiel sei im folgenden die Bestimmung der Hebellänge einer Joy-Steuerung für Zweifachexpansionsmaschinen durchgeführt. Die Bezeichnung der einzelnen Hebel kann aus Fig. 57 abgelesen werden.

Der für die Steuerung geforderte Schieberweg sei 85,5 cm.

$$r_1 = r_r \sin\delta_r = 85{,}5 \cdot 0{,}766 = 65{,}5; \quad \delta_r = 50^\circ$$
$$r_2 = r_r \cos\delta_r = 85{,}5 \cdot 0{,}643 = 55$$
$$R = 60 \text{ cm}$$
$$L = 240 \text{ ,,}$$
$$\text{angen. } q = 92{,}5 \text{ cm}.$$

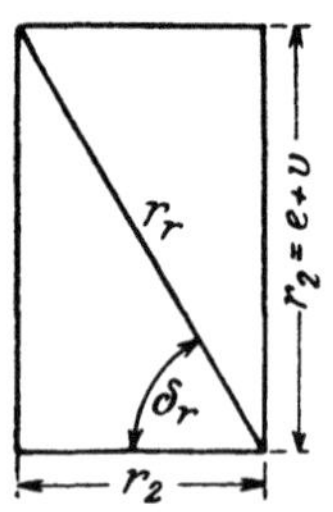

Fig. 58.

$$1. \quad r_1 = e + v = R\frac{p}{q}\cdot\frac{n}{m}.$$

$$2. \quad r_2 = R\frac{\lambda}{L}\operatorname{tg}\beta\frac{m+n}{m}.$$

$$\text{ad 1.} \quad 65{,}5 = 60\frac{1}{92{,}5}\cdot\frac{p\cdot n}{m},$$

$$10{,}1 = \frac{p\cdot n}{m}.$$

Durch Probieren ergibt sich:

$$46\frac{19\cdot 2}{87} = 10{,}1,$$

$$e + v = 60\frac{46}{87}\frac{19{,}2}{925} = 65{,}5,$$

$$\text{ad 2.} \quad \lambda\operatorname{tg}\beta = \frac{r_2\cdot m\cdot L}{R(m+n)} = \frac{55\cdot 92{,}5\cdot 240}{60\cdot 106} = 19{,}15,$$

$$\text{für} \quad = 15^\circ \quad \operatorname{tg}\beta = 0{,}268$$

$$\text{wird } \lambda = 71{,}5.$$

Dies sind die Längen und Auslegungswinkel für die einzelnen Teile der gewünschten gleichen Steuerung.

Das hier angeführte Beispiel stellt eine einfachere Rechnungsart dar als die zeichnerische Ermittlung. Zur Benutzung beim ersten Entwurf einer Joy-Steuerung kann vielfach auch der Gebrauch der beiliegenden Daten, die gute Verhältnisse ergeben, empfohlen werden.

$$\frac{R}{J+H} = \frac{1}{4 \div 5}, \qquad \frac{D}{R} = 1{,}5 : 1{,}65,$$

$$\frac{J}{J+H} = 0{,}2 : 0{,}23, \qquad \frac{E}{R} = 0{,}2 \div 0{,}3,$$

$$\frac{C+B}{R} = 1{,}4 \div 1{,}5, \qquad \frac{F}{R} = 0{,}8 \div 1{,}0,$$

$$\frac{B}{C+B} = 0{,}5 \div 0{,}6, \qquad \frac{G}{R} = 1{,}0 \div 2{,}5,$$

$$\frac{A}{R} = 1{,}4 \div 1{,}5, \qquad \alpha = 15 \div 20^0.$$

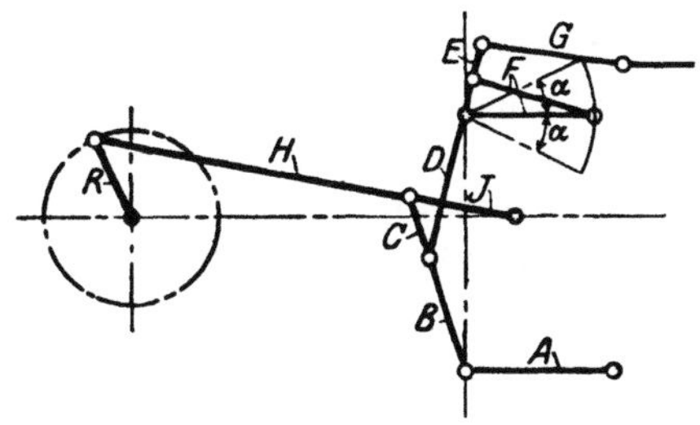

Fig. 59.

Die Größenbestimmung in den Steuerungsteilen der Joy-Steuerung muß auf Grund der stärksten auftretenden Reibungskräfte, meist sind es die großen Flächen des Niederdruckzylinders, geschehen. Am einfachsten ist die Bestimmung der Kräfte, die auf jeden einzelnen Winkel kommen, auf graphischem Wege, siehe Fig. 60. Die Kraft wird am größten in der größten Schräglage der Steuerung. Nur für Hebel $q\,p$ ist die auftretende Biegungsbeanspruchung in dieser Lage nicht die größte, sondern in der Lage, in welcher der Hebel $q\,p$ mit dem Hebel $m\,n$ den größten Winkel bildet. Diese Kraft ist in Nr. 2 Fig. 60 graphisch festgestellt. Um die Figuren übersichtlich zu erhalten, sind die Hebelarme, an welchen die betreffenden Kräfte angreifen, nicht mit eingetragen, sondern zur Berechnung der betreffenden Hebel herausgenommen worden. Sämtliche Stangen und Hebel werden je nach Kraftangriff und Anordnung entweder nur auf Biegung oder Knickung oder, wie die Schieberstangen, auf einfache Zugbeanspruchung berechnet, wenn größere freie Knicklängen nicht in Frage kommen. Fig. 61 gibt die Ansicht einer Joy-Steuerung für einen Radschlepper und zeigt zugleich die eigenartigen Formen, welche die einzelnen Steuerungsteile bei diesem Maschinentyp anzunehmen pflegen. Besonders typisch sind die gabelartigen Hebel $m\,n$ und die brückenartig ausgebildeten Führungshebel und Schwingen. Die am stärksten beanspruchten Steuerungsteile sind die Schwingen, welche die Stelle der Kulisse vertreten. Sie werden auf Knikkung und Biegung beansprucht. In der Rechnung muß auch die Federung kontrolliert werden. Die Biegungsbeanspruchungen werden jedoch meistens die höheren. Sie bieten der Konstruktion bedeutende Schwierigkeiten, da selbst bei reichlichster Bemessung Biegungsbeanspruchungen von 700—1000 kg pro Quadratzentimeter zugelassen werden müssen. Ausgeführt werden sie meistens in Stahlguß mit elliptischem Querschnitt. Die große Achse der Ellipse wird so gelegt, daß sie den Biegungsmomenten den größten Widerstand leistet. Der gefährliche Querschnitt liegt in der Mitte, im Angriffspunkt des Hebellagers, der zylindrisch ausgebildet werden muß. Für die Bearbeitung ist häufig ein Doppel-T-Profil, das sich nach den Enden zu verjüngt, vorzuziehen. Die Kanten dieses Querschnittes können dann bearbeitet werden. Bei allen anderen Hebeln braucht man mit Biegungs- und Zugsbeanspruchung über 300—400 kg nicht hinauszugehen. Bei Knickbelastung ist 25—30fache Sicherheit zu empfehlen. Zu beachten ist noch folgendes: Der Angriffspunkt der Umsteuerung des die Umsteuerungswelle drehenden Hebels muß verstellbar sein, damit die gesamte Steuerung noch nachreguliert werden kann. Eine gleiche Verstellbarkeit sollen aber noch die auf der Umsteuerungswelle sitzenden Hebel, welche nach der Steuerung der einzelnen Zylinder führen, haben. Man kann dann ohne große Schwierigkeit jeden einzelnen Zylinder für sich möglichst passend nachregulieren.

Die Umsteuerung erfolgt bei den meisten Raddampfermaschinen unter 1000 PSi mit der Hand durch selbstsperrende mehrgängige Spindel mit Handrad, bei Maschinen über 1000 PSi sind Umsteuerungsmaschinen irgend welcher Art vorzuziehen, wenn die Maschine Schieber hat.

Schieber. Bei langhubigen Radschiffsmaschinen empfiehlt es sich, die Schieber geteilt auszuführen. Es ergeben sich dabei geringere bewegte Massen und kleinere schädliche Räume, weil man die Schieber mehr nach den Enden der Zylinder hinziehen kann. Außerdem reißen die kleineren geteilten Schieber weniger leicht als die großen ungeteilten.

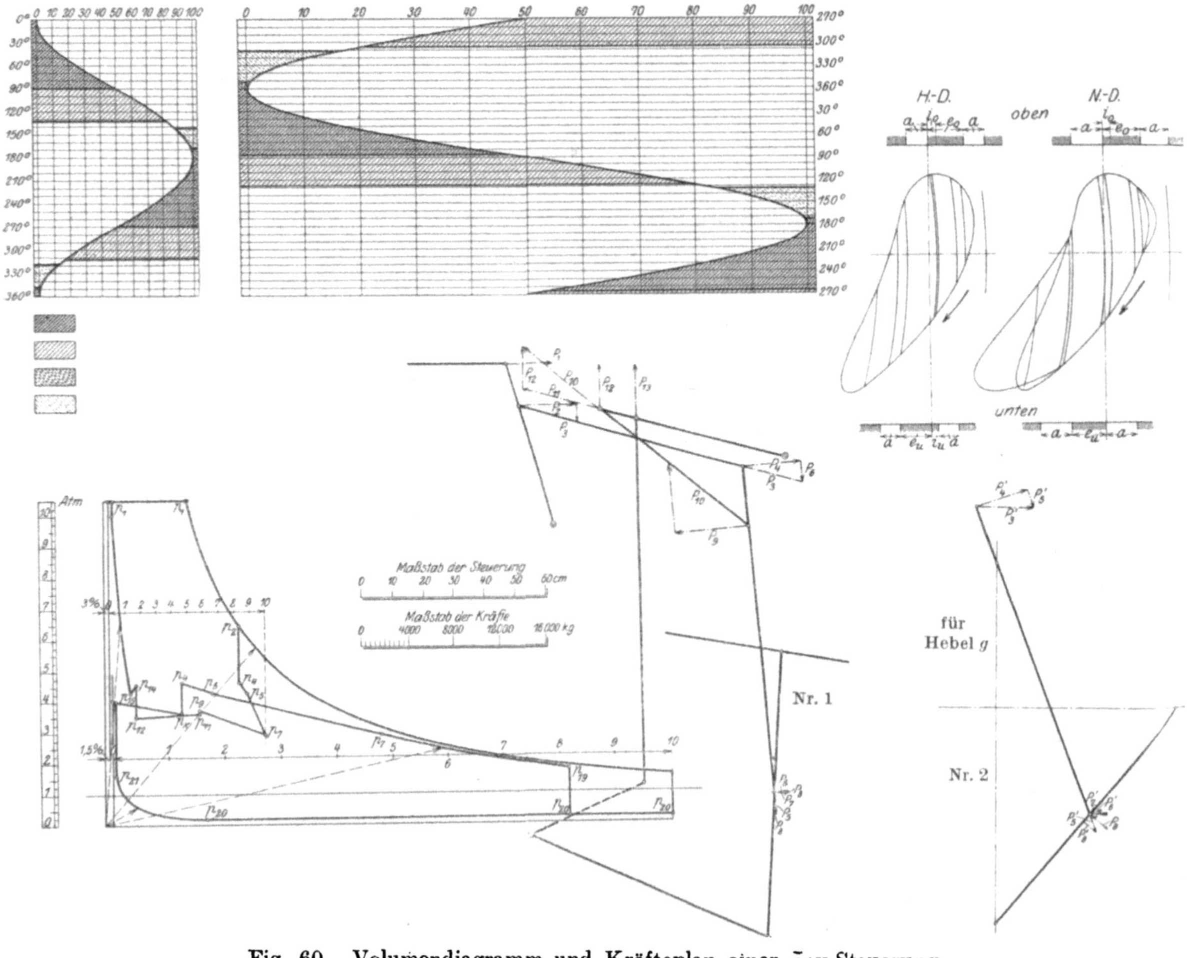

Fig. 60. Volumendiagramm und Kräfteplan einer Joy-Steuerung.

Bei größeren Maschinen und namentlich bei überhitztem Dampf werden bei den Hochdruckzylindern einfache Kolbenschieber mit eingesetztem Ring bevorzugt. Diese Schieberart gibt wenig Reibung und verlangt auf den schwierig zu schmierenden Stellen wenig Öl. Für Mitteldruck- und Niederdruckschieber kommen meistens Flachschieber, entweder Penn- oder Trick-Schieber, in Frage. Der Trick-Schieber erlaubt meist ein näheres Herangehen nach der Zylindermitte und ergibt daher kleinere schädliche Räume. Der Penn-Trick-Schieber kann bei geteilten Schiebern nur selten Verwendung finden. Solche Schieber würden zu kurz und kippten leicht bei schlechter Schmierung. Außerdem ist bei der Anwendung der Joy-Steuerung durch den Zwischenhebel für den Mitteldruck- und Niederdruckzylinder eine größere

Exzentrizität notwendig, als für den Hochdruck, da das Teilungsverhältnis des Zwischenhebels bei dessen Lagerung auf den Kreuzkopfführungen dies bedingt. Man kommt daher bei derartigen Konstruktionen mit den Penn-Trick-Schiebern gar nicht aus. Bei dem Mitteldruckzylinder zeigt die Durchrechnung des Volumdiagramms bei kleinen schädlichen Räumen sehr häufig hohe Kompressionsdrücke. Es ist daher notwendig, das Volumdiagramm genau durchzukontrollieren, bevor man sich mit der Steuerung endgültig festlegt.

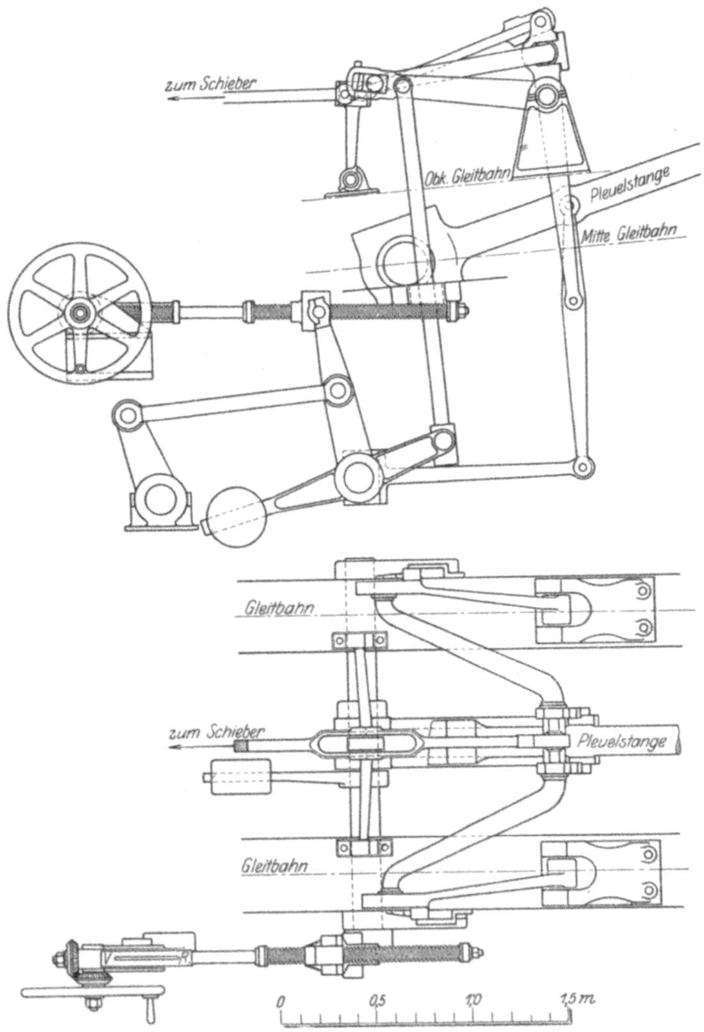

Fig. 61. Joy-Steuerung für Radschlepper.

Die Schmierung der großen, wenn auch sehr langsam laufenden Flachschieber macht einige Schwierigkeiten. Es sollte daher, um ein Fressen zu vermeiden, für jeden Schieber ein besonderer Schmierapparat oder wenigstens ein Zentralschmierapparat, der für jeden Schieber eine besondere Preßpumpe besitzt, vorgesehen werden. Es ist dies zumal bei Anwendung von überhitztem Dampf, auch wenn Zwischenheizung vorgesehen ist, zu beachten. Ein Festfressen der Schieber wird auch dann vermieden, wenn eine gute Entlastung vorgesehen ist. Fig. 62 stellt eine bewährte Form einer derartigen Entlastung dar.

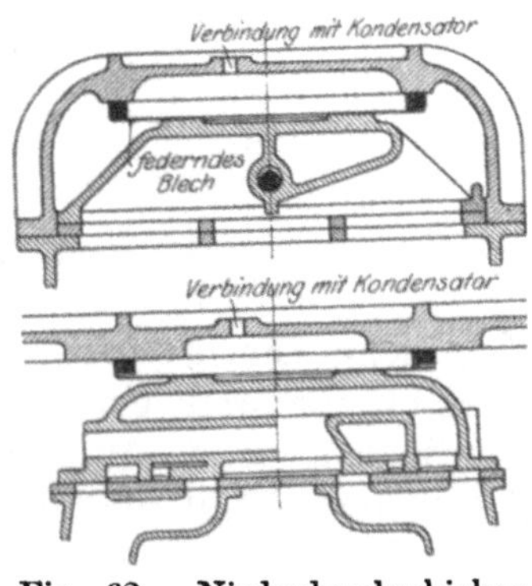

Fig. 62. Niederdruckschieber mit Entlastung.

Bei Zweifachexpansionsmaschinen werden Füllungen von 35—45% bei Personendampfern, von 40—55% bei Schleppern angewandt. Bei Dreifachexpansionsmaschinen, die meist auf Schleppern vorkommen, ist die Einstellungsmöglichkeit der Füllung im Hochdruck gewöhnlich zwischen 45—70% gesichert. Die Joy-Steuerung ergibt dabei Kompressionen bis zu 24%. Es muß hier im Diagramm besonders darauf geachtet werden, daß die Kompression nicht zu hoch wird, was leicht der Fall ist.

Ventile. In letzter Zeit ist von verschiedenen Firmen anstatt der Schiebersteuerung die Ventilsteuerung eingeführt worden. Zuerst ist die Firma Escher

& Wyß bei ihren Bauten für die Schweizer Seen dazu übergegangen. Es wurden verschiedene Arten von Ventilsteuerungen angewandt, unter anderen die Sulzer-Steuerung. Auf dem Rhein hat sich die Ventilsteuerung Lentz namentlich bei Personendampfern immer mehr eingeführt und bewährt. Auch für Schlepper ist diese Steuerung sehr geeignet, bisher aber nur in wenigen Ausführungen bekannt.

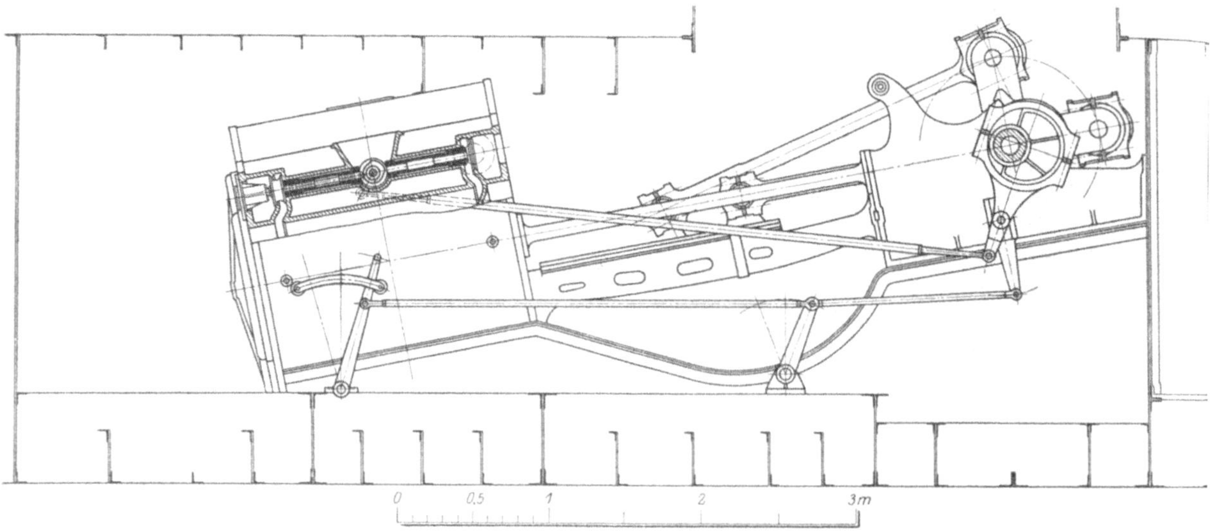

Fig. 63a. Radschiffsmaschine mit Lentz-Ventilen (Seitenansicht).

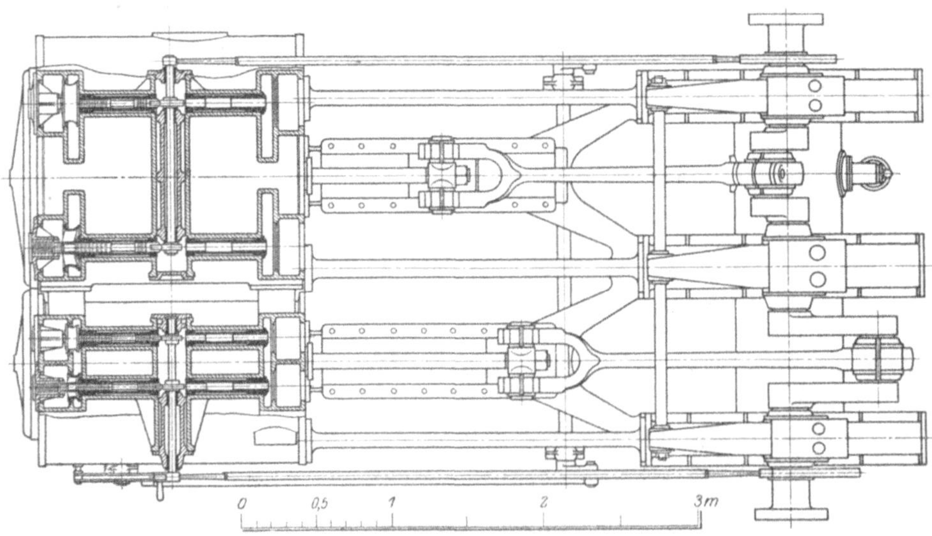

Fig. 63b. Radschiffsmaschine mit Lentz-Ventilen (Aufsicht).

Sämtliche Ventilsteuerungen haben den großen Vorteil, daß sie sehr leichte Steuerungsorgane und Umsteuerungseinrichtungen zulassen, weil der Kraftbedarf des Ventils gering ist. Außerdem sind die Dichtungsflächen des Ventils einer wesentlich geringeren Abnutzung wie die der Schieber unterworfen. Sie brauchen auch nicht geschmiert zu werden, da sie nicht aufeinander reiben, sondern aufsetzen. Für Heißdampfbetrieb, wo die Schmierung besondere Schwierigkeiten bietet, sind die Ventile besonders zu empfehlen. Die Ventilsteuerung System Lentz bietet den Vorteil, daß sie von einer normalen Kulissensteuerung, Joy-Steuerung oder jeder beliebigen anderen Steuerung aus betätigt werden kann. Die Bewegung wird, wie Fig. 63

zeigt, durch eine Schubkurve, die entweder in gerader Richtung hin und her geht oder um einen Zapfen schwingt, erzeugt. Der Rückgang des Ventils wird durch eine Feder bewirkt. Da nur geringe Kräfte in Frage kommen, ist sowohl eine seitliche Lagerung des Ventils neben dem Zylinder als auch eine Lagerung auf dem Zylinder durch einfache Übertragungsmechanismen möglich. Die Einstellung und Nachregulierung der Maschine ist durch Verstellen der Schubkurve und gegebenenfalls Nachschleifen derselben in fast beliebigem Umfange durchführbar. Die Steuerungs- und Umsteuerungsteile können sehr leicht ausgeführt werden. Die Dichtung der Ventilspindel geschah bisher meistens durch Einschleifen derselben in eine lange Führungsbuchse und Eindrehen einiger Kerbungen zum Festhalten des Wassers. Die Ventile selbst werden aus Gußeisen (Tradöreisen) als Doppelsitzventile ausgeführt, und wo irgend möglich unter Dampfdruck eingeschliffen. Der schwache Punkt dieser Steuerung liegt in dem Schließen des Ventils durch eine Feder. Es kann leicht vorkommen, daß sich die Ventile aufhängen. Zwar hat ein jahrelang einwandfreier Betrieb unter den schwierigsten Verhältnissen bewiesen, daß dieses Aufhängen bei sauberer Instandhaltung der Maschine, sauberer Herstellung der Dichtung und guter sachgemäßer Schmierung nicht vorzukommen braucht. Die Gefahr des Aufhängens bleibt jedoch bestehen, sobald ungeeignete Öle Verwendung finden. Damit wird die ganze Maschine stillgesetzt, was bei Flußdampfern bei starker Strömung seine Bedenken hat. Um diese Gefahr zu umgehen, wäre man genötigt, Steuerungen mit zwangläufiger Ventilführung anzuwenden.

Kondensator. Alle größeren Radschiffsmaschinen, bei denen einigermaßen Wert auf Wirtschaftlichkeit gelegt wird, arbeiten mit Kondensation. Die einfachere und billigere Einspritzkondensation anstatt der Oberflächenkondensation kann unbedenklich angewandt werden, da eine Vermischung des Speisewassers mit dem Einspritzwasser unschädlich ist, weil die Kessel auch aus dem umgebenden Flußwasser gespeist werden könnten. Eine besondere Pumpe für Druckerzeugung für das Einspritzwasser braucht nicht vorhanden zu sein, da sich das Vakuum das Wasser entweder durch ein gelochtes Rohr, welches nach Außenbord führt, oder durch einen Einspritzkegel selbst nachsaugt. Die Anordnung von Kondensator und Luftpumpe muß meistens seitlich von der Maschine vorgenommen werden. Die prinzipielle Anordnung ist aus Fig. 38 gut zu ersehen. Der Kondensator liegt über der Luftpumpe, so daß das Wasser dieser direkt durch die Saugventile zufällt. Der Antrieb der Luftpumpe ist nur in den seltensten Fällen vom Kreuzkopf aus zu erreichen, da die Kreuzköpfe dieser Maschinen zu niedrig liegen. Entweder ist der Antrieb durch besondere Dampfmaschine oder, was bequemer und einfacher ist, durch Exzenter oder Kurbel von der Hauptwelle aus notwendig. Der gesonderte Antrieb hat den Vorteil, daß die Hauptmaschine stets mit Vakuum anspringen kann, wodurch leichtes Manövrieren gesichert ist. Wo man den Antrieb von der Kurbelwelle nimmt, werden Kondensator und Luftpumpe vorteilhafter möglichst weit von der Kurbelwelle weggerückt, so daß die Antriebsstange ohne weiteres Zwischenglied zur Bewegung des Trunkkolbens benutzt werden kann. Der Kondensator kann als großer gußeiserner, auf das obere Luftpumpengitter aufgesetzter Kasten ausgebildet werden. Er erhält an dieser oberen Fläche einen Deckel, der groß genug ist, um das Sitzgitter der Ventile bequem herausnehmen und nachsehen zu können. Saug- und Druckventile werden, siehe Fig. 64, als Bronzegitter mit aufgesetzten Gummiklappen ausgebildet. Dadurch, daß sie nicht fest in die Pumpe eingegossen sind, lassen sie sich leicht bearbeiten und ausbessern. Für die Gummiklappen muß ganz besonders gutes Fabrikat, was auch durch gelegentlichen Dampf- und Ölzutritt nicht verdorben wird, verwandt werden. Der Zutritt des Einspritzrohres oder der Einspritzkegel muß vom Maschinistenstand aus bedient werden können und stets vor Absetzen der Maschine geschlossen werden. Andernfalls saugt sich der Niederdruckzylinder leicht voll

Wasser. Wenn der Druckkolben der Luftpumpe, der als einfacher Tauchkolben ausgebildet werden kann, direkt von der Hauptwelle angetrieben werden soll, muß er eine geringe Schräglage erhalten, weil die Pumpe nicht so hoch gestellt werden kann, daß horizontales Arbeiten möglich ist. Die Schräglage erzeugt ungleiche schädliche Räume in der Luftpumpe, die dadurch vermieden werden könnten, daß die Saugventile dem Kolben parallel gelegt würden. Beim vollen Arbeiten der Maschine wäre ja anzunehmen, daß auch bei Parallellage der Saugventile beide Seiten der Luftpumpe gleiche Mengen vom Kondensat erhielten, weil die tiefer liegenden Saugventile das Kondensat allein nicht verarbeiten könnten.

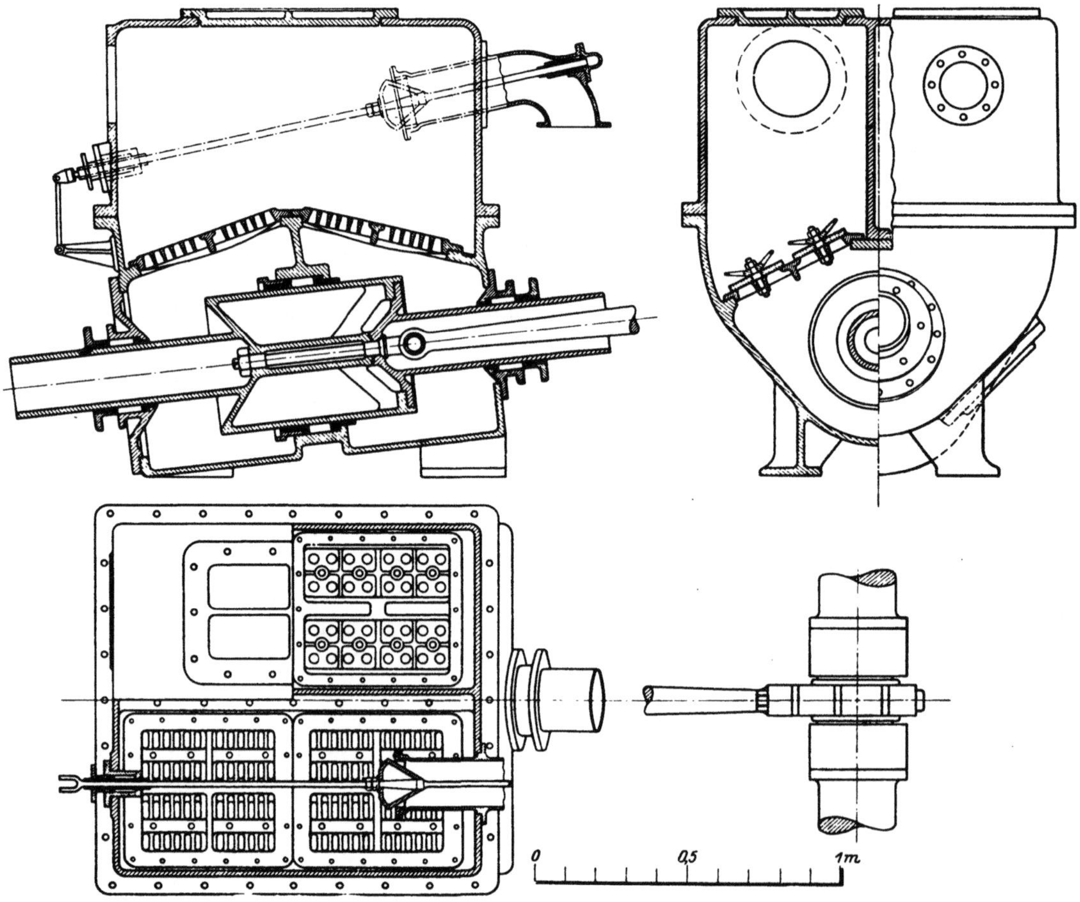

Fig. 64. Schrägliegender Kondensator mit Tauchkolben.

Bei dieser Anordnung wäre jedoch zu befürchten, daß bei langsamer Fahrt, die bei Schleppern sehr häufig vorkommt, die eine Seite des Kolbens überhaupt kein Wasser bekäme und die Pumpe dann stieße. Es ist daher anzuraten, lieber die ungleichen schädlichen Räume mit in Kauf zu nehmen. Wenn man den Tauchkolben, wie in Fig. 64, als Hohlkolben ausbildet, so schwimmt er im Kondensat und gibt fast gar keine Reibung und Abnutzung in den Einsätzen und Stopfbuchsen. Gut bewährt haben sich auch stehende doppelt wirkende Luftpumpen, die mittels Kreuzkopf und Balancier von der Hauptwelle aus angetrieben werden. Sie sind leichter als die liegenden Pumpen, fördern gut und werden den Sand des Einspritzwassers gut los.

Das Einspritzrohr muß pro Kilogramm Dampf etwa 25 kg Wasser fördern können, wenn man mit einer Eintrittstemperatur von 35° rechnet. Ferner ist bei 35° pro Kilogramm Einspritzwasser 0,07 l Luft mit zu entleeren. Wassergeschwindigkeit im Einspritzrohr und in den Ventilen soll 1,5 m/sec und im Ausgußrohr 2 m/sec nicht überschreiten. Der volumetrische Wirkungsgrad derartiger Pumpen kann mit 0,7 angenommen werden. Für rohe Überschlagsrechnung kann ein Verhältnis von Niederdruckzylinder : Luftpumpenvolumen = $^1/_{14}$—$^1/_{16}$ angenommen werden. Für den Kondensator empfiehlt sich als Größe etwa $^1/_4$—$^1/_3$ des Niederdruckzylindervolumens.

Als Armaturen der Luftpumpe kommen in Betracht ein Vakuummeter, zwei Hähne zum Entwässern, sowie zwei Schnüffelventile, ein Überdruckventil zur Zerstörung des Vakuums beim Vollsaugen der Pumpe.

Speisewasservorwärmer. Zur Vorwärmung des Speisewassers hat man häufig, wie auch aus Fig. 38 zu ersehen ist, vor dem Einspritzkondensator einen Speisewasservorwärmer eingeschaltet. Dieser besteht aus einem Bündel dünner Messingrohre, durch welche das Speisewasser in mehrfachen Windungen hindurchgedrückt wird. Diese Messingrohre liegen in einem Zylinder, durch welchen der Abdampf des Niederdruckzylinders strömt. Der ganze Apparat ist etwa wie ein Oberflächenkondensator gebaut und wirkt auch ähnlich wie ein solcher. Er schafft bereits eine gewisse Vorkondensation und wärmt das Speisewasser, wenn auch nur in geringem Grade, an. Es ist nun sehr häufig die Beobachtung gemacht worden, daß derartige Vorwärmer auf das Vakuum eine schädliche Einwirkung haben. Dies rührt daher, daß sich in ihnen leicht Luftecken bilden, aus denen die Luft zeitweilig herausgedrängt wird und die Wirksamkeit der Luftpumpe verschlechtert. Es muß daher bei diesen Apparaten darauf geachtet werden, daß sich nirgends Kanten und Ausbauschungen befinden und daß ihr Inneres einen möglichst glatten, ganz und gar rohrartigen Verlauf nimmt. Wenn diese Rücksichten bei der Konstruktion genommen werden, sind die Apparate zu empfehlen, sofern ihr Gewicht von dem betreffenden Dampfer vertragen wird.

Die Speise- und Lenzpumpen werden gewöhnlich im Maschinenraum angeordnet. Wenn sie nicht wegen Platzmangels und aus Gewichtsrücksichten zugleich von der Antriebsstange der Luftpumpe mit betrieben werden, ist direkter Antrieb von einem Exzenter durch die Hauptwelle zu empfehlen. Sie können in diesem Falle auch während der Fahrt losgekuppelt und nachgesehen werden, ohne den Betrieb der Luftpumpe irgendwie zu stören. Ihre Vereinigung auf eine gemeinsame Fußplatte mit den Windkesseln nach oben, ähnlich wie sie Abbildung 38 zeigt, hat sich bewährt. Die Speisepumpen werden gemäß der Hamburger Normen für die doppelte Speisewassermenge zu berechnen sein. Für die Lenzpumpen empfiehlt sich wenigstens die doppelte Größe der Speisepumpe.

Rohrleitungen. Über die Rohrleitung ist noch folgendes zu sagen:

Im allgemeinen werden die Leitungen in derselben Weise wie bei anderen Schiffen verlegt. Als Besonderheit ist zu beachten, daß die Hauptdampfleitungen wegen der starken Durchbiegung und Erschütterung derartiger Schiffe möglichst nicht fest mit dem Schiffe verbunden, sondern lose aufgehängt werden sollen und reichlich Dehnungsstopfbuchsen erhalten müssen. Für überhitzten Dampf sollten nur nahtlos gezogene stählerne Rohre mit aufgewalzten Stahlflanschen verwandt werden. Bei der stark aussetzenden Dampfentnahme der langsam laufenden langhübigen Maschinen ist reichliche Bemessung der Querschnitte, Dampfgeschwindigkeit nicht über 35 m pro Sekunde und mehrfache, am besten automatische Entwässerung vorzusehen.

Über die Speiseleitung und Ballastleitung ist nichts Besonderes zu bemerken. Die Lenzleitungen werden am besten so gelegt, daß jeder Raum des Schiffes, der durch Schotten getrennt ist, für sich gelenzt werden kann. Bei der starken Schräglage zumal der Radschlepper, die häufig vorkommt, genügt ein Saugkopf in der

Mitte der Räume nicht. Es ist vorteilhafter, je einen Saugkopf in die Seite jeder Kimm einzubringen. Es kann dann immer an der tief gelegenen Seite gelenzt werden. Die Lenzleitungen werden am besten im Maschinenraum nach einem Ventilkasten geführt und der ganze Lenzbetrieb von dort bedient.

Das Rad.

Allgemeines. Ebenso wichtig, wie eine gute Maschine und ein gutes Schiff, ist ein guter Propeller. Beim Raddampfer liegt in der Erzielung eines solchen eine besondere Schwierigkeit, da jedes Versuchen und Auswechseln der Propeller,

Fig. 65. Schweres Schlepperrad [Seitenansicht]
(gebaut von Gebr. Sachsenberg A.-G. in Roßlau).

wie es bei Schrauberschiffen vorkommt, wegen der Kosten und Störungen nahezu ausgeschlossen ist. Außerdem sprechen beim Rad, namentlich bei einem solchen mit beweglichen Schaufeln, so viel Konstruktionsschwierigkeiten mit, daß heute die Lieferung eines einwandfreien Rades eine Seltenheit bedeutet, während die Lieferung einer guten Schraube als etwas Selbstverständliches gilt. Ferner ist noch zu berücksichtigen, daß ein Schaufelrad unter viel schwierigeren Verhältnissen arbeitet als eine Schraube. Die normale Schraube arbeitet bei belastetem Schiffe fast immer voll beaufschlagt, da sie nur in den seltensten Fällen über Wasser gefahren werden kann. Das Rad hingegen, welches für ganz bestimmte Tiefgänge konstruiert ist, und sowohl gegen Tiefertauchung wie gegen Austauchung ganz besonders empfindlich ist, liegt bei Anfang der Fahrt, wenn der Dampfer mit Kohlen voll beladen ist, 10—15 cm tiefer, als am Ende der Fahrt, wenn die Kohlen aufgebraucht sind. Es ergeben sich da sehr große Unterschiede in den Arbeitswegen und in den Eintauchungs- und Austauchungswinkeln.

Grundsätzlich muß unterschieden werden zwischen Rädern mit festen Schaufeln und solchen mit beweglichen Schaufeln. Die Räder mit festen Schaufeln werden heute nur noch in wenigen Fällen gebaut. Sie kommen fast nur in Frage für Lieferungen an das Ausland, für unregulierte Flüsse, da sie am leichtesten und einfachsten zu reparieren sind, zumal bei Anwendung von Holzschaufeln.

Fig. 66. Schweres Schlepperrad [Aufsicht]
(gebaut von Gebr. Sachsenberg A.-G. in Roßlau).

In Deutschland findet man sie nur noch bei leichten Personendampfern, wo auf den Wirkungsgrad der Propeller wenig Wert gelegt wird, und wo die Instandhaltung des Rades Schwierigkeiten machen würde. Das Rad mit festen Schaufeln erfordert einen sehr großen Durchmesser, da sonst die Schaufeln zu sehr auf das Wasser aufklatschen und bei dem Austritt zu viel Wasser mitnehmen würden. Ein Rad mit beweglichen Schaufeln arbeitet etwa ebenso günstig wie ein noch einmal so großes mit festen Schaufeln. In beiden Fällen sind noch gerade Schaufeln vorausgesetzt. Wenn gebogene Schaufeln angenommen werden, wird das Verhältnis für das Rad mit beweglichen Schaufeln noch günstiger. Wegen seiner veralteten Konstruktion kann auf eine Abbildung eines Rades mit festen Schaufeln verzichtet werden. Fig. 65 und 66 stellen ein schweres Schleppdampferrad mit beweglichen Schaufeln dar.

Berechnung. Bei den folgenden Ausführungen über die Konstruktion der Räder sind folgende Benennungen eingehalten:

d = Durchmesser des Rades im Zapfenkreise,
$da\ da$ = äußerer Durchmesser über Schaufeln,
l = Länge beider gleichzeitig eingetauchten Schaufeln beider Räder,
h = deren Höhe,
v = Fortgang des Schiffes gegen Wasser in Metern pro Sekunde,
ve = Eintrittsgeschwindigkeit des Wassers in das Rad,
va = Austrittsgeschwindigkeit des Wassers aus dem Rad,
V = Geschwindigkeit des Schiffes in Knoten pro Stunde gegen Wasser,
s = Slip des Rades in Prozenten der Umfangsgeschwindigkeit in Schaufelmitte ausgedrückt (u—$v : u$),
u = Umfangsgeschwindigkeit der Schaufel im Zapfenkreis in Metern pro Sekunde,
t = Schaufelteilung,
i = Schaufeleintauchung in tiefster Mittelstellung,
n = Umdrehungszahl der Maschine,
Ni = indizierte Pferdestärke der Maschine,
K = Koeffizient,
$\oplus$ = Querschnitt des Schiffes im Hauptspant,
e = Exzentrizität des Rades.

Bei der Berechnung eines Rades eines Schleppdampfers ist es richtig, die normale Schleppgeschwindigkeit zugrunde zu legen und auch alle beim Schleppen auftretenden besonderen Verhältnisse, wie höherer Slip u. dgl., im Auge zu behalten. Das Rad wird dann zwar bei leerer Talfahrt ungünstiger wirken, beim Schleppen aber, wozu die bedeutend längere Zeit gebraucht wird, desto besser arbeiten. Die Stöße, die bei der Talfahrt im Rade leicht auftreten, da beim Entwurf nur die Schleppfahrt berücksichtigt ist, lassen sich durch eine Änderung der Umdrehungszahl der Maschine bei Talfahrt ohne große Schwierigkeiten verringern. Bei Personendampfern ist immer die Höchstnormalgeschwindigkeit bei der Konstruktion zu berücksichtigen, da sie meistens gefahren wird und die stärksten Stöße bei falscher Konstruktion ergibt. Hier sind aber die Verhältnisse beim Rückwärtsschlagen streng im Auge zu behalten, da bei dem häufigen Anlegen sonst empfindliche Störungen auftreten können. Solange man die Verhältnisse im arbeitenden Rade noch schlechter übersah, versuchte man kleine Räder mit großer Schaufelhöhe und geringer Schaufelzahl zu bauen. Bei derartigen Rädern liegen die Wirkungen theoretisch einfacher, da nur immer eine Schaufel im Wasser ist. Man hat aber sehr bald gefunden, daß diese kleinen Räder sehr stark streuen, daß sich bei ihnen sehr ungünstige Winkel zwischen Exzenterstangen und Schaufelstühlen ergeben, daß die hohen Schaufeln nur sehr schwer so durchzukonstruieren sind, daß sie stoßfrei ein- und austreten, und daß die Räder dadurch naturgemäß gegen jede Tiefertauchung sehr empfindlich werden. Man ist daher immer mehr dazu übergegangen, den vorhandenen Tiefgang und die Seitenhöhe des Dampfers für den Raddurchmesser soweit als möglich angängig auszunutzen und große Räder mit Schaufelzahlen zwischen 7—12 zu bauen. Man gebraucht dadurch allerdings schwerere Maschinen, da geringere Umdrehungen notwendig sind. Trotzdem hat man diese Nachteile gegenüber den übrigen Vorteilen gerne in Kauf genommen.

Zur ersten Festlegung des Raddurchmessers und der Umdrehungszahl der Maschine mögen zunächst die Formeln

$$dn = 19{,}1 \frac{v}{1-s}$$

und

$$dn = 9{,}82 \frac{V}{1-s}$$

benutzt werden.

Für die Bestimmung der Schaufelfläche kann die Formel

$$e\,h = K \frac{l\,i}{d^3 n^3}$$

mit herangezogen werden.

Bei gut konstruierten Rädern ist s etwa

30% bei leichtem Zuge,
35% bei mittlerem Zuge,
40—45% bei schwerem Zuge.

Für Personendampfer kann bei scharfen Schiffen mit 18—22%, bei etwas völligeren Schiffen mit 25—27% gerechnet werden.

Leichter und sicherer läßt sich der Durchmesser und die Umdrehungszahl der Maschine nach folgenden Erfahrungszahlen festlegen.

$\frac{d}{2} \cdot n$ ist für folgende Flüsse für Schleppdampfer am günstigsten, wenn nachstehende Werte eingehalten werden $\left(\frac{d}{2}\text{ in Metern}\right)$:

Oder:	Fürstenberg—Breslau	43,2
Weser:	Bremen—Hameln	45—48
Elbe:	Wittenberge—Magdeburg	50—55
Rhein:	Ruhrort—Köln	53—55
	Bingerloch	56—60
	Mannheim—Straßburg	56—60
Donau:	Eisernes Tor	65—66
	Greben	72—73

Die Werte von K sind sehr unsicher. In der Literatur findet man für feste Schaufeln:

$K = 11\,000$ für kleine Heckräder,
$K = 9\,000$ für große Heckräder,
$K = 14\,000$ für kleinere Seitenräder,
$K = 11\,000$ für größere Seitenräder.

Für bewegliche Schaufeln werden die gleichen Werte 25 000, 17 000, 27 000, 18 000 angegeben.

Bei den heutigen normalen Rheinschleppern dürfen diese Zahlen nicht mehr zugrunde gelegt werden. K liegt dort bei schweren völligen Schleppern zwischen 14—10 000 und bei Personendampfern und leichten Schleppern sogar zwischen 5—8000. Man sieht daraus, was für unsichere Werte die Berechnung von $e \cdot h$ nach dieser Formel ergeben muß, wenn nicht eine genaue Nachprüfung auf anderem Wege vorgenommen wird. Die einfachste Nachprüfung scheint die Berücksichtigung der Flächenbelastung durch die Ni der Maschine oder durch den Trossenzug zu sein.

Bei gut konstruierten Schaufeln, die mit Seitenwinkeln garniert sind, kann man 1 qm Schaufelfläche für 45—50 Ni rechnen, bei Personendampfern 55—60 Ni. Wenn man gute Konstruktionen haben will, muß hierbei aber berücksichtigt werden, daß man nicht nur die Flächen zweier gleichzeitig eintauchenden Schaufeln der beiden Räder in Rechnung stellen darf, sondern, daß die Flächen sämtlicher zu gleicher Zeit unter Wasser befindlichen Schaufeln berücksichtigt werden müssen. Wenn nämlich $\frac{t}{h}$ nicht viel kleiner als 1,5 ist, saugen sich die nachfolgenden Schaufeln das Wasser seitlich an und arbeiten annähernd voll mit. Nur bei falscher Schaufelteilung hört dieses günstige Verhältnis auf. Man soll daher auch das Verhältnis von $\frac{t}{h}$ bei großen Rädern, wo Platz vorhanden ist, und vor allen Dingen bei schnelllaufenden Rädern, wo die Zeit zum Einsaugen des Wassers fehlt, lieber etwas größer machen und das Verhältnis auf 1,7—2,2 steigern. Für langsam laufende Schlepper genügt die zuerst angegebene Zahl von 1,5 als Kontrollzahl für die Schaufelteilung. Als rohe Kontrollzahl für die Schaufelfläche kann noch die Angabe dienen, daß $\frac{l \cdot h}{\oplus}$ für ein zu gleicher Zeit eintauchendes Schaufelpaar

bei Personendampfern = 0,4—0,6,
bei Schleppern = 0,7—0,8

sein soll.

Wenn nach den vorgenannten Angaben die Hauptdimensionen eines Rades festgelegt sind, so kommt zunächst die Verteilung der notwendigen Flächen auf Höhe und Länge der Schaufel in Frage. Schaufelhöhe über 1000 mm, bei ganz starken Schleppern über 1200 mm, anzuwenden, empfiehlt sich nicht, da sonst dieselben Verhältnisse eintreten, wie sie vorhin bei den ganz kleinen Rädern erwähnt wurden. Die normale Schaufelhöhe schwerer Schlepper liegt zwischen 700 und 900, mittlerer Schlepper zwischen 500 und 600 mm. Bei Personendampfern liegen sie auch in diesen Größen. Die Schaufelhöhe von der Schaufellänge abhängig zu machen, ist nicht richtig, weil der Durchmesser des Rades dem Tiefgang und der Seitenhöhe des Dampfers angepaßt werden muß. Die Länge der Schaufel ist gleichgültig, solange sie konstruktiv im einfachen oder doppelten Rade noch unterzubringen ist. Bewährte Verhältniszahlen von $h : \frac{d}{2}$ sind jedoch bei Personendampfern etwa 0,40 und bei Schleppern 0,50—0,60. Wenn die allgemeinen Abmessungen des Rades nach diesen Angaben gewählt sind, und das Rad so eingestellt ist, daß die unterste Schaufelkante in tiefster Mittelstellung etwa 30—40 mm höher wie der Schiffsboden liegt, so wird man im allgemeinen auf Werte gekommen sein, die nunmehr für die feinere Durchkonstruktion der Schaufel eine günstige Bestimmung der Exzentrizität zulassen.

In Fig. 67 ist die Festlegung der Exzentrizität des Rades dargestellt.

Diese ist so klein wie möglich zu machen, um keine unnützen Bewegungen in dem Radmechanismus hervorzurufen. Die Exzentrizität bestimmt den Teilkreis des Exzenters, da durch letzteren die Welle noch hindurchgehen muß. Wird nun die Exzentrizität und mithin auch der Teilkreis sehr groß, so werden die Exzenterstangen kurz ausfallen und es werden hierdurch große Differenzen in den Ein- und Austauchungsverhältnissen zwischen den einzelnen Schaufeln entstehen. Auch aus diesen Gründen ist eine große Exzentrizität zu vermeiden. Die Exzentermitte unter Radmitte zu verlegen, ist nicht empfehlenswert, weil dann der Schaufeleintritt in das Wasser zu einem Zeitpunkt erfolgt, wo der Schaufelstuhl mit der Exzenterstange den kleinsten Winkel bildet. Es ergibt sich dann eine hohe Beanspruchung der Gestänge. Die Winkel der Exzenterstangen mit den Schaufelstühlen sollten nicht

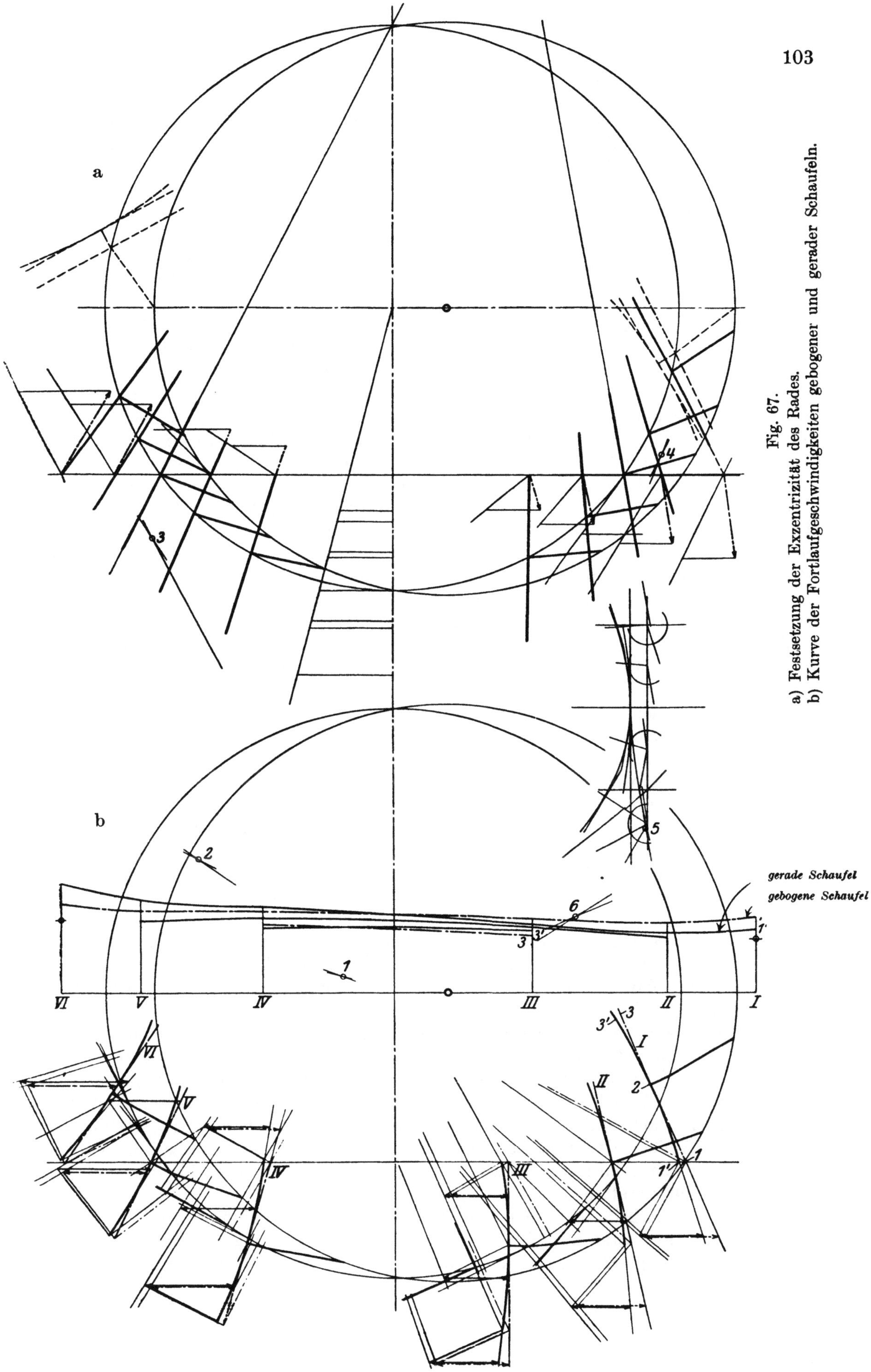

Fig. 67.
a) Festsetzung der Exzentrizität des Rades.
b) Kurve der Fortlaufgeschwindigkeiten gebogener und gerader Schaufeln.

kleiner wie allerhöchstens 40° und nicht größer als 130° werden. Hierbei wären für Abnutzung in den Stangenaugen noch etwa 10 mm vorzusehen. Wenn bei ganz normaler Einteilung diese Winkel nicht erreicht werden, so kann der Teilkreis des Exzenters gegen die feste Stange entsprechend verdreht werden. Dies wird am besten durch Ausprobieren auf einer Zeichnung gefunden. Da praktisch gleiche Exzenterstangenlängen notwendig sind, muß auch bei der Einteilung des Teilkreises die endliche Länge der Exzenterstangen mit berücksichtigt werden, d. h. der Fixpunkt der Exzenterstangen im Exzenterring muß so weit nach der festen Exzenterstange zu oder in gegenteiliger Richtung hin verschoben werden, daß bei Ein- und Austauchstellung jeder Schaufel der Kreis, der mit der Exzenterstangenlänge um den Fixpunkt des Schaufelstuhles geschlagen wird, den Exzenterkreis in der Verbindungslinie zwischen Radmitte und Fixpunkt des Schaufelstuhles schneidet.

Schaufelform. Die meisten Schiffe fahren heute mit gebogenen Schaufeln. Von einzelnen Seiten wird jedoch der Nutzen der gebogenen Schaufeln noch bestritten. Um einen Vergleich zwischen der Wirkungsweise von geraden und gebogenen Schaufeln zu geben, ist in Fig. 67b für ein gut konstruiertes Schlepprad einmal die Wirkungsweise einer geraden Schaufel, dann die einer günstig gebogenen Schaufel gezeigt worden. Es muß dabei angenommen werden, daß keine der beiden Schaufeln ganz stoßfrei ein- und austritt. Nach den sehr interessanten Veröffentlichungen des Dr. Thele in der Zeitschrift „Schiffbau", Jahrgang 5, Nr. 9, würde sogar die gerade Schaufel für die Arbeit an der Wasseroberfläche unter gewissen Annahmen die günstigere sein. Es sind nun in Fig. 67b die Horizontalgeschwindigkeiten der äußeren und inneren Kante, sowie der Mitte beider Schaufelarten, soweit diese Teile unter Wasser arbeiten, bestimmt worden. Die horizontalen Geschwindigkeiten sind als Ordinaten auf der Abwicklung des Schaufelkreises mit den entsprechenden Zapfenabständen der Schaufel als Abszisse eingetragen. Dieses gibt ein sehr anschauliches Bild der Arbeitsweise der verschieden geformten Schaufeln auf deren Wasserwege und zeigt folgendes:

1. Bei Vergleich der inneren Kanten beider Schaufeln erweist sich die gerade Schaufel als die günstigere, weil bei dieser die innere Kante mit einer niedrigeren Geschwindigkeit als bei der gebogenen Schaufel in das Wasser einsetzt und dasselbe mit einer höheren gleichmäßig gesteigerten Geschwindigkeit wie die gleichen Kanten der gebogenen Schaufel wieder verläßt. Der innere Teil des Rades arbeitet aber nur kurze Zeit unter Wasser und ist daher von geringer Bedeutung.
2. Die Mitte beider Schaufeln arbeitet gleich günstig, und zwar nähert sich hier die Kurve der Horizontalgeschwindigkeiten der Idealkurve, d. h. sie zeigt das Bestreben, tangential in die Höhenlinie der fortlaufenden Geschwindigkeit und ebenso stetig steigend in die Höhenlinie der Umfangsgeschwindigkeit einzulaufen. Die Arbeit der Schaufelmitte stellt sich also bei beiden Schaufelformen recht günstig.
3. Die Arbeit der äußeren Kante der geraden Schaufel zeigt folgendes Bild: Die Kante setzt mit hoher Geschwindigkeit in das Wasser ein und steigert die Geschwindigkeit mit geringen Unregelmäßigkeiten nur wenig bis zum Austritt. Zwar liegt der Austritt über der Höhenmarke der Umfangsgeschwindigkeit, doch sind wegen der hohen Eintrittsgeschwindigkeit Wasserstöße auf dem Rücken der Schaufel zu befürchten, zumal, wenn ein geringerer Slip als erwartet eintreten sollte. Solche Wasserstöße werden den Betrieb unrationell gestalten.

   Die Arbeit der äußeren Kante der gebogenen Schaufel zeigt folgendes: Die Kante setzt mit einer Geschwindigkeit, die wenig über der Fortlaufsgeschwindigkeit liegt, in das Wasser ein. Sie steigert diese Geschwindigkeit auch hier mit geringen Unregelmäßigkeiten bis zu einem Punkt, der ziemlich weit über der Höhenmarke der Umfangsgeschwindigkeit liegt. Die Kante wird auf ihrem ganzen Wasserwege weich und günstig arbeiten und keine Wasserstöße auf die Rückseite erhalten. Allerdings wird sie auf der Vorderseite kurz vor dem Austritt noch einen Stoß erzeugen. Dieser wird jedoch für die Propulsionswirkung sehr von Vorteil sein und das Rad wasserfrei halten.

Man sieht also aus diesen Ausführungen, daß die Wahl der gebogenen Schaufel stets notwendig sein wird.

Schaufelkontrolle nach Dietze. Wenn man nun die gebogene Schaufel als Mittelform der günstigsten Form der Ein- und Austauchung konstruiert hat oder sie roh mit den Radien 2 d in der oberen Hälfte und 2 da in der unteren Hälfte eingezeichnet hat, ist es notwendig, zu kontrollieren, ob der Gang der Schaufel nunmehr auch möglichst gleichmäßig, und das heißt stoßfrei, stattfindet. Zu empfehlen ist für diese Kontrolle die in Fig. 68 gezeichnete Methode, welche von dem verstorbenen Oberingenieur Dietze entwickelt und mit großem Erfolg benutzt wurde. Man zeichnet sich zuerst den Zapfenkreis der Schaufeln und den Exzenterkreis (Zapfenkreis des Schaufelstuhles) sowie die Wasserlinie ein. Die Wasserlinie soll der tatsächlichsten möglich entsprechen und muß daher in der ersten Hälfte des Rades bis kurz vor Radmitte ein Gefälle von 1 : 15 und von da an einen Anstieg von 15 : 1 aufweisen. Hierauf trage man die Schaufeln in den sechs Hauptstellungen auf. Diese Stellungen sind:

1. Eintritt Unterkante der Schaufel in das Wasser,
2. Eintritt Mitte Schaufel in das Wasser,
3. Eintritt Oberkante in das Wasser,
4. Austritt Oberkante aus dem Wasser,
5. Austritt Mitte Schaufel aus dem Wasser,
6. Austritt Unterkante aus dem Wasser.

Oberkante, Mitte Schaufel und Unterkante einer Schaufel ist hier zunächst festzulegen. Die folgenden Untersuchungen gelten zunächst nur für die Schaufel mit der festen Exzenterstange.

Für die oben angegebenen sechs Lagen sind nun die Drehungspole festzulegen durch Verbindung von Schaufelzapfen mit Radmitte und Exzenterzapfen mit Exzentermitte (siehe Fig. 68). Der Schnittpunkt dieser beiden Strahlen ergibt den Drehungspol. Jede neue Schaufellage hat einen neuen Drehungspol. Mit dem zugehörigen Pol ist nun der Eintauchungspunkt der Schaufel zu verbinden und auf dem Verbindungsstrahl als Senkrechte im Eintrittspunkt die Geschwindigkeit des betreffenden Schaufelpunktes aufzutragen. Die Horizontalgeschwindigkeiten dieses Schaufelpunktes findet man nun, indem man die Tangenten an den Endpunkten der Schaufel zeichnet, und vom Endpunkt der eingetragenen Geschwindigkeit bis zum Schnittpunkt der zugehörigen Tangente die Horizontale zieht, welche nun die horizontale Geschwindigkeit des betreffenden Punktes darstellt. Die Größe der Horizontalgeschwindigkeiten in Stellung 1—3, die zur Festlegung der Tangente dient, sind nach Erfahrungswerten anzunehmen, und werden später noch besprochen werden. In diesen drei Tangenten und durch die drei Punkte ist nun die angenommene Schaufelform einzutragen. Die Nachprüfung der stoßfreien Wirkungsart geschieht auf folgende Weise:

Der Zapfenkreis von der Stellung der Zapfen 1—3 ist in etwa zehn gleiche Teile einzuteilen und die angenommene Schaufel, welche man vorher am besten auf Pauspapier aufgezeichnet hat, in die verschiedenen Lagen zu bringen. Dann schneidet bei jeder Lage die Schaufelform die Wasserlinie in einem entsprechenden Punkte, der zu markieren ist. Man trage nun mit den Entfernungen der Punkte des Zapfen-

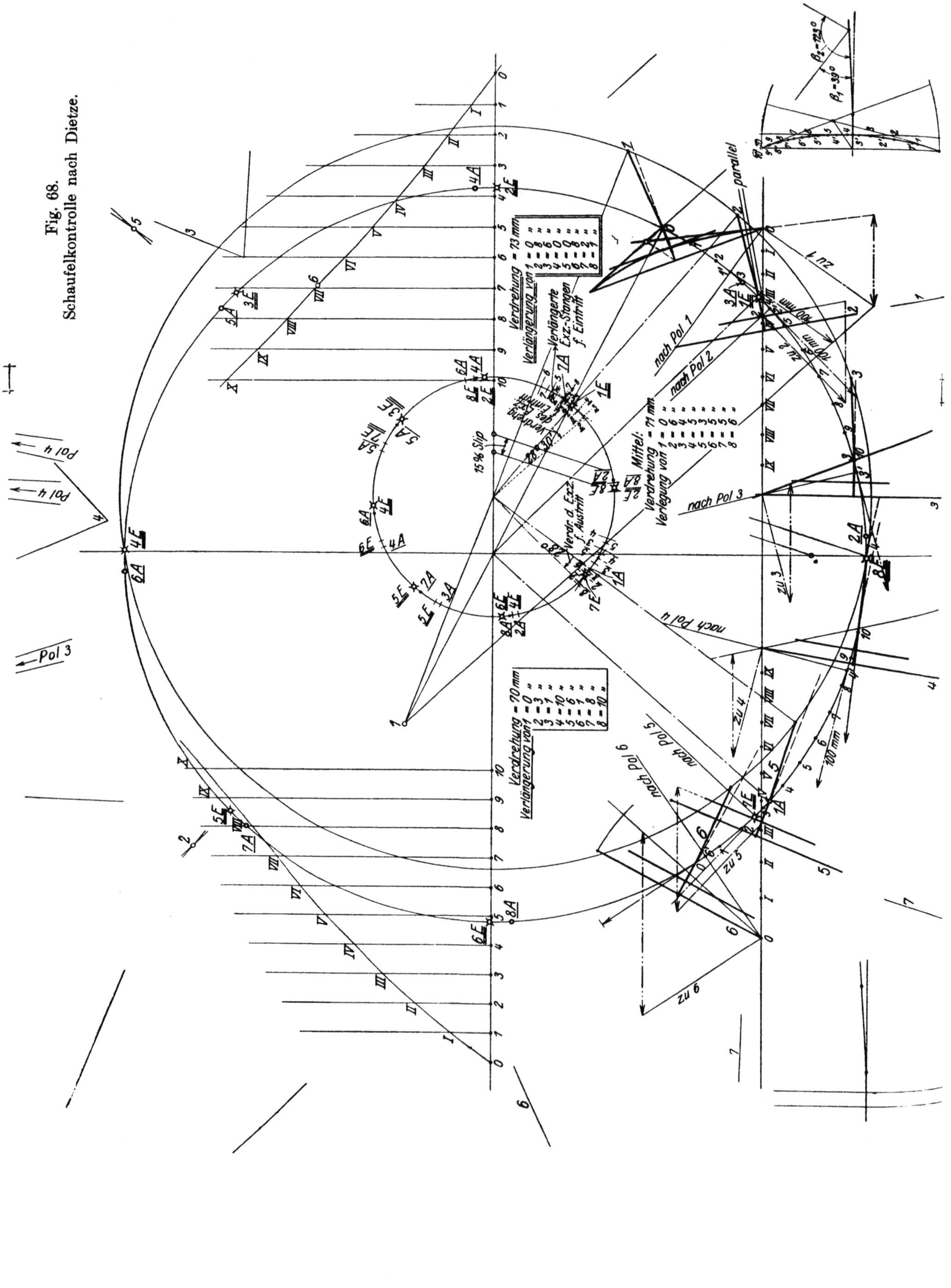

Fig. 68.
Schaufelkontrolle nach Dietze.

kreises als Abszissen die Entfernung der Schnittpunkte mit der Wasserlinie von 1 als Ordinate in ein Diagramm ein. Die durch alle Punkte der Ordinate gezogene Kurve muß einen glatten Verlauf zeigen. Tut sie das nicht, so streiche man sie gleich durch und korrigiere nach den neuen Kurven rückwärts die Schaufelform. Ebenso verfahre man mit den Stellungen 3—6.

Die beste Kritik für die Güte eines Rades bildet die Prüfung der Horizontalgeschwindigkeiten im Rade. Das Bild geben am klarsten die Horizontalgeschwindigkeiten bei Eintritt der Unterkante der Schaufeln in das Wasser, welche v_1 genannt, sowie die Horizontalgeschwindigkeiten beim Austritt der Schaufelmittel aus dem Wasser, die mit v_2 bezeichnet seien. Stoßfreier Eintritt findet statt, wenn $v_1 = v_2$, stoßfreier Austritt, wenn $v_2 = u$ ist. Diese Werte sind nicht ganz zu erreichen. Man findet bei den besten Rädern bei schnell fahrenden Schiffen $v = 0{,}80$—$0{,}90\ v_1$, bei Güterbooten 0,75—0,65, ebenso bei zu Tal fahrenden Schleppschiffen. Bei Schleppschiffen mit normalem Angang $v = 0{,}50$—$0{,}60\ v_1$. Exzentrizität und Stangenlänge und Schaufelform guter Räder müssen nach Möglichkeit so festgesetzt werden, daß v_1 etwa 60%, v_2 etwa 70—90% der mittleren Umfangsgeschwindigkeit wird.

Verbesserung ungünstiger Räder. Bei Nachprüfung vorhandener Räder findet man gerade hier bedeutende Fehler. Es ist gar keine ganz seltene Erscheinung, daß dem Wasser beim Eintritt stoßweise die volle Umfangsgeschwindigkeit erteilt wird und daß die Schaufeln bis zum Austauchen ihre Geschwindigkeit langsam wieder verringern. Es treten hierbei naturgemäß einmal große Stöße und Beanspruchungen in allen Radteilen und dann ein schlechter Wirkungsgrad des Rades ein. Bei sehr großen Exzentritäten und hohen Schaufeln kann es auch vorkommen, daß die obere Schaufelhälfte vor dem Austauchen rückwärts zu arbeiten beginnt. Auch hier treten hohe Beanspruchungen und sehr ungünstige Wirkungsgrade als Folgeerscheinung ein. Man kann derartig schlechte Räder häufig dadurch verbessern, daß man die Schwinge der Schaufel nicht horizontal stellt, sondern ihr eine kleine Abweichung nach dem Radinnern zu gibt. Man bekommt dann stark geänderte Werte der Horizontalgeschwindigkeiten. Weitere verhältnismäßig einfache Änderung bedeutet eine Verkürzung oder Verlängerung der Exzenterstangen. Manchmal kann man sich auch durch Abschneiden eines Teiles der oberen Schaufel helfen und dadurch den Wirkungsgrad des Rades wesentlich verbessern, ohne daß die Belastung pro Quadratmeter Schaufelfläche zu hoch wird. Wenn dies alles noch nicht hilft, kann meistens durch Erneuerung der Schaufeln, denen man eine andere Form gibt, unter Benutzung des ganzen alten Gestelles und Exzenters ein tadelloses Rad hergestellt werden.

Konstruktionsteile. Es blieben nun noch die einzelnen Konstruktionsteile des Schaufelrades zu besprechen. Meist werden Räder gebaut, bei denen die Schaufeln auf zwei Armsystemen ruhen, also in zwei Punkten unterstützt sind, dann solche mit drei Armsystemen, also mit einer Unterstützung der Schaufeln in drei Punkten. Derartige Schaufeln werden gewöhnlich durch einen Exzenter an Schiffseite gelenkt.

Bei schweren Rädern kommen, wie Fig. 65 und 66 zeigt, Räder mit vier Armsystemen in Frage. Die Schaufeln sind hier aber in der Mitte geteilt. Die Räder entsprechen daher zwei Einzelrädern mit je zwei Armen. Sie werden Doppelräder genannt. Die Lenkung derartiger Räder geschieht für die innere Hälfte durch einen Exzenter an Schiffseite, für die äußere Hälfte durch einen Exzenter am Radkastenbalken. Die Schaufel selbst kann berechnet werden als Träger mit gleichmäßig verteilter Last auf zwei respektive drei Unterstützungspunkten. Am günstigsten werden die Belastungen, wenn das überstehende Ende der Schaufel bei Rädern mit zwei Armen 0,207 und bei dreifach unterstützten Schaufeln gleich 0,145 der betreffenden Schaufellänge ist. Man pflegte früher die Schaufeln an den Stellen, an denen die Schaufelstühle sitzen, durch aufgenietete Laschen zu verstärken. Von dieser Konstruktion ist man wieder abgekommen, weil von den Nietlöchern aus Risse aufzutreten pflegten. Man nimmt in letzter Zeit die Schaufel lieber im Ganzen etwas stärker. Empfehlenswert ist es, die Schaufel aus bestem weichen Feuerblech herzustellen, weil man dann vor derartigen Beschädigungen am meisten geschützt ist. Mit der Biegungsbeanspruchung kann man sehr weit gehen, wenn man die Wölbung der Schaufel nicht mit berücksichtigt. Wenn es notwendig ist, können Beanspruchungen von 500—700 kg pro Quadratzentimeter zugelassen werden. Es ist dies günstiger, als wenn man zu schwere Schaufeln nimmt. Über 14—15 mm sollte man die Schaufeldicke überhaupt nicht wählen. Es kommen sonst durch die großen Schwungmassen derartige hohe Beanspruchungen in die Wellenlager, Armsysteme und Schaufelarme, daß fortwährende Brüche gar nicht zu verhüten sind. Besonders Dampfer, welche viel manövrieren und derartige Schwungmassen dauernd in wechselnder Richtung herumreißen müssen, leiden sehr unter schweren Rädern. Die Schaufelstühle bieten der Konstruktion und Berechnung keine Besonderheiten. Sie werden am besten geschmiedet und nicht aus Stahlguß angefertigt, weil geschmiedete Teile weniger leicht brechen. Bei Exzenterstangen, die auf Knickung berechnet werden, muß die Sicherheit sehr hoch angenommen werden, etwa das Zwanzigfache. Die vielen Stöße, besonders beim Aufschlagen der Räder und bei der Änderung des Drehsinns, veranlassen sonst leicht Brüche. Lenkerstange und Radarme, deren Form aus Fig. 65 und 66 gut zu ersehen ist, werden als normale Konstruktionsteile mit Biegungsbeanspruchung von 400—500 kg pro Quadratzentimeter hergestellt. Die inneren Radringe, welche die Radarme wesentlich entlasten und den ganzen Druck der im Wasser arbeitenden Schaufel auch auf das obere Radsystem übertragen, sollen recht kräftig und am besten aus einem Stück hergestellt werden. Wenn sie genietet werden müssen, ist wenigstens an jedem Ende eine Nietreihe von 6—8 Nieten notwendig. Da gerade derartige Nieten durch das dauernde seitliche Ausweichen der Ringe sich leicht lose ziehen. Eine Verschraubung dieser Ringe selbst mit Paßschrauben ist unzulässig, da die Schrauben nie festzubekommen sind.

Um eine gute Querverstrebung im Rad herzustellen, werden von der Nabe des einen Systems nach den Radringen des andern kräftige geschmiedete Streben als Zugstangen geführt, die an ihrer Kreuzungsstelle miteinander verschraubt werden. Die Streben können nicht von vornherein nach Zeichnung hergestellt werden, sondern sie müssen bei der Montage eingepaßt, ihre Füße ausgerichtet und dann aus zwei Teilen nach Stichmaß im Feuer zusammengeschweißt werden. Die Berechnung dieser Streben ist schwierig, da eine tatsächliche Beanspruchung nicht nachzuweisen ist und sie nur für die Versteifung des ganzen Systems eingebaut werden. Nur bei einer Schrägstellung der Schaufeln oder einem seitlichen Ausweichen des Rades kommen sie zu einer konstruktiv nachweisbaren Beanspruchung. Bei leichteren Rädern macht man sie 30 mm, bei ganz schweren 50 mm stark. In dieser Stärke genügen sie allen Anforderungen.

Die Naben, durch welche das ganze Rad mit der Welle verbunden ist, wurden lange Zeit aus Stahlguß hergestellt. Die noch früher verwendeten einfachen gußeisernen Naben haben sich nicht bewährt. Jetzt ist man wieder dazu übergegangen, gußeiserne Naben zu bauen, da auch die Stahlgußnaben gegen Risse keine Sicherheit boten. Man sichert aber die gußeisernen Naben nun durch starke aufgeschwundene schmiedeeiserne Ringe sowohl am Nabenende wie an der Scheibe. Diese Konstruktion hat sich ausgezeichnet bewährt. Diese gußeiserne Nabe (vgl. Fig. 69) hat sich heute fast überall Eingang verschafft. Ihre Befestigung auf der Welle geschieht in der Art, daß die Nabe ganz sauber auf die Welle aufgeschliffen und mit zwei um 90° versetzten Nasenkeilen festgesetzt wird. Besonders zu beachten ist, daß die spezifische Flächenpressung zwischen Nabe und Keil nicht zu hoch wird, weil sonst die Naben in den Ecken der Keilbahnen aufreißen. Ein Zurücktreten der Nasenkeile wird durch Schellen, welche um die Welle gezogen sind, verhindert. Die dem Schiff am nächsten liegende Nabe hat die weiteste Bohrung. Jede weiter außen liegende eine engere, so daß sich das ganze Rad leicht montieren läßt.

Die Radexzenter, welche je nach der Größe der Räder in Gußeisen oder Stahlguß ausgeführt sind, bestehen aus einem zweiteiligen mit geringer Luft um die Welle gesetzten Exzenterkörper, welcher seinen Halt gegen Drehung an einem am Innenbordlager festgegossenen Lappen findet. Die Schmierung, die sehr unsicher ist, findet gewöhnlich ebenso wie die Schmierung des Innenbordlagers durch Staufferfett statt, weil nur dieses ein Verseifen und ein Eindringen von Sand in die Lauffläche verhindert. Auf dem gußeisernen Exzenterkörper läuft dann der Exzenterring, welcher durch die feste Stange mit dem Rade mitgenommen wird und seinerseits wieder die losen Stangen mitnimmt. Die losen Stangen sind gewöhnlich mit gut gehärteten Buchsen auf gehärteten drehbaren Zapfen im Exzenterring gelagert. Diese Gelenke, welche keine große Bewegung machen, werden nicht geschmiert. Bei gußeisernem Exzenter läßt man den Exzenterring auf dem Exzenterkörper gewöhnlich direkt laufen, ohne eine Weißmetallauffläche. Wegen der starken seitlichen Stöße ist ein kräftiges seitliches Übergreifen des Exzenterkörpers über den Exzenterring zu empfehlen, damit die Seitenführungen nicht ausbrechen. Beim gesamten Radbau verwendet man nur Paßschrauben. Alle anderen Schrauben würden sich bei den häufigen Stößen losziehen. Auch die Paßschrauben müssen noch durch Doppelmuttern mit federnden Unterlagen auf das beste gesichert sein.

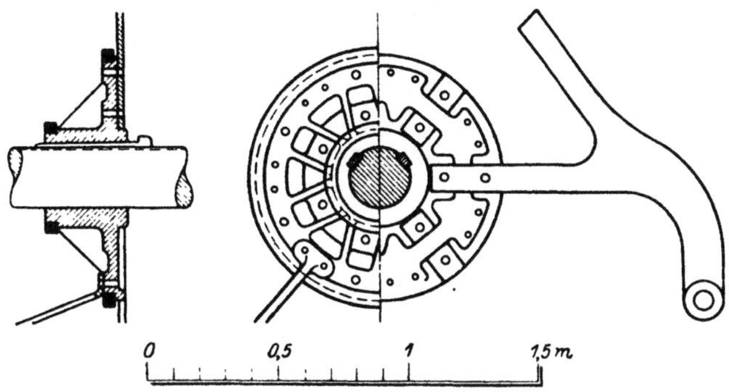

Fig. 69. Radnabe mit aufgeschrumpften Ringen.

Alle Buchsen, in denen Bolzen und Gelenke laufen, müssen aus besonderem, möglichst hartem Weißmetall hergestellt werden. Am besten ist es, wenn man diese Buchsen glashart bekommen kann, weil eine Schmierung nicht möglich ist und viel Sand durch die Gelenke durchläuft. Man benutzt meist Legierungen mit sehr hohem Antimongehalt. Etwas Bleizusatz ist aber erwünscht, damit die Buchsen nicht zu leicht brechen. Bei sandfreiem Wasser haben sich auch an Stelle der Weißmetallbuchsen solche aus Stahl mit gehärteter Oberfläche gut bewährt. Das Rad muß in der Werkstatt auf das sauberste montiert sein, wenn es nachher richtig laufen soll. Entweder findet die ganze Montage auf der späteren Seitenwelle oder auf einer Hilfswelle statt. Die zwei, drei oder vier Arme eines Rades, welche in einer Flucht stehen, werden mit einer Bohrwelle durchbohrt, so daß die Drehachse absolut parallel zur Welle und genau fluchtend bleibt. Die Exzenter müssen auch sehr genau im rechten Winkel zur Welle ausgerichtet sein, damit sie später nicht fressen. Die Querverstrebung wird, wie vorhin schon angedeutet, auch erst bei der Montage vorgerichtet und in richtiger Länge zusammengeschweißt. Wo die Exzenterstangen von den Schaufeln nicht frei schlagen, sind kleine Einkerbungen in die Schaufeln zulässig. Wenn dies jedoch vermieden werden kann, sollte man diese Konstruktion umgehen, da die Schaufeln in den Einkerbungen leicht einreißen. Wenn man aber doch Einkerbungen anbringt, muß man vermeiden, sie viereckig zu machen, wie man dies gewöhnlich findet. Besser runde man die Schaufeln dann leicht aus, so daß ein Durchreißen von den Ecken aus nicht mehr in Frage kommt. Zu stark gebogene Exzenterstangen zu wählen, ist auch nicht erwünscht, weil diese leicht durchfedern und Gewichtsvermehrung bedeuten.

Schiffsschwingungen durch Radarbeit. Es sind in jüngerer Zeit Versuche gemacht worden, die sehr häufig auftretenden und unangenehmen Schwingungen der Schiffe, die durch die Räder hervorgerufen werden, dadurch zu vermeiden, daß man die Räder beider Seiten nicht mehr gleichzeitig, sondern abwechselnd eintauchen läßt. Man verdreht dann das eine Rad gegen das andere um eine halbe Schaufelteilung. Bei dieser Konstruktion ist es meistens gelungen, jede wellenförmige Schwingung in der Längsachse des Schiffes vollständig zu vermeiden. Es treten dann aber häufig sogar sehr kräftige quer zum Schiffe schiebende Schwingungen der Brücke und der Radkastenträger auf. Bei Doppelrädern sind auch diese zu vermeiden, wenn man die beiden Teile eines Doppelrades je um eine Viertelstellung und die Doppelräder gegeneinander um eine weitere Vierteilteilung verstellt. Bei dieser Anordnung hat man ruhige Schiffe bekommen. Sie ist daher sehr zu empfehlen. Wenn man einen sehr ruhigen Gang der Maschine erzeugen will und dabei auch alle Schiffsschwingungen vermeiden möchte, sollte man eine ähnliche Versetzung der Räder wählen, jedoch die Radteilung nicht mehr gleichmäßig vornehmen, sondern mit dem Tangentialdruckdiagramm der Maschine in Beziehung setzen. Man muß dann dafür sorgen, daß in den Phasen höchster Tangentialdrücke die Schaufelteilung enger, in denen niedrigster Tangentialdrücke die Schaufelteilung weiter ist. Die augenblicklich im Wasser arbeitende Schaufelfläche entspricht dann jederzeit der in der Maschine zur Verfügung stehenden Kraft. Wenn man dabei zu enge Teilung und allzu weite Teilung vermeiden kann, würde man zu recht günstigen Ergebnissen kommen. Meines Wissens ist eine derartige Konstruktion bis heute noch nicht angewendet worden.

Schräggestellte Schaufeln. Bei den meisten Rädern arbeiten die Schaufeln senkrecht zur Schiffsachse. Es sind in den letzten Jahren Versuche gemacht worden, die Schaufeln etwas schräg zu stellen, und zwar derart, daß die am weitesten von der Schiffswand entfernte Schaufelkante nachläuft. Diese Bauart ist sehr leicht herzustellen, indem man die inneren Schaufelstühle etwas höher macht oder unterklotzt. Die bisher bekannten wenigen Ergebnisse dieser Bauart waren meistens recht günstig, und ergaben vor allen Dingen ein ruhiges Arbeiten des Rades. Besonders empfehlenswert erscheint diese Bauart für Personendampfer, da sie ein allmähliches Eintauchen jeder einzelnen Schaufel erzwingt und das Rad stoßfrei macht. Das schräge Eintauchen der Schaufeln entspricht auch den Konstruktionsbedingungen, denn neben der Schiffswand steht der Wasserspiegel tiefer als weiter außen. Auch herrscht dort eine größere Stromgeschwindigkeit, so daß es erwünscht ist, daß die innere Kante vorläuft. Die ersten Versuche mit dieser Anordnung wurden auf Anregung des Herrn Prokuristen Daniels von der Niederrheinischen Dampfschleppschiffahrts-Gesellschaft vorgenommen.

Der Kessel.

Allgemeines und Abmessungen. Die Dampferzeugung geschieht bei fast allen Seitenraddampfern in gewöhnlichen Einender-Zylinderkesseln. Ausnahmen von der Verwendung dieses Typs machen nur einige ganz kleine Dampfer, die Lokomotivkessel fahren, und wenige ganz große Personendampfer, bei denen es auf besondere Gewichtsersparnis ankommt und die mit Wasserrohrkesseln — meistens System Dürr — ausgestattet sind. Der Zylinderkessel ist eigentlich der einzig geeignete für den Flußschiffsbetrieb, weil er verhältnismäßig wenig empfindlich ist und ökonomisch arbeitet. Die Kesselbedienung auf Flußschiffen ist häufig unsachgemäß und nachlässig, die Reinigung selten, da Heizerprüfung und Maschinistenprüfung wie auf See nur in wenigen Fällen vorgeschrieben ist. Es kann also eine ordnungsmäßige Behandlung der Kessel auch nicht erwartet werden. Einen unempfindlichen kräftigen Kessel einzubauen, liegt daher im Interesse des Fabrikanten und des Reeders. Wesentliche Unterschiede zwischen den Einender-Zylinderkesseln im Flußschiff und denen im Seeschiff bestehen nicht. Nur in der Neigung der Feuerbuchsendecken, die beim Seeschiffskessel 8° und beim Flußschiffskessel nur 4° beträgt, liegt ein Unterschied vor. Im übrigen kann der ganze Kessel nach der Hamburger Norm wie ein Seeschiffskessel durchgerechnet werden. Normale Raddampferkessel werden bei Verwendung von Zweifach-Expansionsmaschinen mit 9—12 Atm, bei Dreifach-Expansionsmaschinen mit 13—16 Atm Überdruck ausgeführt. Die Kesseldurchmesser und -längen schwanken zwischen 2000 × 2500 bis 4200 × 3300. Das Verhältnis von Heizfläche zu Rostfläche wird gewöhnlich wie 1 : 38 bis 1 : 50 gewählt. Siederohredurchmesser schwanken zwischen 76—89 mm. Bei Anwendung der später zu besprechenden Überhitzung sollten Siederohrdurchmesser unter 83 mm keine Verwendung finden. Es wird auffallen, daß das Verhältnis von Heizfläche zur Rostfläche ziemlich groß genommen wird. Es ist dies eine Erscheinung, die mit dem Wunsche der meisten Reedereien, möglichst große Heizflächen in ihre Schiffe zu bekommen, zusammenhängt und dem die Werften entgegenkommen, weil sie dann ökonomische Kessel, besonders bei dem schlechten Schornsteinzug erzielen. Man sollte in dieser Hinsicht aber nicht zu weit gehen, weil man dadurch die gerade auf dem Fluß so wichtige Forcierungsmöglichkeit der Kessel vollständig verliert, und weil auch eine gute Überhitzung bei Anwendung von Rauchröhrenüberhitzung bei zu kleiner Rostfläche nicht mehr zu erreichen ist. Eine Forcierung durch Pusten oder andere Hilfsmittel ist trotz kleiner Rostfläche gut möglich, so daß man sich auch in einem solchen Falle helfen kann. Aber auf die Dauer wird durch das Aufblasen der Dampfausströmungslöcher in den Bläsern der Dampfverbrauch derartiger Hilfsapparate sehr hoch. Ein Verhältnis von Heizfläche zur Rostfläche von 1 : 40 sollte bei beabsichtigter Anlage von Überhitzung nicht überschritten werden. Als Normalbelastung soll die Kesselbeanspruchung 16—17 kg Dampf pro Quadratmeter Heizfläche nicht überschreiten. Nur bei Überhitzung kann man bis 20 kg gehen. Ein besonderer Fall tritt da ein, wo man trotz Verwendung von Zylinderkesseln auch beim Kesselgewicht möglichst sparen will. Man verwendet in diesem Falle, besonders bei leichten Personendampfern, Kessel mit runden Böden und runden Feuerkammerwänden. Bei derartigen Kesseln sind schon sehr häufig Leckagen und Brüche an den Stehbolzen, welche die Böden mit den Feuerkammerwänden verbinden, festgestellt worden, und auch Unglücksfälle sogar große Explosionen durch den Bruch dieser Stehbolzen vorgekommen. Es hat sich gezeigt, daß die an sich sehr kräftigen Stehbolzen, dadurch, daß sich die Feuerbuchsenwand in einen anderen Radius dehnt wie der Kesselboden, dauernd Verbiegungen ausgesetzt sind und schließlich nach und nach in ganzen Partien abbrechen müssen. Ein sicher wirkendes Mittel hiergegen ist noch nicht gefunden worden. Es hat sich aber gezeigt, daß sich die Brüche und Anbrüche wesentlich verminderten, wenn man anstatt weniger starker Bolzen eine größere Anzahl möglichst dünner Stehbolzen verwendet.

Die meisten Flußschiffkessel sind mit Dampfdom versehen, um den Dampf möglichst trocken sei es den Maschinen, sei es den Überhitzern zuführen zu können.

Die Armaturen sind dieselben wie auf See.

Überhitzung. In wirklich modernen Anlagen wird Dampfüberhitzung in allen Fällen angewandt. Wohl die beste Überhitzung ist die Schmidtsche Rauchröhrenüberhitzung, von der Fig. 70 ein Bild gibt. Diese Art von Überhitzern verlangt wenig Platz, da er in den Rauchrohren selbst untergebracht wird, behindert bei richtiger Bedienung den Zug nur sehr wenig und gibt eine günstige Überhitzung des Dampfes. Reparaturen sind selbst bei kleinen Betriebspausen vorzunehmen, und eine Auswechselung der Überhitzerröhren macht keine großen Schwierigkeiten. Man muß nur Sorge dafür tragen, daß die Dampfsammelkasten nicht vor die Rauch-

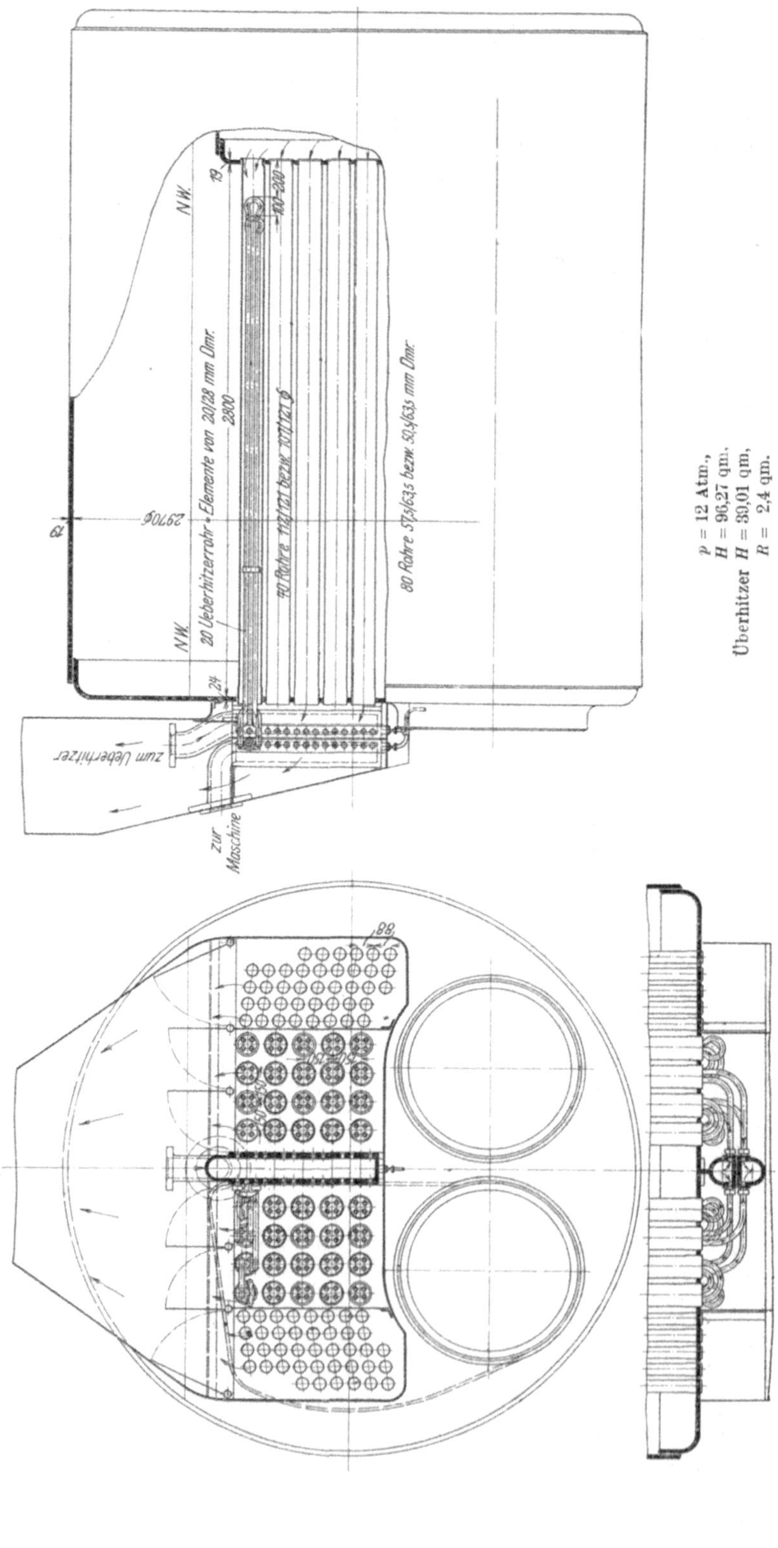

$p = 12$ Atm.,
$H = 96{,}27$ qm,
Überhitzer $H = 33{,}01$ qm,
$R = 2{,}4$ qm.

Fig. 70. Rauchröhren-Überhitzer. (Aus Dieckhoff, Schiffskessel.)

röhren und nicht quer gelegt werden, sondern seitlich und stehend. Sonst behindern sie den Zug. Bei schlechtem Zug und engen Siederöhren kommt es manchmal vor, daß sich in den Siederöhren um die Überhitzer herum Flugasche ablagert. Es ist daher zu empfehlen, an der hinteren Seite des Kessels Rußbläser einzubauen, die mit Dampf und Luft arbeiten und Ruß und Asche in Richtung des natürlichen Kesselzuges wegblasen. Für gute Entwässerung ist zu sorgen, um eine Abkühlung der heißen Rohrwände durch Kondenswasser zu vermeiden. Außerdem haben die Vorrichtungen den Nachteil, daß die in der Zone des äußeren Drehkreises befindlichen Rohre wegen des schrägen Auftreffwinkels nur mangelhaft und die darüber hinausliegenden gar nicht gereinigt werden. Ein Ausblasen der Asche mittels Dampf gegen den Kesselzug vermeidet diese Nachteile, wirkt aber wegen der lange andauernden Öffnung der Rauchkammertüren störend. Mit der Überhitzung soll man nicht zu hoch gehen. 300—350° ist günstig. Man spart unter diesen Umständen immerhin 8—10% bei Steinkohlen, 15—17% bei Braunkohlenfeuerung. Zu guten Abmessungen der Überhitzer kommt man, wenn man die Überhitzerfläche so groß macht, daß sie zwischen 36—45% von der Heizfläche der Kessel enthält, zu dem der Überhitzer gehört. Das Gewicht eines derartigen Überhitzers beträgt im Durchschnitt 28—30 kg für 1 qm Überhitzerfläche. Für neue Konstruktionen und besondere Kesseltypen ist es wertvoll, die Berechnung der Überhitzungsflächen nicht nach diesen allgemeinen Angaben, sondern nach theoretischen Erwägungen anzustellen. Wenn man unter unbekannten Verhältnissen die eben angegebenen Daten ohne Kritik verwendet, könnte man leicht gezwungen sein, die eben erst gebauten Überhitzer wieder zu entfernen oder zu vergrößern. Es kann dies besonders vorkommen, wenn an sich die Heizfläche eine zu geringe ist. Auch eine zu reichliche Bemessung der Überhitzer ist zu vermeiden, weil sonst der überhitzte Dampf zu stark mit Naßdampf gemischt werden muß, damit er nicht zu heiß zur Maschine kommt. Es leidet dadurch die Ökonomie des Überhitzers und außerdem müssen unnötig hohes Gewicht und Anlagekosten aufgewendet werden. Die Schwierigkeit bei der Berechnung der Überhitzer beruht hauptsächlich darin, daß der überhitzte Dampf die Wärme sehr viel schlechter leitet als das Wasser und der nasse Dampf. Man muß also im Verhältnis zu den zu übertragenden Kalorien größere Flächen im Überhitzer zur Verfügung haben als im Kessel Heizfläche. Als ein gutes erprobtes Verhältnis von Heizfläche zur Überhitzerfläche für 100° Dampfüberhitzung darf das von 1 : 0,22 angesehen werden. Es sei daher zur Grundlage folgende Betrachtung gemacht:

Wenn man annimmt, daß bei Steinkohlenfeuerung ein entworfener Kessel mit einer Heizfläche von 94,5 qm der 1 800 kg Dampf stündlich erzeugen soll, den an ihn gestellten Anforderungen voll genügt, und ebenso der Überhitzer von 21 qm Heizfläche, so hat 1 qm Heizfläche an Kalorien folgende Anzahl zu übertragen.

Die Temperatur des Speisewassers sei $45° = t_1$.

Die Temperatur des erzeugten Dampfes ist bei 9,5 Atm. 177°.

λ die zur Zustandänderung verbrauchte Wärmemenge.

Es ist nach Regnault:

$$\lambda = 606{,}5 + 0{,}305\, t = 606{,}5 + 0{,}305 \cdot 177 = 661 \text{ Kalorien pro kg Dampf.}$$

Hiervon gehen ab 45 Kalorien des Speisewassers. Mithin bleiben zu übertragen

616 Kalorien pro kg Dampf.

Die zu erzeugende Dampfmenge pro Kessel beträgt 1800 kg pro Stunde. Heizfläche eines Kessels 94,5 qm. Also bleiben zu übertragen von 1 qm Heizfläche:

$$\frac{616 \cdot 1800}{94{,}5} = 11\,730 \text{ Kalorien pro Stunde.}$$

Der Dampf ist zu überhitzen um 100°.

Überhitzerfläche 21 qm pro Kessel. Zu überhitzende Dampfmenge 1800 kg. Die notwendige Wärmezufuhr für Überhitzung von 1 kg Dampf bei konstantem Druck beträgt:

$$W = c\,p(t_1' - t_1)\,,$$

$c\,p$ = spezifische Wärme bei konstantem Druck.

t_1' = Temperatur des Dampfes im Überhitzer.

t_1 = Temperatur des Dampfes im Kessel.

Also nach Einsetzung der entsprechenden Werte:

$$W = 0{,}4806(277 - 177) = 48{,}06 \text{ Kalorien.}$$

Es ist demnach zu übertragen von 1 qm Überhitzerfläche pro Stunde:

$$\frac{1800 \cdot 48{,}06}{21} = 4120 \text{ Kalorien.}$$

Diese Werte können zur Grundlage jeder beliebigen Überhitzungsanlage gemacht werden, und zwar für jede Höhe der Überhitzung.

Künstlicher Zug. Bei dem schlechten Schornsteinzug ist sowohl bei Überhitzung als auch ohne dieselbe der künstliche Zug zu empfehlen. Als vorteilhaft hat sich Howdens künstlicher Zug bewährt. Allerdings nicht in der ursprünglichen Form, sondern nur dann, wenn die Ventilatoren von der Schiffsmaschine selbst angetrieben werden. Howdens Zug besteht bekanntlich darin, daß Luft, welche bereits im Rauchbusen vorgewärmt ist, durch Ventilatoren unter den geschlossenen Rost geblasen wird. Nimmt man dem Heizerpersonal nicht die Möglichkeit bereits beim Anheizen zu blasen, so werden die Kessel fast jeden Morgen in ganz kurzer Zeit aufgeheizt und haben nur geringe Lebensdauer. Wenn man aber zum normalen Anheizen ohne künstlichen Zug zwingt, und ein Blasen erst dann ermöglicht, wenn die Hauptmaschine bereits läuft, so ist eine Gefährdung des Kessels nicht mehr vorhanden. Man kommt dann auch mit kleineren Kesseln aus, wodurch wenigstens das Gewicht der Ventilationsanlage wieder gespart wird. Auch der Überhitzer kann dann kleiner bemessen werden. Der Vorteil der Antriebsart der Ventilatoren von der Hauptmaschine liegt auch noch darin, daß beim langsamen Laufen der Hauptmaschine auch sofort der Ventilator langsam läuft und weniger Dampf produziert wird als beim vollen Arbeiten der Maschine. Gewöhnlich ist das auch von Vorteil. Wenn jedoch die Umdrehungszahl der Hauptmaschine trotz größerer Füllung wegen Überlastung sinkt, kann die erwähnte direkte Antriebsart der Ventilatoren auch ihre Unannehmlichkeiten haben. Der Antrieb der Ventilatoren von der Hauptmaschine ist bei Radschiffsmaschinen mit einer langsam laufenden niedrig liegenden Welle einigermaßen schwierig, aber durch gekreuzten Riemen oder Winkelräder oder, wenn man will, mit Ketten durchaus sicher zu bewerkstelligen. Es kann daher eine derartige Ventilationsanlage für moderne Schiffe empfohlen werden.

Wegen der Anlagen für die Rauchverhütung möchte ich auf mein Heftchen „Rauchverhütungsanlagen für Flußschiffe", erschienen bei Springer, verweisen.

Hilfsmaschinen.

Strangwindenanlage. Von Hilfsmaschinen kommen für Radschlepper vor allen Dingen die Ankerwinde, ein Strangwindensatz und die Rudermaschine in Frage. Einzelne Schiffe haben noch Kappstandsmaschinen mit vertikal stehender Trommel zum hilfsweisen Einholen von Schleppsträngen und zum Verholen des Dampfers selbst. Diejenige Hilfsmaschine, die sich auf anderen Schiffen nicht findet und in ihrer Bauart von den sonst üblichen Hilfsmaschinen abweicht, ist die Strangwindenanlage. Sie wird meist mittschiffs aufgestellt und dient dazu, die Stränge der im Anhang befindlichen Schiffe einzuholen und abzulassen. Die Schleppstränge laufen bei schweren Zügen auf dem Rhein von den Überläufern über die Schleppböcke durch die bereits vorher beschriebenen Strangklemmen nach den Strangwinden. Jede Trommel der Strangwinde muß so stark konstruiert sein, daß sie in der Lage ist, den vollen Druck eines Stranges auch bei ruckweisem Ausscheren des Schiffes mit Sicherheit aufzunehmen, wenn die Strengklemme gelöst ist. Gebaut wird die Strangwindenanlage in offener oder geschlossener Form. (Siehe Fig. 71a und b). Bei beiden Formen ist die Antriebseinrichtung für alle Trommeln gemeinsam. Meist liegt auf jeder Seite des Schiffes ein Dampfzylinder. Bei 14 Atm Kesseldruck kann man mit zwei Zylindern von 130—140 mm Durchmesser und 215 mm Hub einen Antrieb schaffen, der stark genug ist für gleichzeitiges Aufspinnen von sechs Trommeln für schwere Rheinkrähne. Für die Elbschiffe und Schraubenschlepper genügen zwei Zylinder von gleichem Durchmesser und etwa 130 Hub. Von dort aus wird die Kraft auf eine gemeinschaftliche Welle übertragen, von wo aus sie durch Zahnrädergetriebe auf die einzelnen Trommeln übergeleitet wird. Die kleinen Ritzel der Zahntriebe sind ausrückbar eingerichtet, so daß jede Trommel für sich in Betrieb genommen werden kann. Die Trommel selbst ist gewöhnlich aus 8 mm Stahlblech gebogen und zusammengenietet oder zusammengeschweißt. Sie ist durch zwei kräftige, etwa 10—12 mm starke Stirnwände auf einer kräftigen Welle befestigt. Neben der einen Stirnwand sitzt auf der gleichen Welle noch ein fest mit dieser verbundenes Zahnrad, durch welches der Trommel die Drehbewegung zugeführt wird. Neben der anderen Stirnwand ist eine gußeiserne Scheibe auf die Welle gekeilt, durch welche die Trommel mittels Bandbremse festgehalten oder gebremst werden kann. Jede einzelne Trommel sollte für einen Trossenzug von 1500—2000 kg mit den üblichen Sicherheiten berechnet werden.

Der Unterschied zwischen offener und geschlossener Bauart liegt nun darin, daß bei ersterer jede Trommel für sich zwischen zwei Blechwänden gelagert ist und so aufgestellt wird, daß sie auch einzeln von beiden Seiten aus zugänglich ist. Man bekommt dadurch z. B. bei einer sechsteiligen Strangwinde sechs einzelne Winden, deren Bandbremse jedesmal an der ihnen zugehörigen Winde liegt.

Die Kraftübertragung wird von der Hauptwelle aus gewöhnlich durch ein Kettenrad mit Kette bewerkstelligt. Der Vorteil dieser Bauart liegt darin, daß die auflaufenden Stränge gut überwacht und mittels Handspeiche so geleitet werden können, daß ein Überlaufen über die Trommel vermieden und der Strang einigermaßen gleichmäßig aufgewickelt wird. Der Nachteil der Anlage gegenüber der geschlossenen Bauart liegt darin, daß die offene Anlage teurer wird, mehr Raum beansprucht und nicht so fest steht.

Bei der geschlossenen Strangwindenanlage sind Gruppen von Trommeln zwischen zwei Seitenwände vereinigt. Sie liegen dicht hintereinander nur in so verschiedener Höhe, daß die Stränge klarlaufen. Auch hier werden die Trommeln durch Zahnräderantrieb mit ausrückbaren Ritzeln betrieben. Die Übertragung von der Hauptwelle findet hier jedoch meist durch direkten Zahnradantrieb statt, wenn auch Kettenantriebe daneben vorkommen. Die Bremshebel bei der geschlossenen Anlage müssen alle an einem Punkt, am besten neben den Öffnungsventilen des Antriebszylinders vereinigt werden, weil die Winden sonst nicht zugänglich sind. Der Zug wird durch Seil oder Stange nach dem Bremsband hingeleitet. Da die Stränge bei der geschlossenen Bauart der Winde nicht so gut überwacht werden können, ist es anzuraten, vor jede Trommel noch einen Strangleiter einzubauen. Ein solcher besteht aus einer Welle mit einem kräftig eingeschnittenen Rechts- und Linksflachgewinde, welches sich dauernd überschneidet. Auf dieser Welle läuft eine glatte Muffe, welche mit einer drehbaren Zunge in das Gewinde eingreift und von diesem geführt wird.

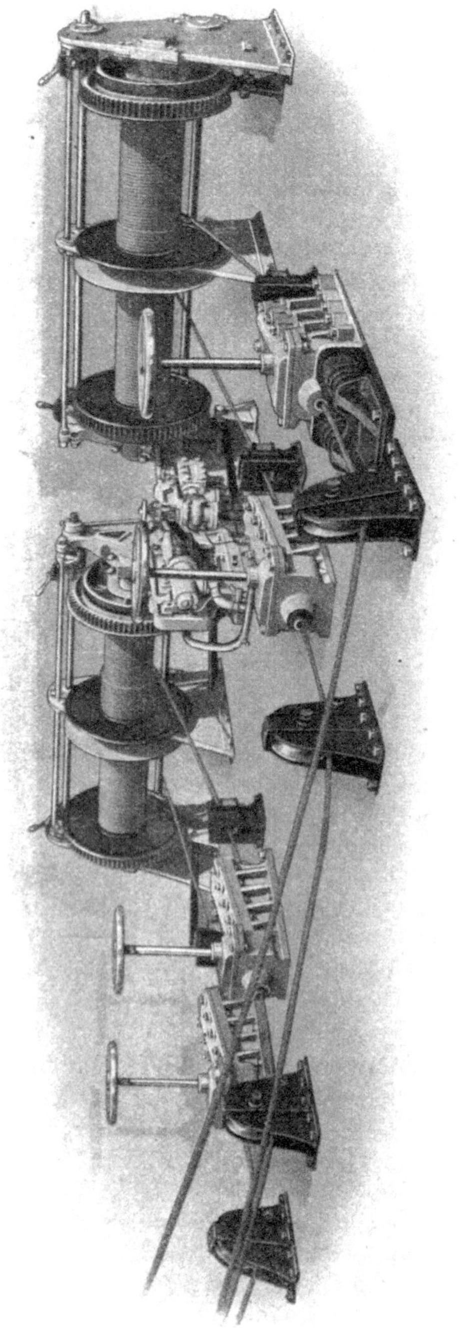

Fig. 71a. Strangwindenanlage, offene Bauart (hergestellt von Chr. Ruthof, Mainz-Castell).

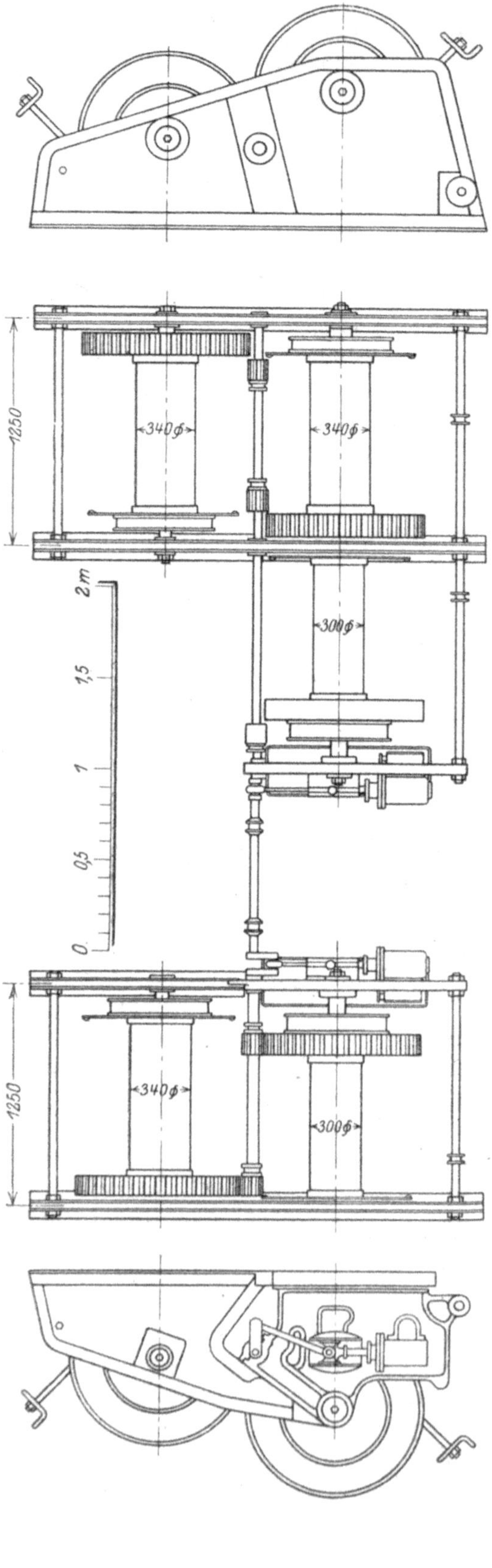

Fig. 71 b. Strangwindenanlage, geschlossene Bauart (hergestellt von Chr. Ruthof, Mainz-Castell).

Am Ende wird die Zunge durch eine Kehre so in das andere Gewinde übergeleitet, daß die Muffe wieder rückwärts läuft. Auf der Muffe sind Rollen montiert, durch welche der Strang beim Aufwickeln geführt wird. Die Welle selbst, welche durch ihre Drehung den Hin- und Hergang der Führermuffe bewirkt, wird durch ein Kettenrad von der Hauptkraftwelle aus angetrieben. Die Drehgeschwindigkeit muß durch die Bemessung des Antriebsrades der Strangdicke angepaßt sein, damit das Fortschreiten der Führungsmuffe stets so stattfindet, daß sich eine Stranglage neben die andere legt. Da man vorteilhafterweise das Gewinde auf allen Führungswellen mit gleicher Steigung wählt, werden die Antriebskettenräder mit ungleichem Durchmesser hergestellt, weil die Schleppstränge der einzelnen Schiffe verschieden stark sind. Der Schleppstrang des ersten Bootes ist der stärkste, aber auch der kürzeste. Er hat seiner geringen Länge wegen die geringste Bucht und bekommt daher die stärksten Stöße. Allmählich, bis zum sechsten Strang, werden diese immer dünner und entsprechend länger. Dem müssen denn auch die Trommeln in ihrer Bemessung so angepaßt werden, daß jede Trommel in der Lage ist, den zugehörigen Streng voll aufzunehmen.

Die Seitenwände der Winde selbst werden in zwei Bauarten durchgeführt. Entweder bestehen sie aus zwei 4—5 mm starken Blechen, die durch ein etwa 12 mm starkes Flacheisen in Abstand gehalten werden. Am unteren Fuße ist dann noch für das Aufschrauben auf Deck auf jeder Seite ein Winkel angenietet. Diese Bauart ist sehr stabil, sieht gut aus, da sie ringsherum glatt ist, und bietet eine gute Stütze für die Lager sämtlicher Wellen. Sie hat den Nachteil, daß sie schwieriger herzustellen und damit teurer ist als die andere Bauart, bei der die Seitenwand nur aus einem etwa 15 mm starken Blech gebaut und mit einem Flacheisen garniert wird. Auch an diese Seitenwand ist an ihren unteren Fuß ein Doppelwinkel angenietet. Die letztgenannte Bauart wird aber jetzt immer mehr bevorzugt, obgleich sie auch im Gewicht etwas ungünstiger ist als die erste.

Ankerwinde. Die Ankerwinde wird beim Radschlepper wesentlich schwerer wie bei anderen gleichgroßen Schiffen, da auch die Anker ein höheres Gewicht haben, damit zur Not außer dem Gewicht des Radschleppers mit dem starken Wasserdruck auf die Räder noch ein Teil des Gewichtes des Zuges von dem Anker festgehalten werden kann. Da ein Haupt- und ein Notanker geführt werden, muß die Ankerwinde mit 2 Kettenscheiben ausgerüstet werden. Beide Scheiben (siehe Fig. 72) werden mittels Klauenkupplungen oder konischer Kupplungen zum Ein- und Ausrücken eingerichtet. Ferner muß jede Scheibe noch mit eiserner Spindelbandbremse versehen sein, damit die noch nicht im Stopper festgesetzte Ankerkette provisorisch auf der Winde festgehalten werden kann. Dieselben Einrichtungen müssen getroffen werden für die beiden Scheiben für die Öhringskette, die auf der Ankerwinde mit angebracht sind. Zwei auf der Antriebswelle feste Spillköpfe dienen allgemeinen Zwecken. Der Kettenkasten liegt gewöhnlich so, daß die Ankerkette durch das Windenfundament durchläuft. Dieses besteht aus einer sehr kräftigen, gußeisernen Platte mit außenherumlaufender Rinne, für Ölfang, Ansatzflächen für Zylinder und Böcke und den nötigen Öffnungen mit Wulsten für Durchtritt der Ankerkette. Die Seiten- und Mittelböcke werden bei kleineren Winden aus Gußeisen, bei schwereren Winden aus Stahlguß mit herumlaufender Verstärkung ausgeführt und auf die Grundplatte aufgeschraubt. Der Mittelbock ist besonders stark gehalten und mit den beiden Seitenböcken durch einen durchgehenden Anker verbunden. Die Zylinderdurchmesser der schweren Ankerwinden sind 2×120 bei 220 Hub, bei mittleren 2×180 bei 180 Hub und bei leichten Modellen 2×100 bei 160 Hub. Diese Modelle genügen für alle vorkommenden Radschlepper und Personendampfer. Die Kreuzkopfführungen werden vielfach aus Schmiedeeisen mit übergreifenden Kreuzköpfschuhen hergestellt. Man erhält dabei sehr sichere Führung bei außerordentlich hohen Beanspruchungen, die auf die Ankerwinde kommen. Die Zahnrädergetriebe

Fig. 72. Ankerwinde (gebaut von Chr. Ruthof Mainz-Castell).

Fig. 73. Schwere horizontalliegende Rudermaschine für Flußschiffe (gebaut von Gebr. Sachsenberg A.-G., Roßlau).

sind meist mit Knickzähnen oder wenigstens mit Zähnen, welche zwischen Seitenscheiben stehen, ausgeführt. Beim Betrieb mit Dampf genügt einfache Zahnradübersetzung, für Handantrieb wird doppelte Zahnradübersetzung eingeschaltet.

Pumpwerk für den Handantrieb ist bei Flußschiffen nicht üblich. Man arbeitet gewöhnlich mit aufgesteckten Handkurbeln.

Fig. 74. Schrägliegende Rudermaschine für Flußdampfer (gebaut von Chr. Ruthof, Mainz-Castell).

Rudermaschine. Auch die Rudermaschinen der Flußdampfer sind stärker wie bei gleich großen Seeschiffen, da die Ruderflächen bedeutend größer sein müssen. Fig. 73 und 74 zeigt eine normale Rudermaschine mit horizontalliegenden und schrägliegenden Zylindern. Zylinderdurchmesser für beide Modelle sind 2 × 180 bei 190 Hub und 2 × 135 bei 140 Hub; die Konstruktionsteile unterscheiden sich in der Bauart nicht von den normalen Rudermaschinen der Seeschiffe. Sie sind nur entsprechend stärker gehalten.

Reparatur- und Bauzeiten.

Die Instandhaltung von Radschleppern erfordert eine Liegezeit von durchschnittlich 3—4 Wochen in jedem Jahre. Besonders nachzusehen ist in der Liegezeit die Kurbelwelle und die äußeren Radlager sowie die äußeren Kurbellager. Diese Lager laufen sich besonders leicht aus durch die schweren Räder und verschieben sich auch durch das Nachgeben der Radträgerkonstruktion. Man wird daher gut tun, alle paar Jahre wenigstens die äußeren Lager nicht nur wieder nachzuziehen und nachzusehen, sondern neu auszurichten. Wenn die Lager derartig ausgelaufen sein sollten, daß neues Ausgießen erforderlich wird, so ist ein Ausbohren sämtlicher Lager gemeinschaftlich im Schiff mittels eingelegter Bohrwelle zu empfehlen. Da die äußeren Radlager sich in der nach vorn gelegenen Schiffsrichtung und unten am meisten auszulaufen pflegen, ist es sowohl bei Montage wie bei Reparatur günstig, die Lager so zu legen, daß die Kurbelwangen beim Drehen der Welle oben und vorn eine Kleinigkeit enger stehen wie unten und hinten. Die Instandhaltung erfordert außerdem alljährlich einmalige Ausbuchsung des ganzen Rades, zweimalige Ausbuchsung der Exzenterstangen und einmalige Überholung der Zylinder und Nachspannung der Kolben. Der Kreuzkopf, die Kreuzkopfgleitschuhe und Luftpumpenklappen erfordern eine dauernde Überwachung und auch alljährlich eine gründliche Überholung. Bei der Fahrt ist es ferner ratsam, mindestens jeden zweiten Tag die Räder zu prüfen und die Bolzen nachzuziehen. Andernfalls treten leicht Losen in den Rädern ein, die später nicht mehr zu beseitigen sind.

Wenn diese Vorschriften im allgemeinen beachtet werden, so beträgt die Lebensdauer guter Schleppschiffsmaschinen durchschnittlich 35 Jahre. Maschinen von Personendampfern haben eine etwas längere Lebensdauer, weil sie nicht so hart beansprucht werden. Unter gleichen Voraussetzungen beträgt diese 45 Jahre durchschnittlich. Bei den Kesseln kann man mit einer Lebensdauer von 16—18 Jahren bei einer zweimaligen Erneuerung der Siederohre rechnen. Wenn das moderne Schweißverfahren zur Beseitigung von Korrosionen, Rissen, lecken Nieten usw. rechtzeitig ausgenutzt wird, ist auch hier die Lebensdauer auf 25 Jahre durchschnittzu steigern. Wenn der Schiffskörper, zumal das Deck über Maschinen, unter Schleppböcken und Hilfsmaschinen gut verstärkt ist, kann man mit einer Lebensdauer des Schiffes von 35—40 Jahren rechnen.

Eine oberflächliche Kesselreinigung sollte bei jeder Hafenliegezeit vorgenommen werden. Die gründlichen Reinigungen werden ja von den Revisionsvereinen vorgeschrieben und bestimmen sich außerdem durch die Speisewasserverhältnisse. Alle 4—5 Jahre muß der Schiffsboden, auch wenn keine Havarien vorgekommen sind, gründlich nachgesehen, gereinigt und frisch gestrichen werden.

Um eine Übersicht über den Montagevorgang und die Montagezeit zu geben, soll hier noch die Durchführung der Arbeiten für einen Schlepper von etwa 1500 Ni. mit einer Schleppleistung von rund 5000 t bis 5500 t in beistehendem Montageplan dargestellt werden.

Es sei dabei angenommen, daß es sich um ein schon mehrfach ausgeführtes Modell handelt, so daß Zeichnungen, Modelle usw. wieder benutzt werden können.

Die Herstellung des Schiffskörpers geht aus dem Plan klar hervor. Zur Maschine ist noch folgendes zu bemerken.

Zunächst werden die Gestellböcke aufgestellt und mit den Anschlußflächen für die Gradführung genau auf Maß gearbeitet. Inzwischen wird die Ausbohrung der Lager mittels einer durchlaufenden Bohrwelle vorgenommen. Die Gradführungen werden dann angebracht, die Flächen für die Anschlüsse an die Gestellböcke mit diesen nach dem Lineal ausgerichtet und wo erforderlich, nachgepaßt. Auf die genaue Ausführung dieser Arbeit ist äußerste Sorgfalt anzuwenden, wenn später schwere Mängel im Gang der Maschinen vermieden werden sollen. In ähnlicher Weise wie das Anpassen der Gradführungen an die Gestellböcke erfolgt das Anpassen derselben an die Zylinder. Wenn man es irgend möglich machen kann, muß man versuchen, die Anschlußflächen der Gradführungen zwischen Spitzen abzudrehen. Man bekommt dadurch genau gleiche Länge und vor allem genau parallele Flächen. Auf Grund dieser ist es dann leicht, die Flächen an den Zylindern so zu bearbeiten, daß man den kompletten Zylindersatz gemeinschaftlich auf der horizontalen Fräsmaschine aufspannt und das Überfräsen der Flächen in einem Schnitt vornimmt. Ein weiteres Nacharbeiten, gutes Aufspannen vorausgesetzt, ist dann unnötig. Sind die Flächen genau zusammengepaßt, dann werden die Gradführungen und Gestellböcke nochmals ausgerichtet und zusammengeschraubt. Die Mittelwelle wird eingeschabt und eingelegt und zwar so, daß sie sich eben dreht. Hauptsächlich an den Seiten muß sie fest tragen. Ist das Einpassen der Welle erledigt, werden die Zylinder wieder aufgesetzt und nach der Kurbelwelle übergeschnürt, die Löcher für die Gratführungen gebohrt und dann verschraubt. Nach einer nochmaligen genauen Kontrolle werden sowohl Zylinder als auch Gestelle mit den Gratführungen durch eingepaßte Stifte genau und unverrückbar fixiert. Auf dieses nur im Rohen zusammen-

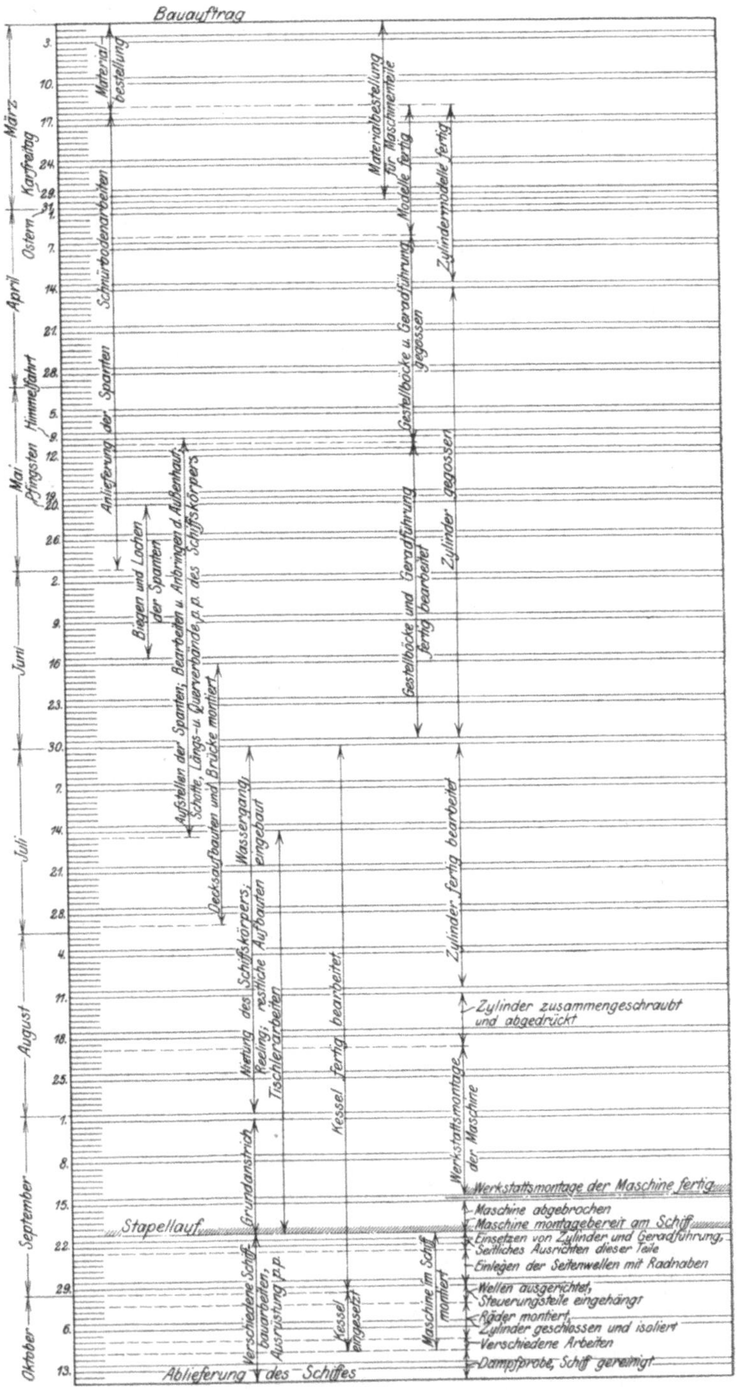

Fig. 75. Montageplan einer Radschiffsmaschine.

gebaute Maschinengestell werden zunächst die Steuerungselemente aufgebaut, die Umsteuerungswellen gelegt, die Schubstangen mit Kreuzköpfen eingepaßt und gangbar gemacht. Den Schluß bilden das Einpassen und Auflängestechen der Kolbenstangen.

Die Montage im Schiff entspricht der Montage in der Werkstatt. Wichtig ist jedoch, daß die Löcher der Befestigungsschrauben der Zylinder schon vorher im Schiff nach Schablonen gebohrt sind, um ein nachträgliches und zeitraubendes Verrücken oder gar Herausnehmen des etwa 24 t wiegenden Zylindersatzes zu vermeiden. Nach den durch den Zylinder gegebenen Mittellinien werden dann die Gestellböcke und Gratführungen eingesetzt, angezeichnet und gebohrt. Um die genauen Mittellagen für die Gestellböcke, d. h. die Maße für Mitte Gestellbock zu Mitte Gestellbock in der Achsenrichtung zu erhalten, sind bei der Werkstattmontage Stichmaße gemacht, deren Endpunkte auf dem Gestellbock selbst angekörnt sind. Nach diesen Maßen erfolgt dann das seitliche Ausrichten im Schiff. Sind diese Vorbereitungen, welche bei guter Disposition 3—4 Tage erfordern, erledigt, so beginnt das Ausrichten der Maschine auf dem rohen, aus Blech und Winkel aufgebauten Maschinenfundament. Bei dieser trotz aller Sorgfalt immer wieder ungenauen Arbeit muß alles aufgeboten werden, um die Maschine auf das Genaueste auszurichten und die Paßstücke gleichmäßig und gut unterzupassen. Das geringste Versehen oder Nachlässigkeit in dieser Beziehung rächt sich später durch schlechtes Arbeiten, Ausschlagen der Schubstangen, seitlichen Lauf der Kreuzköpfe, Brennen der Kolbenstangen, Anfressen der Kolben, Anlaufen der Wellenbunde oder ähnliche Unannehmlichkeiten. Zeigen sich später noch Fehler, so sind sie nur in ungenauer Montage zu suchen. Ein Nacharbeiten von Anschlußflächen bei der Bordmontage, sei es im Zylinder, Gestellbock oder in der Gradführung, muß unter allen Umständen vermieden werden; denn es ist der unzweifelhafte Beweis, daß die Aufstellung bezüglich des Ausrichtens der Maschine im Schiff nicht stimmt, wenn die Werkstattmontage mit der erforderlichen Sorgfalt gemacht worden ist. Statt den Fehler in der Bordmontage zu suchen, erzeugt man durch jegliches Nacharbeiten einen Fehler in der Maschine selbst. Am 8. oder 9. Tage der Bordmontage wird man die Seitenwellen mit den Radnaben einlegen können, dann die Mittelwelle ausrichten und einscheren. Man läßt diese leicht, jedoch ohne Spiel in Lager und an den Seiten gehen. Liegt die Mittelwelle, dann kann sofort die eine Seitenwelle ausgerichtet, das Außenbordlager angebracht und befestigt, und auch der Radexzenter eingebaut werden. Das Ausrichten der Welle erfordert zirka 4 Tage. Während dieser Zeit werden zugleich die Steuerungsteile der Maschine eingehängt, die Luftpumpe befestigt und die Schubstangen und Kolben angekuppelt. Nach Beendigung des Ausrichtens der Seitenwelle beginnt der Einbau der Räder, welcher bei normalem Fortgang der Arbeiten in 5 Tagen beendet sein muß. Während dieser Zeit müssen die Zylinder geschlossen sowie die Maschine gesäubert und angestrichen werden. Schließlich wird vor dem Festkeilen der Räder die Maschine noch reguliert, womit die eigentliche Maschinenmontage beendet ist. In der gleichen Zeit sind auch die Kessel eingesetzt, Kesselhaube und Schornstein montiert und die gesamten Rohrleitungen für Dampf- und Speisewasser fertiggestellt worden. Lenzrohrleitungen und Ballastleitungen werden schon während des Aufbaues des Schiffes mit fertiggestellt; 3—4 Tage müssen schließlich für das Reinigen, das endgültige Lackieren der Maschinen, für das Probelaufen an der Stelle und eine kurze Probefahrt gerechnet werden.

Es ist noch zu bemerken, daß die Montage einer Radschiffsmaschine nach genau denselben Grundsätzen und nur mit anderen Mitteln durchgeführt werden muß, wie die Montage einer liegenden Landmaschine. Man kann natürlich im Schiff nicht mit der Wasserwage arbeiten und muß sich durch andere Mittel, hauptsächlich durch genaues Auswinkeln aller Flächen helfen. Auf das Einschaben der Welle ist größte Sorgfalt zu verwenden. Man wird die Lager nach den Bundeu zn etwas freier halten, um ein leichtes Strecken des Weißmetalls zu gestatten. Wenn man dies unterläßt, tritt leicht bei neuen Lagern bald ein Drängen der Kehlen gegen die Bunde und dadurch Warmlaufen der Welle ein. Beim ersten Lauf müssen die Lager unter allen Umständen fest gefahren, d. h. die Lagerbolzen müssen fest angezogen sein, so daß die Lager gezwungen sind, sich den Bewegungen der Welle anzupassen. Jede andere Methode ist fehlerhaft und rächt sich später. Wird ein Lager beim Probelaufen warm, dann muß es nachgearbeitet werden. Ein Losefahren ist nicht richtig.

Bei der Montage der Seitenwellen kann man zwischen weichen und starren Schiffen unterscheiden. Bei weichen Schiffen wird man das Bordlager etwas weniger, das Außenbordlager etwas stärker tragen lassen. Auch wird man hier die Verwendung von Schleppkeilen gegenüber der von Buchsen vorziehen.

Schiffsgewichte.

Außer vielleicht im Bau der leichten Kriegsschiffe wird nirgends soviel Wert auf Gewichtersparnis gelegt wie beim Bau von Radschiffen. Der Typ ist ja gerade wegen seines geringen Tiefganges entwickelt worden. Vielfach liegen die Verhältnisse derartig, daß vertraglich bereits ein Mehrtiefgang von 4 cm über den beabsichtigten zur Ablehnung des Schiffes durch den Reeder führt. Dabei werden die Konstruktionstiefgänge nicht etwa reichlich vorgesehen, so daß man über größere Reserven nicht verfügt. Es haben z. B. die leichten Personendampfer für den Rhein einen Tiefgang von 96 cm; äußerster Konstruktionstiefgang soll 97 cm sein. Bei einem größerem Tiefgang als 101 cm an irgend einer Stelle kann das Schiff bereits zur Verfügung gestellt werden. Ähnlich liegen die Verhältnisse bei Schleppern, sowohl bei leichten, wo Tiefgänge von 80, 90—95 cm in Frage kommen, wie auch bei schweren, wo solche von 120—130 cm vorgesehen sind. Der Flußschiffbauer muß darum sein größtes Augenmerk auf Gewichtsersparnis sowohl beim Schiff als auch bei der Maschine und den Kesseln legen. Um einen Anhalt zu gewinnen, seien hierunter einige einzelne Gewichte, in Hauptgruppen zusammengefaßt, von leichten und schweren Elb- und Rheinschleppern sowie von zwei Rhein-Salondampfern angeführt.

Gewichte.

	1. Schwere Rheinschleppdampfer, etwa 1400 PSi, 3 fach Expansionsmaschine	2. Mittlere Rheinschlepper, etwa 1100 PSi, 3 fach Expansionsmaschine	3. Radschlepper, 600 PSi, 3 fach Expansionsmaschine	4. Radschlepper, 450 PSi, 2 fach Expansionsmaschine	5. Rhein-Salondampfer, Doppeldecker, 750 PSi	6. Rhein-Schnelldampfer, Doppeldecker, 1100 PSi
Maschine, vollst. montiert, inkl. Kondensation .	92 000	61 000	46 000	30 000	33 000	65 000
Kessel ohne Wasser	98 000	54 000	49 000	28 000	27 600	58 000 (Kessel und Überhitzer)
Überhitzer . . .	—	—	3 500	—	3 600	
Armatur, Rauchbuchse, Schornstein, Isolierung Unterwind . .	19 000	11 000	15 000	7 000	12 000	17 000
Räder	40 000	22 000	20 000	13 000	14 500	21 000
Schiff inkl. Aufbau, Holzarbt., Lenz- u. Ballastleitungen, Inventar, Hilfsmaschinen . .	510 000	354 000	215 000	160 000	320 000	385 000
Rohrleitungen, Anstrich, Pumpen	11 000	10 000	9 000	5 000	7 300	9 000
Summa	770 000	512 000	357 000	243 000	318 000	555 000

Die Gruppeneinteilung der obenstehenden Tabelle ist nicht ganz gleichmäßig, weil die Verwiegungen unter verschiedenen Gesichtspunkten vorgenommen sind. Sie geben aber ein ungefähres Bild über die Gewichtsverhältnisse bei den verschiedenen Konstruktionen. Um die Übersicht noch weiter zu verbessern, seien hierunter noch einige in anderen Gruppeneinteilungen zusammengestellte Gewichte angegeben. Die Methode wurde von dem verstorbenen Herrn Oberingenieur Dietze für eine große Menge gleichartiger Schiffe durchgeführt und hat sich für neue Kalkulationen gut bewährt. Herr Dietze drückte die Gewichte der einzelnen Gruppen in Koeffizienten aus, welche mit der Verdrängung multipliziert, das Gewicht der Gruppen ergaben.

Es seien nach Dietze bezeichnet:

D = Verdrängung für den Tiefgang T in fahrbereitem Zustande.
$G_1' = g_1' \cdot D$ Eisenarbeiten zum rohen Schiffskörper.
$G_1'' = g_1'' \cdot D$ = alle sonstigen Werftarbeiten und Werftlieferungen für das Schiff inklusive Inventar.

Dann ist:

$G_1 = G_1' + G_1''$; $G_1 \cdot D$ = Summe aller Wertlieferungen.
$G_2 = g_2 \cdot D$ = Summe aller Lieferungen der Maschinenbauabteilung.
$G_3 = g_3 \cdot D$ = Verschiedenes und Ungewogenes (Mannschaft, Taue, Geschirr).
$G_4 = g_4 \cdot D$ = Wasser in Kesseln, Maschinen im Schiff.
$G_5 = g_5 \cdot D$ = Brennmaterialien an Bord.
$D = G_1 + G_2 + G_3 + G_4 + G_5$.

Es ergeben sich dann folgende Werte:

Für Radschlepper auf dem Rhein:

D	442	500	523	557	581	630
g_1'	0,3154	0,3190	0,3163	0,2903	0,2895	0,2908
g_2''	0,2806	0,2440	0,2726	0,2258	0,2487	0,2060
g_1	0,5960	0,5630	0,5889	0,5161	0,5382	0,4968
g_2	0,3019	0,3220	0,3155	0,3892	0,3677	0,3915
g_3	0,0073	0,0340	0,0152	0,0043	0,0064	0,0242
g_4	0,0722	0,0600	0,0612	0,0724	0,0706	0,0715
g_5	0,0226	0,0200	0,0192	0,0180	0,0171	0,0160

Für Radschlepper auf der Elbe:

D	39	82	130	242	295	399	470
g_1'	0,2770	0,3180	0,3040	0,3450	0,3410	0,3390	0,3220
g_2'	0,3060	0,1513	0,3040	0,2540	0,2560	0,2350	0,2240
g_1	0,5830	0,4693	0,6080	0,5990	0,5970	0,5740	0,5460
g_2	0,2930	0,2477	0,2570	0,2910	0,3060	0,3180	0,3409
g_3	0,0260	0,1220	0,0110	0,0050	0,0020	0,0030	0,0120
g_4	0,0580	0,0700	0,0470	0,0640	0,0610	0,0550	0,6000
g_5	0,0400	0,0910	0,0770	0,0410	0,0340	0,0500	0,0420

Es läßt sich an diesen Reihen sehr gut beobachten, wie bei größeren Schiffen der Anteil des Schiffsgewichtes gegenüber den anderen Gewichten langsam sinkt, es sei denn, daß aus bestimmten Gründen das Schiff selbst schwerer konstruiert worden ist. Bei kleinen Schiffen fällt diese Regelmäßigkeit natürlich weg.

Bei der Ausmessung der sehr genau geforderten Tiefgänge der Schlepper und Personendampfer muß man sich darüber klar sein, ob man den Tiefgang mit angeheizten Kesseln oder kalten, aufgefüllten Kesseln messen will. Das Mehrgewicht der Wassermenge in letzterem Falle kann schon erhebliche Trimmverschiebungen geben.

Die Verstauung der Reserve- und Inventarteile gibt auch oft zu unvorhergesehenen Trimmänderungen und Streitigkeiten mit dem Reeder Anlaß. Auch dieses muß daher von vornherein geregelt sein. Ferner muß darauf geachtet werden, daß alle Bilgen vollkommen trocken sind. Hat man ein Schiff, das an den Enden durchhängt, tut man gut, bei kaltem und regnerischem Wetter zu messen. Hängt das Schiff jedoch in der Mitte durch, so ist ein Messen bei prallem Sonnenschein erwünscht, weil das sich hierbei streckende Deck die Enden herunterdrückt und die Mitte hebt. Wenn man wegen Schräglage gezwungen ist, kleine Gegengewichte anzubringen, kann man dies vorteilhaft innerhalb der Radkästen, möglichst an deren äußerer Kante, tun. Sie haben dort einen großen Hebelarm und verbrauchen nicht allzuviel Verdrängung. Die Feststellung des Tiefganges geschieht am genauesten durch 3—5 über das ganze Schiff verteilte Wasserstandsgläser, welche durch Hähne am Schiffsboden verschließbar angebracht werden. Wenn diese Wasserstandsgläser genau geeicht werden unter Berücksichtigung der Plattendicke des Bodens, so geben sie absolut genaue Tiefgangszahlen in Schiffsmitte. Natürlich können genaue Tiefgänge nur im Stauwasser abgelesen werden. Man erhält da sehr interessante Ergebnisse, besonders, wenn man fünf Wasserstandsgläser anwendet, über die Durchbiegung des Schiffes während des Baues und während der Fahrt, sowie bei verschiedenen Belastungen. Ein Ablesen des Tiefgangs an den Ahmings oder Pegeln ist längst nicht so genau und bei der geringen Differenz, um die es sich hier handelt, nicht brauchbar. Wenn man Tiefgangsunterschiede querschiffs feststellen will, lotet man am besten über Deck oder Fensterkante weg auf das Wasser.

Schleppleistungen.

Die Feststellung der Schleppleistungen ist eine Erfahrungssache. Mit gleichen Maschinenleistungen verschiedener Firmen und verschiedener Dampfer werden wesentlich voneinander abweichende Leistungsergebnisse erzielt. Die in Frage kommenden Firmen kennen jedoch für die verschiedenen Flüsse und Kahntypen die Leistungen ihrer Maschinen recht genau. Die Schleppleistungen sind sehr verschieden, je nach der Art, der Zusammensetzung und der Belastung der Schleppzüge, nach den Pegelständen und dem Fluß- oder Kanalbett, in welchem geschleppt werden muß. Man findet daher auch in allen Verträgen für Schlepper gewisse Bedingungen über die Zusammenstellung der Schleppzüge festgelegt. Zunächst steht in den Verträgen nicht: „das Schiff wird so und so viel Tonnen schleppen“, sondern stets: „so und so viel Tonnen in so und so viel bis zur Eiche beladenen normalen Kähnen“. Dann stehen Bedingungen darin, daß die Probefahrt nur bei einem normalen Pegel, dessen Höhe an irgend einer Stelle angegeben wird, und bei annäherndem Beharrungszustande des Flusses gemacht werden darf. Schleppgeschwindigkeit und normales Wetter sind natürlich auch vorgeschrieben. Auf der Elbe, wo Kähne mit Holzboden vielfach vorkommen, werden diese bei Probefahrten gewöhnlich ausgeschlossen, weil ein alter Holzboden mit seinen bürstenartig ausgefransten Planken einen fast doppelt so starken Widerstand hat wie ein Kahn mit glattem Eisenboden. Sowohl Niedrigwasser wie Hochwasser beeinträchtigen die Schleppleistungen sehr. Bei Hochwasser kann der gegenlaufende starke Strom die ganze Schleppgeschwindigkeit wegnehmen. Bei Niedrigwasser ist der Widerstand zwischen Kahnboden und Flußboden derartig hoch, daß sich der Zug festzusaugen scheint und nur mit sehr langsamer Geschwindigkeit vorwärts zu bringen ist. Man fährt dann mit leichten Zügen häufig besser mit geringerer Pferdekraft wie unter voller Ausnutzung der Maschine. Bei Firmen, die sich erst Unterlagen schaffen müssen, um den Schleppwiderstand festzustellen, ist es notwendig, zwei Wege zu gehen. Erstens muß die Stromgeschwindigkeit auf allen den Flußstrecken, die die betreffende Firma interessieren, durch Stabschwimmer für die Kähne verschiedenen Tiefgangs und bei ganz verschiedenen Pegelständen Kilometer für Kilometer festgestellt werden, und dann muß der Widerstand einzelner besonderer Kahntypen mittels Dynamometer bei verschiedenen Pegelständen ausgemessen werden. Da sich das Verhältnis zwischen Bodenwiderstand und Stromgeschwindigkeit bei den verschiedenen Pegelständen dauernd verschiebt und bei niedrigem Pegelstande trotz geringerer Strömung oft erheblich größere Widerstände bei gleichem Fortschreiten des Zuges gegen die Ufer auftreten, ist es erwünscht, auch bei Niedrigwasser Messungen durchzuführen, damit das Widerstandsbild der Kahntypen für den betreffenden Fluß ein klares wird. Wenn eine Anzahl Messungen vorliegen, kann man zunächst auf Durchführung eines ganzen Systems weiterer Messungen verzichten, zumal sich auch häufig durch Schlagen der Schleppstränge, entgegenkommende Schleppzüge, Strömungen und dergleichen wesentliche Widerstandsunterschiede ergeben, die von vornherein nicht einfach zu klären sind. Man nimmt sich dann am besten gewisse Kahnformen und rechnet deren Widerstand für unbeschränktes, ruhiges Fahrwasser aus. Als Widerstandsformeln eignen sich für Flußschiffe fast nur diejenigen von Rhien, welche allerdings an sich sehr kompliziert sind, jedoch immer die genauesten Ergebnisse bringen und jede Kahnform berücksichtigen lassen. Vereinfacht können die Rechnungen noch auf Grund der Veröffentlichungen in der Zeitschrift des D. V. D. J., Band 31, Seite 29 und folgende, verwendet werden. Wo jedoch die dort gemachten Voraussetzungen nicht vorliegen, muß man wieder zu den Originalformeln greifen. Der Vorgang bei derartigen Rechnungen ist im allgemeinen folgender:

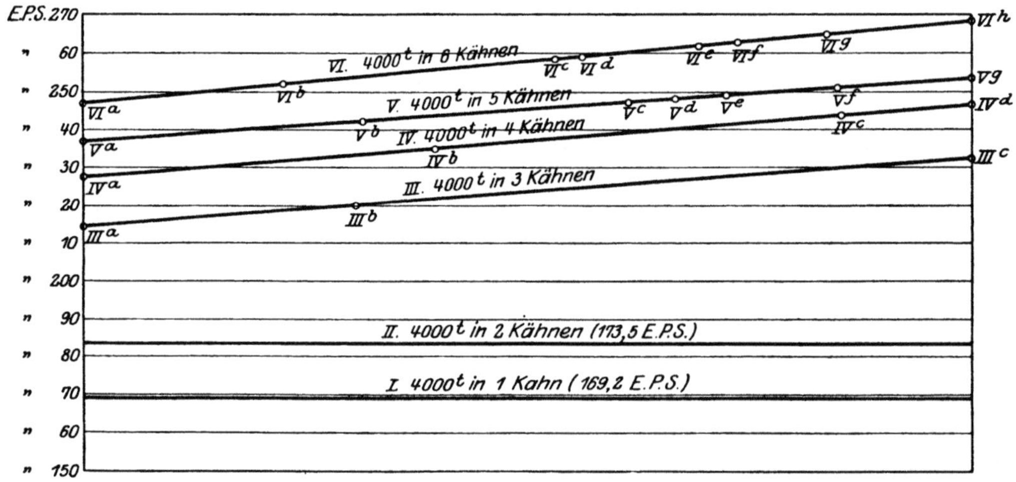

Fig. 76a. Widerstände bei verschiedener Kahnzahl und gleicher Nutzlast.

Der Schleppwiderstand des Schleppdampfers und verschieden großer Kähne wird für die auf den Flüssen üblichen Geschwindigkeiten gegen Ufer und Stromgeschwindigkeit berechnet, der Widerstand der Gleitgeschwindigkeit hinzugefügt, und diese Widerstände in geeigneter Weise derartig addiert, daß die zur Verfügung stehende Maschinenleistung erreicht wird.

In Fig. 76a und b ist diese Arbeit als Beispiel vorgeführt und zwar in der Form, daß die Widerstände eines Schleppers von 600 Ni sowie einzelner Kähne ganz verschiedener Größe ausgerechnet und die Ergebnisse derartig zusammengesetzt wurden, daß die Arbeitsleistung der Maschine durch verschieden zusammengesetzte Schleppzüge bis zu ihrer Höchstleistung gerade ausgenutzt wurde. Als höchste Kahngröße wurde ein Kahn von 4000 t Ladefähigkeit, dessen Bruttogewicht mit 4800 t angenommen war, als kleinste in Frage kommende Kahngröße wurde ein solcher von 250 t Ladefähigkeit mit einem Kahngewicht von 300 t gewählt. Als Geschwindigkeit wurde für die Rechnung fünf Knoten pro Stunden angenommen. Da es sich nur um ein Beispiel handelt, ist (ganz roh) vorausgesetzt, daß das Eigengewicht eines jeden Kahnes etwa $^1/_5$ seiner Ladefähigkeit beträgt. Ebenso wurde der Einfachheit halber angenommen, daß sich bei allen Kähnen die gleiche Ladefähigkeit für praktisch gefundene Verhältnisse von:

$$\frac{\text{Länge}}{\text{Tiefgang}} = 31,$$

$$\frac{\text{Länge}}{\text{Breite}} = 7,$$

Völligkeitsgrad $= 0{,}84$,

Völligkeitsgrad der Wasserlinie $= 0{,}88$

findet.

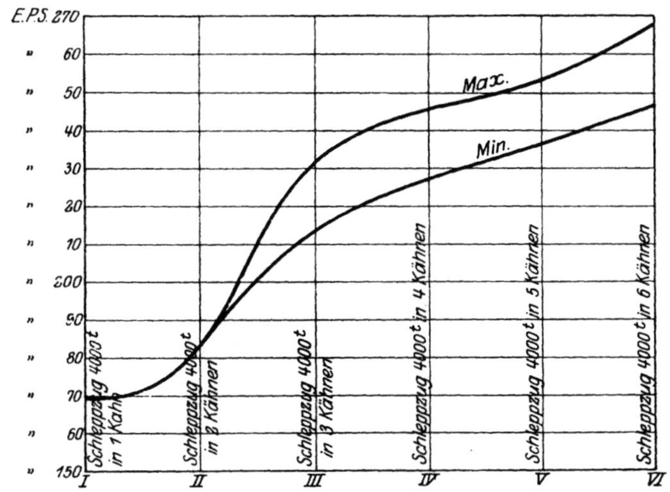

Fig. 76 b.
Widerstände bei verschiedener Kahnzahl und gleicher Nutzlast.

Es ergeben sich dann für die Kähne verschiedener Ladefähigkeit folgende Abmessungen:

1. Kahn von 4000 t Ladefähigkeit:

Bruttogewicht	4800 t,
Länge	105 m,
Breite	15 m,
Tiefgang	3,4 m.

2. Kahn von 2000 t Ladefähigkeit:

Bruttogewicht	2400 t,
Länge	84 m,
Breite	12 m,
Tiefgang	2,7 m.

3. Kahn von 1500 t Ladefähigkeit:

Bruttogewicht	1800 t,
Länge	80 m,
Breite	11,5 m,
Tiefgang	2,58 m.

4. Kahn von 1000 t Ladefähigkeit:

Bruttogewicht	1200 t,
Länge	66 m,
Breite	9,5 m,
Tiefgang	2,1 m.

5. Kahn von 750 t Ladefähigkeit:

Bruttogewicht	900 t,
Länge	59 m,
Breite	8,5 m,
Tiefgang	1,9 m.

6. Kahn von 500 t Ladefähigkeit:

Bruttogewicht	600 t,
Länge	52,2 m,
Breite	7,5 m,
Tiefgang	1,7 m.

7. Kahn von 250 t Ladefähigkeit:

Bruttogewicht	300 t,
Länge	42 m,
Breite	6 m,
Tiefgang	1,35 m.

Die Widerstände dieser Kähne ergeben sich dann unter den obengenannten Voraussetzungen zu

147,8	effektive	PS	Kahn	1
86,6	„	„	„	2
78,7	„	„	„	3
53,3	„	„	„	4
43	„	„	„	5
33,6	„	„	„	6
21,5	„	„	„	7

Es ist natürlich am rentabelsten, die Schleppkraft des Dampfers voll auszunutzen; jedoch ist dies in den meisten Fällen wegen Mangels an Ladung nicht möglich. Sollten höhere Anforderungen an den Dampfer gestellt werden, so ist es nur notwendig, die Geschwindigkeit des Zuges etwas zu verringern und die geforderte Leistung wird bis zu einem gewissen Grade erreicht.

Kaufmännisch ist allerdings das Unterschreiten einer gewissen Geschwindigkeitsgrenze im Fluß von Nachteil, da ein großer Teil der Leistungen dann nur dafür hergegeben wird, um die Strömung zu überwinden. Trotz des großen Vorteils, welche, wie das Schaubild zeigt, das Verladen der Güter in wenige große Kähne bietet, ist es doch nicht ratsam, die Kahngrößen allzusehr zu steigern, da die Verhältnisse bei Kanälen und Flüssen ganz anders liegen als in unbegrenztem Fahrwasser und der Widerstand zweier kleiner Kähne, besonders bei niedrigem Wasserstand, oft geringer wird, wie derjenige eines gleichviel als beide zusammen ladenden großen Kahnes.

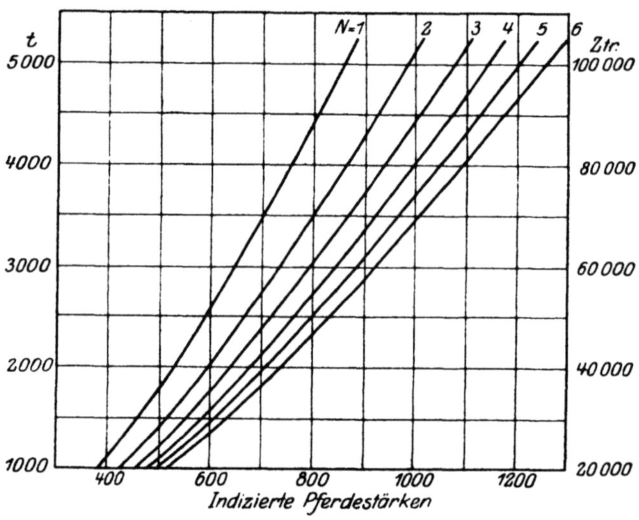

Fig. 77. Widerstände verschiedenartiger Schleppzüge auf dem Rhein nach Dietze.

Es kommt hier allerdings als besonders hindernd der Tiefgang der großen Kähne in Betracht. Wenn man sich nun ein derartiges Schaubild für die Kahntypen eines gewissen Flußgebietes geschaffen hat, so vergleiche man diese mit den Ergebnissen der Messungen mittels Dynamometer und gewinnt auf diese Weise für verschiedene Pegelstandsverhältnisse Zahlen, welche Rückschlüsse auf die Widerstände der Schiffe in dem betreffenden Stromgebiet gestatten. Die Fig. 77, welche die Widerstände verschiedenartiger Schleppzüge auf dem Rhein bei normalem Pegelstand darstellt, ist auf diese Art entstanden. Die tatsächlichen Widerstände stimmen für die heutigen Kahnformen mit den Ergebnissen dieser Rechnungen überein. Für die mittlere Elbe kann man für etwa 4—$4\frac{1}{2}$ km Geschwindigkeit folgende Leistungen annehmen:

Für 500 indizierte Pferde 5—8 Kähne von 2200—1500 t Tragfähigkeit.

Unter diesen Kähnen können sich auch 1 oder 2 Holzkähne befinden. Für 800 indizierte Pferde bei der gleichen Geschwindigkeit und normalem Pegel 5—12 Kähne von 3—4000 t Nutzlast.

Auf der Oder sind mit etwa 700 PS eines Heckraddampfers Durchschnittsgeschwindigkeiten von 3,3 km gegen Land mit einem Anhang von 2200—2700 t in 5—8 Schiffen erreicht.

Die kleinere Tonnenzahl gilt stets für die größere Kahnzahl.

Für die anderen deutschen Flüsse kommen schwerere Schleppzüge nicht in Betracht.

Auf der mittleren Donau wurde ein Anhang von 4000 t in 7 Schiffen mit 8 km Geschwindigkeit gegen Ufer von einem Radschlepper mit zirka 1400 PS geschleppt.

Wesentlich einfacher ist die Bestimmung des Widerstandes bei Personendampfern. Auch hier kann man für stilles, tiefes Wasser rechnen und dann die betreffenden Koeffezienten für Flußbett und Bodennähe einsetzen. Man kommt bei den höheren Geschwindigkeiten oft zu ganz unerwarteten Ergebnissen. Es zeigt sich, daß bei Niedrigwasser häufig der wesentlich breitere, aber etwas flacher gehende Dampfer die gleiche oder gar geringere Kraft braucht als der vielleicht 10 cm tiefer gehende, aber $\frac{1}{2}$ m schmälere Dampfer. Dies kommt daher, daß die Entfernung zwischen Schiffsboden und Flußbett stets eine geringe, oft nur $\frac{1}{2}$—1 m betragende, ist, während die Entfernung zwischen den Schiffsseiten- und Flußufern meist eine so große ist, daß sie als Widerstandserhöhung kaum in Frage kommt. Daher kommt es auch, daß die Schnelldampfer bei Niedrigwasser häufig mit geringerer Maschinenkraft schneller fahren als mit voller Kraft, da sie sich in letzterem Falle das Wasser noch unter dem Boden wegsaugen. Die Lage zwischen Fluß- und Schiffsboden wirkt düsenartig beschleunigend auf das Wasser und erhöht dadurch den Widerstand.

Außer dem reinen Widerstand muß bei Flüssen immer noch berücksichtigt werden, daß sich das Schiff sowohl wie der Schleppzug auf einer schiefen Ebene befindet.

Wenn man genau rechnen will, besonders für die Beobachtung des Wirkungsgrades der Räder, ist es notwendig, auch die Kraft in Rechnung zu ziehen, die notwendig ist, die gesamte Last des Schleppzuges von der Höhenlage an der Abfahrtsstelle auf diejenige der Ankunftsstelle zu heben[1]). Hierbei werden leicht Fehler gemacht, indem man diejenige Hubhöhe, um welche der Schleppzug bei steigendem Wasser in der Nacht während des Stilliegens gehoben wird, abzuziehen vergißt. Ebenso umgekehrt ist bei fallendem Wasser die Absenkung des Schleppzuges während des Stilliegens zu addieren. Auch bei Personendampfern ist mit diesen Werten zu rechnen, da sonst einwandfreie Ergebnisse nicht zu erreichen sind.

Der Heckraddampfer.

Das Schiff.

Der Heckraddampfer tritt, wie bereits früher gesagt, überall da ein, wo der Seitenraddampfer wegen seiner großen Breite und der Schraubenschlepper wegen seines größeren Tiefganges versagt. Er vereinigt die Eigenschaften des Raddampfers

[1]) Sehr eingehende Angaben hierüber finden sich in meiner Dr.-Ing.-Dissertation „Über den Widerstand von Schleppzügen".

in seinem Tiefgang mit den Eigenschaften des Schraubendampfers in seiner geringen Breite. Da, wo größere Ströme an weite Kanalnetze anschließen, wird er mit Vorliebe verwendet, weil er alle Schleusen leicht passieren und dabei doch erhebliche Pferdestärken entwickeln kann. Für diesen Zweck baut man auch die Heckraddampfer, soweit es die Kanalprofile irgend erlauben, noch in erheblichen Größen. Bis zu 800 und mehr Pferdestärken sind keine Seltenheit. Da sich der Heckraddampfer aber auch für ganz unregulierte Flüsse eignet, wird er viel ins Ausland ausgeführt, um dort Verkehrsverbindungen auf Strömen im Urwald herzustellen. Er arbeitet dort meist nicht als Schlepper, sondern als Frachtdampfer und nimmt auch geringen Personenverkehr mit. Hier wird gewöhnlich der kleinste Typ günstig sein. Wenn man die Zahl der gebauten Schiffe in Betracht zieht, so werden die kleinen, ganz leichten Heckraddampfer für den Export bei weitem überwiegen.

Hauptabmessungen. Mehrfach gebaute Abmessungen sind etwa folgende:

Länge zwischen den Perpendikeln .	55	46	23,2	19
Breite über den Spanten	8,2	7,8	3,75	4
Seitenhöhe	2,25	2,10	0,9	1,05
Tiefgang, voll ausgerüstet	0,9	0,96	0,55	0,5

Man sieht, daß das Verhältnis der Länge zur Breite zwischen $\frac{1}{5{,}9}$ und $\frac{1}{6{,}7}$ schwankt. Nur auf den ganz kleinen Schiffen, die besonders flach gehen müssen, wird das Verhältnis größer.

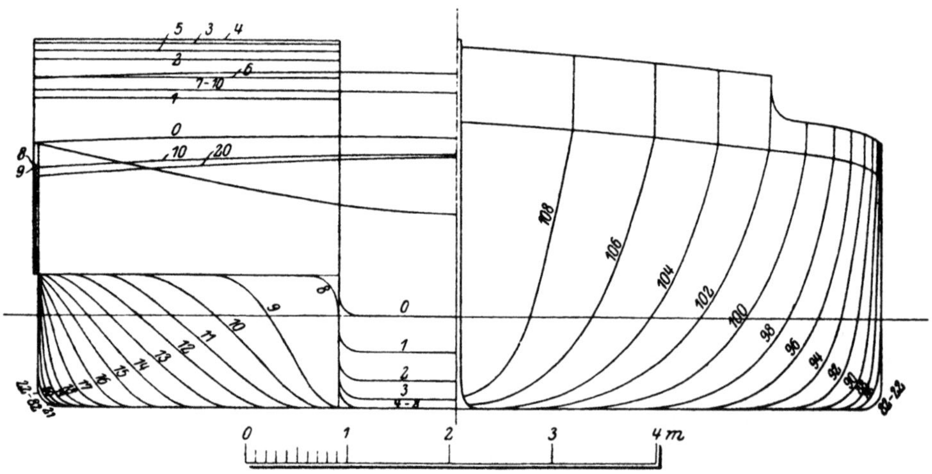

Fig. 78. Spantenriß eines großen Heckraddampfers.

L zwischen Steven = 55,00 m. B auf Spanten = 8,20 m. B auf Radkosten = 8,80 m. H = 2,25 m. T_g = 090 m.

Der Völligkeitsgrad des ganzen Schiffes ist $\delta = 0{,}75$ bis $0{,}82$. Der niedrige Wert gilt für die kleineren Schiffe, der höhere für die großen. Die Heckraddampfer scheinen hiernach schärfer gebaut zu sein, als die Radschiffe. Es ist dies jedoch nicht der Fall, wie bereits ein Blick auf Fig. 78, welche den Spantenriß eines größeren Heckraddampfers darstellt, zeigt. Der Grund, daß der Völligkeitsgrad des Schiffes hier nicht dasselbe Charakteristikum gibt wie bei anderen Schiffen, liegt darin, daß bei den neueren Heckraddampfern zwischen den beiden Rädern noch ein Zwischenstück von ziemlicher Länge zum Tragen der Kurbellager stehen blieb. Dies Zwischenstück rechnet bei der Länge des Schiffes mit, ist aber von beiden Seiten zu einem schmalen Kasten zusammengeschnitten, daß es den Völligkeitsgrad außerordentlich herunterdrückt. Es kommt noch hinzu, daß das Schiff hinten, vor den Rädern, etwas angehoben werden und auch an der Seite bereits vor seinem Schwanzende verjüngt werden muß, damit das Wasser gut zu den Rädern zulaufen kann. Die Belastung, über deren Verteilung später bei der eigentlichen Konstruktion des Schiffes noch zu sprechen sein wird, liegt hier so, daß im Gegensatz zum Raddampfer gerade die Enden die schwersten Lasten tragen, das Schiff demnach an den Enden möglichst voll gehalten werden muß, soweit es der Zufluß zu den Rädern erlaubt. Man wählt daher durchweg für den Kopf die Löffelform. Dafür kann man dann, wenn man nicht auf ganz geringen Tiefgang angewiesen ist, den Kimmradius des Hauptspants etwas größer nehmen, damit die Mitte des Schiffes nicht allzuviel Auftrieb erhält. Manche Firmen verlängern neuerdings das Schwanzende, welches zwischen den Rädern liegt, noch um ein erhebliches Stück hinter die Räder. Sie erreichen dadurch ein gutes Tragen des Hinterschiffes und haben damit einen Mitteltyp zwischen Seitenraddampfer und Heckraddampfer geschaffen; denn ein solches Schiff ist im Grunde genommen nur ein Seitenraddampfer mit in die Schiffsseite eingezogenen Rädern. Nachteile dieser Konstruktion liegen darin, daß derartige lange und schmale Kasten leicht federn und große Schwingungen erzeugen. Außerdem werden sie teurer wie der normale Bau und man ist auch in der Lage, ohne die Konstruktion durch geeignete Ausbalancierung der Gewichte auszukommen. Bei den ganz kleinen Heckraddampfern, bei denen es auf den Wirkungsgrad nicht sehr ankommt, läßt man die mittlere Zunge ganz weg, lagert die Räder auf zwei Podesten, die in der Verlängerung der Außenhaut angebracht sind, läßt die Kurbeln von außen angreifen und hebt nur das Hinterschiff leicht an. Diese Konstruktion ist die einfachste und billigste. Sie hat auch außer der Verringerung des Wirkungsgrades der Räder und der Gefahr, daß die Maschinengestänge bei Havarien leichter getroffen werden können, keine Nachteile.

Steuerfähigkeit. Den Heckraddampfern wird immer vorgeworfen, daß sie schlecht steuerten. Dies ist in Wirklichkeit nicht der Fall. Die Steuerflächen müssen natürlich, wie überhaupt auf dem Fluß, verhältnismäßig groß gehalten werden, so daß ein Verhältnis von Ruderfläche zu Lateralplan von 1 : 9,5 bis 1 : 10 üblich ist. Wenn jedoch diese Bedingung eingehalten wird, liegt kein Grund für schlechtes Steuern mehr vor. Natürlich wird ein Schiff mit Löffelkopf immer etwas unruhiger laufen wie ein solches mit scharfer Nase. Auch wird die Lage des Ruders direkt hinter dem Rade einem Kapitän, der Seitenraddampfer zu fahren gewohnt ist, Schwierigkeiten machen, da er beim Rückwärtsschlagen des Rades ganz andere Ruderwirkungen erhält. Aber das Schiff wird im ganzen doch seinem Ruder ebensogut folgen, wie jeder Seitenradschlepper. Vielfach arbeiten die Heckraddampfer sogar noch besser, weil der kräftige Radstrom, ähnlich wie der Schraubenstrom, die Ruderwirkung unterstützt. Durch die eigenartige Bauart des Hinterschiffes ist man leicht in der Lage, das Ruder als Balanceruder zu konstruieren, um den Ruderdruck im Gestänge zu vermindern. Es wird heute noch vielfach das Heckradruder als Schwimmruder ausgebildet, weil es am äußersten Ende des an sich bereits schwer belasteten Hinterschiffes sitzt und man dieses nicht noch weiter belasten will. Dadurch bekommt das Ruder aber schräge Ruderflächen, die sehr schlecht und vor allen Dingen sehr spät zur Wirkung kommen. Weil man durch diese Bauart immer nur geringe Auftriebe erreichen kann, das Ruder gewöhnlich auf die Dauer doch volläuft und seinen Auftrieb verliert, so sollte man sie ruhig verlassen. Bei den kleinen Überseedampfern setzt man manchmal drei oder zwei von einem gemeinschaftlichen Gestänge angetriebene Ruderflächen nebeneinander. Dies ist bei dem geringen Tiefgang dieser Boote sehr vorteilhaft.

Längsfestigkeit und Trimm. Der Gang der Belastungsrechnung und Durchbiegungsberechnung eines Heckraddampfers unterscheidet sich von der bereits früher besprochenen Rechnungsweise nicht. Die Ergebnisse sind jedoch vollkommen verschieden. Bog sich der Seitenraddampfer in seiner Mitte nach unten durch, so hat der Heckraddampfer gerade das Bestreben, an seinen Enden nach unten durchzuhängen. Da der Antriebsmechanismus des Schiffes hinten liegt, muß auch die Maschine im Hinterschiff eingebaut werden. Sie gibt dort eine erhebliche Belastung. Wenn man nun die Kessel, wie bei den Raddampfern üblich, in der Nähe der Maschine anbringen würde, müßte das Schiff derartig hinterlastig werden, daß es nicht gerade zu trimmen ist. Man legt daher die Kessel soweit als möglich nach vorn. Um ein Gegengewicht gegen Maschine und Räder zu haben, bringt man vielfach noch einen Wasserkasten zur Ausbalancierung ganz vorn im Schiff an. Nur die Kohlenvorräte legt man annähernd in die Schiffsmitte, jedoch noch vor den Verdrängungsschwerpunkt, damit das Schiff beim Verbrauch der Kohlen etwa gleichmäßig austaucht. Man hat daher an den Enden starke Lasten und verhältnismäßig geringe Auftriebe, in der Mitte starken Auftrieb und wenig Last. Die Methode, den Heckraddampfer umgekehrt wie den Radschlepper auf Helling auf Stich zu bauen und die Enden unter der eingebauten Last dann sacken zu lassen, hat sich nicht bewährt. Der Antriebsmechanismus am freien Ende gibt dem Heckraddampfer schon an sich die Neigung, leicht in Schwingungen überzugehen. Wenn nun Deck und Boden noch unter verstärkter Spannung stehen, wird diese Neigung erhöht. Man erhält dann leicht Schiffe, die derartig ausschwingen, daß Brüche in Deck und Boden zu befürchten sind. Daher ist man genötigt, die Heckraddampfer von vornherein in der Mitte so steif zu bauen, daß die Lasten an den Enden genügend abgefangen werden. Bei den schweren Heckraddampfern macht man dies, wie ein Blick auf Fig. 79 und 80 lehrt, durch Einziehen eines einfachen oder doppelten Längsschotts von Kesselschott bis zum Maschinenraumschott. Man setzt das Längsschott im Kohlenbunker und Kesselraum noch fort, wenn auch nicht mehr als geschlossenes Schott, sondern als Gurtung und verbindet es an dem anderen Ende durch einen möglichst langen Übergang mit dem Maschinenfundament. Kommt man mit dieser Konstruktion noch nicht aus, kann man auch die Reeling oder einen kräftigen Kasten, den man auf die Außenhaut über Deck aufbaut, mit zum Tragen heranziehen. Letztere Konstruktion darf nur bei Schleppern Anwendung finden, da sie bei Fracht- und Personenschiffen den Verkehr zu stark behindert. Bei den kleinen Heckraddampfern hilft man sich in einer ganz anderen Weise, die leider bei den großen Schiffen keine genügende Festigkeit mehr gibt oder zu viel Höhe erfordern würde. Man setzt, wie Fig. 82 zeigt, ein oder zwei hohe Stützen in das Schiff selbst, so daß die Stützenpaare voneinander ungefähr die Entfernung $^1/_4$ Schiffslänge haben, verbindet diese an den oberen Enden miteinander und mit den Schiffsenden. Man erhält dadurch ein ausgezeichnetes Sprengwerk, welches die ganze überschüssige Last von den Schiffsenden auf die Schiffsmitte zu übertragen imstande ist.

Derartige Sprengwerke können in der verschiedensten Weise, auch in niedriger Form, mit etwa vier Stützen, durchgeführt werden und haben sich gut bewährt. Die Stützen müssen natürlich fest auf den Bodenwrangen aufgesetzt und durch das Hauptdeck durchgeführt werden, etwa wie Hauptspant Fig. 81 zeigt. Die Verbindungsstreben oder Seile nach den Schiffsenden müssen nachziehbar eingerichtet sein. Die Streben sollen nicht direkt an der Außenhaut stehen, sondern etwas eingerückt werden, damit sie Havarien möglichst wenig ausgesetzt sind. Sie werden gegen seitliches Ausweichen durch Kreuzverstrebung miteinander verbunden und können auch als Stützpfeiler für Aufbauten auf dem Hauptdeck benutzt werden. Die Berechnung derartiger Sprengwerke ist sehr einfach. Man stellt zunächst aus der Durchbiegungsberechnung fest, welche Gegenkraft notwendig ist, um das Schiff etwa geradezuhalten, und leitet dann diese Kraft aus dem Mittelschiff nach den Enden. Die Streben sind dann nur auf Knickung, die Bänder auf Zug belastet.

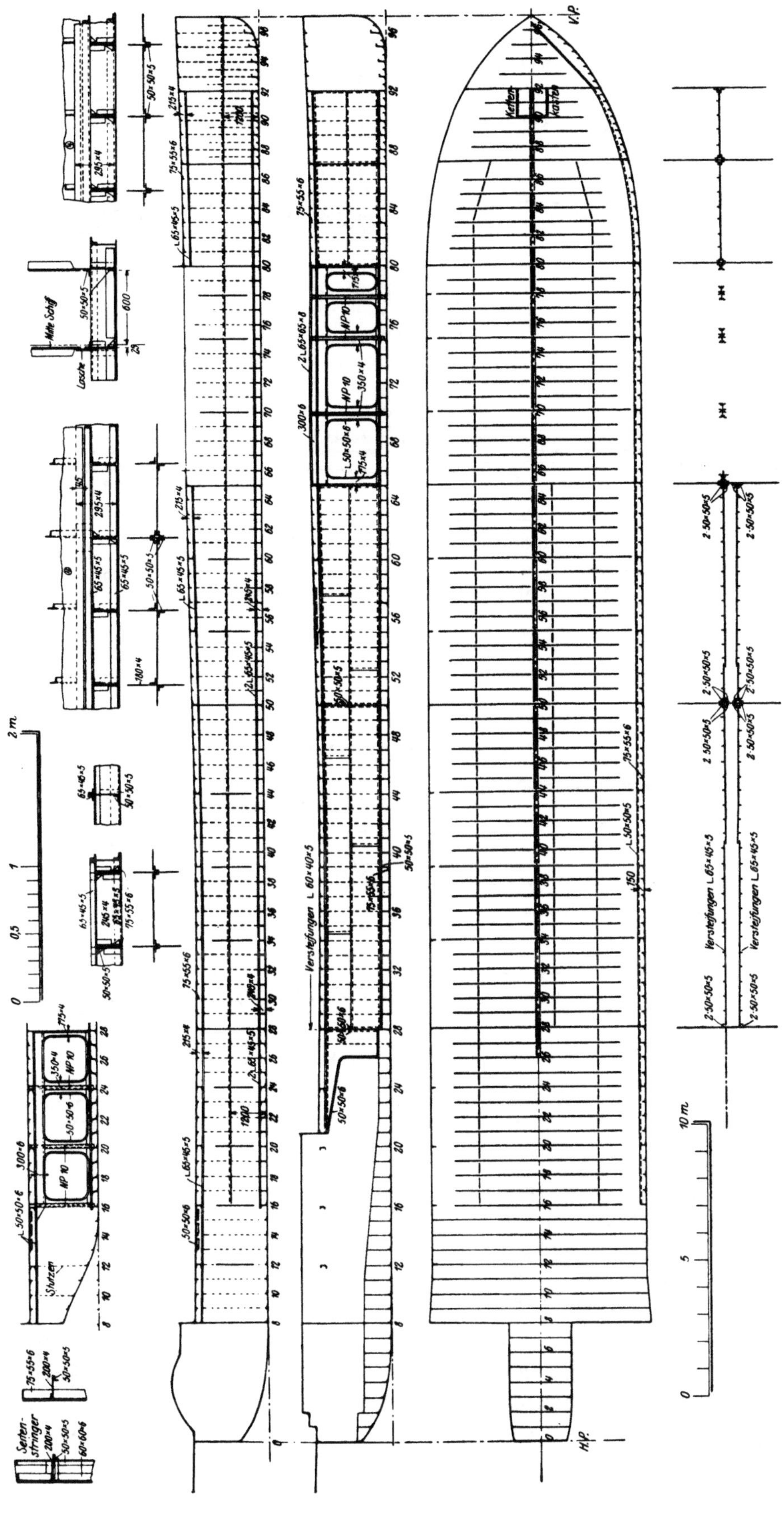

Fig. 79. Eisenplan eines Heckraddampfers.

Die Bänder stelle man entweder aus gut verzinktem Stahldrahtseil her, was den Nachteil hat, daß häufiges Nachziehen notwendig wird, oder fertige sie aus dem Kruppschen, nichtrostenden Stahl an. Dieses Material hat so günstige Festigkeitseigenschaften, daß Gewichtsersparnisse zu erzielen sind, und soll sich in den Tropen gut halten.

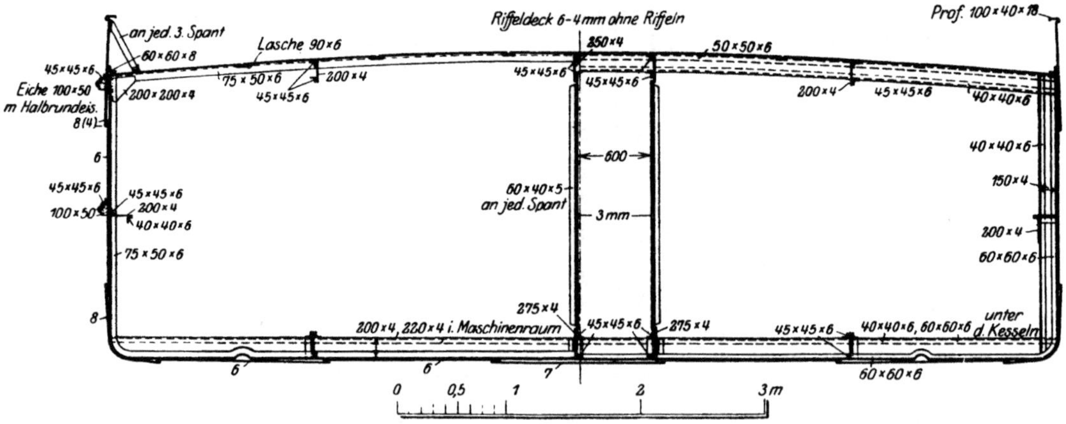

Fig. 80. Hauptspant eines starken Heckraddampfers.

L zwischen den Perp. = 54,00 m. *B* auf Spanten = 8,00 m. *B* im Heck = 8,20 m.
Seitenhöhe an niedriger Stelle = 2,400 m. Tiefgang mit 15 t Kohlen = 1,000 m.

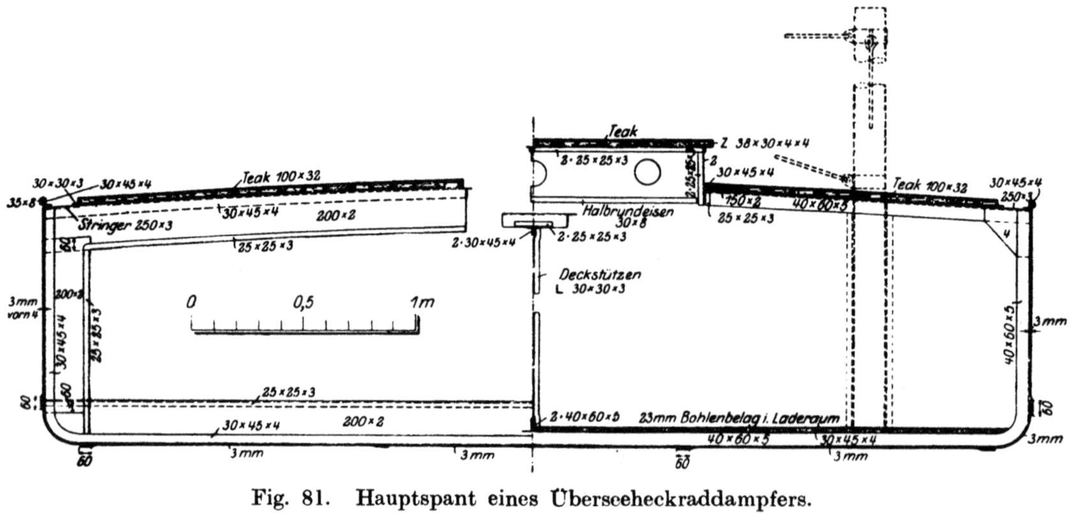

Fig. 81. Hauptspant eines Überseeheckraddampfers.

Abmessungen:
Länge 21,00 m.
Breite auf Spanten 4,35 m.
Seitenhöhe 1,05 m.
Bodenstücke, Balkenplatten und Seitenplatten 200 · 2.
Spantentfernung = 500 mm.
Spanten: ∢ 30 · 45 · 4; jedes 3. Spant: ∢ 40 · 60 · 5.
Garnierwinkel an Spanten 25 · 25 · 3.

Schotte: Beplattung = 2 mm; Versteifungen ∢ 30 · 30 · 4 in etwa 500 mm Abstand.
Kielschweine: 1 mittschiffs aus 2 ∢ 40 · 60 · 5; 2 seitliche aus ∢ 30 · 45 · 4.
Deck:
Balken an jedem Spant ∢ 40 · 60 · 5 und ∢ 30 · 45 · 4.
Unterzug: mittschiffs aus 2 · 30 · 45 · 4; Deckstützen ∢ 30 · 30 · 3.
Decksbänder: 100 · 2; Decksbelag: Teakholz 100 · 32.
Decksstringer: 250 · 3; Stringer ∢ 30 · 45 · 4.
Scheuerleiste: Ringsum laufend, 0 35 · 8.
Außenhaut:
Boden-, Kimm- und Seitengänge 3 mm; Bugplatten 4 mm.
Nietung: Doppelte Kettennietung überlappt.
Nietdurchmesser = 10 mm; Breite der Überlappung = 60 mm.

Ganz allgemein muß im Auge behalten werden, daß die größeren Heckraddampfer, wie sie auf Elbe und Oder Verwendung finden, nichts weiter sind als Seitenraddampfer, deren Antriebsmechanismen verschoben sind. Es kann also für diese dasselbe gelten, was Material, Verarbeitung und Montage betrifft, wie das bereits über die Seitenraddampfer auf Seite 120f. Gesagte.

Materialstärken. Nur für die leichten Überseedampfer, die allerdings in großer Anzahl vorhanden sind, treten Abweichungen auf. Zunächst muß für diese sämtliches Material nach der Fertigstellung verzinkt werden. Es bedingt dies, daß alle Nietlöcher, Verschraubungen usw. so reichlich gehalten sind, daß nach der Verzinkung die nötige Lochweite noch vorhanden und die Bolzendurchmesser nicht zu groß sind. Wegen des Transports dieser Überseeschiffe müssen vielfach ganz besondere Materialvorschriften gegeben werden. Die Kolligewichte dürfen nicht zu groß werden und die Ausmaße der einzelnen Kollis bestimmte für die günstige Verladung und Verfrachtung gegebenen äußersten Maße nicht überschreiten.

Fig. 82. Überseeheckraddampfer (erbaut von Gebr. Sachsenberg A.-G., Roßlau).

Wenn die Schiffe, wie es manchmal vorkommt, über Land mit Pferden transportiert werden, so kommen oft äußerste Ausmaße von $1 \times 1^1/_2 \times 0{,}40$ m als Höchstmaße vor. Man kann sich denken, was das für Schwierigkeiten gibt, wenn gebogene Platten am Vorder- und Hinterende des Schiffes nach diesen Ausmaßen geteilt werden müssen. Beim Kessel muß man natürlich auch hier eine Ausnahme machen, weil dieser, sowie die Zylinder, in diesem Ausmaß nicht herstellbar sind. Für solche Teile muß dann ein anderer Transportweg gesucht werden. Die Hauptabmessungen eines ganz kleinen Überseedampfers und eines normalen Elbschleppers können aus den Hauptspantabbildungen 80 und 81 und nachstehender Tabelle ersehen werden.

Heckraddampfer.

Hauptabmessungen.

Heckraddampfer	Länge zwischen Steven	Länge über alles	Breite auf Spanten	Breite über Radkasten	Seitenhöhe	Tiefgang	PSi	Bemerkungen
Übersee-	21,00	—	4,35	—	1,05	—	—	⊗ Fig. 81
Leichter	57,00	58,10	7,88	—	2,20	mit 250 t Ladung 1,2	180	
Schwerer	54,00	55,70	8,00	8,20	2,40	mit 15 t Kohlen 1,00	700	⊗ Fig. 80

Innere Querverbände Bezeichnung der Verbände		Übersee-	leichte	schwere
Decksbalken	Anzahl Profil	an jedem Spant ∢30 · 45 · 4; an jedem 3. Spant ∢40 · 60 · 5	an jedem Spant ∢55 · 75 · 7	An jedem Spant ∢50 · 75 · 6
	an Querschotten	∢40 · 40 · 4	∢50 · 50 · 6	∢50 · 50 · 6
Rahmenbalken	Profil der Verbindung mit dem Deck	∢30 · 45 · 4	—	∢50 · 50 · 6
	Rahmenplatten	200 · 2	—	150 · 4
	Garnierungswinkel	∢25 · 25 · 3 einfach	—	∢45 · 45 · 6 einfach
Spanten	Entfernung	500	530	550
	Profil der Spanten	∢30 · 45 · 4; jedes 3. Spant ∢40 · 60 · 5	∢50 · 65 · 5	∢50 · 75 · 6
	Profil der Bodenspanten	—	∢45 · 45 · 4	—
	Profil der Schottspanten	∢40 · 40 · 4	∢50 · 50 · 5	∢50 · 50 · 6
Rahmenspanten	Anzahl	2 in jeder Sektion	—	An jedem 4. bis 6. Spant
	Profil der Verbindung mit Außenhaut	∢30 · 45 · 4	—	∢50 · 50 · 6
	Rahmenplatten	200 · 2	—	150 · 4
	Garnierungswinkel	∢25 · 25 · 3 einfach	—	∢45 · 45 · 6 einfach
Bodenwrangen in Masch.- u. Kesselräumen	Anzahl	—	an jedem Spant	an jedem Spant
	Platten	—	200 · 5	220 · 6
	Garnierungswinkel	—	∢45 · 45 · 4 (unter den Kesseln doppelt)	∢60 · 60 · 6 (unter den Kesseln doppelt)
Bodenwrangen Sonstige	Anzahl	nur an den Rahmenspanten	an jedem Spant	an jedem Spant
	Platten	200 · 2	200 · 4	200 · 4
	Garnierungswinkel	∢25 · 25 · 3 einfach	∢45 · 45 · 4 einfach	∢40 · 40 · 6 einfach
Kesselträger	Platten	—	7	8
	Garnierungswinkel	—	60 · 60 · 8 doppelt	∢70 · 70 · 9 doppelt
Decksstützen	Profil der . . .	∢30 · 30 · 3	Rundeisen 65 ∅	∢70 · 70 · 8

Bemerkungen:

[1]) Vollständige Stringer bzw. Kielschweine = aus Platten und Winkeln gebaut und fest mit Außenhaut bzw. Boden verbunden. Unvollständige Stringer bzw. Kielschweine = aus über Innenkante Spantflanschen bzw. Bodenwrangen laufenden Winkeln oder Profilen bestehend, ohne Verbindung mit Außenhaut oder Boden. Verbindung mit Spantflansch oder Bodenwrangen durch Lukswinkel.

[2]) Die mittleren Decksunterzüge und die mittleren Kielschweine sind oben und unten mit den Längsschotten durch Überlappungsnietung verbunden.

M. u. K. R. = Maschinen- und Kesselraum.

Die unter Rubrik „Anzahl" angegebene Stückzahl der Längsverbände bezieht sich stets auf einen vollen Schiffsquerschnitt.

Innere Längsverbände Bezeichnung der Verbände		Übersee-	leichte	schwere
Decks-unter-züge	Anzahl	1 Stück mitschiffs	2 Stück	4 Stück. — 2 mittlere als Abschluß der Längsschotte, + 2 seitliche
	Verlauf	über ganze Länge der einzelnen Sektionen	über ganze Schifflänge	mittlere an Längsschotten-seitliche über ganze Schiffslänge
	Platten	—	—	mittlere 245 · 4 seitliche 195 · 4
	Garnierungswinkel	∢ 30 · 45 · 4 doppelt über Innenkante Balkenflansch laufend	[140 · 60 · 70 · 10 über Innenkante Balkenflansch laufend	∢45 · 45 · 6 einfach
	Profil der Verbindung mit dem Deck	—	—	∢45 · 45 · 6
Seiten-stringer (Weigerung)	Anzahl	—	2 Stück	2 Stück
	Art [1])	—	unvollständige	vollständige
	Verlauf	—	über ganze Schiffslänge	über ganze Schiffslänge
	Platten	—	—	190 · 4
	Garnierungswinkel	—	—	∢40 · 40 · 6 einfach
	Profil des unvollständigen Stringers	—	T 100 · 50 · 7	—
Kiel-schweine	Anzahl	3 Stück. — 1 Mittelkielschwein, 2 Seitenkielschweine	2 Stück	4 Stück
	Art [1])	unvollständige	vollständige	vollständige [2])
	Verlauf	über ganze Länge der einzelnen Sektionen	über ganze Schiffslänge	2 als unterer Abschluß der Längsschotte im Bereich dieser Schotte, 2 seitliche über ganze Schiffslänge
	Platten	—	255 · 5	mittlere 275 · 4 } M. u. K.R. seitliche 225 · 5 } 6
	Kielschweinwinkel	—	∢55 · 75 · 7 doppelt	∢45 · 45 · 6 doppelt
	Profil des unvollständigen Kielschweins	Mittelkielschwein ∢40 · 65 · 5 doppelt Seitenkielschwein ∢30 · 45 · 4 einfach	— —	— —
Masch.-Fundament	Platten	—	6 (Gurtung 8)	8
	Garnierungswinkel	—	∢65 · 100 · 8 doppelt	∢75 · 130 · 10 doppelt
Mittel-längs-schott	Verlauf	—	—	vom vorderen Piekschott bis Maschinenraumschott
	Platten	—	—	3
	Versteifungen	—	—	∢40 · 60 · 5 in 550 Abstand
Seiten-längs-schott	Verlauf	—	—	vom hinteren Kesselraumschott bis vorderen Maschinenraumschott
	Platten	—	—	3
	Versteifungen	—	—	∢40 · 60 · 5 in 550 Abstand

Plattenstärken Bezeichnung der Verbände	Heckraddampfer					
	Übersee		Leichte		Schwere	
	Mitte	Enden	Mitte	Enden	Mitte	Enden
Kielgang	3	3	5,5	5,5	7	7
Bodengänge	3	3	5,5	5,5	6	6
Kimmgänge	3	3	6,5	5,5	8	6
Seitengänge	3	} vorn 4	5	5	6	6
Scheergänge	3		5,5	5,5	8	6
Längsnietung	doppelt	überlappt	einfach	überlappt	einfach	überlappt
Quernietung	„	„	doppelt	„	doppelt	„
Decksstringer	250 · 3		6	5	6	5
Decksbeplattung	—	—	$4^1/_2$	$4^1/_2$	5	5
Decksbänder	100 · 2		—	—	—	—
Decksstringerwinkel	30 · 45 · 4		65 · 65 · 6		60 · 60 · 8	60 · 60 · 7

Die Plattenstärken sind bei den schweren Elbschleppern ganz ähnlich wie bei den Seitenradschleppern. Es findet nur die starke Schwächung, besonders nach dem Hinterende hin, nicht statt. Der Bug auf $^1/_4$ Schiffslänge, der durch seine Löffelform Eisbeschädigungen stärker ausgesetzt ist, wird stärker gebaut. Bei Überseeschiffen ist natürlich mit diesen Abmessungen gar nicht mehr zu rechnen. Bei den dünnen Platten dieser Schiffe und besonders bei den runden Formen auch der größeren Dampfer muß darauf geachtet werden, daß die abliegenden Gänge noch besser wie die der Seitenraddampfer unterfüttert werden, weil sich sonst ein sehr schlechtes Aussehen des Schiffes ergibt. Mit den Spantabständen braucht man beim Heckraddampfer nicht derartig zu wechseln wie beim Seitenraddampfer, da lokale, besondere Belastungen im Mittelschiff nicht in der gleichen Weise auftreten.

Bei dem Löffelbug empfiehlt es sich, nicht mehr Querspanten einzubauen, die hier zu sehr geschmiegt werden müßten, sondern die Spanten strahlenförmig von der Mittellinie aus anzusetzen. Sie geben so viel besseren Halt und sind leichter einzubauen.

Auf die Quernähte ist bei Heckraddampfern besonders Wert zu legen, weil das Schiff in seinen Längsverbänden besonders stark beansprucht wird.

Als Schotten sind gewöhnlich eingebaut ein Kollisionsschott, ein zweites dicht dahinter, das einen Laderaum abtrennt, ein weiteres, das Kesselraum von vorderen Wohnraum und ein solches, das Kesselraum von Bunker trennt. Dann noch ein Trennschott zwischen Bunker und Wohnraum, zwischen Wohnraum und Maschinenraum. Die Rückwand des Heckraddampfers, hinter der die Räder arbeiten, kann auch als Schott angesehen werden, da sie durch eine ganz flache, gerade Wand gebildet wird. Diese Wand hat besondere Beanspruchungen dadurch auszuhalten, daß dauernd der Radstrom an ihr vorbeigeht und die Erschütterungen von Maschine und Rad stark auf sie wirken. Sie muß daher besonders kräftig hergestellt werden. Leicht anzubringen ist die Schottversteifung, wenn man sie auf der einen Seite vertikal, auf der anderen horizontal führt, wodurch gut abgestützte Vierecke entstehen. Das Endschott ist auf Überseedampfern nicht vorhanden, da hier das ganze Schiff mit der normalen Außenhaut einfach hochgezogen wird. Die weiteren Querversteifungen bilden bei den schweren Schleppdampfern Rahmenspanten, im Maschinen- und Kesselraum auf jedem vierten, in den übrigen Räumen auf jedem sechsten Spant. Bei Überseedampfern fallen diese Rahmenspanten ganz weg. Die Längsverbände werden unterstützt durch drei Kielschweine und drei Decksunterzüge. Noch mehr solcher Verbände anzuordnen erlaubt die geringe Breite des Schiffes nicht. Bei den ganz leichten Überseebooten fallen alle Kielschweine und Decksunterzüge weg und werden durch das Spannwerk ersetzt. Bei manchen dieser

Schiffe findet man noch das mittlere Kielschwein und den mittleren Decksunterzug durch Säulen verbunden zur besseren Abstützung des Decks. Die Decksunterzüge, die ebenso gebaut sind wie bei den Seitenraddampfern, laufen überall glatt durch. Die Kielschweine sind interkostal gebaut, was eigentlich nicht richtig ist, da der Längsverband dadurch schlecht wird. Ein doppelter Garnierungswinkel an der Oberkante läuft jedoch vollständig durch von vorn bis hinten, auch durch die Schotten. Er ist mit den oberen Garnierungswinkeln der Bodenwrangen durch Nietung verbunden. Die Platte des Kielschweines ragt um Winkelhöhe über die Bodenwrangen hinweg und ist mit den oberen Garnierungswinkeln gut vernietet, so daß in gewisser Weise ein vorteilhafter Längsverband hergestellt ist. Das mittlere Kielschwein wird außerdem noch im Bereich des Kohlenbunkers und der Wohnräume bis zum Maschinenschott als Fuß für ein Längsschott benutzt. Dieses Längsschott und ein gleiches, in etwa 550 mm Abstand, welche zugleich den Gang für den Wohnraum bilden, sind die kräftigste Längsverstärkung der schweren Heckraddampfer neben der Außenhaut. Sie bestehen gewöhnlich aus 3-mm-Blech und sind garniert. Da sie nur für die Festigkeit des Schiffes in Frage kommen, brauchen sie nicht wasserdicht genietet zu werden. Konstruktiv wird das mittlere Längsschott auch noch im Kesselraum fortgesetzt, jedoch hier durch einen kräftigen Kreuzverband vertreten. Fig. 83 zeigt den Übergang der Längsschotten in den Maschinenraum und den der Kielschweine in das bei diesen Schiffen sehr einfache Maschinenfundament. Letzteres besteht gewöhnlich nur aus vier stark nach hinten aufgeholten, an ihren oberen Kanten kräftig garnierten Kielschweinen. Bei Überseedampfern können die Längsschotten ganz wegfallen und werden hier durch das schon vorher besprochene Sprengwerk ersetzt. Zwei Fender aus Eichenholz, 100 $\times$ 50, davon einer in Deckshöhe, einer etwa $^1/_2$m darunter schützen die schwereren Schiffe. Bei kleineren Schleppern sowie bei kleineren Überseedampfern fehlt der Fender und der Seitenstringer kann auch in den allermeisten Fällen, wo größere lokale Beanspruchungen nicht zu befürchten sind, weggelassen werden. Reeling und Reelingsstützen werden wie bei den leichteren Seitenradschleppern konstruiert. Das Deck muß an den Enden über der Maschine gehoben werden, damit Kurbel- und Pleuelstangen frei arbeiten können. In der Mitte wird es bis zum Radkasten glatt durchgeführt. Der Maschinenraum bekommt hierdurch eine unangenehme, oft sehr niedrige Form. Aus Festigkeitsgründen kann aber von dieser Konstruktion nur in den seltensten Fällen abgesehen werden. Auch dies gilt nur für Inlandsschlepper. Die kleinen Auslandsdampfer haben die Maschinen auf dem Deck und dadurch keine Schwierigkeiten in ihrer Unterbringung. Hinter dem Maschinenraum setzt sich beim Inlandsschlepper der Schiffskörper, wie Fig. 83 zeigt, noch kastenförmig zwischen den Rädern fort, um die Lager für die zwei bis drei Kurbeln und das Ruder zu tragen. Dieser Kasten hat je nach den Konstruktionserfordernissen eine Breite von 2500—2000 und ragt so tief wie der Schiffsboden ins Wasser. Nur ganz hinten ist er aufgezogen, damit das Wasser sich besser ablöst. Die Seitenwände und evtl. eine Mittelwand dieses Kastens bilden die Fortsetzung des Maschinenfundaments und sind mit diesem fortlaufend verbunden. Auch dieser Kasten fällt beim leichten Heckraddampfer fort, da das Rad hier von den Seiten aus angetrieben wird.

Die Radkästen selbst unterscheiden sich nicht von denen bei Seitenraddampfern. Nur sind die Türen zum Herausnehmen der Schaufeln weniger zugänglich. Die Montage wird daher durch größere Öffnungen auf dem Radkasten selbst unterstützt.

Vordersteven und Hintersteven in ihrer eigentlichen Form bestehen bei Heckraddampfern nicht. Beide werden als leichte Winkelkonstruktionen gebaut. Den Stützpunkt des Ruders bildet eine besonders angenietete Spur.

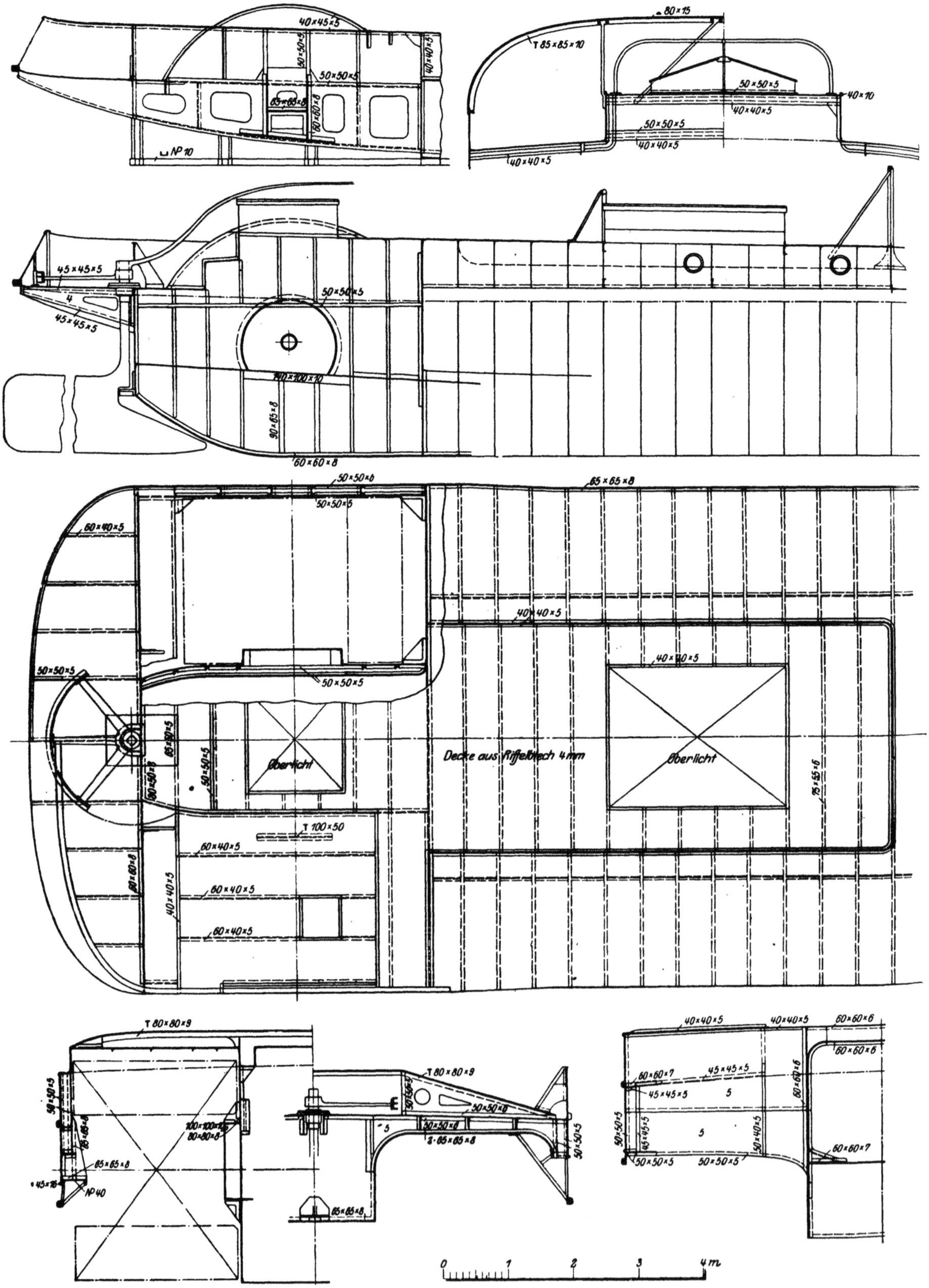

Fig. 83. Hinterschiff eines großen Heckraddampfers.

Räumliche Ausnutzung. Das Ruder selbst wird durch Reebleitung und Quadrant wie bei größeren Seitenraddampfern für Personenverkehr durch eine unter der Kommandobrücke aufgestellte Rudermaschine angetrieben. Im übrigen gilt das für die Heckradruder schon vorher Gesagte. Als Öffnungen im Deck sind Niedergänge zum Vordertank, zum Kettenkasten, zu den vorderen Wohnräumen, Kesselluk, Kohlenbunkerfüllöffnungen, Niedergänge zu den mittleren Wohnungen, zum Maschinenraum, Oberlicht über Maschinenraum und über Kurbellager einzuschneiden. Hierzu kommen noch einige kleine Oberlichter über den Wohnungen. Im übrigen bieten Vorderschiff, Mast, Schornstein, Kesselhaube, Niedergänge, Schleppböcke, Bootsaufstellungen keine Besonderheiten und können aus Fig. 84, dem Einrichtungsplan eines größeren Hinterraddampfers, in ihrem allgemeinen Aufbau ersehen werden. Das auf Seite 17—50 der Seitenradschlepper Gesagte gilt auch für diese Konstruktionen.

Für die leichten Auslandsdampfer muß jedoch bemerkt werden, daß sie keinen Bugspriet besitzen und zum Aufholen des Ankers, den sie gewöhnlich auf Deck fahren und von Hand einsetzen, nur ein leichtes Hand- oder Dampfspill führen. Ihr Deck besteht gewöhnlich aus Holz, das wärmeisolierend wirkt, und das man in den Tropen am leichtesten ausbessern kann. Ein Rettungsboot führen diese Schiffe gewöhnlich nicht. Andernfalls schleppen sie es nach. Eine Reling ist durch ganz leichte Geländer aus Stützen mit Spanndrähten ersetzt. Der Schornstein auf diesen Schiffen ist meist nur über ein einfaches Scharnier von Hand klappbar. Kesselhaube fehlt, da der Kessel auf Deck liegt und durch ein Oberdeck vor Regen geschützt wird. Wohnräume unter Hauptdeck sind nicht vorhanden, so daß Niedergänge nicht nötig sind und durch Luken für die als Lagerraum benutzten Abteilungen ersetzt werden.

Die Bunker sind sowohl bei schweren wie auch bei leichten Schleppern meistens zum Schutz der Außenhaut und des Bodens verschalt. Zur Erleichterung des Trimmens wird die Bühne im Kohlenbunker nach der Bunkertür zu abfallend angeordnet.

Die Schleppeinrichtung der großen Schlepper nähert sich mehr derjenigen der Schraubenschlepper als der der Seitenradschlepper. Da die Schiffe kurz sind, ist man gewöhnlich genötigt, die Trossenklemmen sowie die Schlepprollen schräg zu stellen. Auf der Elbe ist nur eine Klemme notwendig, da nur an einem Draht geschleppt wird. Aus den gleichen Gründen kann man auch den Schleppbock durch einen durch das Oberdeck durchgeführten, auf dem Schiffsboden befestigten einzelnen Pfahl ersetzen, der die Führungsrolle für die Schlepptrosse trägt und in seiner Höhe verstellbar gemacht werden kann. Die Ausläufer bleiben wie bei den Seitenradschleppern, der letzte am besten über der Radtrommel. Fig. 86 zeigt die Schleppeinrichtung. Ein Ballastwagen ist bei Heckraddampfern nicht vorhanden, da er ihrer geringen Breite wegen auch wenig nützen würde.

Als Inventar wird gewöhnlich das gleiche mitgegeben wie bei den leichten Elbschleppern. Nur werden bei Heckradschleppern gewöhnlich zwei Heckanker gefahren, die nach den Seiten hin ausgesetzt werden.

Die übliche Raumeinteilung eines normalen, schweren Heckradschleppers ist folgende:

Ganz im Vorderschiff ist ein Ballasttank zum Vertrimmen des Schiffes eingebaut, auf den ein kurzer Laderaum von etwa 2 m Länge folgt. Dahinter liegen die Wohnräume für Heizer, Bootsleute und Steuermann. Anstoßend an diese Räume befindet sich der Kesselraum. Der oder die Kessel liegen in der Mitte oder symmetrisch zu dieser, da ein einseitiger Ausgleich der Luftpumpe wie bei den Seitenradschleppern nicht notwendig ist. Anstoßend an den Kesselraum, mit diesem durch Falltüren verbunden, befindet sich ein großer Kohlenraum, der ein Fassungsvermögen von etwa 100 t Kohlen hat und mit starkem Bodenbelag versehen ist.

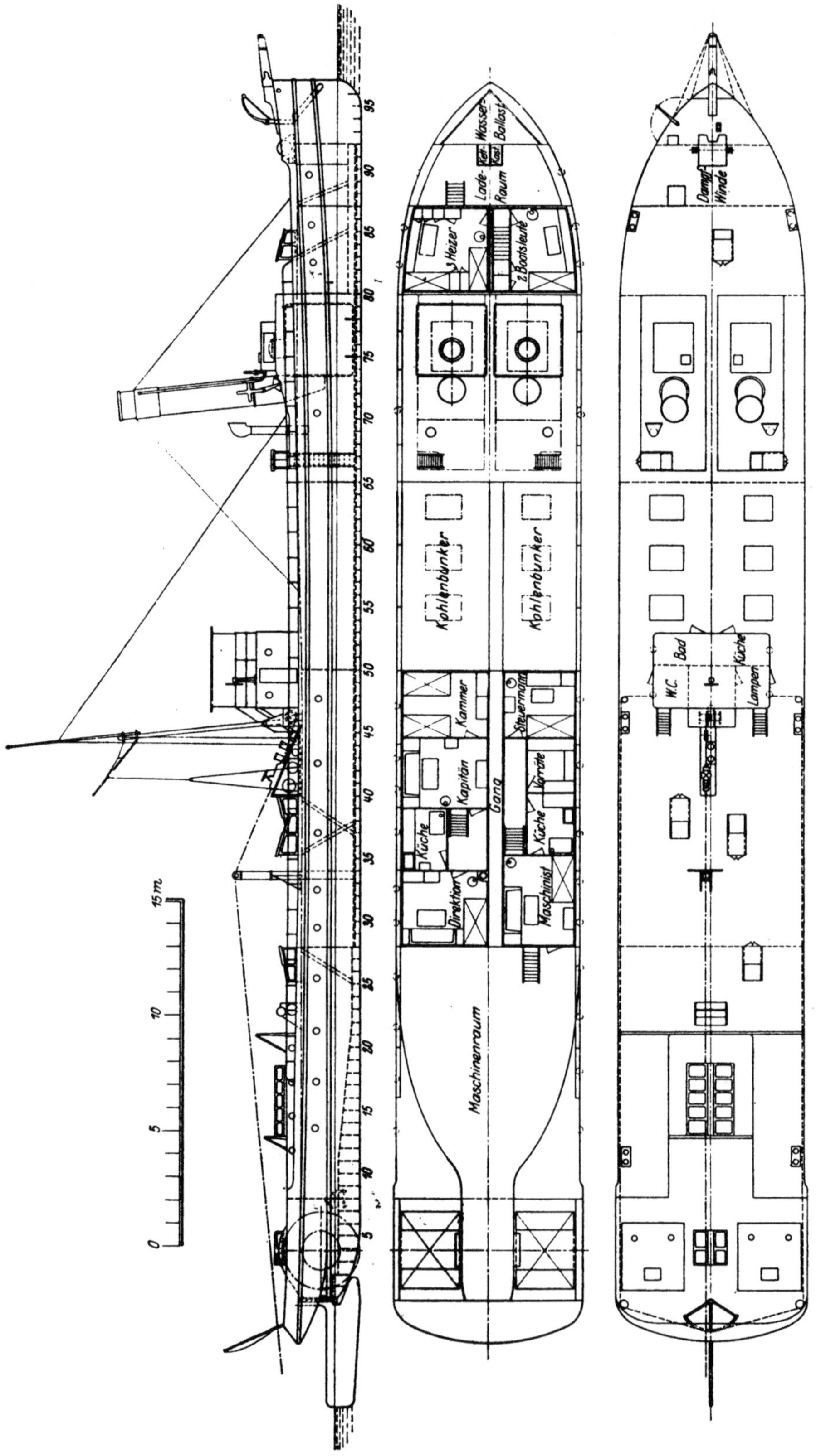

Fig. 84. Einrichtungsplan eines großen Heckradschleppers (erbaut von Gebr. Sachsenberg A.-G., Roßlau).

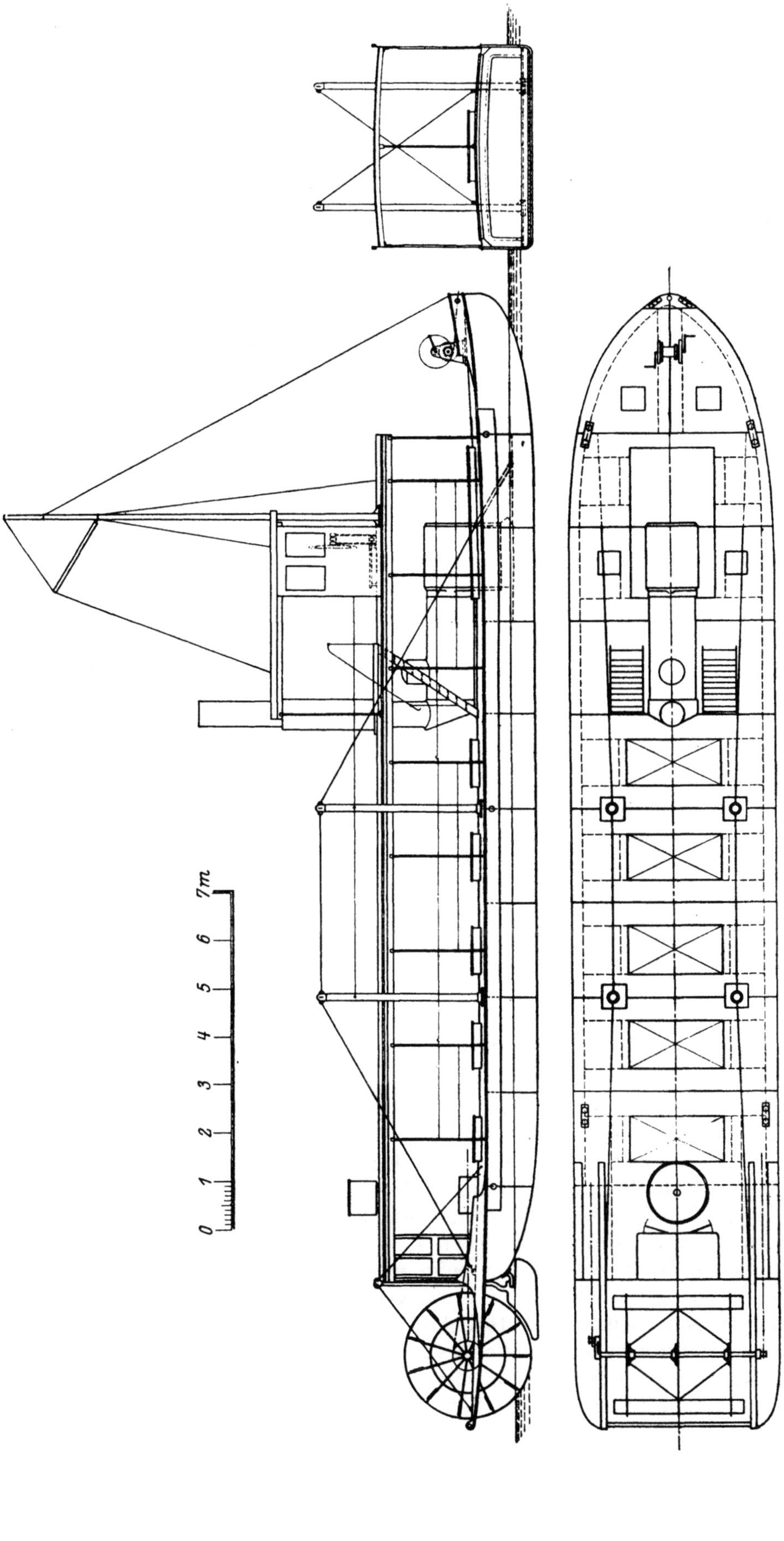

Fig. 85. Einrichtungsplan eines leichten Überseeheckraddampfers (erbaut von Gebr. Sachsenberg A.-G., Roßlau).

Hinter dem Kohlenbunker, der noch zum Vorderschiff gehört, liegt rechts und links von dem durch die beiden Längsschotten gebildeten Gang die Wohnung des Kapitäns und die des Maschinisten. Auf diesen Schiffen ist nicht, wie bei den größeren Seitenradschleppern, eine getrennte Kapitänswohnung möglich. Der Maschinist hat dafür aber eine etwas bessere Wohnung wie auf den Seitenradschleppern, vor allen Dingen eine eigene Küche. Häufig ist noch ein Direktionszimmer in dieser Abteilung mit vorgesehen. Der ganze für Wohnzwecke benutzte Raum hat ungefähr eine Länge von 10 m und enthält zwei Küchen, ein Wohn- und Schlafzimmer für den Kapitän, ein Zimmer für den Maschinisten und häufig noch ein solches für die Direktion. In der Ausstattung unterscheiden sich sowohl die vorderen wie die hinteren Räume nicht wesentlich von denen der kleinen Seitenraddampfer auf Seite 51—54. An die Wohnräume schließt sich dann der hintenliegende Maschinenraum an, aus dem Pleuelstangenlager usw. über das eigentliche Schiff hinausragen.

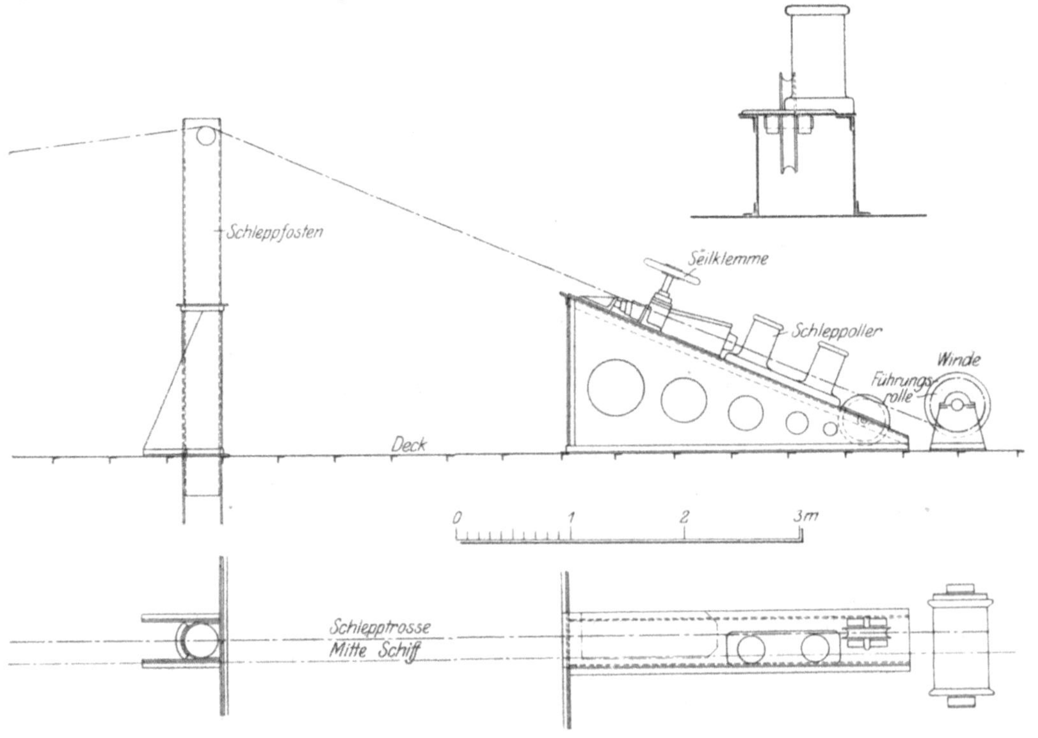

Fig. 86. Schleppeinrichtung eines Heckraddampfers.

Ein ganz anderes Bild bieten die Überseedampfer. Man stößt hier auf verschiedenartigste Ausführungen. Die Schiffe dienen meist dazu, leichtes Material und wenige Personen zu befördern. Der Einrichtungsplan Fig. 85 zeigt ein Bild eines solchen Dampfers. Das Prinzip in der Verteilung der Räume ist das gleiche wie bei den großen Heckradschleppern, vorn der Kessel, hinten die Maschine. Aber das Aussehen ist ein grundverschiedenes. Der Kessel sowie die Maschine stehen auf dem offenen Deck und darüber befindet sich noch ein wenig begangenes Oberdeck. Die Brücke ist vorn; darunter, etwas versenkt, noch eine Kammer für Europäer. Die Kohlen liegen wieder im Mittelschiff. An Stelle der Wohnräume unter Deck befinden sich dann zwei kleine Wohnräume in einem luftigen Häuschen auf Deck. Der Laderaum und der freie Raum unter der Maschine kann nur wenig ausgenutzt werden. Die Anordnung der Versteifungen ist gut sichtbar. Fig. 87 zeigt noch ein weiteres derartiges kleineres Schiff, von Gebr. Sachsenberg gebaut, das hauptsächlich zum Lastentransport benutzt wird. Im Grunde genommen ist die Raumeinteilung die gleiche. Nur die Brücke steht etwas anders, und für Unterkunft von Personen ist bei diesem Schiff überhaupt nicht mehr gesorgt. Die Versteifung wird durch einen einfachen Doppelpfahl erreicht, an dem auch noch die Konsolen für das Rad hängen.

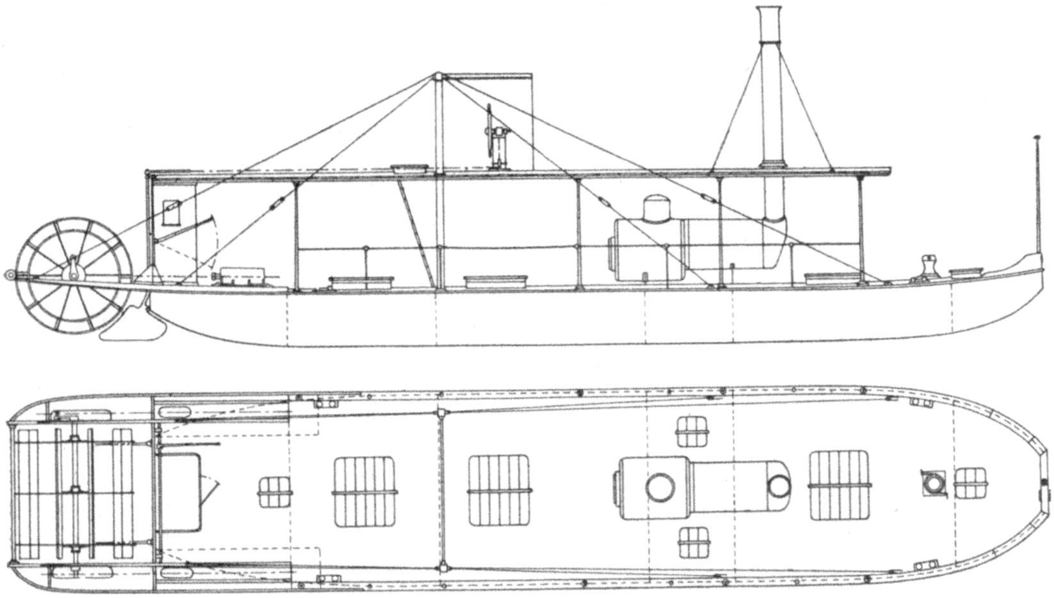

Fig. 87. Überseeheckraddampfer (erbaut von Gebr. Sachsenberg A.-G., Roßlau).

Die Maschine.

Allgemeines. Die Maschine des Heckraddampfers arbeitet etwa unter denselben Bedingungen wie die des Seitenraddampfers. Sie ähnelt also in allen ihren Abmessungen dieser außerordentlich. Fig. 76 zeigt eine derartige Zweifach-Expansionsmaschine, deren Bauart von einer normalen Seitenradmaschine kaum zu unterscheiden ist. Auffällig ist hier nur die sehr lange Bauart, welche dadurch begründet ist, daß die Zylinder möglichst weit von der hinteren Schiffswand abgerückt werden, um die größten Gewichte nicht ganz nach hinten zu bringen, dann dadurch, daß die Kurbellager außerhalb des Schiffes mit einem Abstand von mehr als $^1/_2$ m Raddurchmesser hinter der Schiffswand stehen müssen. Die Bauart Fig. 88 ist noch verhältnismäßig schmal, da nur zwei Zylinder verwendet werden. Es können dadurch die Lagerböcke noch alle drei über dem Kurbellagerträger ohne Konsole stehen und miteinander verbunden werden. Fig. 89 dagegen zeigt eine schwere Maschine, wo nur noch die mittleren Lagerböcke miteinander verbunden werden können und die beiden äußeren auf Konsolen stehen müssen, damit noch genügend Radbreite zur Verfügung steht. Die Schaufeln bewegen sich hier bereits um die äußeren Lagerböcke herum. Da bei dieser schweren Maschine die Standfestigkeit der Lager auf diese Weise nicht mehr gesichert erscheint, so sind die Lagerträger hier nochmals nach hinten durch gußeiserne Verbindungsstücke miteinander gekuppelt. Man erhält dadurch einen sehr festen, guten Maschinenrahmen, auch für die Montage, muß allerdings das Gewicht des Verbindungsstücks am äußersten Schiffsende mit in Kauf nehmen; auch die Zylinderanordnung, Fig. 89, zeigt die großen Schwierigkeiten, die bei diesen Maschinen auftreten. Platz nach der Seite ist nicht vorhanden. Die Kurbeln können keinesfalls auseinandergezogen werden, weil man sonst keine Schaufelfläche mehr erhielte. Daher muß der eine Zylinder, in diesem Falle der Hochdruck, vor die anderen Zylinder gelegt und die Kolbenstange zwischen den Verbindungsfüßen dieser in Führungen durchgeleitet werden. Die Gewichte liegen günstig, da der Hochdruckzylinder schon weit nach mittschiffs vorgeschoben wird. Noch geschickter wäre es gewesen, wenn man aus Gewichtsrücksichten den Niederdruckzylinder in die Mitte gelegt, und dadurch das wesentliche höhere Gewicht nach mittschiffs zu geschoben hätte. Die andere Kurbelfolge, sowie die dadurch voraussichtlich bedingte andere Deckkonstruktion wäre möglich gewesen. Wenn man noch größere Kräfte unterbringen will, kann man entweder eine Vierfach-Expansionsmaschine mit je zwei Zylindern in Tandemanordnung oder zwei Zweifach-Expansionsmaschinen auch wieder in Tandemanordnung so anbringen, daß man nur zwei Kurbeln erhält. Bei Fig. 89 ist noch darauf aufmerksam zu machen, in welcher Weise das Ende der Gleitbahn kurz vor dem Zwischenstück gegen das Fundament abgestützt ist. Auch die Distanzsäulen zwischen Hochdruck-, Mitteldruck- und Niederdruckzylinder sind zu beachten. Der Hochdruckzylinder ist oft nicht allein imstande, auf dem Fundament auch bei starker eigener Dehnung so fest zu liegen, daß die Zwischenräume zwischen Kolben und Zylinderdeckel gewahrt bleiben. Man unterstützt darum seine Lage durch die obenerwähnten vier Distanzsäulen. Diese Konstruktion zeigt eine in der Breite sehr gedrängte, in der Länge stark gestreckte Maschine. Gerade das Gegenteil ist der Fall bei den leichten Überseern, wo die Maschine auf Deck steht. Fig. 90 stellt die Anordnung,

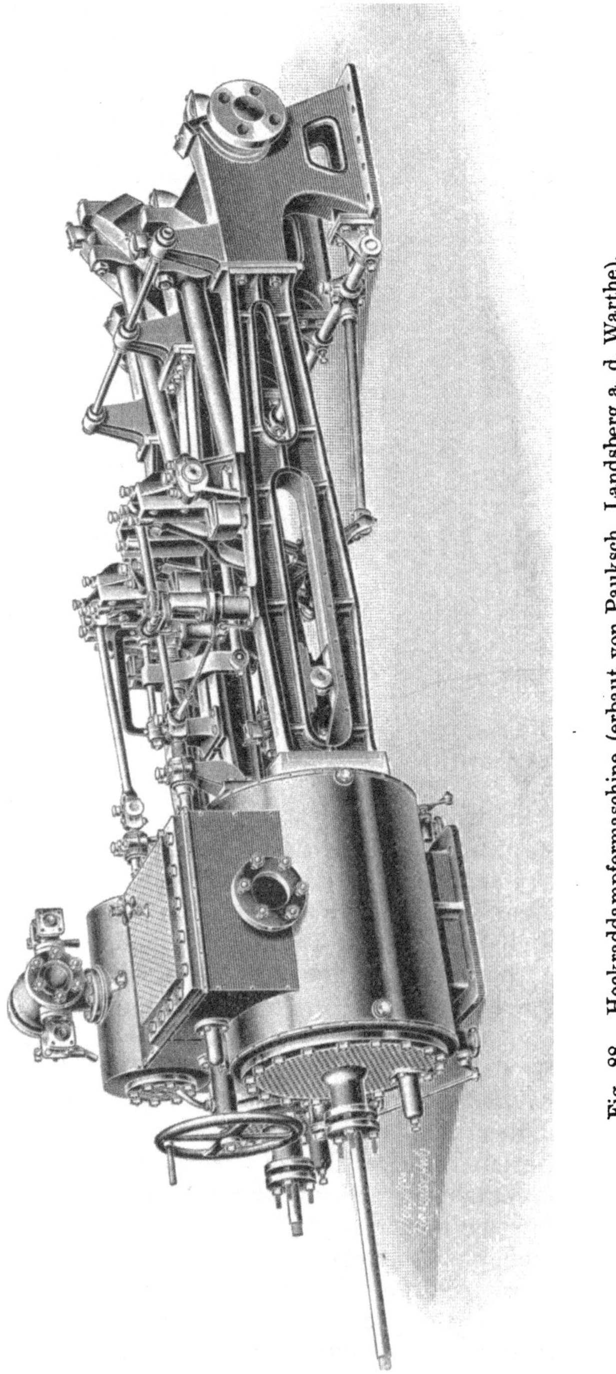

Fig. 88. Heckraddampfermaschine (erbaut von Pauksch, Landsberg a. d. Warthe).

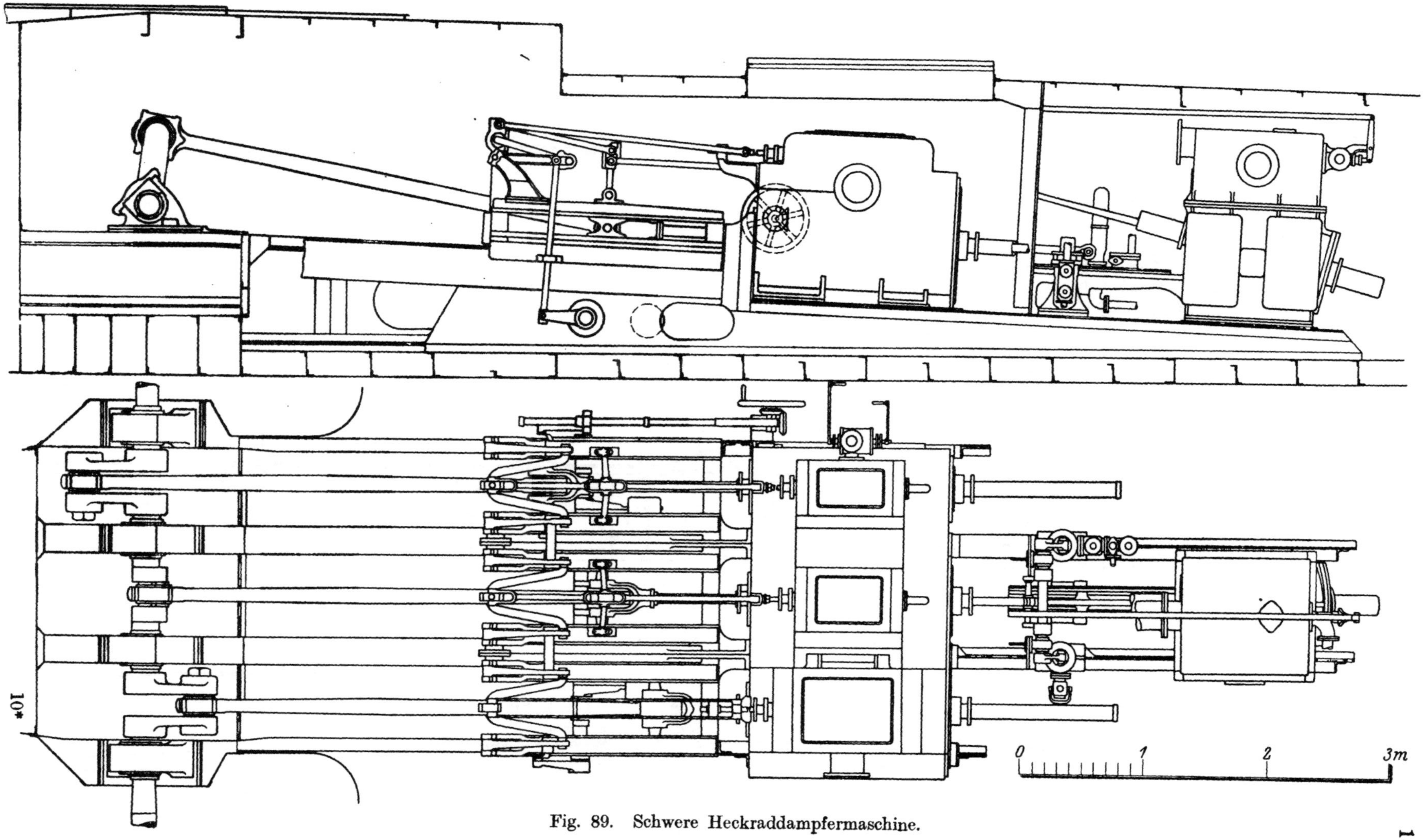

Fig. 89. Schwere Heckraddampfermaschine.

wie sie dort meist zu finden ist, dar. Auf jeder Seite des Hinterdecks steht ein Zylinder, welcher für sich auf eine Kurbel des Rades, welche in diesem Falle an dessen Außenseite liegt, arbeitet. Diese Maschinen sind genau wie leichte, liegende, einzylindrige Landmaschinen gebaut. Die beiden Zylinder haben entweder gleiche Größe, so daß jeder für sich arbeitet, oder sie haben verschiedene Größen und sind dann gemeinschaftlich als Zweifach-Expansionsmaschine miteinander durch ein großes Recieverrohr verbunden. Bei den geringen Kräften, die in Frage kommen, ist die Standfestigkeit derartiger Zylinder immer noch genügend.

Die große Verschiedenheit, die gerade beim Übersee-Heckraddampfer in den Anforderungen an die Maschine und das Schiff auftritt, zeigt sich in allen diesen Konstruktionsarten. Man findet zwei Einzylindermaschinen mit Auspuff oder mit Kondensation, dann Zweifach-Expansionsmaschinen mit getrennt

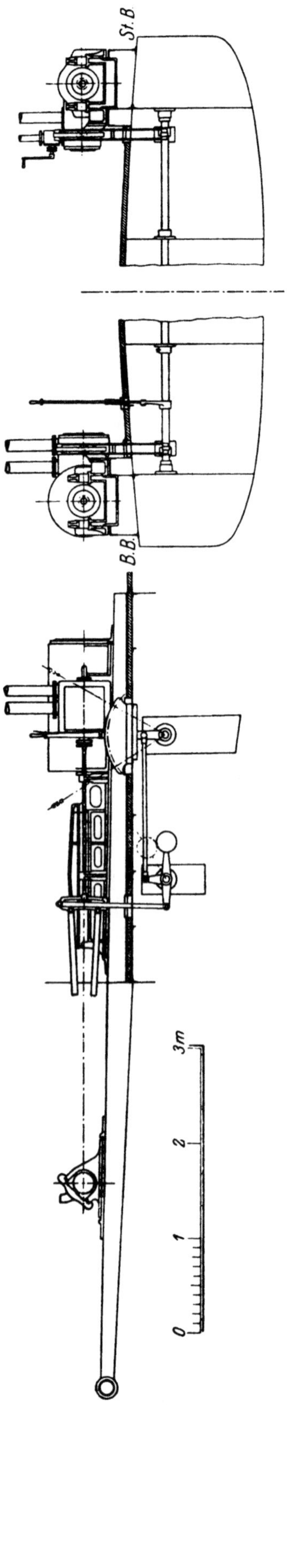

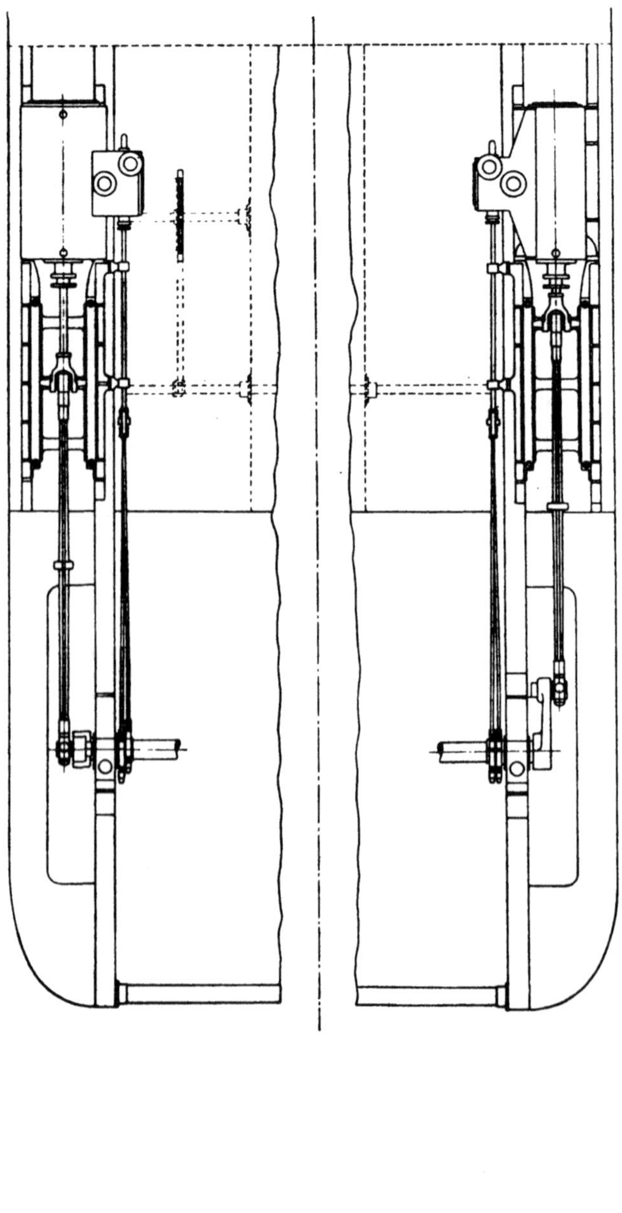

Fig. 90.
Heckraddampfermaschine mit getrennt liegenden Zylindern.

gelagerten Zylindern auf jeder Schiffsseite mit Auspuff oder Kondensation, ferner Dreifach-Expansionsmaschinen mit Zylindern nebeneinander oder zwei nebeneinander, einem davor liegend mit Kondensation. Auf Flüssen wird meist Einspritzkondensation, auf Seen im Brackwasser oder in den Watten Oberflächenkondensation gewählt.

Expansionsstufen. Über die Wahl der Art der Maschine, ob mit Ein-, Zwei-, Drei- oder Vierfachexpansion, gilt das bereits bei den Seitenradmaschinen Gesagte. Die Leistungen der heute gebauten Maschinen schwanken zwischen 35—800 PSi. Die Umdrehungen schwanken zwischen 35—55. Die höhere Umdrehungszahl gehört zu den kleinen Maschinen. Von den Främen und Wellenlagern gilt das bei den Seitenradmaschinen bereits Gesagte. Man tut allerdings hier gut, um Gewicht zu sparen, die Främe aus Stahlguß möglichst leicht herzustellen. Bei der Berechnung der Maschinen kann auf das Beispiel auf Seite 68 verwiesen werden.

Zylinderverhältnisse. Die Zylinder selbst zeigen in ihrer Bauart keine grundsätzlichen Abweichungen von denen der Seitenradmaschinen. Über ihre Konstruktion ist daher weiter nichts zu bemerken. Als günstige Zylinderverhältnisse kommen hier bei Zweifach-Expansionsmaschinen in Frage:

mit Auspuff 1 : 2,5—2,7,

mit Kondensation 1 : 3,1—3,5.

Im letzteren Fall ziemlich gleiches Arbeiten. Bei Dreifach-Expansionsmaschinen:

mit Kondensation 1 : 2,2—2,5 : 6—6,4.

Die Kolbengeschwindigkeit liegt zwischen 1,3 bis 2 m/sec.

Der Hub der Zylinder wird möglichst lang gewählt, weil die Maschinen dann ruhiger arbeiten. So beträgt er bei den kleinen Maschinen von 280 · 480 mm Zylinderdurchmesser bereits 700 mm und bei großen Maschinen von 450 · 650 · 1110 mm = 1450 mm. Der Freischlag muß noch etwas größer gehalten werden wie bei den Radschiffsmaschinen, da bei den sehr langen Maschinen leicht eine Durchfederung eintritt, wodurch die Kolben an der Kurbelseite anschlagen können. Dampfgeschwindigkeit kann wie bei den Seitenradmaschinen gehalten werden. Auch das dort über die Dampfkessel Gesagte gilt hier. Zylindereinsätze, die bei den Seitenradmaschinen empfohlen wurden, sollten hier vermieden werden, da sie zu viel Gewicht geben. Über die Gleitbahn und Kreuzkopfführung ist nichts Neues zu sagen.

Pleuel- und Kolbenstangen. Besonders beachtet werden müssen die Pleuelstangen, da sie ausnahmsweise lang werden. Ihr Lagerkopf gleicht auch den Pleuelstangen bei Seitenradmaschinen. Besonders kurz muß hier ebenso wie dort der Gabelkopf an dem Kreuzkopf gehalten werden, wenn man bei diesen Maschinen, wie meistens geschieht, Joy-Steuerung anwendet. Man läßt dann wieder den großen Lenker möglichst dicht an die Gabeln heranschlagen. Das Verhältnis von Kurbelradius : Pleuelstangenlänge wird bei Heckraddampfern 1 : 5 und größer. Diese langen Stangen müssen daher auf Knickung und Durchbiegung unter dem Eigengewicht, und zwar auch dynamisch, und auf Biegung unter dem Einfluß der Steuerung durchgerechnet werden. Wenn man besonders lange Stangen erhält, wie dies bei außenliegenden Stangen leicht vorkommt, so kann man noch ein leichtes Sprengwerk über und unter die Stangen legen (siehe Fig. 91). Über die Kolbenstange ist nichts Besonderes zu sagen. Nur sollte man bei Tandemanordnung die betreffenden Kolbenstangen, welche durch zwei Stopfbuchsen laufen, etwa um ein Drittel stärker halten als die anderen, um den größeren Verschleiß von vornherein auszugleichen und mehr Material für Nacharbeiten zu haben.

Welle. Die Welle ist bei Heckraddampfern wesentlich kürzer als bei Seitenraddampfern. Man braucht daher Schleppbuchsen oder Schleppkeile nicht anzuwenden. Der leichteren Montage und Herstellung wegen wird sie jedoch bei den größeren Maschinen aus drei Teilen gebaut. Die Radwellen müssen dann aber, um die Außenbordlager möglichst dicht an die Kurbel heranzubekommen, mit Flanschen direkt auf der Kurbelwange befestigt werden (siehe Fig. 92). Die Drehkräfte fängt man am besten durch einen breiten Keil mit ab, so daß die Bolzen nicht auf Abscherung belastet werden. Im übrigen kann die Welle genau so wie die Seitenradwelle berechnet werden.

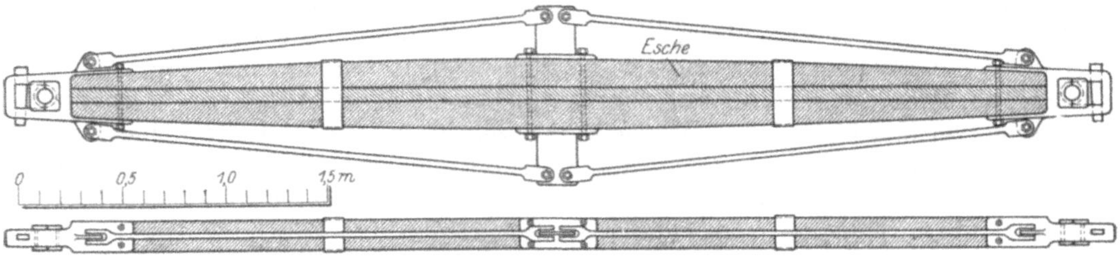

Fig. 91. Pleuelstange aus Holz mit Sprengwerk.

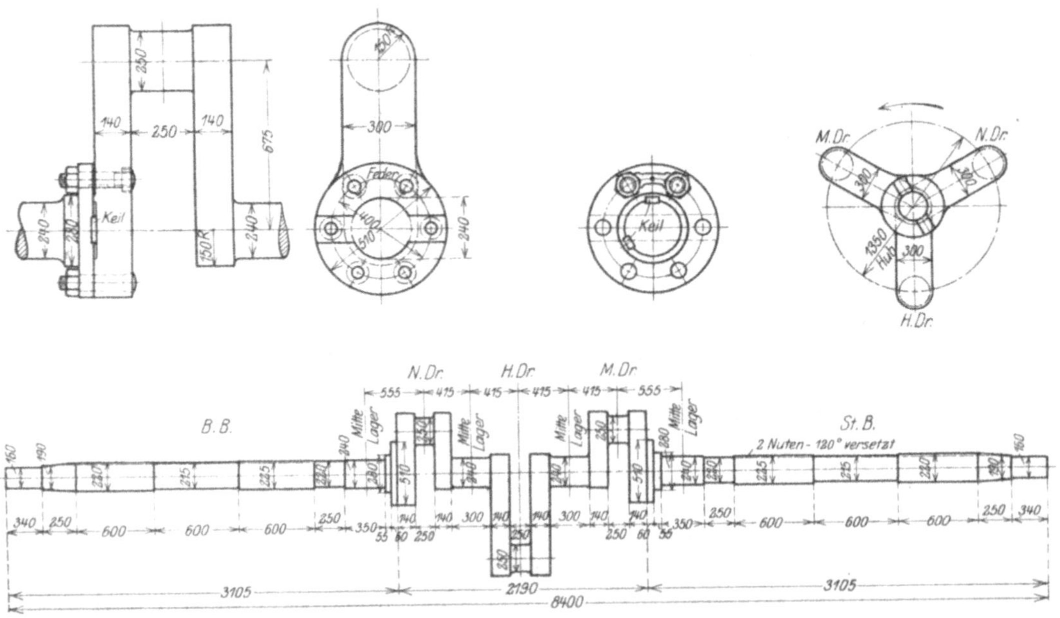

Fig. 92. Welle für Heckraddampfer.

Steuerung. Für die Steuerung bei den Heckraddampfer-Maschinen wählt man am besten auch wie bei den Seitenradmaschinen die Joy-Steuerung. Die Gründe für diese Wahl, die Beanspruchung der Steuerung, ihre Einrichtung und Berechnung können auf Seite 88—93 nachgelesen werden. In seltenen Fällen findet man auch, besonders bei Auslandsschiffen, Exzentersteuerung und Umsteuerung nach Stephenson. Diese Steuerung wird etwas leichter und ist vor allen Dingen von Nichtfachleuten leichter zu bedienen und leichter einzustellen. Sie wirkt aber wegen ihrer langen Gestänge sehr unsicher und gibt häufig durch Verbiegung der Stangen zu unbeabsichtigten Verstellungen des Schiebers, evtl. sogar zu einem Anschlagen an die Schieberkastenwände Anlaß. Es ist daher immer, wenn nicht zu rohe Bedienung erwartet werden muß, die Wahl irgendeiner Hebelsteuerung vorzuziehen.

Schieber. Die Umsteuerung erfolgt bei den leichten Maschinen meist von Hand in der bei den Seitenraddampfern dargestellten Form. Als Schieber wählt man beim Hochdruckzylinder am besten Rundschieber, bei Nieder- und Mitteldruck Flachschieber. Im übrigen gilt auch für die Schieber das bereits bei den Seitenraddampfern Gesagte. Die Füllung des Hochdruckzylinders ist genau die gleiche wie bei der entsprechenden Maschine der Seitenraddampfer. Bei den Einfach-Expansionsmaschinen, die dort nicht vorkommen, ist eine Füllung von 15—20% vorzuschlagen. Wenn man höher geht, erhält man zu großen Kohlenverbrauch; greift man niedriger, so werden die Zylinderausmaße und Abkühlungsflächen zu groß. Die Ventilsteuerung, die bei den Seitenradmaschinen schon vielfach durchgeführt worden ist, hat bei den Heckraddampfern noch wenig Anwendung gefunden. Bei den kleinen für das Ausland ist sie auch nicht angebracht, da sie empfindlicher ist als die Schiebersteuerung. Außerdem ist eine Reparatur nur in sehr gut eingerichteten Fabriken mit Schleifmaschinen usw. möglich.

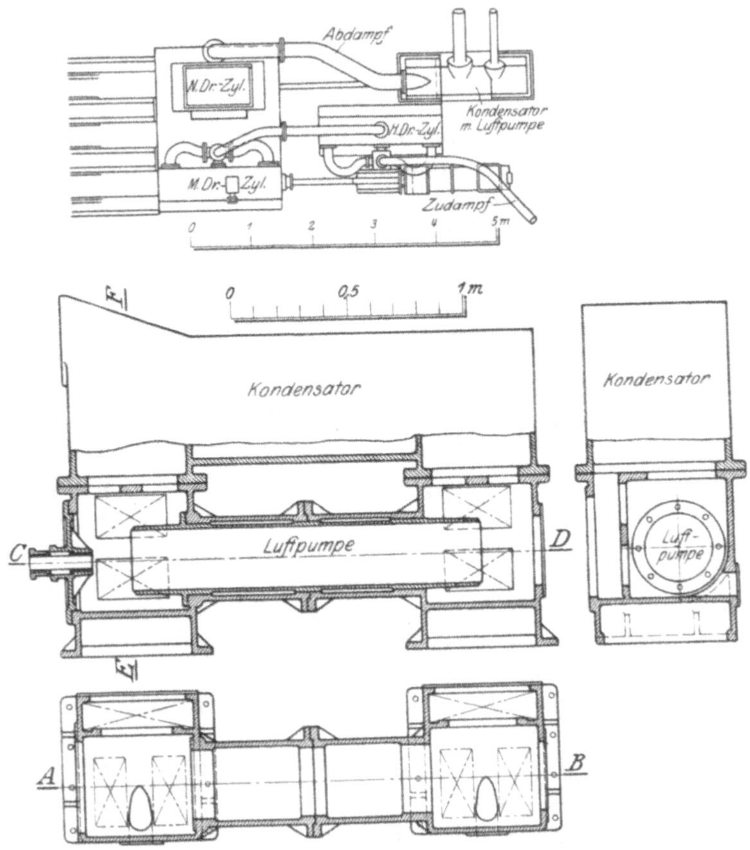

Fig. 93. Luftpumpe mit Kondensator eines Heckraddampfers.

Kondensation. Die großen Heckraddampfer-Maschinen, die im Inlande laufen, arbeiten gewöhnlich mit Einspritzkondensation. Für die Auslandsschiffe muß Oberflächenkondensation gewählt werden. Der Oberflächenkondensator kann dann unter Deck aufgestellt werden, so daß das Kühlwasser frei durch ihn durchströmen kann. Wenn er auf Deck aufgestellt wird, muß noch eine Pumpe zum Durchdrücken des Kühlwassers vorgesehen werden.

Die Kühlfläche der Oberflächenkondensatoren für Tropendampfer muß ganz wesentlich größer genommen werden als unter normalen Verhältnissen, da das Flußwasser, auf dem das Schiff arbeitet, bereits ziemlich hohe Temperaturgrade aufweist. Man nimmt etwa pro PSi 0,2 qm Kühlfläche. Die Abmessungen der Einspritzkondensation sowie der Luftpumpe für Inlandsdampfer sind genau so wie diejenigen der Seitenraddampfer. Die Bauart dieser Anlage ist jedoch meistens eine abweichende. Da man Luftpumpe und Kondensator nicht neben die Maschine, sondern vor die Maschine nach der Mitte des Schiffes zu legt, baut man die Luftpumpe meist nicht einfach wirkend, sondern doppelt wirkend, weil man in der Länge Platz hat. Sie wird dadurch kleiner und der Anschluß an den Kondensator wird besser.

Fig. 93 zeigt die Anordnung und einen Querschnitt einer üblichen Ausführung von Luftpumpe und Kondensator einer Heckradmaschine. Da die Luftpumpe beim Heckraddampfer direkt mit der Kolbenstange gekuppelt werden kann und nicht wie beim Seitenraddampfer durch Exzenter angetrieben wird, hat sie auch den langen Hub der Hauptmaschine bei kleinem Durchmesser. Sie arbeitet daher sehr ruhig. Die Ventilklappen sind vertikal gelagert, was zu empfehlen ist, da sie sich so nicht leicht festsetzen. Das Gehäuse besteht der einfachen Herstellung wegen aus zwei Teilen, die über den Broceeinsatz geschoben sind. Die vorliegende Konstruktion ist einfach und gut. Sie wird ebenso wie die für die Seitenraddampfer berechnet.

Speisewasservorwärmer werden bei der Heckradmaschine nur selten angewendet. Wo sie vorgesehen sind, hat sich meistens der Schmidtsche Vorwärmer eingeführt.

Rohrleitungen. Die Dampfrohrleitungen bedürfen einer besonders sauberen Verlegung und guten Isolierung, da die Stränge sehr lang sind, sich daher bei Schiffsschwingungen dauernd mitbewegen müssen und durch die große Länge Abkühlungen und Druckverluste leicht eintreten. Es ist besonders auf gute Aufwalzung und Verlötung der Flanschen zu achten. Alle 10—15 m muß ein kräftiger Dehnungsbogen eingelegt werden. Die Befestigung muß so eingerichtet werden, daß sie das Rohr nicht an der Dehnung hindert. Am besten legt man das Dampfrohr dicht neben zwei Flanschen fest und sichert eine Ausdehnung nach dem Bogen hin. Man unterstützt es dann in dieser Richtung nur noch lose, daß es sich frei über die Unterlage hinwegschieben kann. Zum weiteren Schutz gegen die Abkühlung werden die Dampfrohre im Mittelgang zwischen den beiden Tragschotten verlegt, wo sie auch gegen äußere Verletzungen gut gedeckt sind. Wenn es sich irgend ermöglichen läßt, gebe man dem Dampfrohr bis mittschiffs starkes Gefälle, hebe dasselbe dann wieder und gebe nochmals zur Maschine hin weiteres, kräftiges Gefälle. An den ietfsten Punkten, sowohl mittschiffs wie kurz vor der Maschine, bringt man sehr reichliche Entwässerungsvorrichtungen an. Man erhält dann einen gut trockenen Dampf im Hochdruckzylinder und vermeidet Wasserschläge. Wegen der langen Rohrleitung und des darin enthaltenen größeren Dampfquantums pflegt ein Überkochen der Kessel beim plötzlichen, unvorsichtigen Ansetzen der Maschine nur selten vorzukommen, da die Dampfentnahme wegen der großen Reserve immer nur langsam stattfindet. Bei den übrigen Rohrleitungen ist nichts zu bemerken, da sie in derselben Weise wie die bei den Seitenraddampfern arbeiten.

Räder. Die Räder sind genau in der gleichen Weise konstruiert und berechnet wie die Seitenräder, nur muß bei ihnen der erhebliche Nachstrom berücksichtigt werden. Man ist jedoch meist nicht in der Lage, dieselben Flächen in der Breite unterzubringen, und ist daher gezwungen, die Schaufeln etwas höher zu nehmen und das Verhältnis von Schaufelhöhe zu Schaufelbreite ungünstiger werden zu lassen. Trotzdem wird die Flächenbeanspruchung des Heckrades gewöhnlich noch um 8—10% höher wie die des Seitenrades, da man mit der Schaufelhöhe aus konstruktiven Rücksichten, wie früher schon gesagt, sehr schnell an eine obere Grenze kommt. Eine Schrägstellung der Schaufeln, wie sie schon beim Seitenraddampfer erwähnt wurde, in der Weise, daß die äußere Kante nacheilt, wäre gerade beim Heckraddampfer voraussichtlich von großem Vorteil, da die Stromfäden dann das Rad senkrecht treffen und das Rad selbst sich in seiner Arbeit den Differenzen in der Wasserspiegelhöhe besser anpaßt. Daß die Wirbel, die durch eine derartige Stellung hinter dem Dampfer entstehen müssen, von ungünstigem Einfluß sein werden, ist nicht anzunehmen. Wegen der schlechten Zuflußverhältnisse hat das Heckrad einen 5—7% schlechteren Wirkungsgrad als das Seitenrad.

Kessel. Als Kessel können für die schwereren Heckraddampfer genau die gleichen empfohlen werden wie für die Seitenradschlepper. Nur bei Überseedampfern wählt man gewöhnlich Lokomotivkessel (siehe Fig. 94), da sie etwas leichter werden und vor allen Dingen der Verbrennungsraum für die dort gebräuchliche Holzfeuerung günstiger ist. Auch die Lokomotivkessel zeigen keinerlei Abweichungen von der gewöhnlichen Bauart und können nach den üblichen Normen berechnet werden. Die Anwendung eines Dampfdomes ist aber auch hier zu empfehlen, um möglichst trockenen Dampf, besonders bei der sehr unregelmäßige Hitze gebenden Holzfeuerung, zu erzielen. Wenn man einen gut ziehenden, leichten und leistungsfähigen Kessel für die Tropen haben will, so gehe man in dem Verhältnis von Heizfläche zu Rostfläche nicht über 1 : 30.

Fig. 94. Lokomotivkessel für Heckraddampfer.

Über die Schleppleistungen der Heckraddampfer ist nichts Besonderes zu sagen. Sie schließt sich der der Seitenraddampfer, die auf Seite 125—129 besprochen ist, mit dem schon vorher genannten geringeren Wirkungsgrad von 5—7% an.

Gewichte.

Um auch einen Begriff über die Gewichtsverteilung der Heckraddampfer zu geben, seien hier die Gewichtsgruppen, wie sie vorher für Seitenraddampfer angegeben worden sind, für drei verschiedene Heckraddampfer angeführt, und zwar ist ein kleiner, ein mittlerer und ein großer Heckraddampfer gewählt worden. Die Bedeutung der Gewichtsgruppen ist schon auf Seite 124 gegeben.

Die Gewichte verteilen sich wie folgt:

$D =$	34	147	205
$g_1' =$	0,280	0,3403	0,3279
$g_1'' =$	0,260	0,2402	0,2746
$g_1 =$	0,540	0,5805	0,6025
$g_2 =$	0,312	0,2757	0,3025
$g_3 =$	0,010	0,0830	0,0122
$g_4 =$	0,075	0,0678	0,0536
$g_5 =$	0,063	0,0677	0,0292

Ziele neuerer Konstruktionen.

Am Schiff. Es dürfte interessieren, worauf die zukünftige technische Entwicklung bei der Konstruktion von Seitenraddampfer und Heckraddampfer hinweist. An dem Schiff selbst kann zurzeit nicht viel geändert werden. Sie sind, wie sie heute auf den Flüssen laufen, soweit sie von ersten Firmen gebaut sind, wesentlich besser im einzelnen durchgerechnet wie die Seeschiffe. Fast von jedem Schiff ist die Durchbiegung, die Beanspruchung der einzelnen Längsverbände und die Festigkeit der Schotten und Querverbände festgestellt. Es könnte höchstens noch die Berücksichtigung des an sich geringen Wasserdrucks sowie Veränderungen der Verbände auf Grund der Erfahrungen, die bei Schwingungen gemacht sind, in Frage kommen. Bei Schiffen, die etwas Tiefgang vertragen, wäre eine Verstärkung einzelner Verbände, um die Eigenschwingungszahl in die Höhe zu treiben, bei ganz flachgehenden Schiffen evtl. noch eine Verschwächung der Verbände, um diese abzusenken, möglich. Auf dem Wellenberg der Eigenschwingungen würde die Weglassung der Stützverbindungen zwischen Boden und Deck noch zu einer Milderung der Eigenbewegung des Schiffes führen. Vor allen Dingen ist zur Vereinfachung des Baues dringend eine Verständigung der einzelnen Flußschiffswerften und der Reedereien über Normaltypen bei Schiffen und Maschinen zu empfehlen. Hierdurch würde selbst bei höheren Löhnen ein annehmbarer Verkaufspreis zu erzielen sein. Außerdem müßten, soweit irgend möglich, die im Handelsschiffsbau ausgearbeiteten Normalien angewendet bzw. vorgeschrieben werden.

An der Maschine. Bei den Maschinen liegen zurzeit wesentlich größere und erfolgversprechendere Arbeiten vor. Die gesamte Wellenlagerung müßte nach dem Prinzip des Transmissionsbaues durchgearbeitet werden. Es muß mit der Zeit gelingen, wenigstens Hauptwelle, vielleicht auch noch Pleuelstangenlager und die Drehlager der Kreuzkopfzapfen mit Kugel- oder Walzenlagern auszurüsten. Letzteres wird allerdings erst dann möglich sein, wenn es gelingt, größere Kugellager zu bauen, die auch gegen nicht gleichmäßigen Druck unempfindlich sind. Ob bei den sehr schweren Wellen Kipplager möglich oder notwendig sind, müßte untersucht werden. Die Drucklager der Schraubenschiffe können heute schon unbedenklich als Kugellager durchgebildet werden. Wenn diese Aufgabe einwandfrei gelöst wird, so treten große Ersparnisse an Schmieröl, Wartung und Reparatur der Lager und Wellen ein. Weiter weist die Entwicklung darauf hin, überhaupt das heutige System der langsamen, schweren, liegenden Maschine ganz zu verlassen. Beim Rad selbst wird man von der geringen Umdrehungszahl nicht absehen können. Der Antrieb aber könnte bereits heute durch schnellaufende Turbinen oder Motoren stattfinden, und die Kraft mittels Rädervorgeleges auf die Radwelle übertragen werden. Die Entwicklung des Rädervorgeleges gestattet derartige Konstruktionen bereits heute, wenigstens für Antriebsmaschinen mit konstantem Drehmoment. Der Föttinger-Transformator, der später bei Schraubendampfern sehr zu empfehlen sein wird, dürfte sich gerade beim Raddampfer nicht eignen, weil hydraulische

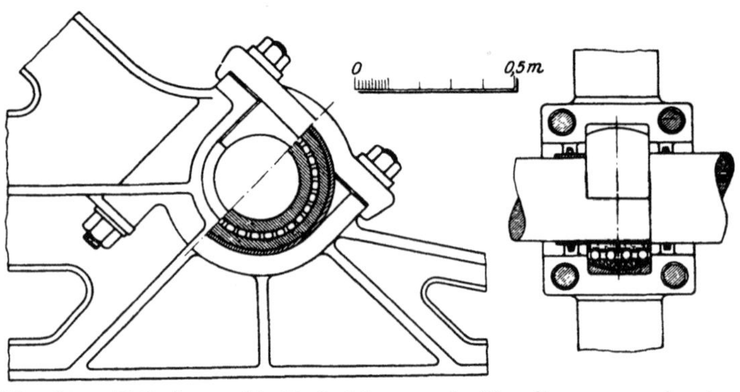

Fig. 95. Främlager für Radschlepper als Kugellager ausgebaut.

Antriebe bei den geringen Geschwindigkeiten, die für das Antriebsrad in Frage kommen, nicht mehr günstig wirken und der Wirkungsgrad dieses Apparates bei gekreuzter Wellenlage und daher getrennten Pumpengehäusen noch weiter sinkt. Man wird bei Anwendung von Turbinen und Radvorgelegen wesentlich günstigere Gewichte der Maschinenanlage erhalten, ohne daß der Kohlenverbrauch steigt. Auch würde das Schiff, wenn die Räder richtig konstruiert werden, absolut schwingungsfrei zu machen sein, was besonders bei Personendampfern von großem Vorteil wäre. Bei Anwendung von Motoren, die an sich dasselbe leisten würden und wahrscheinlich noch rationeller arbeiten, ist zu überlegen, ob der schwache Schiffskörper des Flußschiffes die durch den Motor erzeugten Stöße überhaupt aushält. Es ist nicht ausgeschlossen, daß bei geeigneter Fundamentierung, die allerdings dann mehr Material erfordern würde wie die heutige, die Stöße aus dem Motor, die auf den Boden des Maschinenraums treffen, so abgefangen werden können, daß das Schiff das aushält und daß es dann auch ruhiger liegt als heute, weil die Perioden der Eigenschwingungen des flachgehenden Flußschiffes meist nicht mit den von dem Motor ausgehenden Impulsen übereinstimmen.

Am Kessel. Beim Kessel, der an sich in der heutigen Form vollkommen befriedigt, wäre mit der Zeit ein Höhertreiben des Druckes und der Heizflächenbelastung, und zwar noch in ganz bedeutendem Umfange, wünschenswert. Die Einführung der Überhitzung auf allen modernen Schiffen ist ja bereits in der Ausführung begriffen. Trotzdem müßte der allgemeinen Durchführung dieser Maßnahme und weiteren Versuchen für die Erhöhung der Überhitzung Interesse gewidmet werden.

Der Schraubendampfer.

Das Schiff.

Allgemeines. Der Schraubendampfer tritt als Schlepp- und Personendampfer überall da ein, wo auf Flüssen, Kanälen und Seen der nötige Tiefgang vorhanden ist. Für größere Kräfte über 450 Pferde ist stets ein Tiefgang von mindestens 2 m erwünscht, da sonst die nötige Schraubenfläche nicht mehr unterzubringen ist. Bei Personendampfern mit ganz leichten Maschinen, besonders auf Seen, kommen bereits viele Dampfer mit Tiefgang von 1 m und wenig darüber vor. An sich ist der Schraubendampfer überall, wo er verwendbar ist, dem Raddampfer vorzuziehen, da er beweglicher ist, weniger Personal braucht, billiger in der Anschaffung wird und ebenso gut schleppt und fährt wie der Raddampfer. Nur in Strecken mit starkem Strom würde man auch bei genügendem Tiefgang den Raddampfer vorzuziehen haben, weil die größere, langsamer durch das Wasser gehende Radfläche dort besser festhält und besser zieht als eine Schraube.

Hauptabmessungen. Schraubenschlepper und Personendampfer für Binnengewässer werden in den verschiedensten Abmessungen gebaut. Erstere kommen z. B. in folgenden Abmessungen vor:

Länge über alles	44,40	43,30	20,87 m	und noch etwas kleiner.
Breite über Spanten	8,00	7,70	4,90 „	
Seitenhöhe	3,60	3,60	2,13 „	
Tiefgang	2,10	1,60	1,60 „	
„ getrimmt hinten		2,10		

Für Personenverkehr sind dieselben Daten:

Länge über alles	46,00	33,00	19,00 m	und kleiner.
Breite über Spanten	6,00	6,20	4,30 „	
Seitenhöhe	1,50	2,10	1,70 „	
Tiefgang	1,00	1,40	1,10 „	

Das Verhältnis von Länge/Breite wird bei Schleppern ziemlich klein genommen, damit die Dampfer beim Drehen und Querschleppen noch stabil bleiben. Darum muß auch die Höhenlage des Schleppbockes und die Seitenhöhe so gering wie möglich gehalten werden. Bei Personendampfern ist das Verhältnis von Länge/Breite sehr verschieden. Will man gut laufende Schiffe haben, muß man das Verhältnis von Länge/Breite groß wählen, etwa zwischen 1 : 7,5 bis 1 : 8,0. Meistens jedoch wird es z. B. bei den Dampfern der Stern-Gesellschaft in Berlin, die keine hohen Geschwindigkeiten zu laufen brauchen, auch niedrig gewählt, um gute Stabilität bei starker Besetzung zu erzeugen. Besonders diejenigen Schiffe, die unter Hauptdeck Salons mit großen Fenstern haben, welche dicht über der Wasserlinie liegen, müssen breit gebaut werden, damit nicht gelegentlich beim Wenden oder bei Unglücksfällen eine Schräglage eintritt, die ein Einströmen des Wassers durch die Fenster hervorruft. Diesen Betrachtungen angepaßt sind auch die Völligkeitsgrade der Dampfer. Bei Schleppern könnte der Völligkeitsgrad ziemlich groß werden, da ihre Geschwindigkeit eine geringe ist. Er schwankt aber meist zwischen 0,48—0,60, damit das Hinterschiff für den Wasserverlauf noch schlank bleibt. Man muß außerdem darauf achten, daß der Deplacementschwerpunkt möglichst weit nach vorn gelegt wird, selbst auf die Gefahr hin, daß man Schwingungen und unnötig lange Wellenleitungen bekommt. Bei Schiffen von 40 m Länge soll der Deplacementschwerpunkt wenigstens 2—3 m vor Mitte liegen. Man erhält dadurch auch bei schwerfälligem Schiffskörper ein schlankes Hinterschiff und guten Wasserzulauf zu den Schrauben. Die Schleppleistung ist bei schlankem Hinterschiff ganz wesentlich günstiger als bei etwas völligerem. Die Völligkeitsgrade der normalen Personendampfer mit geringen Geschwindigkeiten für Seen und Kanäle liegen etwa bei 0,50. Für die Schnelldampfer auf den Seen schwanken sie je nach Bauart und Anforderungen derartig, daß es nicht möglich ist bestimmte Zahlen anzugeben.

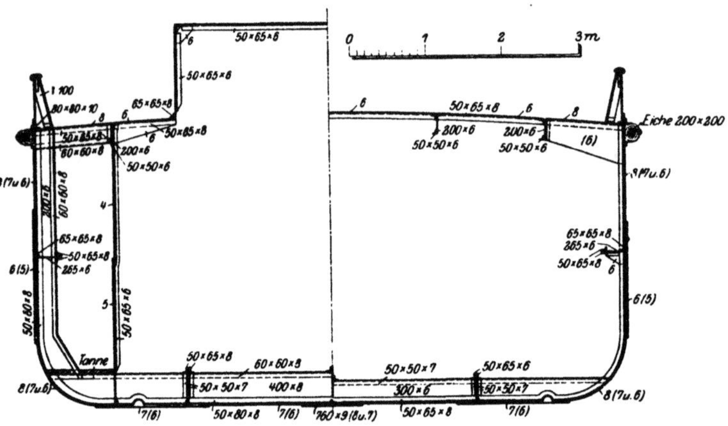

Fig. 96. Hauptspant eines Flußschraubenschleppers.

Länge zwischen Steven 43,00 m.
Breite auf Spanten 7,80 m.
Seitenhöhe 3,60 m.
Mittlerer Tiefgang 1,46 m.
Vorsteven: 120 · 25.
Ruastersteven: 120 · 45.
Ruderschaft: 125 Durchmesser.
Schotte:
4 Stück wasserdicht. Aus 4 mm Blech.
Versteifungen: ∢ 50 · 65 · 6.
Bunkerschotte: unten · 5, oben – 4.
Deckstringer und Deckbeplattung: Riffelblech.
Spanten: ∢ 50 · 80 · 8, 50 · 65 · 8 und 50 · 65 · 6.
Gegenspanten: 60 · 60 · 8 und 50 · 50 · 7.

Außenhaut:
Kielgang: 760 · 9, Enden 8 und 7.
Bodengänge: 7, Enden 6.
Kimmgang: 8, Enden 7 und 6.
Seitengänge: 6, Enden 5.
Oberster Gang: 8, Enden 7 und 6.
Vernietung: Längsnähte: Einfach, überlappt.
Stöße: Doppelt, überlappt.
Spantentfernung 550 mm. Im Vorschiff 15 Zwischenspanten.
Bodenwrangen: In Maschinen- und Kesselräumen: 400 · 8 und 500 · 8. Im übrigen 300 · 6.
Mittel- und Seitenkielschweine 8 und 6 mm. — Interkostal.

Materialstärken. Auch beim Schraubenschlepper ist der Unterschied in der Bauart zwischen einem seegehenden Schiff und einem Flußschiff sehr bedeutend. Ein solcher Vergleich konnte vorher beim Raddampfer schlecht angestellt werden, da wirkliche Vergleichsobjekte auf See nicht vorhanden sind. Hier beim Schraubenschlepper, wo Schiffe genau gleicher Größe auf See fahren, ist eine Nebeneinanderstellung erwünscht und bietet ein klares Bild. Man betrachte die beiden Hauptspanten (Fig. 96 und 97) und nebenstehende Tabelle, die zwei Schiffe fast genau gleicher Größe, einmal ein Seefahrzeug und das andere Mal einen Schraubenschlepper für den Rhein darstellen, und vergleiche die Materialstärken.

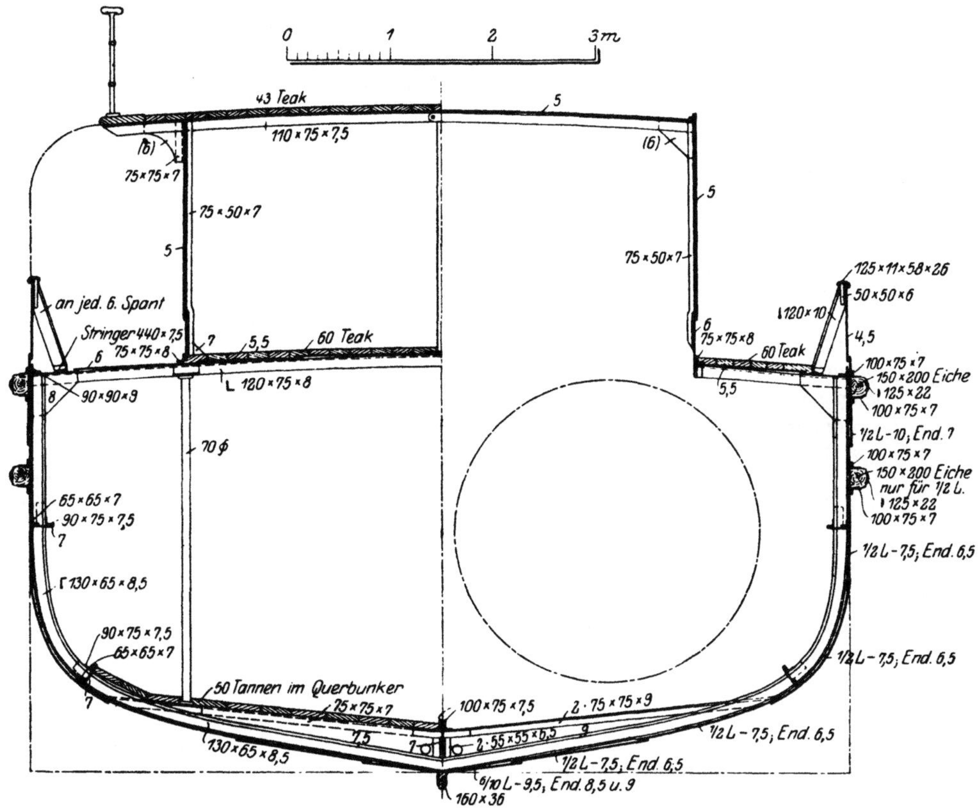

Fig. 97. Hauptspant eines kleinen Seedampfers.

Abmessungen:
Länge zwischen Steven 40,00 m.
Breite auf Spanten 7,80 m.
Seitenhöhe 3,90 m.
Klasse: Germ. Lloyd $100\frac{A}{4}$/K.

Material: Stahl.
Vorsteven 155 · 36. Hintersteven 155 · 50.
Ruderschaft 130 P. Fingerlinge 74 P.

Spanten:
Hochspanten ⊏130 · 65 · 8,5.
Schottspanten ∢ 100 · 100 · 9.
Gegenspanten ∢ 75 · 75 · 7; im Kesselraum 75 · 75 · 9; im Maschinen- und Kesselraum doppelt.

Mittelkielschwein: Interkostalplatte 7 mm; Längswinkel 100 · 75 · 7,5.

Seiten- und Kimmstrang: Interkostalplatte 7 mm; Längswinkel 90 · 75 · 7,5.

Maschinen- und Kesselfundamente: 9 mm. Doppelte Winkel 90 · 90 · 9.

Schotte: Unten 7, oben 6.

Versteifungen: 5. 130 · 65 · 6,5 in 750 Abstand.

Deckbalken: ∢ 120 · 75 · 8 an jedem Spant; unter $^3/_4$ M.B. 110 · 75 · 7,5.

Schlingen: Profil wie Balken.

Deckbeplattung:
Stringer 440 · 7,5; Stringer ∢ 90 · 90 · 9.
Deck über Querbunker 6 mm, ohne Belag, im übrigen 5,5.
Deckbelag: Teak 60 mm.
Promenadendeck: Teak 43.

Deckstützen: 70 P u. 60 P.
Fußboden im Logis, Kajüten u. Kabelgatt: 32 Tannen.
Querbunker: 50 „

Außenhaut:
Scheergang: Auf $^1/_2$ ∢ 10 mm; an den Enden 7.
Kielgang: Auf $^6/_{10}$ ∢ 9,5; Vorn 8,5; Hinten 9.
Boden- und Seitengänge: Auf $^1/_2$ ∢ 7,5; Enden 6,5; Schanzkleid 4,5.

Nietung:
Längsnähte: Kiel u. Steven überlappt, doppelt genietet, sonstige Nähte überlappt, einfach.
Stöße: Scheergang u. Kielgang auf $^1/_2$ ∢ 3fach genietet; an den Enden doppelt genietete Stoßpleche.
Sonstige Stöße: Überlappt, doppelt genietet; Stöße der Seitenstringer dreifach überlappt.

Schraubenschiffe.

Hauptabmessungen.

Schraubenschiffe	Länge zwischen Steven	Breite auf Spanten	Seitenhöhe	PSi	Bemerkungen
Ganz leichtes Bereisungsboot					⊗ Fig. 98
Flußschraubenschlepper	43,30	7,80	3,60	500	⊗ Fig. 96
Seeschlepper	40,00	7,80	3,90	450	⊗ Fig. 97 Germ. Lloyd $100\frac{A}{4}$(K)

Innere Querverbände	Bezeichnung der Verbände	ganz leichtes Bereisungsboot	Flußschraubenschlepper	Seeschlepper
Deckbalken	Anzahl	an jedem Spant	an jedem Spant	an jedem Spant
	Profil	∢45 · 45 · 5	∢50 · 65 · 8	∢75 · 120 · 8 unter $^3/_4$ M. B. ∢75 · 110 · 7,5
	an Querschotten	∢45 · 45 · 5	∢50 · 65 · 6	∢100 · 100 · 9
Rahmenbalken	Profil der Decksverbindung	—	∢50 · 65 · 6	—
	Rahmenplatten	—	200 · 6	—
	Garnierungswinkel	—	∢60 · 60 · 8	—
Spanten	Entfernung	470. — Auf „B" vom Vorsteven 325	M. u. K. R. 400—500 E. 550	550
	Profil der Spanten	∢45 · 45 · 5	∢50 · 80 · 8	130 · 65 · 8,5
	Profil der Bodenspanten	—	∢50 · 65 · 6	—
	Profil der Schottspanten	∢45 · 45 · 5	∢50 · 65 · 8	∢100 · 100 · 9
Rahmenspanten	Anzahl	nur im Maschinenraum 3 Stück	nur im M. u. K. R. an jedem 6. Spant	—
	Profil der Außenhautverbindung	∢45 · 45 · 5	∢50 · 65 · 8	—
	Rahmenplatten	200 · 4	200 · 6	—
	Garnierungswinkel	∢40 · 40 · 4	∢60 · 60 · 8	—
Bodenwrangen in M. u. K. R.	Anzahl	an jedem Spant	an jedem Spant	an jedem Spant
	Platten	M. R. 520 · 6 K. R. 250 · 5	M. R. = 500 · 8 K. R. = 400 · 8	M. R. 400 · 8 K. R. 400 · 9
	Garnierungswinkel	doppelte ∢50 · 50 · 6	∢60 · 60 · 8 (unter den Kesseln doppelt)	M. R. ∢75 · 75 · 7 doppelt K. R. ∢75 · 75 · 9 doppelt
Bodenwrangen an E.	Anzahl	an jedem Spant	an jedem Spant	an jedem Spant
	Platten	250 · 4	300 · 6	auf 0,6 ∢ = 400 · 7,5 dann 400 · 6,5
	Garnierungswinkel	∢40 · 40 · 4	∢50 · 50 · 7 einfach	∢75 · 75 · 7 einfach
Kesselträger	Platten	6	8	9
	Garnierungswinkel	50 · 50 · 6 doppelt	∢70 · 70 · 9 doppelt	90 · 90 · 10 doppelt
Decksstützen	Profil der . . .	—	—	Rundeisen 70 ∅
Querschotte	Platten: unten oben	4,5 } Bunkerschotte 4 mm 3 } ⊥ 60 · 60 · 7	4	7 6
	Versteifungen: Profil	∢40 · 40 · 4	∢50 · 65 · 6	130 · 65 · 6,5
	Abstand	600	550	750

Innere Längsverbände Bezeichnung der Verbände		ganz leichtes Bereisungsboot	Flußschraubenschlepper	Seeschlepper
Decks-unter-züge	Anzahl	2 Stück	2 Stück	—
	Verlauf	als Süll der Maschinen- und Kesselschächte	über ganze Schiffslänge	—
	Platten	150 · 4	250 · 6	—
	Garnierungs-winkel	—	∢50 · 50 · 6 einfach	—
	Profil der Decks-verbindung	∢45 · 45 · 5	T 80 · 40 · 7	—
Seiten-stringer (Weige-rung)	Anzahl	2 Stück	2 Stück	4 Stück; 2 Seiten-, 2 Kimm-
	Art[1]) Verlauf	Im Bereiche des Maschinen- und Kesselraums als vollständige, Enden unvollständige	vollständige im Bereiche der M. u. K. R.	vollständige über ganze Schiffslänge
	Platten	245 · 4	250 · 6	220 · 7
	Garnierungs-winkel	∢45 · 45 · 5	50 · 65 · 8 doppelt	∢75 · 90 · 7,5 einfach
	Profil des unvollständigen Stringers	∢45 · 45 · 5 doppelt	—	—
	Verbindung mit Außenhaut	∢40 · 40 · 4	∢50 · 50 · 6	∢65 · 65 · 7
Kiel-schweine	Anzahl	1 Stück; Mittelkielschwein	3 Stück; 1 Mittel-, 2 Seiten-	1 Stück; Mittel-
	Art[1])	vollständige	vollständige	vollständig
	Verlauf	über ganze Schiffslänge	über ganze Schiffslänge	über ganze Schiffslänge
	Platten	4	M. R. 500 · 8 (6) K. R. 400 · 8 (6) E. 400 · 6	500 · 7
	Kielschwein-winkel	∢45 · 45 · 5 doppelt	∢50 · 65 · 8 doppelt	∢75 · 100 · 7,5 doppelt
	Profil des unvollständigen Kielschweins	—	—	—
Ma-schinen-funda-ment	Platten	6 als Kielschweine, 10 Deckplatten	8	9
	Garnierungs-winkel	80 · 80 · 8 obere Winkel 60 · 60 · 8 untere Winkel	∢70 · 70 · 9 doppelt	90 · 90 · 10 doppelt

Bemerkungen:

[1]) Vollständige Stringer bzw. Kielschweine = aus Platten und Winkeln gebaut und fest mit Außenhaut bzw. Boden verbunden. Unvollständige Stringer nur über Innenkante, Spantflansch bzw. Bodenwrangen aus laufenden Winkeln oder Profilen bestehend, ohne Verbindung mit Außenhaut oder Boden.

Die in Rubrik „Anzahl“ angegebene Stückzahl der Längsverbände bezieht sich stets auf einen vollen Schiffsquerschnitt.

M. R. = Maschinenraum.

K. R. = Kesselraum.

E. Schiffsenden.

M. u. K. R. = Maschinen- und Kesselraum.

Plattenstärken Bezeichnung der Verbände	Schraubenschiffe					
	ganz leichtes Bereisungsboot		Flußschraubenschlepper		Seeschlepper	
	Mitte	Enden	Mitte	Enden	Mitte	Enden
Balkenkiel	—	—	—	—	160 · 36	
Kielgang	8,5	8	9	v. 8. h. 7	$^6/_{10}$ L 9,5	v. 8,5 h. 9
Bodengänge	6,5	6	7	6	$^1/_2$ L 7,5	6,5
Kimmgänge	6,5	6	8	v. 7 h. 6	—	—
Seitengänge	5,5	5	6	5	$^1/_2$ L 7,5	6,5
Scheergänge	550 · 7	550 · 6	8	v. 7 h. 6	$^1/_2$ L 10	7
Längsnietung	einfach	überlappt	einfach	überlappt	Kiel u. Steven doppelt, sonst einfach überlappt	
Quernietung	doppelt	„	doppelt	„	Stöße des Kiel- und Scheergangs auf $^1/_2$ L — 3fach, sonst doppelt überlappt	
Decksstringer	—	—	8	6	$^1/_2$ L 440 · 7,5	6
Decksbeplattung	4 Riffelbl.		5,5	5,5	5,5	5,5
Decksstringerwinkel	45 · 45 · 5		80 · 80 · 10	80 · 80 · 8	90 · 90 · 9	

Der Vorsteven des Flußschiffes ist 120 × 25, der des Seeschiffes 155 × 36, ohne Eisverstärkung. Im Grunde genommen sind beide Steven, abgesehen vom Seegang, derselben Beanspruchung ausgesetzt. Ähnliche Unterschiede bestehen beim Hintersteven, einmal 120 × 45, das andere Mal 155 × 50. Die Spanten sind beim Flußschiff je nach der Lage im Maschinenraum 50 × 80 × 8, nach vorn und hinten 50 × 65 × 8 bis 50 × 65 × 6 und zwar in Entfernungen von 550 mm, im Maschinenraum enger gesetzt. Beim Seeschiff bestehen sie aus Wulstwinkeln 130 × 65 × 1,5 und die Schottspanten aus 100 × 100 × 9. Auch hier sieht man, daß der Querverband des Seeschiffes ein ganz unvergleichlich stärkerer ist als der des Flußschiffes. Nun ist allerdings zu berücksichtigen, daß die Spanten zum Querverband des Schiffes nur in ganz geringem Maße beitragen und der Hauptquerverband durch die Schotten hergestellt wird. Sie werden also immer mehr als lokale Versteifungen der Außenhaut anzusehen sein. Der Seegang stellt an die Außenhaut ganz andere Anforderungen als der Fluß, auf dem eine wirksame Wellenbewegung überhaupt kaum besteht. Daher zeigen auch die Bodenwrangen wieder dasselbe Bild. Sie bestehen bei Flußschiffen aus Platten von 6—8 mm Stärke und 300 mm Höhe, beim Seeschiff aus Platten von 8—9 und $7^1/_2$ mm Stärke und 400 mm Höhe. Immerhin ist hier der Unterschied nicht so bedeutend, wie bei den Spanten, weil der Boden des Flußschiffes Verletzungen viel stärker ausgesetzt ist wie der des Seeschiffes. Da man aber nicht mehr Gewicht zur Verfügung hat, muß man sich mit den geringen Verstärkungen, die im allgemeinen den Ansprüchen auch voll entsprechen, begnügen. Die Gegenspanten, d. h. die Garnierungswinkel der oberen Bodenwrangen bestehen beim Seeschiff aus Winkeln von 75 × 75 × 7, im Kesselraum 75 × 75 × 9, während sie beim Flußschiff aus solchen von 50 × 50 × 7 und 60 × 60 × 8 gebildet werden. Die Maschinenfundamente sind auf beiden Schiffen ungefähr in der gleichen Stärke durchgeführt, da auf sie tatsächlich gleiche Beanspruchungen einwirken. Trotzdem ist das Fundament des Schleppers insofern relativ leichter, als die Schleppermaschine eine höhere Leistung hat als die des gleichgroßen Seedampfers. Maschinenfundamente führen auch im Flußschiff durch Losewerden von Nieten sehr häufig zu Unzuträglichkeiten. Sie müssen daher besonders stark gebaut werden. Zusammengesetzt sind sie aus erhöhten und verstärkten Bodenwrangen, sowie eingebauten Längsträgern unter den Säulen und neben den Kurbellagern. Fig. 98 zeigt ein derartiges Maschinenfundament eines Flußdampfers. Das Fundament ist mit dem des Drucklagers vollständig zusammengebaut. Auf vielen besseren Schiffen sind die Fundamentträger mit ihren oberen Garnierungswinkeln mit einer 10—15 mm schweren, durchgehenden Platte fest vernietet. Die Platte erhält Einsteig- und Handlöcher an den Stellen, wo die Kurbeln durchschlagen und da, wo das Fundament zugängig bleiben muß. Bei der Nieteinteilung dieser Deckplatte muß besonders auf die Schraubenlöcher des Maschinenfundaments geachtet werden, damit diese nicht mit Nieten zusammenfallen oder zu dicht neben Nieten stehen. Dieser Punkt wird bei Neukonstruktionen leicht übersehen. Das Losewerden einzelner Fundamentteile kommt bei dieser Konstruktion fast gar nicht mehr vor. Jeder Stoß und Zug wird auf die Nachbarteile des Fundaments gleich mit übertragen. Dadurch werden die einzelnen Fundamentträger gut entlastet und können sogar etwas leichter gehalten werden. Die üblichen Stärken für eine Maschine von 150 PSi sind aus Fig. 98 zu ersehen.

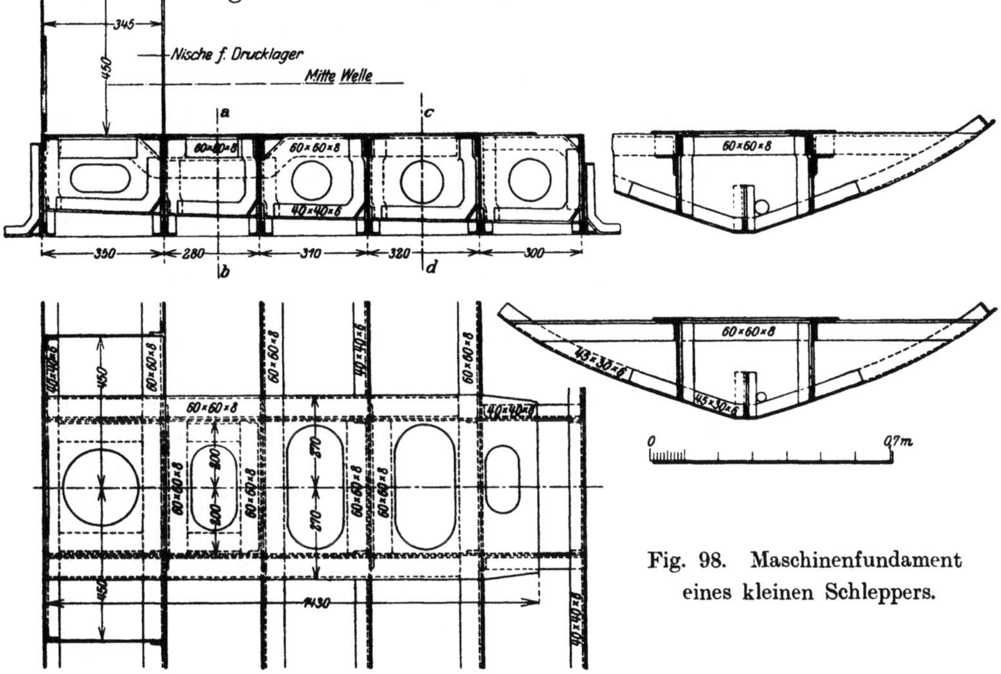

Fig. 98. Maschinenfundament eines kleinen Schleppers.

Auch die Decks der Flußschiffe sind sehr viel leichter gehalten. Die Decksbalken bestehen aus Winkeln 50 × 65 × 8 bis 50 × 65 × 6 in Spantenentfernung, beim Seeschiff aus Winkeln 120 × 75 × 8, auch an jedem Spant. Die Verbindung des Decksstringers mit der Außenhaut ist beim Flußschiff in Winkeln von 80×80×10, beim Seeschiff 90 × 90 × 9 mit Zickzackvernietung gesichert. Auch die Außenhaut des Flußschiffes ist etwas geringer gehalten wie die des Seeschiffes. Bei der Außenhaut kann beim Flußschiff am wenigsten gespart werden, weil die Abrostung und die Angriffe durch Steine und Sand bald so stark werden, daß zu geringe Dicken in kurzer Zeit ein Verbeulen und Reißen zur Folge haben, so daß das Schiff nichts mehr wert ist. Bei den Schottwänden ist auf dem Fluß schon an der Zahl gespart. Das Schiff hat vier Schottwände gegen fünf auf See. Die Schottplatten sind nur aus 4 mm Blech beim Flußschiff mit Winkeln 50 × 65 × 6 garniert, beim Seeschiff aus 7 mm Blech unten und 6 mm Blech oben mit 130 × 160 × 6,5 mm Winkel garniert. Abgesehen von der Querfestigkeit, die das Schott herzustellen hat, wird es auf dem Fluß wesentlich weniger beansprucht wie auf See, da beim Vollaufen eines Raumes ein Wellenschlag im vollgelaufenen Raum und Durchrauschen von Wassermassen und dadurch hervorgerufene dynamische Beanspruchungen nicht vorkommen. Außerdem wird man meistens in der Lage sein, das Schott noch vom Nachbarraum aus abzustützen. Dann braucht es auch den Druck nicht lange auszuhalten; denn eine Werft mit Helling ist meistens in der Nähe, so daß das Schiff nur wenige Stunden unter Inanspruchnahme seiner Schotten fahren muß. Die angeführten Dimensionen haben auf dem Fluß bisher auch immer genügt, obwohl eine leichte Durchbiegung beim Vollaufen eines Raumes eintritt. Das Flußschiff hat eine ringsherumlaufende Wallschiene aus Eichenholz in Ausmaßen von 120 × 150. Beim Seeschiff ist diese Wallschiene ebenfalls, und zwar in Deckshöhe und etwas über der Wasserlinie, in Ausmaßen von 150 × 200 vorgesehen. Bei beiden Schiffen ist Halbrundeisen zum Beschlag verwendet. Eine Wallschiene an sich ist auch auf dem Fluß notwendig wegen der aufliegenden Kähne. Auf See, wo das ganze Schiff oft gegen ein größeres mit Gewalt gegengeworfen wird, haben die Wallschienen natürlich wesentlich mehr auszuhalten.

Seitenstringer, die beim Seeschiff überall vorgesehen sind, und zwar bei dem Beispiel zwei Stück aus Winkeln 90 × 75 × 7 und einer 7 mm starken durchlaufenden Platte, hat man sich bei kleinen Flußschiffen ganz gespart. Im vorliegenden Falle ist ein leichter Stringer in der Wasserlinie auf drei Viertel Schiffslänge durchgezogen. Für die Lokalverstärkung sind sie hier nicht so notwendig und für die Längsfestigkeit kommen sie nicht in Frage.

Das Schanzkleid bildet beim Seeschiff eine auf den Scheergang aufgesetzte Platte von etwa 870 mm Höhe und $4^1/_2$ mm Blech. Bei dem Flußschiff ist es wesentlich niedriger, nur 400 × 600 mm, bildet dort aber einen Teil des Scheerganges. Es ist in dessen Stärke von 8, 7, 6 mm fortgesetzt und gegen Deck so reichlich abgestützt und oben durch schweres Reelingeisen versteift, daß es als tragender Teil für die Längsfestigkeit ausgenutzt werden kann. Wie man aus allen diesen Vergleichen sieht, ist die Konstruktion des Flußschleppers nicht etwa aus einer Abschwächung der eines Seeschleppers entstanden, sondern aus immer wiederholten Durchbiegungsberechnungen, Vergleich dieser mit Erfahrungsdaten und Beobachtung der lokalen Beanspruchung, soweit sie nicht berechnet werden konnte. Es sind daher gewisse Teile in ihrer Stärke denen des Seeschiffes angenähert, andere wieder grundverschieden. Für denjenigen, der noch nicht gewohnt ist, im Flußschiffbau zu arbeiten, ist es anzuraten, zunächst einmal ausgeführte Konstruktionen, die auf langjähriger Beobachtung beruhen, nachzubauen, deren tatsächliche Durchbiegung zu beobachten und dann an Hand von Durchbiegungsberechnungen weitere Verbesserungen anzubringen. Um für solche Arbeiten Unterlagen zu geben, sei hier auch in Fig. 87 noch ein Hauptspant eines ganz leichten Bereisungsbootes dargestellt. Das Schiff hat die geringe Länge von 19 m, Breite von 4,8, Seitenhöhe von 2,1, jedoch immer noch einen Konstruktionstiefgang von 1,6 m. Bei flachgehenden Schiffen wird man in der Beschränkung der Materialstärke noch etwas weiter gehen. Bei diesem Schiff konnte auch der Scheergang nicht in die Reeling fortgesetzt werden, da sonst zu schwere Versteifung gegen Deck notwendig gewesen wäre. Bei den geringen Plattenstärken wurde auf einen Seitenstringer nicht verzichtet. Die durchgehende Platte von 10 mm, die die einzelnen Platten des Maschinenfundaments verbindet und überdeckt, ist auch hier zu sehen. Trotz der geringen Länge des Schiffes ist man aber doch, um Gewicht zu sparen, auf eine Spantenentfernung von 470 mm gegangen.

Die Ruder der Schraubendampfer sind ähnlich gebaut wie diejenigen der Raddampfer. Sie bestehen meist aus einem Rahmen mit zwei aufgenieteten Platten und Holzfüllung. Sie sind jedoch wesentlich kleiner wie jene. Das Verhältnis von Ruderfläche zur Fläche des Lateralplanes des Schiffes schwankt zwischen 1 : 12 bis 1 : 22. Der Schraubendampfer wendet an sich wegen seiner geringeren Länge und weil er vorn weniger tief geht als hinten, leichter als der Raddampfer. Außerdem arbeitet das Ruder unter Einwirkung des Schraubenstromes viel energischer, so daß man mit kleineren Ruderflächen auskommt. Bei Doppelschrauben wird außerdem die Ruderwirkung noch durch die Schraubenmanöver unterstützt. Da die Ruder nicht im Seegang liegen, daher weniger beansprucht werden wie bei Seeschiffen, kommt man mit geringerem Spindeldurchmesser aus. So hat z. B. bei dem vorher angeführten Beispiel die Ruderspindel einen Durchmesser von 125 gegen einen solchen beim Seeschiff von 130, wobei zu berücksichtigen ist, daß die Ruderfläche des Seeschiffes gerade halb so groß ist als die betreffende des Schleppers. Der Antrieb des Ruders geschieht bei neueren, schweren Schleppern auf dieselbe Weise wie bei Radschiffen, mittels fester Leistung. Diese ist allerdings entsprechend dem kleineren Ruder etwas dünner gehalten mit etwa 60—65 mm Wellendurchmesser, sonst aber in der gleichen Form konstruiert und montiert. Leichtere Ruder werden durch Reepleitung angetrieben.

Im übrigen gilt für Material und Vernietung für die Schraubenschiffe das gleiche, was früher über die Radschiffe gesagt ist. Auch Niedergangsluken, Lukdeckel, Maschinenoberlichter, Poller, Kesselhauben, umklappbarer Schornstein, Mast und Vorder schiff mit Bugspriet, werden in derselben Form, nur etwas kleiner und leichter wie auf den Radschiffen, ausgeführt. Bei ganz kleinen Dampfern, vor allen Dingen Kanalschleppern und Personendampfern, fällt das Bugspriet weg. Der Anker wird da entweder in Klüsen oder auf Deck gefahren. Personenschiffe ankern wenig, da sie meist an Brücken anlegen, so daß das Ankergeschirr hier überhaupt mehr zur Nebensache wird.

Räumliche Ausnutzung. Die Brücke wird bei Schraubenschleppern anders konstruiert als bei Radschleppern. Da die Unterlage auf dem Radkastenträger nicht gegeben ist, so wird das Schanzkleid im Mittelschiff nach oben gezogen und über das Schiff gewölbt. Auf dieser Wölbung, die durchschnittlich 2,40—2,60 m über Deck steht, wird die Brücke aufgebaut. Der Raum unter der Brücke wird gewöhnlich noch so abgeschottet, daß auf beiden Seiten Lampenkammern entstehen und in der Mitte die Verkleidung für die Rudermaschine aufgestellt wird. Diese dient dann zugleich zur Stützung der Brücke. Wo die Brücke über dem Kessel aufgebaut wird, kann zugleich die Kesselhaube so weit verstärkt werden, daß auf ihr sowohl Kommandobrücke mit Maschinentelegraph, wie auch die Rudermaschine selbst aufgestellt werden können. Der Gang neben der Kesselhaube bleibt dann ganz frei, da die Seitenbauten wegfallen. In jedem Falle wird sowohl die Brücke wie ihre Unterzüge gewölbt gebaut, weil dadurch ein besseres Tragen der ganzen Konstruktion gewährleistet ist. Das Zugband der gewölbten Konstruktion wird dann durch einen durchgezogenen Winkel oder Anker gebildet. Gleich hinter dem Schornstein, soweit als möglich nach der Mitte zu, befindet sich bei denjenigen Schiffen, die keine Schleppvorrichtung mittels Troßklemmen wie die Raddampfer haben, der Schlepphaken. Es ist notwendig, ihn so tief als möglich und am besten über dem Drehpunkt des Schiffes anzubringen. Er ist als Schlipphaken auszubilden. Die Anbringung eines Schleppbockes ist in diesem Falle nicht nötig. Nur Überläufer müßten das hintere Schiff vor niederfallenden Strängen schützen. Die schwereren Schleppeinrichtungen mit Troßwinden sehen genau so aus wie die auf dem Heckraddampfer (siehe Fig. 86). Sie sind auch meist schräg gestellt, da die Schiffe sehr kurz sind.

Die Maschinenoberlichter werden bei kleineren Schleppdampfern häufig etwas höher als bei Raddampfern, da die stehenden Maschinen mit ihren Zylindern oft über Deck hinausragen. Es entsteht dann ein Mittelbau, der sich unter Umständen an die Kesselluke anschließt und wie sie aus 2 mm Blech mit kalten Nieten und innenliegenden, ganz schwachen Winkeln hergestellt wird.

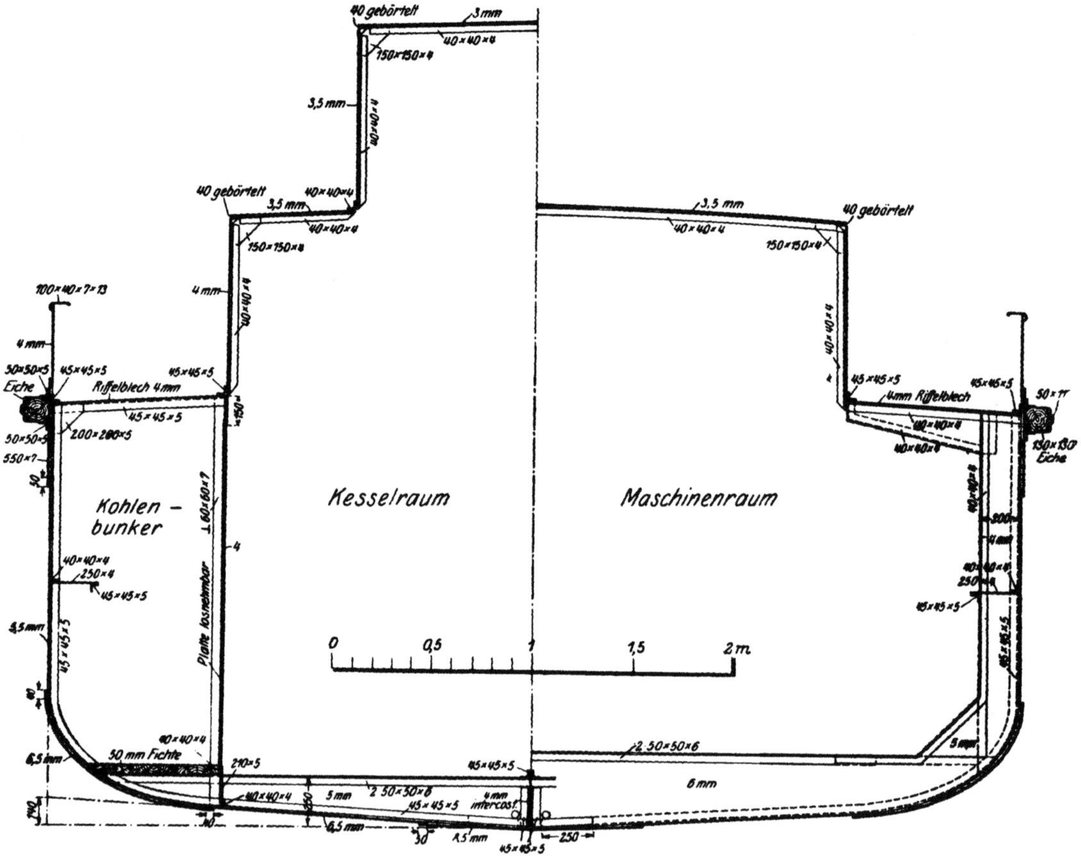

Fig. 99. Hauptspant eines leichten Bereisungsbootes.

Hauptabmessungen.

Länge zw. d. Gerp. 19,500 m.
Breite auf Spt. 4,600 m.
Seitenhöhe 2,100 m.
Konstruktionstiefgang 1,600 m.

Vorsteven: 110 · 26 mm.
Spantentfernung: 480 mm, auf 5,1 m vom Vorsteven 320 mm.
Spanten: 45 · 45 · 5 ;
Gegenspanten: 40 · 40 · 4.
Kielschweinwinkel: 45 · 45 · 5 .
Schotte: Unten 4,5 mm, oben 3,0 mm.

Die allgemeine Einrichtung sämtlicher Schlepper ist im Prinzip die gleiche. Man hat hier im Gegensatz zum Raddampfer die besseren Wohnungen vorn, weit weg von der Maschine. Vor dieser Wohnung liegt noch ein Ballasttank, damit man bei Bedarf das Hinterschiff etwas anheben kann, dann der Kettenkasten und ein kleiner Laderaum. Die anschließende Wohnung gehört auf den größeren Dampfern dem Schiffsführer allein. Bei den kleineren muß auch noch der Maschinist dort untergebracht werden. Ein oder zwei Küchen, Schlafzimmer, Klosett, Wohnzimmer, auf großen Schiffen noch ein kleiner Salon, sind dort eingebaut.

Fig. 100 gibt einen normalen Einrichtungsplan eines Schraubenschleppers. Bei größeren Dampfern steht hier auf Deck noch ein kleines Deckshaus aus Eisen oder Holz, welches den Niedergang enthält und mit Schiebefenstern, Sofa und Tisch ausgerüstet ist. Der Boden des Wohnraumes wird ziemlich hoch gezogen,

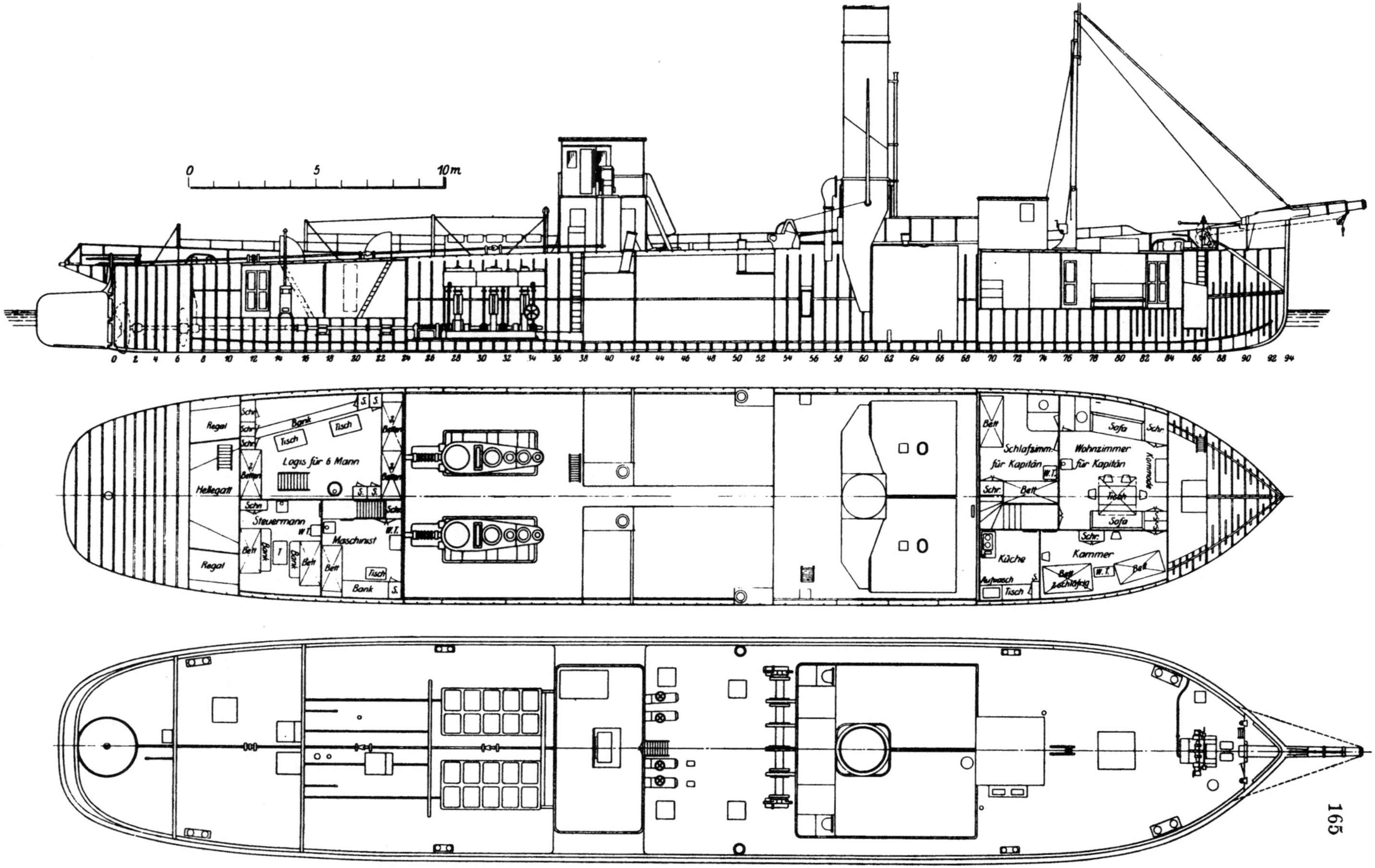

Fig. 100. Einrichtungsplan eines normalen Rheinschleppers (erbaut von Gebr. Sachsenberg A.-G., Roßlau).

da das Schiff an dieser Stelle noch verhältnismäßig schlank ist. Dadurch werden die Wohnräume auf Schleppern meist niedrig. An die Wohnräume nach hinten zu schließt sich der Kesselraum mit den Bunkern an. Die Einrichtung wird deshalb so gewählt, weil hier ungefähr der Verdrängungsschwerpunkt des Schiffes liegt, so daß das Schiff beim Verbrauch von Kohlen nur wenig vertrimmt.

Durch den Kesselraum selbst sind die Schleppoller als lange Rohre bis auf die Bodenwrangen niedergeführt, damit sie gut feststehen. Sie können natürlich auch durch schwere Konsolen mit der Außenhaut verbunden werden. Ihre Durchführung bis zum Schiffsboden ist aber einfacher und gibt mehr Halt. Vor dem Kesselraum, durch ein Schott von diesem getrennt, liegt der Maschinenraum. Der Niedergang hierzu führt gewöhnlich am Kopf der Maschine auf einer Leiter oder Treppe nach unten. Bei Einschraubenschiffsmaschinen ist der Zugang rund um die Maschine sehr bequem. Die Durchbrechung des Oberdecks für die Zylinder ist schmal.

Fig. 101. Schraubendampfer (erbaut von Escher, Wyss & Cie., Zürich).

Fig. 102. Schraubendampfer (erbaut von Escher, Wyss & Cie., Zürich).

Bei Zweischraubenschiffen wird die Decksdurchbrechung so breit, daß auf Deck nur noch ein schmaler Gang bleibt. Der Gang zwischen den Maschinen ist dann ungefähr 1—1,20 m, so daß evtl. beide Maschinen von einer Person bedient werden können, ohne daß der Maschinist viel hin- und hertreten muß. Um den Maschinenraum kurz zu halten, ist ein Wellenlager oder wenigstens ein Teil des Drucklagers häufig schon mit einer Nische in den Nachbarraum, den hinteren Wohnraum für Mannschaften, eingebaut. Die Nischen liegen dort unter der Treppe, so daß sie im Raum nicht weiter stören. Hinter dem Mannschaftsraum, über dem Stevenrohr, wo das Schiff bereits sehr spitz ist, wird gewöhnlich noch ein niedriger Laderaum sowie ein Trimmtank vorgesehen. Das Hinterschiff bis zum Stevenrohr wird auszementiert.

Die Einrichtung und Lage sämtlicher Räume zueinander wiederholt sich fast auf allen Schleppern und ist, vergrößert oder verkleinert, zumeist die gleiche.

Bei Personendampfern liegen die Verhältnisse aber ganz anders. Hier sind von Grund auf mehrere Typen zu unterscheiden. Große, schlank gebaute Dampfer nach Art der Seeschiffe, wie Fig. 101. Das Hauptdeck läuft durch. Darüber befindet sich noch ein teilweises oder ganz durchlaufendes Oberdeck. Auf dem Hauptdeck sind kleinere Aufenthaltsräume evtl. auch etwas versenkt, aufgebaut. Unter Hauptdeck sind entweder Laderäume oder Aufenthaltsräume für weitere Personen, jedoch mit kleinen Fenstern. Fig. 102 zeigt den zweiten Haupttyp. Im Vorderschiff und Hinterschiff über die normale Hauptdeckshöhe stark hinwegragende Salons mit weiten, großen Fenstern, darüber durchlaufendes Promenadendeck mit aufgebauter Brücke und Steuerstand. Die Schiffe sind im Verhältnis zu ihrer Länge meist mit sehr geringer Seitenhöhe gebaut und werden dadurch verhältnismäßig billig, aber auch sehr weich. Fig. 103 zeigt den gleichen Typ, aber mit unterbrochenem Oberdeck, der auch oft vorkommt. Die Schiffe würden an sich noch weicher sein wie der vorhergehende Typ, da das durchgehende Oberdeck fehlt, welches bei richtiger Konstruktion noch als Träger angesehen werden kann. Sie werden aber meist etwas hochbordiger gebaut. Fig. 104 zeigt noch einen weiteren, motorbootähnlichen Typ, bei dem die unter Deck befindlichen Salons vollkommen fehlen. Das Hauptdeck wird hier entweder offen gehalten und mit Bänken ringsherum versehen oder, wie in diesem Fall, durch leichte Fensterkonstruktion vor der Witterung geschützt. Die Brücke liegt dann über dem Aufbau. Auf den Strekken, auf denen die nötige Höhe nicht vorhanden ist, um die Brücke über die Aufbauten hinwegragen zu lassen, lege man sie weit nach vorn, damit freie Aussicht bleibt, andernfalls ist bei besetztem Schiff ein sicheres Steuern fast unmöglich. Auf den meisten Personenschiffen sind ringsherum laufend Lattenbänke vorgesehen. Man kann jedoch, wie es hier und da versucht wird, die Bänke auch quer zur Längsrichtung des Schiffes stellen und damit mehr Sitzplätze schaffen. Diese Anordnung ist aber beim fahrenden Publikum nicht beliebt, da jeder an der Bordwand sitzen will. Sie eignet sich mehr für die geschlossenen Salons unter Deck, soweit man dort nicht vorzieht, lose Stühle zur Verfügung zu stellen. Auf den großen Schiffen lege man den Aufgang zur Brücke in ein Kartenhaus oder den Schornsteinumbau oder ähnlichen geschlossenen, dem

Fig. 103. Schraubendampfer nach Fahrplan der „Stern"-Gesellschaft, Berlin.

Fig. 104. Schraubendampfer (erbaut von Escher, Wyss & Cie., Zürich).

Publikum nicht zugänglichen Raum. Viele von den Mitfahrenden halten sich gern auf der Brücke auf und betreten diese trotz angeschlagenen Verbots. Der Schiffsführer hat dadurch immer wieder Schwierigkeiten, entweder die Betreffenden abzuweisen oder mit fortwährender Störung in der Schiffsführung durch allerlei Fragen zu rechnen.

Die Klasseneinteilung ist fast auf allen Personenschiffen in der gleichen Form durchgeführt. Das Vorderschiff wird für die Wenigerzahlenden zur Verfügung gestellt, das Hinterschiff für die I. Klasse vorbehalten. Zwar bietet das Vorderschiff die bessere Aussicht und ist auch durch Schwingungen weniger gestört. Es ist aber Wind und Wetter mehr ausgesetzt. Auf den großen Rhein-Personendampfern, wo das meiste Publikum I. Klasse fährt, hat man das gesamte Oberdeck hierfür freigehalten und nur das Vorderschiff auf dem Hauptdeck für II. Klasse-Passagiere zur Verfügung gestellt. Man sieht dort, daß gerade das Vorderdeck auf dem Oberdeck am meisten beliebt ist, zumal auf den Schiffen, auf denen vorne eine kurze Glasschutzwand angebracht ist. Die Ausstattung dieser Dampfer ist naturgemäß sehr verschieden. Die meisten haben keine Verpflegungsmöglichkeit an Bord. Auf anderen ist eine Getränkausgabe vorgesehen. Die ganz großen haben Küche und Eisraum. Sonnensegel sind fast über alle Oberdecks gezogen, auch auf den ganz kleinen, offenen Schiffen.

Die Maschine.

Bauart und Expansionsstufen. Die Schraubenschiffsmaschine unterscheidet sich grundsätzlich in ihrer Bauart, Umdrehungszahl und Anordnung von der Radschiffsmaschine. In der Hauptsache wird die stehende Schiffsmaschine bevorzugt. Man findet aber auch vielfach die schräg liegende, sog. Holländerbauart mit schräg liegenden, V-förmig sich gegenüberstehenden Zylindern, wie Fig. 105 zeigt. Bei dieser Bauart spart man wesentlich an Gewicht und an Platz. Die Fundamentplatte fällt weg, die Gleitbahnträger werden leichter und die Maschine wird fast um einen ganzen Zylindersatz kürzer, da die Zylinder nicht mehr hintereinander stehen, sondern mit Versetzung um eine Kurbelbreite einander gegenüberliegen. Das Lager zwischen den beiden Kurbeln fällt dann natürlich auch aus. Gewöhnlich wird diese Bauart nur als Zweifach-Expansionsmaschine ausgeführt. Sie ist im übrigen nicht zu empfehlen, da die Maschine so gut wie nicht zugänglich ist, die Montage der Kolben und Deckel, die Anbringung der Pumpen und der Kondensation und die Beobachtung der Hauptlager große Schwierigkeiten machen. Außerdem werden die genieteten Maschinenfundamente mit der Zeit lose, so daß die Maschine während des Ganges unruhig wird. Ein Nachnieten der Zylinderträger ist nur schwer möglich und ohne Herausnahme der Zylinder, wozu mindestens ein Aufbrechen des ganzen Decks erforderlich ist, kaum durchzuführen.

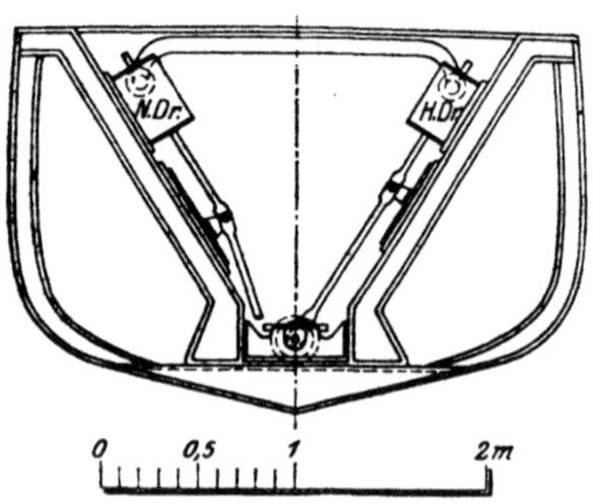

Fig. 105.
Schema einer Schraubenschiffsmaschine holländischer Bauart.

Außer der Zweifach-Expansionsmaschine trifft man bei den stehenden Schraubenschiffsmaschinen auf Binnengewässern auch noch die dreifache und in selteneren Fällen die vierfache Expansionsmaschine.

Fig. 106, 107, 108 und 109 zeigen die am häufigsten vorkommenden Bauarten derartiger Schiffsmaschinen. Fig. 106 stellt eine ganz leichte Dreifach-Expansionsmaschine für 250 Pferde mit getrennt gelagerter Einspritzkondensation dar; Fig. 107 eine Zweifach-Expansionsmaschine mit derselben Leistung mit angehängter Einspritzkondensation, Fig. 108 eine Maschinenanlage für einen Doppelschraubenschlepper von zusammen 800 Pferden mit angehängter Einspritzkondensation und Fig. 109 eine Dreifach-Expansionsmaschine von rund 400 Pferden, auch mit angehängter Einspritzkondensation. Man hat in diesen vier Abbildungen ungefähr alle vorkommenden Bauarten der Schraubenschiffsmaschine für Binnengewässer vor sich. Fig. 106 gibt eine der selteneren Ausführungen der ganz leichten Maschinen mit Gegengewicht, die sich aber besonders für Personendampfer gut eignen. Bei schwereren Beanspruchungen und höheren Tourenzahlen neigt allerdings die reine Säulenkonstruktion leicht zum Schwingen, während die Maschinen mit gegossenem Ständer an der Hinterseite einen ganz anderen Halt haben. Die Maschinen sind nach Möglichkeit niedrig gehalten, damit die Gewichte nicht zu weit über die Wasserlinie hinausragen und die an sich im Verhältnis zur Maschine oft kleinen Schiffe nicht rank machen. Außerdem ist die Gewinnung von Deckfläche, welche unter Umständen dadurch erreicht werden kann, daß man die Zylinder noch unter Deck unterbringt, zumal für Personendampfer so bedeutend, daß man auch andere Nachteile, großen schädlichen Raum, ungünstiges Pleuelstangenverhältnis usw. mit in Kauf nimmt. An sich gilt über die Expansionsstufen bei der Schraubenschiffsmaschine dasselbe wie bei der Radschiffsmaschine auf Seite 59 Gesagte. Nur zieht man bei größeren Maschinen über 400 Pferde die Dreifach-Expansionsmaschine immer vor, weil bei der kurzhübigen Maschine doch größere Ersparnisse durch die dritte Expansionsstufe zu erzielen sind wie bei der langhübigen Radschiffsmaschine. Vierfach-Expansionsmaschinen kommen in der Binnenschiffahrt bis heute selten vor.

Fig. 106. Leichte Dreifach-Expansionsmaschine für Schraubenschiffe mit getrennt liegender Kondensation, 250 PSi (gebaut von Escher Wyss & Cie., Zürich).

Leistungen. Die Leistungen der normal gebauten Modelle liegen heute zwischen 15—650 PSi. Bei den kleinen Maschinen geht man dabei bis zu Tourenzahlen von 300—350 in die Höhe, während die großen Maschinen nicht viel über 160—170 Umdrehungen machen. Bei der Art der Berechnung dieser Maschinen muß auf „Bauer“-Schiffsmaschinen sowie die „Hütte“ und viele der anderen vorhandenen Lehrbücher verwiesen werden. Es sollen hier nur die besonders im Binnenschiffbau vorhandenen Verhältnisse berücksichtigt werden.

Zylinderverhältnisse, Füllungen. Über die Art der Steuerung und ihrer Lagerung wird später gesprochen. Es muß nur hier bei der allgemeinen Anordnung der Maschinen auf Fig. 109 hingewiesen werden, in der durch Herausdrehen der Schieber aus der Maschinenachse eine sehr günstige und gedrängte Anordnung der Steuerung und der Bau einer kurzen Maschine erreicht worden ist. Fig. 106 zeigt dasselbe Bestreben in der Konstruktion, nur liegt die Steuerung hier weiter auseinander, was bei der gewählten Anordnung auch nicht von Schaden ist. Es seien hier einige Verhältniszahlen und Querschnitts- und Flächenbelastungen angeführt, welche für mittlere Schleppschiffsmaschinen in Frage kommen. Das Zylinderverhältnis bei Zweifach-Expansionsmaschinen schwankt zwischen 1 : 3 bis 1 : 4,5, meist 1 : 3,8 (ziemlich gleichmäßiges Arbeiten), bei Dreifach-Expansionsmaschinen zwischen 1 : 2,4 : 6,5 bis 1 : 2,6 : 7. Der Hub ist bei kleinen Maschinen etwa 200 mm, bei den größten 450—500 m.

Fig. 107. Zweifach-Expansionsmaschine mit angehängter Kondensation, 250 PSi (gebaut von Escher, Wyss & Cie., Zürich).

Dampfgeschwindigkeiten, Bemessung der Konstruktionsteile. Mit Dampfgeschwindigkeit in den Einströmungskanälen und Zustromrohren gehe man nicht höher als 30 m pro Sekunde. Nach Möglichkeit suche man auch die Ausströmungskanäle und Abströmrohre so zu bemessen, daß keine höhere Dampfgeschwindigkeit als 35 m pro Sekunde in Frage kommt. Dabei ist zu empfehlen, die Kanäle nicht nur für die Einlaßgeschwindigkeit des zugehörigen, sondern auch für die des folgenden Zylinders zu berechnen und von den beiden Ergebnissen das Mittel zu nehmen, damit die Drosselung des austretenden Dampfes nicht zu groß wird. Der Freischlag des Kolbens wird mit 6 mm oben und 8—9 m unten bei mittleren Maschinen genügen. Die Beanspruchung der Kolbenstange kann man mit 200—250 kg einsetzen. Da häufig Wasserschläge vorkommen, gehe man nicht höher. Mit der Beanspruchung der Gewinde, die dauernd unter Vorspannung stehen, kann man jedoch bis auf 400 kg pro Quadratzentimeter hinaufgehen. Alle übrigen Bolzendurchmesser können mit derselben Beanspruchung konstruiert werden. Wenn die Flächendrücke im Kreuzkopfzapfen, wo die Lager nur schwingen, mit 60 kg pro Quadratzentimeter, im Kurbelzapfen mit 30 kg pro Quadratzentimeter und im Grundlager mit 15 kg pro Quadratzentimeter gewählt werden, so wird man Schwierigkeiten mit den Lagern nicht haben. Das Verhältnis von Pleuelstange zu Kurbelradius schwankt zwischen 1 : 4,3 bis 1 : 4,6. Man ist aus dem vorher erwähnten Grunde wegen der niedrigen Maschine dazu gezwungen, so kurze Pleuelstangen zu verwenden. Es wäre natürlich sehr erwünscht, längere Maschinen zu bauen.

Fig. 108. Maschinerie für Doppelschraubenschlepper mit angehängter Einspritzkondensation, zusammen 800 PSi (gebaut von Escher, Wyss & Cie., Zürich).

Man erhält dann aber wieder Nachteile im Schiff. In Verbindung mit dem geringen Hub werden die Maschinen daher außerordentlich niedrig. Der Druck auf die Führung beträgt etwa 4—5 kg pro Quadratzentimeter. Die Beanspruchungen der Wellen auf reine Torsion soll nicht höher wie 120 kg pro Quadratzentimeter sein, da bei dem häufigen Aufschlagen der Schraube auf Grund an sich noch sehr bedeutende Beanspruchungen in die Welle selbst hineinkommen. Es ist hier außerdem noch zu berücksichtigen, daß sich fast bei allen Schleppern und leichteren Flußbooten das Hinterschiff derartig durchbiegt, daß selbst die bestausgerichteten Wellenlager, wenn die Maschine später arbeitet, nicht mehr fluchten. Die Wellen werden trotz allerbester Montage, auch wenn die Erfahrungswerte für die Durchbiegung beim Einlegen von vornherein zugegeben werden, immer etwas unter Spannung stehen und stark auf Biegung beansprucht werden. Daher laufen auch die Lager der Wellenleitungen sich häufig warm oder müssen dauernd lose gefahren werden. Man darf deshalb mit den rein rechnerischen Wellenbeanspruchungen keinesfalls hoch gehen. Da dasselbe, was soeben für die Wellen gesagt wurde, auch für die Kupplungsbolzen und Kupplungen selbst gilt, soll man auch hier Zugbeanspruchungen und Biegungsbeanspruchungen über 100 kg pro Quadratzentimeter nicht überschreiten.

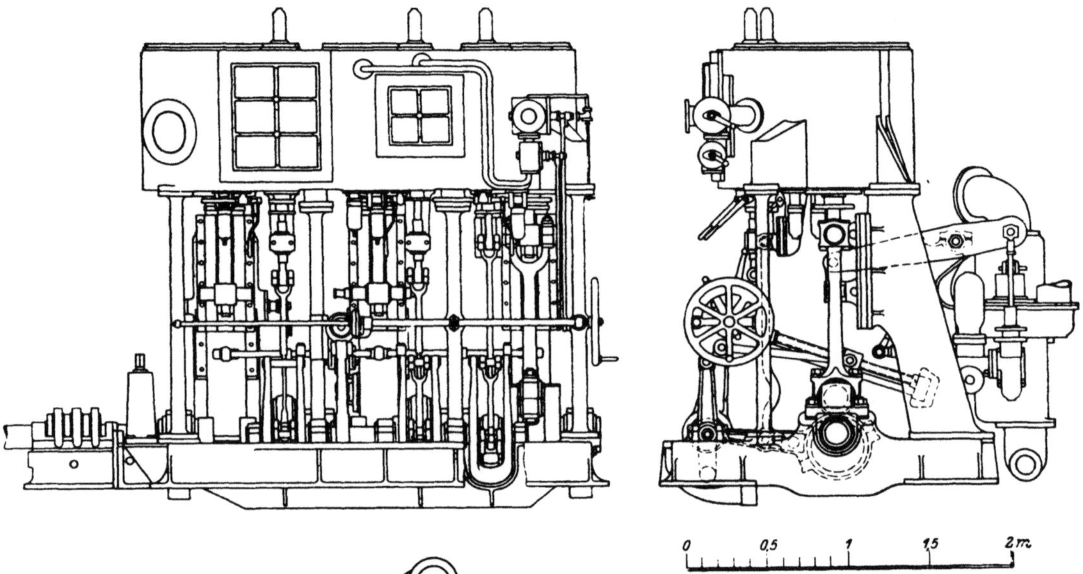

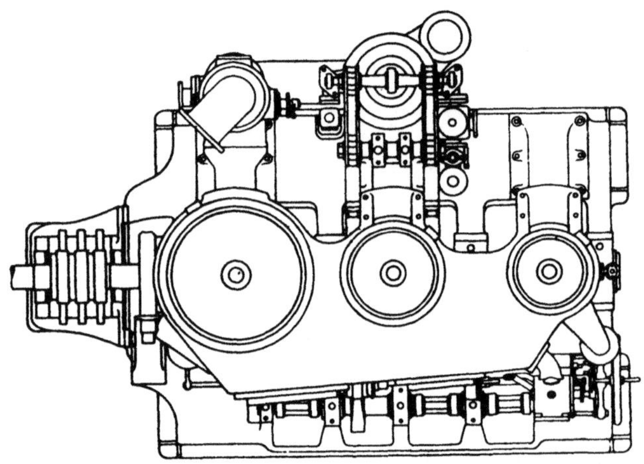

Fig. 109.
Dreifach-Expansionsmaschine normaler Bauart für Schraubenschlepper, 400 PSi.

Die Drucklager haben gerade auf den Schleppern sehr hohe Beanspruchungen auszuhalten, da bei dem plötzlichen Straffwerden der Schleppstränge sehr hohe und schwer kontrollierbare Beanspruchungen auf die Drucklagerringe kommen, besonders dann, wenn die Maschine schon mit voller Umdrehungszahl läuft. Man gehe daher mit dem Flächendrücken nicht über 3,2—3,5 kg pro Quadratzentimeter. Nur bei Personendampfern kann man entsprechend höher gehen. Die Kolbengeschwindigkeiten schwanken zwischen 2,6—1,6 m pro Sekunde. Die größeren Maschinen gehen hierin höher als die kleinen.

Berechnung der Maschine. Die Berechnung der Maschinen geschieht in derselben Weise wie die jeder stehenden, normalen Schiffsmaschine. Nur muß bei

Schleppern darauf geachtet werden, daß die Steuerung soweit eingelegt werden kann, daß bei Schiffen ohne Anhang die Maschine nicht zu viel Umdrehungen macht.

Zylinder, Grundplatte, Luftpumpe. Die Zylinder weisen außer dem geringen Hub keine besonderen Eigentümlichkeiten auf. Es kann bei ihnen jedoch nicht wie bei Radschiffsmaschinen auf allerkürzeste Kanäle Rücksicht genommen werden, da bei stehenden Maschinen wenigstens die unteren Flächen gleich sein müssen, wenn die Montage und Unterbringung der Steuerung nicht zu schwierig werden soll. Auch die oberen Flächen werden allermeist in eine Ebene verlegt. Die Einströmung geschieht dann gewöhnlich durch die Deckel, damit die Maschine kurz baut. Das Verhältnis vom schädlichen Raum zum Zylindervolumen wird daher erheblich größer wie bei den langhübigen Radschiffsmaschinen, wodurch die Schraubenschiffsmaschine zumeist unwirtschaftlicher arbeitet als die letztere. Zylindereinsätze werden nicht vorgesehen, da man vermeiden will, große Gewichte nach oben zu bringen und die Maschine in der Länge so sehr wie möglich zusammendrängt. Die Zylinderentwässerung soll bei den immerhin schnellaufenden Maschinen sehr reichlich genommen werden. Man wähle bei Zylinderdurchmessern von 400—500 Durchmesser wenigstens zwei Entwässerungsstutzen auf jeder Seite von 25 lichtem Durchmesser und bei Zylindern von 600—900 Durchmesser vier solche Entwässerungsstutzen. Die Gefahr, daß sich der Niederdruckzylinder von der Kondensation aus vollsaugt wie bei der Radschiffsmaschine, liegt bei der hohen Lage des Zylinders weniger vor, ist aber nicht ganz ausgeschlossen. Es muß darum für beste Entwässerung Vorsorge getroffen werden. Die Bekleidung der Zylinder und Isolierung geschieht in derselben Art wie bei Radschiffsmaschinen. Bei kleineren Maschinen werden die gußeisernen Ständer auf der Rückseite gern als Dampfabstromrohre oder auch als Kondensator benutzt. Die Anordnung ist nicht zu empfehlen, da hierdurch die Ständer unnötig warm werden und ungleichmäßig dehnen. Wenn die Maschinen eng und sauber montiert sind, kommen da leicht Schwierigkeiten mit Stopfbuchsen, Gleitbahn und Kolben vor. Am einfachsten hängt man den Einspritzkondensator, wie Fig. 109 zeigt, an den Ständern der Maschine auf, und bringt daneben die Luftpumpe und Speisepumpe an, welche durch Hebel angetrieben werden. Man kann dann die richtige Höhenlage des Kondensators, so daß das Wasser der Pumpe von selbst zuläuft, einfach herstellen. Die Ansatzflanschen der Pumpe und des Kondensators sichert man entweder durch Keile oder dadurch, daß man den Flansch, wie auf Fig. 109, auf eine Nase aufsetzt. Das Lager für den Festpunkt des Hebels zum Pumpenantrieb gießt man an den Gleitbahnträger an, da es hohen, dauernd wechselnden Beanspruchungen ausgesetzt ist und eine Verschraubung sich leicht lockert. Die obere und untere Flanschfläche der gußeisernen Maschinenständer sichert man durch eingelegte Keile oder Federn gegen Abgleiten, so daß die Befestigungsschrauben nicht auf Abscherung beansprucht werden können. Ebenso gehe man mit den Säulen vor. Die Bauart dieser Maschine gestattet es meist noch, daß die Säulen senkrecht gestellt werden. Die Maschinengrundplatte aus Gußeisen sollte so berechnet werden, daß auf keinem Querschnitt höhere Belastungen wie 250—300 kg pro Quadratzentimeter kommen.

Pleuelstangen, Drucklager, Wellen usw. Die Pleuelstangen werden in der üblichen Form ausgeführt und berechnet. Sie scheinen verhältnismäßig leicht, da sie kurz sind. Da, wie vorher bereits gesagt, die Hübe der größeren Maschinen und der mittleren etwa gleich sind, um eine gewisse Maschinenhöhe nicht zu überschreiten, sind auch die schwersten Maschinen nicht wesentlich höher als die mittlerer Leistung. Diese Eigentümlichkeit läßt große Schraubenschiffsmaschinen stets etwas gedrückt erscheinen. Pleuelstangenlager, Drucklager, Gleitbahn und Hauptlager müssen alle für Wasserkühlung eingerichtet werden. Außer bei den Pleuelstangenlagern erreicht man die Kühlung durch Zirkulationskanäle, wie üblich, bei den Pleuelstangenlagern durch Aufspritzen von Wasser. Diese Kühlung, die bei großen Schiffsmaschinen allgemein üblich ist, sehe man auch bei kleineren Schraubenschiffsmaschinen vor, da bei der weniger sachgemäßen Wartung Lagerbrände hier häufig sind. Mit der Maschinengrundplatte wird am besten die für das Drucklager fest verschraubt, weil man dadurch bessere Lagerung erhält, und bei kleineren Maschinen das eine Kurbellager noch mit als Traglager für das Drucklager benutzen kann. Die Drehvorrichtung ist, wie Fig. 109 zeigt, noch mit auf der Hauptgrundplatte montiert. Sie besteht aus gußeisernem Schneckenrad, auf die Hauptwelle gekeilt, und bronzener, ausrückbarer Antriebsschnecke mit Handhebel. Kolben und Kolbenstangen werden wie die üblicher Seeschiffsmaschinen gebaut. Die Kurbelwellen der Schraubenschiffsmaschinen werden nicht gebaut, sondern, da sie klein genug sind, noch aus einem Stück geschmiedet. Die Wellenleitung soll kräftig bemessen sein, da sie gerade beim Flußdampfer durch die Durchbiegung des Schiffes selbst erhöhten Beanspruchungen ausgesetzt ist. Man nehme Material von nicht allzuhoher Festigkeit, vielleicht zwischen 45—50 kg Zerreißfestigkeit, aber höhere Dehnung, über 20%. Die Schwanzwelle braucht nicht durch Überzüge vor Korrosionen geschützt zu werden im Gegensatz zu der bei Seeschiffen.

Die Kurbellager werden bei den größeren Schiffen über 400 PS meist aus Stahlguß angefertigt und mit Weißmetall ausgegossen; bei den kleineren Schiffen genügen gußeiserne Schalen, welche mit Weißmetall ausgegossen sind; bei ganz kleinen nimmt man häufig auch bronzene Lagerschalen. Die Deckel sind überall nur mit zwei Schrauben befestigt, da die nötige Breite für vier Schrauben einmal nicht zur Verfügung steht und außerdem auch nicht die schlechten Erfahrungen wie mit den Lagern der Radschiffsmaschinen gemacht wurden.

Steuerung. Die Steuerung der Schraubenschiffsmaschinen wird auf die verschiedensten Arten betätigt. Man wählt die gewöhnliche Stephenson-, Klug- und Marschall- oder Heusinger-Steuerung. Nur die Joy-Steuerung, auf die man hier nicht angewiesen ist, findet ihrer vielen Gelenke wegen, im Gegensatz zum Radschiff, fast nie Anwendung. Am meisten gebräuchlich ist außer der Stephenson-Steuerung die Klug-Steuerung, weil sich die Maschine dabei schmaler baut als bei der Marschall-Steuerung. Die Beanspruchungen, die bei der Klug-Steuerung höher sind, lassen sich durch entsprechende Bemessung der Zapfen noch gut ertragen. Der erste Entwurf der Stephenson-Steuerung ist einfach, bei der Klug-Steuerung empfiehlt es sich, um schnell zu guten Verhältnissen zu kommen, nebenstehendes Schema zu benutzen.

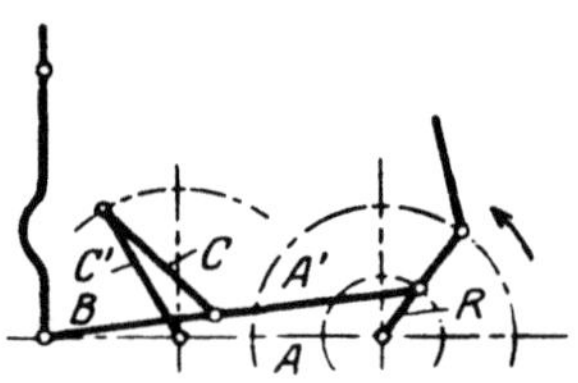

Fig. 110.

Klug-Steuerung:

$$A = 6{,}0\,R, \quad A' = 6{,}0828\,R, \quad B = 0{,}6\,A', \quad C = C' = 8{,}0\,R,$$

Bei ganz leichten Maschinen, wo es auf die Breite nicht ankommt, herrscht jedoch die Marschall-Steuerung wegen ihrer geringeren Beanspruchung der Gestänge vor. Bei großen Maschinen, denen ein langer Maschinenraum an sich zur Verfügung steht, die Maschinenraumbreite jedoch nicht genügend ist, um zwei Maschinen mit aus dem Maschinenmittel ausgedrehten Schieberachsen unterzubringen, nimmt man stets die einfache Stephenson-Steuerung. Bei Einschraubenanlagen ist gewöhnlich das Umgekehrte der Fall. Man hat Maschinenraumbreite, aber keine Länge, so daß man an sich gezwungen ist, die Schieberachse herauszudrehen. Hier ist die Verwendung einer Einexzentersteuerung selbstverständlich. Die Einexzentersteuerungen haben im Gegensatz zur Stephenson-Steuerung den Vorteil, daß sie sich viel schneller, meist durch Umlegen eines Hebels, umsteuern lassen, während bei Stephenson-Steuerung fast immer erst eine Spindel gedreht werden muß.

Schieber, Umsteuerung usw. Als Schieber verwendet man für den Hochdruck, besonders bei Überhitzung, meist den Kolbenschieber. Für den Mitteldruck kommt man am besten mit dem Trick-Flachschieber, bei dem Niederdruck auch mit dem Trick-Flachschieber oder Pen-Trick-Flachschieber aus. Penn-Trick-Schieber verziehen sich allerdings leicht wegen der Temperaturdifferenzen zwischen ihren Ein- und Ausströmungskanälen. Für Maschinen von 400 PS an und bei Anwendung von Überhitzung ist für den Mitteldruck auch ein Rundschieber mit Trick-Kanal empfehlenswert. Der Führungsbock der Schieberstange am Zylinder wird bei den meisten Maschinen zu leicht gehalten. Das konstruktiv Richtigste ist, diesen Bock mit kräftigem Fuß gleich an den Zylinder anzugießen. Da dies jedoch wegen der schwierigen Bearbeitung und des ungünstigen Gußstückes meist nicht erwünscht ist, so muß besonders darauf geachtet werden, daß der Fuß dieses Bockes möglichst weit auslehnt und mit guten, durch Doppelmuttern gesicherten Stiftschrauben am Zylinder befestigt wird. Außerdem ziehe man den Fuß so eng wie möglich an die Schieberstopfbuchse heran oder, wo durchführbar, auch ein Stück um diese herum, um möglichst geringe Hebelsarme zu erhalten.

Bei allen Schraubenschiffsmaschinen der üblichen Größen für Binnenschiffahrt geschieht die Umsteuerung noch leicht von Hand und zwar, wie schon vorher gesagt, bei Stephenson-Steuerung mittels Spindel, bei den Klug-Steuerungen mittels Hebel. Als Füllung des Hochdruckzylinders kommen in Frage bei Dreifach-Expansionsmaschinen im Hochdruck 40—65%, im Mitteldruck 45—70%, im Niederdruck 45—70%.

Bei Zweifach-Expansionsmaschinen: im Hochdruck 40—60, im Niederdruck 35—55%.

Ventile. Die Ventilsteuerung hat bei den Schraubenschiffsmaschinen noch wenig Eingang gefunden, da sie sehr empfindlich ist und gute Bedienung verlangt. Es wäre jedoch zu empfehlen, in dieser Richtung weiter zu gehen, zumal die Umsteuerung sehr einfach ist und die Gestänge wenig beansprucht werden. Außerdem wäre es gerade durch Ventilsteuerung möglich, die großen schädlichen Räume, die zurzeit bei den kurzhübigen Schraubenschiffsmaschinen noch vorhanden sind, zu verkleinern. Man wird daher durch die Einführung der Ventilsteuerung gerade bei der Schraubenschiffsmaschine wirtschaftlich größere Vorteile erreichen können wie bei der Radschiffsmaschine. Bei starker Verkleinerung des schädlichen Raumes ist allerdings durch sorgfältige Prüfung der Entwurfsdiagramme darauf zu achten, daß keine Schleifenbildung durch zu hohe Kompression eintritt, da sonst der Vorteil der Dampfersparnis wieder verloren geht.

Kondensator und Luftpumpe. Als Kondensator benutzt man meist einen solchen mit Einspritzkondensation. Der Einspritzkegel wird vom Maschinistenstand aus mit bedient. In den meisten Fällen ist der Kondensator selbst direkt an die Maschine angebaut. Wo man Kondensator- und Luftpumpe besonders legt, kauft man meist die fertigen Sätze der bekannten Firmen. Ein Inhalt des Einspritzkondensators genügt in den meisten Fällen von 0,35 l pro PSi. Das Verhältnis von Luftpumpenvolumen : Niederdruckzylindervolumen beträgt gewöhnlich 1 : 9—10. Fig. 111 zeigt den Schnitt durch eine angehängte Luftpumpe.

Speisepumpen. Die zugleich mit der Luftpumpe angetriebenen Speisepumpen machen bei Schraubenschiffsmaschinen vielfach Schwierigkeiten, da sie für die hohe Tourenzahl der Maschine meistens nicht geeignet sind. Man achte hier darauf, daß man erstens keine hin- und herpendelnde Wassersäule bekommt und vor allen Dingen gebe man den Ventilen einen möglichst reichlichen Querschnitt und sehr geringe Hübe. Solche von 3—4 mm genügen bereits. Man mache den Ventilhub einstellbar, jedoch mit einer oberen Begrenzung von 4 mm, damit man bei Bedarf mit noch geringeren Ventilhüben arbeiten kann. Bei größerem Ventilhub bekommt man durch die hin- und herpendelnden Wassersäulen derartig starke Schläge in die Rohrleitungen, daß häufig Brüche auftreten. Einschaltung eines größeren Windkessels in die Rohrleitungen sowie sehr großer geringhübiger Speiserückschlagventile am Kessel mildern diese Schläge erheblich.

Rohrleitungen. Die Dampfrohrleitungen werden bei Schraubenschiffsmaschinen in derselben Weise geführt wie bei Radschiffsmaschinen. Gewöhnlich verbindet man da, wo zwei Kessel vorhanden sind und zwei Maschinen, die beiden Kessel mit einem Hauptdampfrohr, führt dieses bis zum Maschinenraum und teilt es dort wieder. Die Konstruktion ist nicht gut, da man gerade an den Teilungsstellen Schwierigkeiten bekommt. Besonders wenn starke Erschütterungen im Schiff vorhanden sind, pflegen an dem V-förmig ausgebildeten Verteilungsstück Risse aufzutreten. Man tut daher besser, jeder Maschine eine besondere Zuleitung von dem Kessel aus zu geben, und die Leitung so einzurichten, daß jeder Kessel in jede Dampfleitung speisen kann. Bei einer Länge von 10—15 m der Hauptdampfleitung wird man bei dieser Konstruktion sogar noch billiger und nicht schwerer arbeiten als bei gemeinsamer Leitung. Über Bilge und Wellenleitungen ist nichts Besonderes zu bemerken.

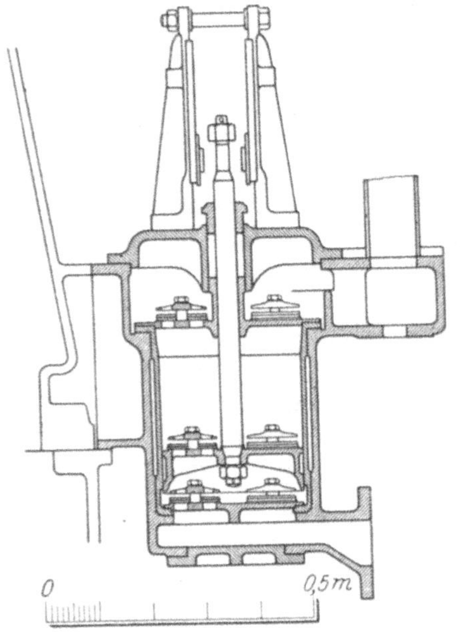

Fig. 111.
Schnitt durch eingehängte Luftpumpe.

Maschinendaten und Gewichte. Um für neue Konstruktionen einige Anhaltspunkte zu geben, seien hier noch, zugleich mit Gewicht, einige Schraubenschiffsmaschinen angeführt, deren Daten zum größten Teil dem Katalog von Steen & Kaufmann in Elmshorn bei Hamburg entnommen und von Herrn Wirsing durchgesehen sind.

Schwere Verbundmaschine mit Kondensation für Schraubenschiffe.

PSi bei 10 Atm. Überdr. u. 65% Füllung im Hochdr.	47	65	90	105	125	165	210	267	365
Zylinderdurchmesser . . mm	160/300	185/345	215/390	230/425	250/465	280/525	310/575	350/655	400/755
Kolbenhub . . . . . . „	200	230	260	280	300	350	400	450	500
Min.-Umdr.	250	230	210	195	185	165	150	135	125
Gewicht: Maschine . . . kg	1800	2450	3250	4000	4750	6000	7500	9500	13000
Gewicht: Wellenleitung, Reservepumpe und Kupferrohre „	750	1000	1300	1600	1900	2400	3000	3800	5200
Kesseldruck (Überdr.) Atm.	10	10	10	10	10	10	10	10	10
Kesselheizfläche (wasserberührt) . . . . . . qm	26,5	36	48	56	66	81,5	105	130	175
Kesseldurchmesser . . mm	1700	1900	2100	2200	2400	2700	3100	3300	3800
Kessellänge . . . . . . „	2450	2700	2800	2850	2820	2900	2900	3000	3200
Flammrohrdurchmesser „	750	850	900	900	2 · 650	2 · 800	2 · 900	2 · 1000	2 · 1050
Kesselgewicht, nackt . kg	5350	7000	8450	9500	11300	14200	17200	19800	26400
Kesselzubehör . . . . „	2250	2700	3200	3600	3900	4400	5200	5900	7000
Kesselwasser . . . . ca. „	2950	3900	5000	5800	6700	8000	10000	11800	15200

Schwere Verbundmaschine ohne Kondensation für Schraubenschiffe.

PSi bei 11 Atm. Überdr. u. 65% Füllung im Hochdr.	14	21	30	37	47,5	70	98	134	190
Zylinderdurchmesser . . mm	100/175	120/205	140/240	155/265	175/300	200/345	230/400	265/460	305/550
Kolbenhub . . . . . . „	120	140	160	180	200	230	260	300	350
Min.-Umdr.	350	325	300	275	250	230	210	185	165
Gewicht: Maschine . . . kg	350	450	675	900	1230	1700	2250	3150	4300
Gewicht: Wellenleitung, Reservepumpe und Kupferrohre „	220	280	430	590	750	1060	1400	2900	2600
Kesseldruck (Überdr.) Atm.	11	11	11	11	11	11	11	11	11
Kesselheizfläche . . . . qm	9,5	14	19,5	23	30,5	42,5	57,5	75	105
Kesseldurchmesser . . mm	1150	1300	1500	1600	1800	2000	2200	2600	3100
Kessellänge . . . . . . „	1300	1950	2200	2300	2550	2780	2950	2800	2900
Flammrohrdurchmesser „	500	550	650	700	800	900	1000	2 · 750	2 · 900
Kesselgewicht . . . . kg	1750	3150	4400	5200	6100	7800	9700	13 900	17 200
Kesselzubehör . . . . „	1000	1250	1750	2000	2350	2900	3350	4100	5200
Kesselwasser . . . . ca. „	750	1600	2200	2600	3300	4500	5900	7800	10 000
	Tornick-Kessel								

Dreifach Expansionsmaschinen mit Kondensation.

Indizierte Leistung	350	625
Zylinderdurchmesser	310 · 500 · 800	380 · 600 · 970
Kolbenhub	450	450
Tourenzahl pro Minute	170	175
Gewicht der Maschine . . . kg	15 200	19 500
Gewicht der Wellenleitung, Reservepumpe, Kupferrohre „	3000	4500
Kesseldruck . . . Atm.	13	15
Heizfläche . . . qm	155	190
Kesseldurchmesser . . . mm	3200	3650
Flammrohrdurchmesser . . . „	950	1150
Gewicht des Kessels, ohne Zubehör . . . kg	25 000	30 000

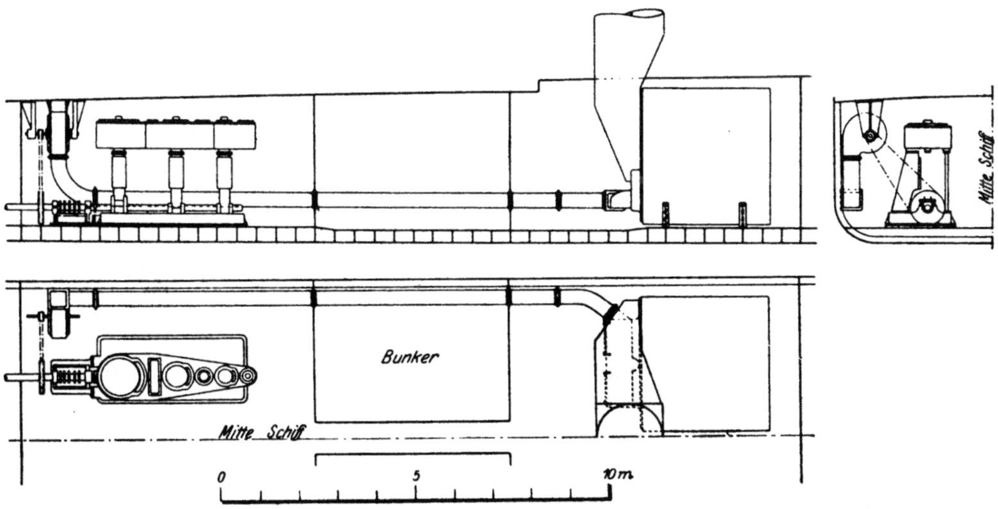

Fig. 112. Anordnung eines künstlichen Gebläses eines Schraubenschleppers nach Angaben von Olering-Schnell.

Die Kessel werden genau so gebaut wie diejenigen der Radschiffe. Nur kommt die leichtere Art mit gekrümmtem Boden nicht vor. Auch Lokomotivkessel kommen nicht in Frage, da sich Zylinderkessel besser eignen.

In bezug auf den künstlichen Zug kann auch hier wieder auf das beim Radschiff Gesagte hingewiesen werden. Ein Bild der Anordnung eines derartigen Gebläses für einen größeren Schlepper zeigt Fig. 112.

Schleppleistungen.

Der Abschnitt über die Schleppleistung auf Seite 125—129 ist für Schraubenschlepper nur noch für Kanäle zu ergänzen. Im übrigen liegen dieselben Verhältnisse vor, wie beim Radschlepper. Der wichtigste Abschnitt unserer deutschen Wasserstraßen ist der Dortmund-Ems-Kanal, für den Probefahrtsergebnisse vorliegen.

Es wurden dort erreicht: Mit normalen Schleppern bei:

173 PS	2100 Zugkraft
200 „	2300 „
250 „	2600 „
284 „	3000 „
300 „	3300 „

Damit konnten geschleppt werden: Zwei normale Kanalkähne von rund 1500 t Ladung und 2 m Tiefgang, mit Geschwindigkeiten von 4,3, 4,5, 4,8, 5,1 und 5,2 km.

Die Geschwindigkeiten sind auf den Kanälen nicht weiter zu steigern, da die Schiffe dann aus dem Ruder laufen. Man könnte aber noch schwerere Züge anhängen, was auch vorteilhafter ist.

Schiffsgewichte.

Die Gewichte reiner Maschinenanlagen für Schraubenschiffe sind in den vorhergehenden Zeilen schon in großer Zahl mitgeteilt. Es seien daher nur noch die Gesamtgewichte dreier verschiedener Schleppdampfer hier angeführt.

	Großer Doppelschraubenschlepper	Mittlerer Doppelschraubenschlepper	Kleiner Einschraubenschlepper
Länge	44	40,7	17
Breite	8	7,7	4,8
Tiefgang	2,10	2,00	1,95
Verdrängung	346 000	267 532	75 600
Schiff	198 425	160 000	46 700
Maschinerie ohne Zubehör und Wellenleitung	40 000	31 400	39 000
Wellenleitung, Rohrleitung, Zubehör	26 000	17 907	4 300
Kessel ohne Zubehör	60 200	} 58 225	10 700
Überhitzer	4 300		} 10 000
Zubehör zum Kessel mit Rauchfang	16 575		

Als Gewichte von Personendampfern seien hier diejenigen einiger mittelgroßer guter Schiffe mitgeteilt:

Schiff Nr.		1	2	3	4
Länge	m	35,25	29,97	25,14	21
Breite	m	6,54	5,65	4,40	4,30
Seitenhöhe	m	2,78	2,32	2,70	1,50
Mittlerer Tiefgang	m	1,10	1,05	1,00	0,90
Gesamtgewicht	t	95	61	47	30
Gewicht des Kessels	t	6	4,5	5,5	4,2
„ „ Kesselwassers	t	7,5	6	3	2
„ von Maschinen und Rohrleitungen	t	9	7	3	3,8
„ des Schiffes ohne Maschine u. Kessel	t	72,5	43,5	35,5	20

Die Schraube[1]).

Bei der Bestimmung der zweckmäßigsten Hauptdimensionen von Schiffsschrauben für einen vorliegenden Konstruktionsfall geht man meistens von den abgebremsten Wellenpferdestärken *WPS* aus, welche der Motor bei einer bestimmten Tourenzahl n_s pro Minute zu leisten imstande ist, und setzt dabei gleichzeitig für das Fahrzeug die Erreichung einer verlangten Geschwindigkeit V_s in *kn* voraus. Die Mehrzahl der in der Praxis üblichen Formeln zur Propellerberechnung, berücksichtigen daher in der Regel auch nur diese drei Werte von *WPS*, n_s und V_s und sollen unter Einführung von Erfahrungskoeffizienten in erster Linie dazu dienen, Durchmesser und Steigung desjenigen Propellers rechnerisch zu ermitteln, welcher unter den gegebenen Konstruktionsbedingungen den besten Wirkungsgrad versprechen wird.

Es mag zunächst darauf hingewiesen werden, daß dieses Verfahren an sich, ganz abgesehen von dem immer nur unsicheren Wert derartiger Erfahrungskoeffizienten aus folgenden Gründen nicht vollkommen einwandfrei sein dürfte. Läßt sich nämlich, für den Fall einer gegebenen Maschinenstärke mit bestimmter Tourenzahl, bei der verlangten Geschwindigkeit, selbst bei der Wahl des unter diesen Verhältnissen besten Propellers, kein derartiger Wirkungsgrad erreichen, daß der daraus resultierende effektive Propellerschub dazu genügt, um den Schiffswiderstand bei der betreffenden Geschwindigkeit zu überwinden, so wird es auch nicht möglich sein, das Fahrzeug auf die betreffende Geschwindigkeit zu bringen und somit gerade ein Hauptfaktor auf unsicherer Basis liegen, der bei der Propellerberechnung eingeführt werden muß. Richtiger dürfte es daher sein, von dem Schiffswiderstand auszugehen, den das Fahrzeug bei der verlangten Geschwindigkeit erfährt, diejenige Schraube zu wählen, welche dann bei der Konstruktionstourenzahl den besten Wirkungsgrad erwarten läßt, und erst auf Grund des letzteren die erforderlichen abgebremsten Wellenpferdestärken des Motors festzulegen (vgl. hierzu: Schaffran, „Systematische Propellerversuche", S. 67 und 70. Verlag Strauß, Berlin). Dieses Verfahren läßt sich aber nur für den Fall durchführen, daß außer den Ergebnissen systematischer voneinander abgeleiteter Modellpropeller auch noch die von Modellversuchen mit dem vorgesehenen Schiffskörper vorliegen, aus denen Schlußfolgerungen auf den bei der verlangten Geschwindigkeit zu erwartenden Schiffswiderstand gezogen werden können. Da aber gerade von den letzteren, meistens der Kosten wegen, bei kleineren Fahrzeugen abgesehen wird, so dürfte es dem Konstrukteur in vielen Fällen auch schon erwünscht sein, einen Anhalt zur Wahl der für einen bestimmten Fall zweckmäßigsten Schraube wenigstens allein durch Auswertung der Resultate systematischer Modellpropeller zu gewinnen. Allerdings muß in diesem Falle wieder von der oben als nicht ganz zuverlässig gekennzeichneten Annahme einer für die betreffende Geschwindigkeit ausreichenden Motorstärke ausgegangen werden, welche aber ein geschickter Konstrukteur auf Grund ähnlicher bewährter Ausführungen mit genügender Annäherung wird bestimmen können. Jedenfalls dürfte die Unsicherheit, welche diesem Verfahren noch anhaftet, nicht derartig sein, daß sie die Anwendbarkeit desselben für praktische Zwecke in Frage stellt.

In dem Diagramm Fig. 113 sind als Beispiel die Ergebnisse systematisch abgeleiteter dreiflügliger Modellpropeller mit den durchweg gleichen Flächenverhältnissen von A_p/A (projiziertes Flügelareal zur Diskfläche) gleich 30% und den

[1]) Der Abschnitt über die Schraube ist freundlichst von Herrn Dr.-Ing. Schaffran, Leiter der Abt. für Schiffbau an der Techn. Versuchsanstalt für Wasserbau und Schiffbau in Berlin, bearbeiten worden. Herr Dr.-Ing. Schaffran ist auf diesem Gebiete Spezialist und besitzt reiche Erfahrungen im Versuchsfeld und in der Praxis.

verschiedenen Steigungsverhältnissen von $H/D = 0{,}6 - 1{,}2$ in Form der reinen Propellerwirkungsgrade η_p, der nominellen Slips s_n und der sogenannten Slipgrade $C_s = \frac{n D}{V_e}$ als Funktion der Tourenmomentgrade $C_{nm} = n \cdot \sqrt[3]{\frac{M}{V_e^5}}$ zusammengestellt, d. h. geeignet zur unmittelbaren Auswertung in dem Fall, daß für eine Maschine von gegebener Wellenpferdestärke *WPS*, die ihre volle Leistung bei einer bestimmten Tourenzahl n_s pro Minute abgibt und daher ein daraus resultierendes ganz bestimmtes Drehmoment M aufweist, bei einer verlangten voraussichtlich erreichbaren Geschwindigkeit V_e in m/sec (unter Berücksichtigung des Nachstroms) derjenige Propeller ermittelt werden soll, welcher unter diesen Verhältnissen den besten Wirkungsgrad verspricht. Betreffs der Ableitungen der in diesen Diagrammen zum Ausdruck gebrachten Beziehungen, auf die des beschränkten Raumes wegen an dieser Stelle nicht näher eingegangen werden kann, mag ebenfalls auf die Veröffentlichung Schaffran: „Systematische Propellerversuche", S. 57 (Verlag Marfels, Berlin) hingewiesen werden.

Die zur Auswertung der Diagramme eingeführten Definitionen werden in folgendem gebracht:

M = Drehmoment des Motors in mkg $= \frac{WPS \cdot 75}{2 \pi n}$;

WPS = abgebremste Pferdestärke an der Propellerschwanzwelle;

n = Tourenzahl pro Sekunde;

V_e = Schiffsgeschwindigkeit in m/sec

unter Berücksichtigung des Nachstroms, gleich nomineller Zuflußgeschwindigkeit des Wassers in den hinter dem Schiff arbeitenden Propeller;

$V_e = V_m\,(1 - w)$;

V_m = Schiffsgeschwindigkeit in m/sec;

w = Nachstromziffer (bei scharfen Schiffen zu etwa 0,04 — 0,05 anzunehmen);

D = Propellerdurchmesser in m;

H = mathematische Steigung der Flügeldruckseite in m;

H/D = Steigungsverhältnis;

A_p/A = Verhältnis des projizierten Areals aller Flügel zur Propellerdiskfläche;

$s_n = \frac{n \cdot H - V_e}{n H}$ = nomineller Slip;

$\eta_p = \frac{SPS}{WPS}$ = reiner Propellerwirkungsgrad;

$SPS = \frac{S \cdot V_e}{75}$ = effektive Propellerschubpferdestärken.

S = erforderlicher Propellerschub in kg, welcher infolge des Sogs, den der hinter dem Schiff arbeitende Propeller gleichzeitig auf dieses ausübt, um einen gewissen Prozentsatz größer als der Schiffswiderstand W bei der betreffenden Geschwindigkeit sein muß.

$$S = \frac{W}{1 - t};$$

t = Sogziffer (bei scharfen Schiffen zu etwa 0,05 — 0,06 anzunehmen).

$EPS = \frac{W \cdot V_m}{75}$ = effektive Schlepp-Pferdestärkenleistung, welche erforderlich wäre, um das betreffende Fahrzeug bei der verlangten Geschwindigkeit von einem anderen zu schleppen.

Die Anwendung des Diagramms Fig. 113 für einen bestimmten vorliegenden Konstruktionsfall mag in folgendem der größeren Anschaulichkeit wegen gleich an dem Zahlenbeispiel 1 erläutert werden.

Für ein Motorboot, das eine Geschwindigkeit von $V_s = 15$ kn erreichen soll, sei auf Grund überschläglicher Rechnungen ähnlicher Ausführungen ein Motor vorgesehen, der seine volle Leistung von $WPS = 100$ abgebremsten Wellenpferdestärken bei $n_s = 900$ Touren pro Minute abgeben kann.

Systematische Propellerversuche.

Versuchsserie A. — Gruppe mit 30% A_p/A.

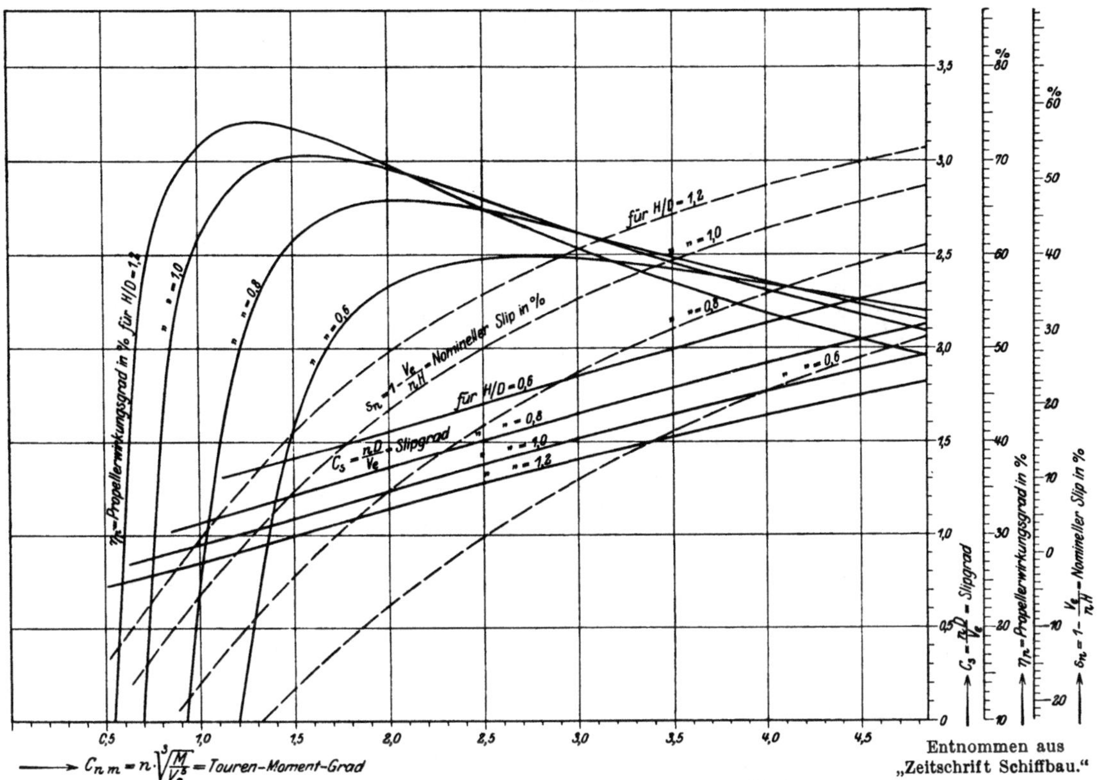

Entnommen aus „Zeitschrift Schiffbau."

Propeller Nr.	28I	29II	30III	31IV
$\frac{\text{Nominelle Steigung}}{\text{Durchmesser}} = H/D$	0,6	0,8	1,0	1,2
$\frac{\text{Projiz. Flügel-Areal}}{\text{Disk.-Areal}} = A_p/A$	0,30	0,30	0,30	0,30
$\frac{\text{Abgew. Flügel-Areal}}{\text{Disk.-Areal}} = A_a/A$	0,325	0,344	0,366	0,391
Dickenverhältnis a. d. Achse δ_i/D in %	5,22	5,22	5,22	5,22
Flügelzahl Z	3	3	3	3

Fig. 113.

Mithin ist das Drehmoment

$$M = \frac{WPS \cdot 75}{2 \pi n} = \frac{100 \cdot 75}{2 \pi \cdot 15} = 80 \,\text{mkg}.$$

Die Fahrtgeschwindigkeit in m/sec unter Berücksichtigung des Nachstroms

$$V_e = V_m(1 - w) = V_e = V_s 0{,}5144(1 - w) = 15 \cdot 0{,}5144 \cdot (1 - 0{,}04) = 7{,}40 \,\text{m/sec};$$

Tourenmomentgrad

$$C_{nm} = n \cdot \sqrt[3]{\frac{M}{V_e^5}} = 15 \cdot \sqrt[3]{\frac{80}{7{,}4^5}} = 2{,}30\,.$$

Für diesen Wert des Tourenmomentgrades $C_{nm} = 2{,}30$ ergeben die Kurven des Diagramms Fig. 113 einen im Maximum erreichbaren reinen Propellerwirkungsgrad $\eta_p = 0{,}672$ für ein Steigungsverhältnis $H/D = 1{,}07$, welchem gleichzeitig ein Slipgrad $C_s = \frac{n\,D}{V_e} = 1{,}27$ zugeordnet ist. Aus letzterem läßt sich nun zunächst der erforderliche zweckmäßigste Propellerdurchmesser errechnen:

$$D = C_s \cdot \frac{V_e}{n} = 1{,}27 \cdot \frac{7{,}4}{15} = 0{,}625\ \text{m}$$

Systematische Propellerversuche.

Versuchsserie A. — Gruppe mit 30% A_p/A.

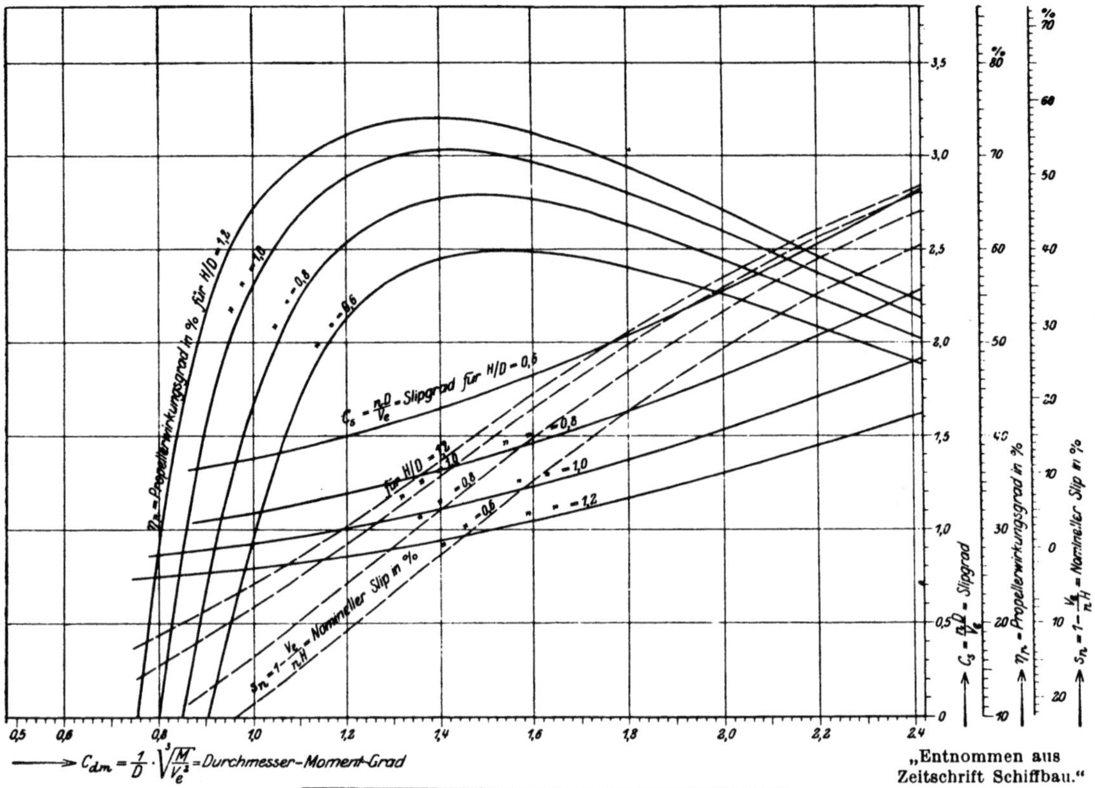

„Entnommen aus Zeitschrift Schiffbau."

Propeller Nr.	28 I	29 II	30 III	31 IV
$\frac{\text{Nominelle Steigung}}{\text{Durchmesser}} = H/D$	0,6	0,8	1,1	1,2
$\frac{\text{Projiz. Flügel-Areal}}{\text{Disk.-Areal}} = A_p/A$	0,30	0,30	0,30	0,30
$\frac{\text{Abgew. Flügel-Areal}}{\text{Disk.-Areal}} = A_a/A$	0,325	0,344	0,366	0,391
Dickenverhältnis a. d. Achse δ_i/D in %	5,22	5,22	5,22	5,22
Flügelzahl Z	3	3	3	3

Fig. 114.

und (bei einem vorher bestimmten Steigungsverhältnis von $H/D = 1{,}07$ für den günstigsten Propeller)

$$\text{Steigung } H = 1{,}07 \cdot D = 0{,}670\ \text{m}.$$

Soll nun unter sonst gleichen Konstruktionsbedingungen wie oben aus Tiefgangsrücksichten ein bestimmter Propellerdurchmesser von z. B. $D = 0{,}60$ m nicht überschritten werden, so eignet sich für diesen Fall das Diagramm Fig. 114 zur bequemen Auswertung. In demselben sind als Beispiel für die Gruppe von dreiflügligen Propellern mit ebenfalls 30% A_p/A Verhältnissen die reinen Propellerwirkungsgrade η_p, die Slips s_n und Slipgrade $C_s = \frac{n\,D}{V_e}$ als Funktion der sogenannten Durchmessermomentgrade $C_{d\,m} = \frac{1}{D} \cdot \sqrt[3]{\frac{M}{V_e^2}}$ graphisch aufgetragen, d. h. geeignet zur unmittelbaren Auswertung für den Konstruktionsfall, daß bei einem Fahrzeug, welches seine Geschwindigkeit von V_e in m/sec (unter Berücksichtigung des Nachstroms) mit einem Motor von WPS abgebremsten Wellenpferdestärken erreichen soll und für das ein bestimmter Propellerdurchmesser D (in m) eingehalten werden soll. Betreffs der Ableitungen der in diesen Diagrammen zum Ausdruck gebrachten Beziehungen sei ebenfalls auf die Veröffentlichung: Schaffran, „Systematische Propellerversuche", S. 71, hingewiesen.

Der Gang der Untersuchung zur Bestimmung des zweckmäßigsten Propellers ist nun in folgendem Zahlenbeispiel 2 erläutert.

Bei einer Tourenzahl von $n_s = 900$ pro Minute und $WPS = 100$ steht dasselbe Drehmoment $M = 80$ mkg zur Verfügung wie im vorigen Fall. Mithin beträgt bei einem beschränkten Propellerdurchmesser von $D = 0{,}6$ m und einer Fahrtgeschwindigkeit von $V_e = 7{,}4$ m/sec (unter Berücksichtigung des Nachstroms) der Durchmessermomentgrad

$$C_{d\,m} = \frac{1}{D} \cdot \sqrt[3]{\frac{M}{V_e^2}} = \frac{1}{0{,}6} \cdot \sqrt[3]{\frac{80}{7{,}4^2}} = 1{,}89$$

und der Slipgrad

$$C_s = \frac{n\,D}{V_e} = \frac{15 \cdot 0{,}6}{7{,}4} = 1{,}22\,.$$

Für diese Werte von $C_{d\,m} = 1{,}89$ und $C_s = 1{,}22$ ergeben die Kurven der Diagramme Fig. 114 — 30% A_p/A Verhältnissen — den besten Propellerwirkungsgrad von $\eta_p = 66{,}4\%$ für das zugeordnete Steigungsverhältnis von $H/D = 1{,}20$. Mithin wäre im vorliegenden Konstruktionsfall als zweckmäßige Steigung $H = 1{,}2\,D = 1{,}2 \cdot 0{,}6 = 0{,}72$ m zu wählen.

Es mag noch besonders darauf hingewiesen werden, daß die den obigen Berechnungen zugrunde gelegten abgebremsten Wellenpferdestärken von $WPS = 100$ an der Propellerschwanzwelle zu rechnen sind und nicht der erforderlichen Leistung des Motors an der Kurbelwelle entsprechen, da von letzterer infolge der Verluste durch die Lauf- und Drucklagerreibung, besonders aber durch die der Erschütterung der ganzen Anlage und des Ungleichförmigkeitsgrades des Tangentialdruckdiagramms des Motors entsprechende Abzüge gemacht werden müssen, um auf die zur Verfügung stehende Leistung an der Propellerschwanzwelle zu kommen.

Die Dimensionierung von Schrauben für Schlepper, welche durch Trossenzüge belastet sind, läßt sich meistens nicht nach den in obigem erörterten Auswertungsmethoden vornehmen, sondern muß zweckmäßigerweise auf Grund von Diagrammen nach Art der Fig. 115 und 116 erfolgen, in welchen als Beispiel die Resultate einer Gruppe dreiflügliger Propeller mit durchweg den gleichen Flächenverhältnissen von $A_p/A = 60\%$, aber den verschiedenen Steigungsverhältnissen von $H/D = 0{,}6 - 1{,}2$ als Funktion der sogenannten Durchmesserbelastungsgrade $C_d = \frac{\sqrt{S}}{D \cdot V_e}$ bzw. Tourenbelastungsgrade $C_n = \frac{\sqrt{S} \cdot n}{V_e^2}$ graphisch aufgetragen sind, d. h. geeignet zur unmittelbaren Anwendung für die Konstruktionsfälle, in denen der beste Propeller für eine bestimmte Schleppgeschwindigkeit V_e in m/sec (unter Berücksichtigung des Nachstroms) für die Erzeugung eines bestimmten Schubes S oder Trossenzuges Z in kg, entweder bei einem bestimmten Schraubendurchmesser D

in m und noch freigestellter Tourenzahl n_s pro Minute oder für eine bestimmte Tourenzahl und nach freigestelltem Durchmesser ermittelt werden soll. Die Ableitungen der Beziehungen für die beiden oben angeführten Belastungsgrade C_d und C_n ist in der Veröffentlichung: Schaffran, „Systematische Propellerversuche“, S. 28 und 42, gebracht worden. An Hand der Diagramme Fig. 115 und 116 lassen sich nun folgende Aufgaben lösen.

Systematische Propellerversuche.

Versuchsserie A. — Gruppe mit 60% A_p/A.

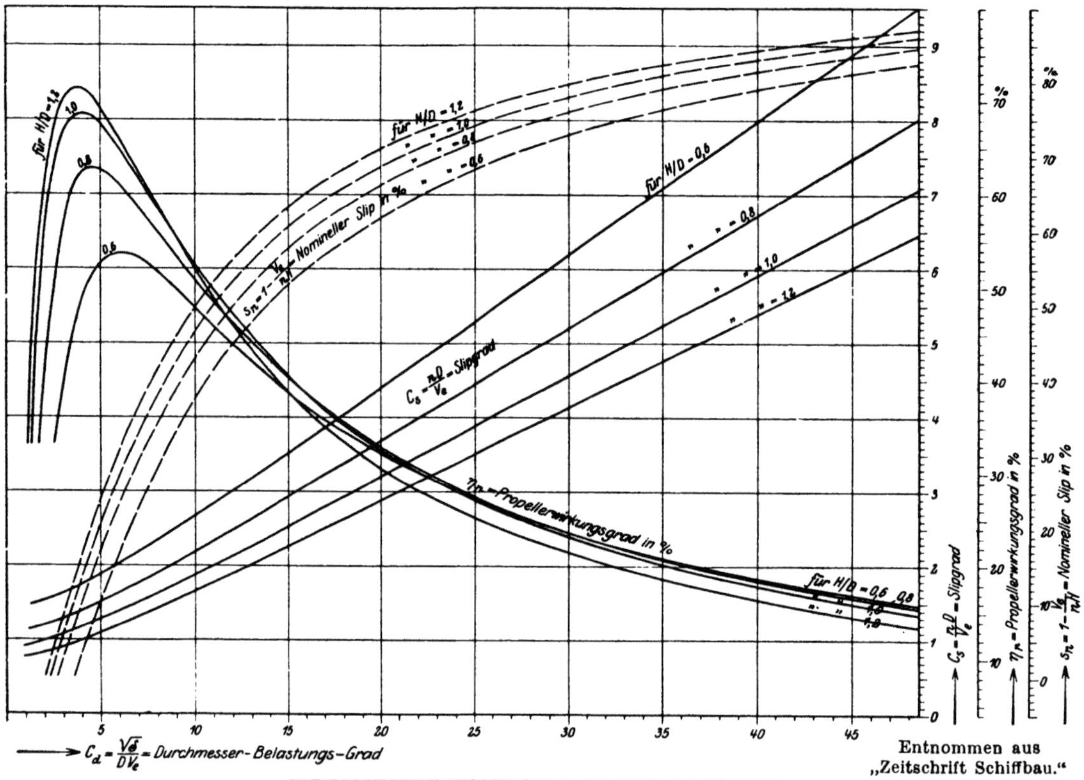

Entnommen aus „Zeitschrift Schiffbau.“

Propeller Nr.	40 XIII	41 XIV	42 XV	43 XVI
$\frac{\text{Nominelle Steigung}}{\text{Durchmesser}} = H/D$	0,6	0,8	1,0	1,2
$\frac{\text{Projiz. Flügel-Areal}}{\text{Disk.-Areal}} = A_p/A$	0,60	0,60	0,60	0,60
$\frac{\text{Abgew. Flügel-Areal}}{\text{Disk.-Areal}} = A_a/A$	0,643	0,673	0,711	0,756
Dickenverhältnis a. d. Achse } δ_i/D in %	5,22	5,22	5,22	5,22
Flügelzahl Z	3	3	3	3

Fig. 115.

Zahlenbeispiel 3: Ein Einschrauben-Dampfschlepper von 19 m Länge, 5,3 m Breite und 1,6 m Maximaltiefgang soll bei einer Schleppgeschwindigkeit von 5 km/st einen nutzbaren Trossenzug von $Z = 2000$ kg leisten. Es sei die Bedingung gestellt, daß die Schraube nicht unter die Kiellinie schlägt, und daß die Ausführung eines Tunnelhecks aus gewissen Gründen ausgeschlossen sei.

Verlangt sei die zweckmäßigste Dimensionierung des Propellers zur Erreichung eines möglichst guten Nutzeffekts durch Auswertung der Versuchsdiagramme (Eig. 115 oder 116). Ferner sind für die gestellten Bedingungen die Tourenzahl, die Maschinenleistung in abgebremsten und indizierten Pferdestärken (*WPS* bzw. *IPS* und der sogenannte Schleppgütegrad Z/IPS, d. h. das Verhältnis des nutzbaren Trossenzuges in kg pro indizierte Pferdestärke, zu bestimmen.

Zunächst ergibt sich aus konstruktiven Gründen, daß der größte zulässige Schraubendurchmesser, den man in diesem Falle bei der großen Belastung wählen muß, wegen des beschränkten Tiefganges des Schleppers von 1,6 m nicht über 1,45 m betragen darf. Der Eigenwiderstand des Schleppers W läßt sich aus der festgestellten Kurve der effektiven Schlepppferdestärken EPS desselben bei 5 km Geschwindigkeit bestimmen.

Systematische Propellerversuche.

Versuchsserie A. — Gruppe mit 60% A_p/A.

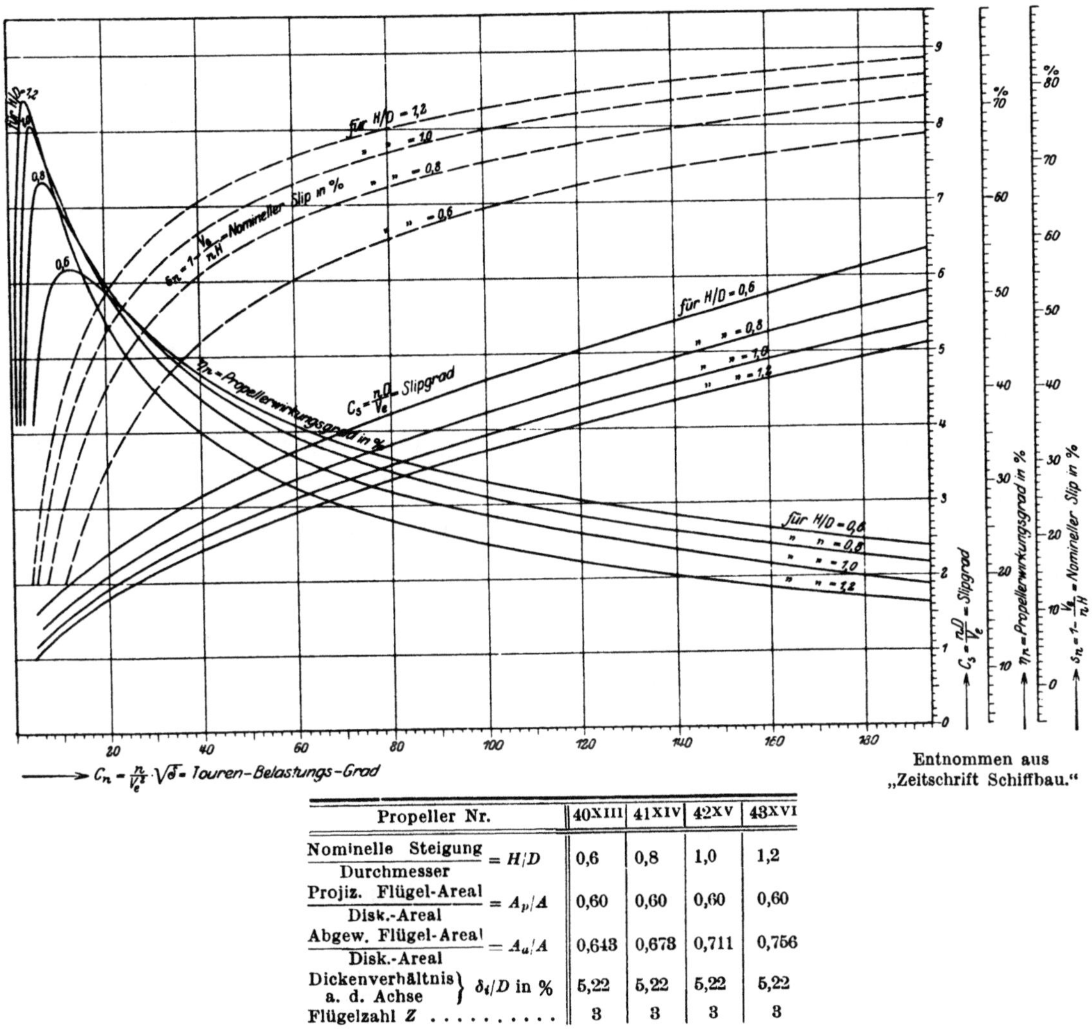

Entnommen aus „Zeitschrift Schiffbau."

Propeller Nr.		40 XIII	41 XIV	42 XV	43 XVI
Nominelle Steigung / Durchmesser	$= H/D$	0,6	0,8	1,0	1,2
Projiz. Flügel-Areal / Disk.-Areal	$= A_p/A$	0,60	0,60	0,60	0,60
Abgew. Flügel-Areal / Disk.-Areal	$= A_a/A$	0,643	0,678	0,711	0,756
Dickenverhältnis a. d. Achse	δ_i/D in %	5,22	5,22	5,22	5,22
Flügelzahl Z		3	3	3	3

Fig. 116.

Es sei hierbei: $EPS = 0{,}6$;

$$W = \frac{EPS \cdot 75}{V_m};$$

$$V_m \text{ Geschwindigkeit in m/sec} = \frac{5\,\text{km} \cdot 1000}{3600} = 1{,}39\ \text{m/sec},$$

$$W = \frac{0{,}6 \cdot 75}{1{,}39} = 32{,}4\ \text{kg} \sim 33\ \text{kg}.$$

Der tatsächliche Gesamtwiderstand, den die Schraube überwinden muß, ist also gleich

$$Z + W = 2000 + 33 = 2033 \text{ kg}.$$

Infolge des Sogs, den der Propeller auf den Schlepper ausübt, muß der erforderliche Schraubenschub S größer als $Z + W$ sein, und zwar um den Betrag des Sogs, den die Schraube auf den Schlepper ausübt.

$$S = \frac{Z + W}{1 - t}$$

t = Sogziffer, auf Grund ähnlicher Versuche zu 0,10 angenommen.

$$S = \frac{2033}{0,9} = 2260 \text{ kg}.$$

Die Schleppgeschwindigkeit V_s soll 5 km/st = 1,39 m/sec = V_m sein.
Die Zuflußgeschwindigkeit V_e des Wassers in den Propeller beträgt

$$V_e = V_m(1 - w),$$

w = Nachstromziffer, auf Grund ähnlicher Versuche zu 0,15 angenommen.

$$V_e = 1,39 \cdot 0,85 = 1,182 \text{ m/sec}.$$

Zur Auswertung eignen sich für diesen Fall die Diagramme (Fig. 115) der Gruppe mit 60% A_p/A. Der Durchmesserbelastungsgrad $C_d = \frac{\sqrt{S}}{D \cdot V_e}$ ergibt sich zu $\frac{\sqrt{2260}}{1,45 \cdot 1,182} = 27,75$.

Hierfür bestimmen die Diagramme (Fig. 115) der Gruppe mit 60% Flächenverhältnis A_p/A den besten Propellerwirkungsgrad $\eta_p = 0,252$ für ein Steigungsverhältnis $H/D = 0,8$ und einen Slipgrad $C_s = 4,85$.

Die zweckmäßigste Steigung H müßte demnach $D \cdot 0,80 = 1,45 \cdot 0,80 = 1,160$ m betragen. Die Tourenzahl ergibt sich aus dem Slipgrad $C_s = \frac{n D}{V_e} = 4,85$ zu $n = 4,85 \cdot \frac{1,182}{1,45} = 3,95/\text{sec} = n_s = 237/\text{min}$.

Bei einem angenommenen Wirkungsgrad der Maschine $\eta_m = 0,85$:

$$IPS = \frac{WPS}{\eta_m} = \frac{141,2}{0,85} = 166,2\,.$$

Der sogenannte Gesamtschleppwirkungsgrad ist $\eta = \frac{ZPS}{IPS}$; ZPS = nutzbare Trossenpferdestärken $= \frac{Z \cdot V_m}{75}$.

Die erforderlichen abgebremsten Wellenpferdestärken würden gleich $WPS = \frac{SPS}{\eta_p}$ sein.

SPS = Propellerschubpferdestärken $= \frac{S \cdot V_e}{75} = \frac{2260 \cdot 1,182}{75} = 35,6$ PS.

$$WPS = \frac{35,6}{0,252} = 141,2 \text{ PS},$$

$$ZPS = \frac{2000 \cdot 1,39}{75} = 37,1 \text{ PS},$$

$$\eta = \frac{37,1}{166,2} = 0,223\,.$$

Der sogenannte Schleppgütegrad

$$Z/IPS = \frac{2000}{165,2} = 12,02 \text{ kg/IPS}.$$

Zahlenbeispiel 4: Bei demselben Schlepper soll unter den gleichen Konstruktionsbedingungen wie in Aufgabe 3, insbesondere unter Einhaltung des beschränkten Durchmessers der Schrauben von 1,45 m, die Tourenzahl mit 210/min = 3,5/sec gegeben sein. Der Durchmesserbelastungsgrad ist in diesem Falle wieder

$$C_d = \frac{\sqrt{S}}{D \cdot V_e} = 27{,}75\,.$$

Als Slipgrad ist aber $C_s = \frac{n \cdot D}{V_e} = \frac{3{,}5 \cdot 1{,}45}{1{,}182} = 4{,}30$ einzuhalten. Hierbei bestimmen die Diagramme (Fig. 115) der Gruppe mit 60% A_p/A ein Steigungsverhältnis $H/D = 1{,}0$ und einen Wirkungsgrad $\eta_p = 0{,}247$.

Propellersteigung H also gleich $1{,}45 \cdot 1{,}0 = 1{,}450$ m.

Die erforderlichen abgebremsten Wellenpferdestärken müssen sein:

$$WPS = \frac{SPS}{\eta_p}\,.$$

$$SPS = \text{Propellerschubpferdestärken} = \frac{S \cdot V_e}{75} = 35{,}6 \text{ PS};$$

$$WPS = \frac{35{,}6}{0{,}247} = 144{,}2\,.$$

Bei einem angenommenen Wirkungsgrad der Maschine $\eta_m = 0{,}85$

$$IPS = \frac{WPS}{\eta_m} = \frac{144{,}2}{0{,}85} = 169{,}7\,.$$

Der sogenannte Gesamtschleppwirkungsgrad ist $\eta = \frac{ZPS}{IPS}$.

$$ZPS = \text{nutzbare Trossenpferdestärken} = \frac{Z \cdot V_m}{75}\,.$$

$$ZPS = 37{,}1 \text{ PS};$$

$$\eta = \frac{37{,}1}{169{,}7} = 0{,}2185\,.$$

Der sogenannte Schleppgütegrad ergibt sich zu

$$\frac{Z}{IPS} = \frac{2000}{169{,}7} = 11{,}78 \text{ kg/IPS}.$$

Zahlenbeispiel 5: Unter sonstiger Einhaltung der Konstruktionsbedingungen wie in Aufgabe 3 soll ferner verlangt sein, daß die Tourenzahl 210/min = 3,5/sec beträgt, der Propellerdurchmesser aber aus Tiefgangsrücksichten in gewissen Grenzen nicht beschränkt sei.

Für diesen Fall eignen sich die Diagramme (Fig. 116) der Gruppe mit 60% A_p/A zur bequemen Auswertung. Der vorliegende Tourenbelastungsgrad

$$C_n = \sqrt{S} \cdot \frac{n}{V_e^2} = \frac{2260 \cdot 3{,}5}{1{,}182^2} = 119$$

bestimmt für das günstigste Steigungsverhältnis $H/D = 0{,}6$ einen reinen Propellerwirkungsgrad η_p von 0,285 und einen Slipgrad

$$C_s = \frac{n \cdot D}{V_e} \text{ von } 5{,}01\,.$$

Aus letzterem läßt sich der erforderliche Propellerdurchmesser zu

$$D = 5{,}01 \cdot \frac{V}{n} = 5{,}01 \cdot \frac{1{,}182}{3{,}5} = 1{,}692 \text{ m}$$

berechnen. Die Steigung H beträgt demnach

$$0{,}6 \cdot 1{,}692 \text{ m} = 1{,}015 \text{ m}.$$

Bei einem reinen Propellerwirkungsgrad $\eta_p = 0{,}285$ ergeben sich die abgebremsten Wellenpferdestärken zu

$$WPS = \frac{SPS}{\eta_p} = \frac{35{,}6}{0{,}285} = 124{,}8$$

und die indizierten der Maschine zu

$$\frac{WPS}{\eta_m} = \frac{124{,}8}{0{,}85} = 147\,.$$

Der Gesamtwirkungsgrad der Propulsion beträgt

$$\eta = \frac{ZPS}{IPS} = \frac{37{,}1}{147} = 0{,}2525$$

und der sogenannte Schleppgütegrad

$$\frac{Z}{IPS} = \frac{2000}{147} = 13{,}62 \text{ kg/IPS}.$$

Die zweckmäßigste Anbringung dieser Schraube von 1,692 m Durchmesser verlangt bei dem vorliegenden Schlepper entweder ein Durchschlagen derselben unterhalb der Kiellinie oder die Ausführung eines Tunnelhecks. Ersteres wird aus praktischen Gründen selten zulässig sein. Die Anordnung der Schraube in einem Tunnel dürfte den guten Wirkungsgrad dieser Schraube aber anderseits wieder um einen gewissen Betrag herabmindern.

Um unter den gegebenen Bedingungen dennoch auf einen guten Wirkungsgrad zu kommen, sollen in folgendem noch zum Schluß die Verhältnisse für einen Doppelschrauben-Schleppdampfer untersucht werden.

Zahlenbeispiel 6. Derselbe Schlepper soll unter den gleichen Konstruktionsbedingungen als Doppelschrauber gebaut werden. Auch in diesem Falle wird man zunächst wegen der großen Belastung den größten aus konstruktiven Gründen statthaften Durchmesser von 1,45 m wählen. Unter der Annahme gleicher Sog- und Nachstromverhältnisse ergibt sich der insgesamt von beiden Schrauben zu leistende Propellerschub S wie oben zu 2260 kg, also pro Schraube $= {}^1/_2 \cdot 2260 = 1130$ kg.

Durchmesserbelastungsgrad

$$C_d = \frac{\sqrt{\frac{1}{2} S}}{D \cdot V_e} = \frac{\sqrt{1130}}{1{,}45 \cdot 1{,}182} = 19{,}63\,;$$

zweckmäßigstes Steigungsverhältnis dabei auf Grund der Diagramme (Fig. 115) der Gruppe mit 60% A_p/A ist $H/D = 0{,}8$ bei $\eta_p = 0{,}332$; Propellersteigung H also gleich $1{,}45 \cdot 0{,}8 = 1{,}160$ m.

$$C_s = \frac{n\,D}{V_e} = 3{,}65\,;$$

$$n = 3{,}65 \cdot \frac{V_e}{D} = \frac{3{,}65 \cdot 1{,}182}{1{,}45} = 2{,}97 \text{ sec} = 178 \text{ min}\,;$$

$$WPS = \frac{SPS}{\eta_p} = \frac{35{,}6}{0{,}332} = 107{,}2\,;$$

$$IPS = \frac{WPS}{\eta_m} = \frac{107,2}{0,85} = 126,2\,;$$

$$\eta = \frac{ZPS}{IPS} = \frac{37,1}{126,2} = 0,294\,;$$

$$Z/IPS = \frac{2000}{126,2} = 15,85 \text{ kg/JPS}.$$

Zusammenstellung der Rechnungsergebnisse obiger vier Ausführungen für den gleichen nutzbaren Trossenzug von $Z = 2000$ kg bei 5 km/st Schleppgeschwindigkeit.

Ausführung	Konstruktionsbedingungen	D	H	H/D	n_s	IPS	η in %	Z/IPS in kg/PS
1	Propellerdurchmesser, nicht über 1,45 m, Tourenzahl freigestellt	1,45	1,16	0,8	237	166,2	22,3	12,02
2	Propellerdurchmesser nicht über 1,45 m, Tourenzahl mit 210/min festgelegt .	1,45	1,45	1,0	210	169,7	21,85	11,87
3	Tourenzahl mit 210/min gegeben, Propellerdurchmesser freigestellt	1,692	1,015	0,6	210	147,0	25,25	13,62
4	Doppelschrauben - Propellerdurchmesser mit 1,45 m festgelegt, Propellertouren freigestellt	1,45	1,16	0,8	178	126,2	29,4	15,85

Das Resultat der Untersuchung zeigt für Schlepper, die wie die vorliegenden mit so hohen Belastungsgraden arbeiten, die Überlegenheit der kleinen Steigungsverhältnisse, der größeren Propellerdurchmesser sowie die der Doppelschraubenanordnung.

Wird von dem vorliegenden Schlepper ein bestimmter Trossenzug Z nicht verlangt und ist die Maschinenleistung IPS sowie die Tourenzahl n_s pro Minute bereits festgelegt, so handelt es sich in diesem Falle darum, für eine bestimmte Schleppgeschwindigkeit V_k in km/st den zweckmäßigsten Propeller zu dimensionieren, was auf Grund der Diagramme Fig. 117 und 118 erfolgen kann, in denen zwar in der gleichen Art wie bei denen in Fig. 113 und 114 die Resultate der Versuchsergebnisse beispielsweise einer Gruppe von gesetzmäßig voneinander abgeleiteten dreiflügligen Schrauben mit durchweg den gleichen Flächenverhältnissen von $A_p/A = 60\%$ und den verschiedenen Steigungsverhältnissen von $H/D = 0,6$—$1,2$ wieder als Funktion der Tourenmomentgrade

$$C_{nm} = n \cdot \sqrt[3]{\frac{M}{V_e^5}}$$

bzw. Durchmessertourengrade

$$C_{dm} = \frac{1}{D} \cdot \sqrt[3]{\frac{M}{V_e^2}}$$

aber für die hohen Belastungsgrade aufgetragen worden sind, wie sie bei Schleppern mit starken Trossenzügen in Frage kommen. An Hand dieser Diagramme lassen sich nun folgende Aufgaben lösen:

Zahlenbeispiel 7: Ein Einschraubenschlepper ist mit einer Dampfmaschine ausgerüstet, welche ihre volle Leistung von $IPS = 150$ indizierten Pferdestärken bei $n_s = 180$ Touren pro Minute abgibt. Es sei zunächst, ohne Beschränkung des Durchmessers, derjenige Propeller zu dimensionieren, welcher unter diesen Verhältnissen bei der verlangten Schleppgeschwindigkeit von $V_s = 5$ km/st am günstigsten arbeiten wird, und dann die Frage zu beantworten, welches Steigungsverhältnis bei Einhaltung eines Propellerdurchmessers von $D = 1,50$ m gewählt werden muß.

Systematische Propellerversuche.

Versuchsserie A. — Gruppe mit 60% $A_p : A$.

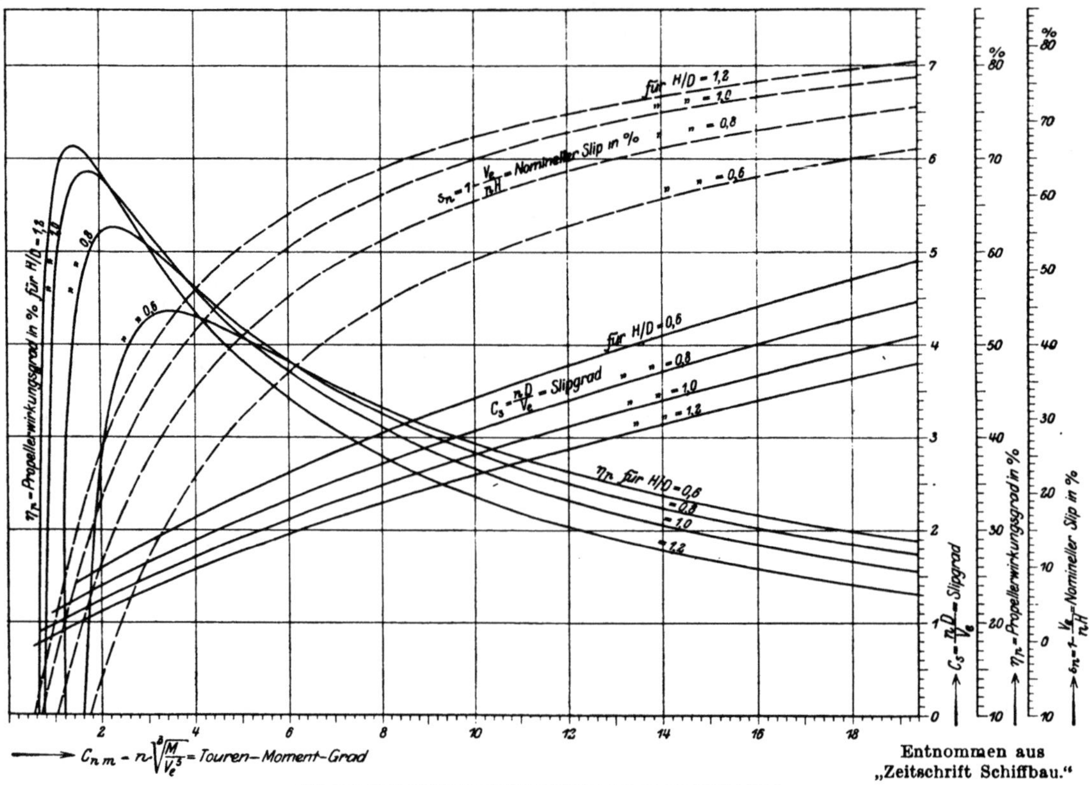

Entnommen aus „Zeitschrift Schiffbau."

Propeller Nr.	40 XIII	41 XIV	42 XV	43 XVI
$\frac{\text{Nominelle Steigung}}{\text{Durchmesser}} = H/D$	0,6	0,8	1,0	1,2
$\frac{\text{Projiz. Flügel-Areal}}{\text{Disk.-Areal}} = A_p/A$	0,60	0,60	0,60	0,60
$\frac{\text{Abgew. Flügel-Areal}}{\text{Disk.-Areal}} = A_a/A$	0,643	0,673	0,711	0,756
Dickenverhältnis a. d. Achse } δ_i/D in %	5,22	5,22	5,22	5,22
Flügelzahl Z	3	3	3	3

Fig. 117.

Abgebremste Wellenpferdestärken

$$WPS = IPS \cdot \eta_m .$$

Maschinenwirkungsgrad $\eta_m = 0{,}85$ (angenommen);

$$WPS = 150 \cdot 0{,}85 = 127{,}5 .$$

Zur Verfügung stehendes Drehmoment der Maschinen

$$M = \frac{WPS \cdot 75}{2 \pi n} .$$

Tourenzahl pro Minute

$$n = \frac{n_s}{60} = \frac{180}{60} = 3 ;$$

$$M = \frac{127{,}5 \cdot 75}{2 \pi \cdot 3} = 510 \text{ mkg.}$$

Systematische Propellerversuche.

Versuchsserie A. — Gruppe mit 60% A_p/A.

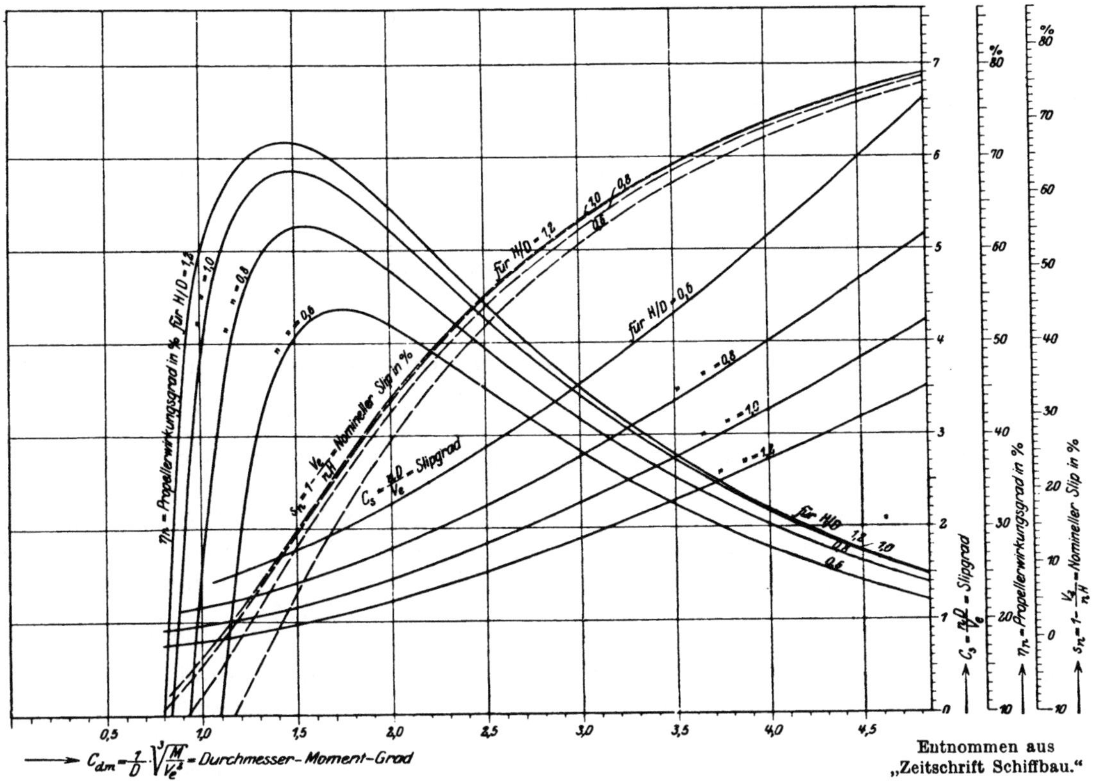

Entnommen aus „Zeitschrift Schiffbau."

Propeller Nr.	40XIII	41XIV	42XV	43XVI
$\frac{\text{Nominelle Steigung}}{\text{Durchmesser}} = H/D$	0,6	0,8	1,0	1,2
$\frac{\text{Projiz. Flügel-Areal}}{\text{Disk.-Areal}} = A_p/A$	0,60	0,60	0,60	0,60
$\frac{\text{Abgew. Flügel-Areal}}{\text{Disk.-Areal}} = A_a/A$	0,643	0,673	0,711	0,756
Dickenverhältnis a. d. Achse δ_i/D in %	5,22	5,22	5,22	5,22
Flügelzahl Z	3	3	3	3

Fig. 118.

Nominelle Zuflußgeschwindigkeit des Wassers in den Propeller in m/sec:

$$V_e = V_m \cdot (1 - w);$$

$$V_m = \text{Schleppgeschwindigkeit in m/sec} = \frac{V_k}{3,6};$$

$$V_k = 5 \text{ km/st};$$

$$V_m = \frac{5}{3,6} = 1,39 \text{ m/sec.}$$

Nachstromziffer $w = 0,05$ (angenommen);

$$V_e = \frac{5}{3,5} \cdot (1 - 0,05) = 1,32 \text{ m/sec};$$

Tourenmomentgrad

$$C_{nm} = n \cdot \sqrt[3]{\frac{M}{V_e^5}} = 3 \cdot \sqrt[3]{\frac{510}{1,325}} = 15,05.$$

Für diesen Wert von $C_{nm} = 15{,}05$ lassen sich aus den Diagrammen (Fig. 117) der Propellergruppe mit 60% A_p/A für die verschiedenen Steigungsverhältnisse von $H/D = 0{,}6$—$1{,}2$ folgende Slipgrade $C_s = \frac{n\,D}{V_e}$ (Tabelle, Spalte 2) und reinen Propellerwirkungsgrade η_p (Spalte 3) entnehmen:

	1	2	3	4	5	6	7	8	9
	H/D	C_s	η_p	D in m	H in m	SPS	ZPS	Z in kg	Z/IPS
1	0,6	4,26	0,326	1,875	1,125	41,6	39,5	2160	14,40
2	0,8	3,86	0,313	1,700	1,360	39,9	37,9	2090	19,35
3	1,0	3,54	0,294	1,560	1,560	37,5	35,6	1820	12,12
4	1,2	3,28	0,268	1,440	1,730	34,3	32,5	1755	11,70

Infolgedessen ergeben sich als zugeordnete Durchmesser die in Spalte 4 eingetragenen auf Grund der Beziehung $D = C_s \cdot \frac{V_e}{n}$ errechneten Werte und als Steigungen die bei dem betreffenden Steigungsverhältnis aus dem vorliegenden Durchmesser bestimmten (Spalte 5).

Die jedesmaligen Propellerschubpferdestärken $SPS = WPS \cdot \eta_p$ sind in Spalte 6, die nutzbaren Trossenzugpferdestärken $ZPS = SPS \cdot 0{,}95$ unter Annahme von 5% Verlust durch Eigenwiderstand des Schleppers sowie Propellersog auf den letzteren in Spalte 7, die erreichbaren Trossenzüge $Z = \frac{ZPS \cdot 75}{V_m}$ in Spalte 8 und die sogenannten Schleppgütegrade Z/IPS in Spalte 9 verzeichnet worden.

Wie aus der Zusammenstellung der Rechnungsergebnisse zu ersehen, sind die Propellerwirkungsgrade bei unbeschränktem Durchmesser um so besser, je größer die letzteren und je kleiner die Steigungsverhältnisse gewählt waren.

Soll nun ein bestimmter Durchmesser von $D = 1{,}5$ m aus Tiefgangsrücksichten nicht überschritten werden, so muß der zweckmäßigste Propeller bei dem vorliegenden Tourenmomentgrad von $C_{nm} = 15{,}05$ mit einem Slipgrad

$$C_s = \frac{n\,D}{V_e} = \frac{3 \cdot 1{,}5}{1{,}32} = 3{,}41$$

arbeiten, wodurch sich durch Interpolation der C_s-Kurven ein passendes Steigungsverhältnis von $H/D = 1{,}1$, eine Steigung $H = D \cdot 1{,}1 = 1{,}5 \cdot 1{,}1 = 1{,}65$ m und bei dem zugeordneten reinen Propellerwirkungsgrad von $\eta_p = 0{,}282$:

$$SPS = WPS \cdot 0{,}282 = 127{,}5 \cdot 0{,}282 = 36;$$

$$ZPS = SPS \cdot 0{,}95 = 36 \cdot 0{,}95 = 34{,}2;$$

$$Z = \frac{ZPS \cdot 75}{V_m} = \frac{34{,}2 \cdot 75}{1{,}39} = 1800 \text{ kg};$$

$$Z/IPS = \frac{1800}{150} = 12 \text{ kg/PS}$$

ergeben.

Aus obigen Untersuchungen läßt sich bereits ersehen, daß bei einem Schlepper mit gegebener Maschine, welche ihre volle Leistung mit einer bestimmten Tourenzahl abgibt, je nach der beabsichtigten Schleppgeschwindigkeit mit einem Propeller von gegebenem Durchmesser eine ganz bestimmte Steigung erforderlich sein wird, damit die Maschine „auf Touren kommt", d. h. imstande ist, das dabei vorliegende Propellerdrehmoment zu überwinden. Eine Anpassung an diese Verhältnisse wird in der Praxis bei Schleppern, die sowohl bei der Anfahrt eines Lastzuges und kleinen Geschwindigkeiten wie bei Maximalgeschwindigkeit nach Möglichkeit günstig arbeiten sollen, oftmals bereits durch Wahl einer sogenannten umsteuerbaren Schraube zu erreichen versucht, die sich besonders bei Verbrennungsmotoren aus dem Grunde als zweckmäßig erweisen dürfte, weil man es bei diesen nicht in gleicher Weise wie bei Dampfmaschinen in der Hand hat, durch Einstellung einer größeren Füllung das Drehmoment der Maschine in gewissen Grenzen dem des Propellers anzupassen.

Um für derartige Konstruktionsfälle einen Anhalt zu gewinnen, sind in Fig. 118 die Resultate systematischer Propellerversuche Gruppe 60% A_p/A, geeignet für die Dimensionierung von Schlepperschrauben als Funktion des sogenannten Durchmessermomentgrades

$$C_{dm} = \frac{1}{D} \sqrt[3]{\frac{M}{V_e^2}}$$

aufgetragen worden.

Auf Grund dieses Diagramms Fig. 118 läßt sich schließlich noch die Aufgabe lösen, welche Steigung für einen Propeller von gegebenem Durchmesser D vorzusehen ist, damit die Maschine ihre volle Leistung bei einer beabsichtigten Schleppgeschwindigkeit gerade mit der Konstruktionstourenzahl abgeben kann.

Für die Durchrechnung eines Zahlenbeispiels 8 möge wieder der obige Schlepper herangezogen werden, dessen Maschine ihre volle Leistung $IPS = 150$ indizierten Pferdestärken mit der normalen Tourenzahl von $n_s = 180$ pro Minute abgeben kann. Der gewählte Propeller habe einen Durchmesser von $D = 1{,}5$ m. Verlangt seien die zweckmäßigsten Steigungen für die Schleppgeschwindigkeit von $V_k = 5$ km/st unter Einhaltung der Bedingung, daß die Maschine bei diesen Geschwindigkeiten ihre Konstruktionstourenzahl gerade erreicht.

Das zur Verfügung stehende Drehmoment der Maschine beträgt nach früherem $M = 510$ m/kg. Die nominelle Zuflußgeschwindigkeit des Wassers in den Propeller bei 5 km/st Schleppgeschwindigkeit

$$V_e = 1{,}32 \text{ m/sec};$$

mithin der Durchmessermomentgrad

$$C_{dm} = \frac{1}{D} \cdot \sqrt[3]{\frac{M}{V_e^2}} = \frac{1}{1{,}5} \sqrt[3]{\frac{510}{1{,}322}} = 4{,}42$$

und der Slipgrad:

$$C_s = \frac{n D}{V_e} = \frac{3 \cdot 1{,}5}{1{,}32} = 3{,}41 .$$

Für diese Werte von $C_{dm} = 4{,}42$ und $C_s = 3{,}41$ bestimmen die Diagramme (Fig. 118) der Propellergruppe mit 60% A_p/A ein Steigungsverhältnis $H/D = 1{,}1$ und einen diesem zugeordneten reinen Propellerwirkungsgrad $\eta_p = 0{,}282$, wie dies bereits oben für die gleichen Verhältnisse auf Grund der Diagramme (Fig. 117) ermittelt worden ist.

Bauzeiten.

Über die Werkstättenausführung und den Bau eines Schraubenschiffs und der Maschinen soll noch eine kurze Übersicht gegeben werden.

Der Bau des Schiffes selbst gestaltet sich in ganz ähnlicher Form wie der des Radschiffes und die Termine sind die gleichen. Der Unterschied liegt nur darin, daß nach der Bestellung und nach dem Einlaufen des Materials eine Verkürzung der einzelnen Arbeitszeiten um etwa ein Drittel stattfinden muß, weil die zu verarbeitenden Materialien um so viel geringer sind. Man würde dann das gesamte Boot inklusive Montage in 5—6 Monaten herstellen können.

Auch über den Kessel und dessen Montage sind Besonderheiten nicht vorzubringen.

Die Montage der Maschinen würde gemäß nebenstehender zwei Montagepläne folgendermaßen verlaufen:

Es sei angenommen, es sei eine Maschinenanlage eines Doppelschraubenschleppers von 2 × 700 PS herzustellen. Ferner sei angenommen, daß die Materialbeschaffung in der normalen Zeit von acht Wochen möglich ist. Es wird zunächst die Herstellung der Güsse für Grundplatte, Gradführungen und Zylinder in Angriff genommen. Der Guß muß dann vom Zeitpunkt der Hereingabe der Zeichnungen in die Werkstatt in $1^1/_2$ Monaten erledigt sein. Grundplatte und Gradführungen wären zuerst vorzunehmen. Sie könnten innerhalb vier Wochen zur Bearbeitung der Werkstatt zugeführt werden. In weiteren drei Wochen ist die Bearbeitung in der Werkstatt erledigt, so daß in die Grundplatte die Lager eingepaßt und gebohrt werden können. Das letztere geschieht in der Grundplatte selbst mit durchgehender Bohrwelle. Wenn das erledigt ist, werden die Lager wieder aus der Grundplatte herausgenommen und kommen auf die Drehbank zum Bearbeiten der Flanschen. Inzwischen erfolgt die Fertigstellung der Gradführungen durch Bearbeiten der Flächen, Aufschrauben der Leisten und Bohren der Löcher. Wenn es sich um Maschinen mit Oberflächenkondensation handelt, wird, falls nicht gemeinschaftlicher Kondensator vorgesehen ist, an Stelle der Gradführung der Oberflächenkondensator stehen. Es sei hierbei angenommen, daß entgegen der in den vorhergehenden Ausführungen empfohlenen Bauart mit angehängter Einspritzkondensation in diesem Falle ein Oberflächenkondensator als Stütze für die Gradführung benutzt wird.

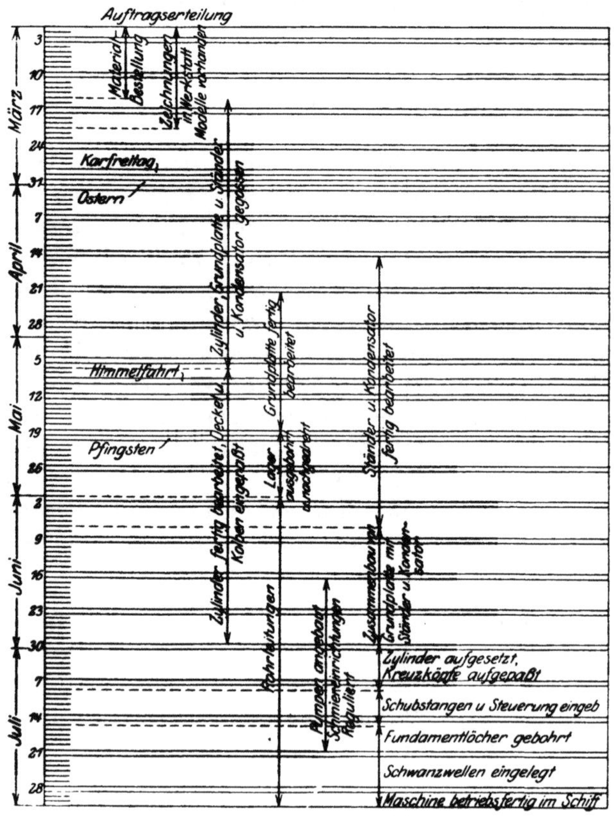

Fig. 119. Montageplan einer Schraubenschiffsmaschine.

Es muß darauf hingearbeitet werden, daß Grundplatte und Gradführungen, gegebenenfalls Oberflächenkondensator und die Gestellsäulen, gemeinschaftlich fertiggestellt werden, damit der Zusammenbau der unteren Maschine ohne Zylinder sofort vorgenommen werden kann. Der Zusammenbau in diesem Stadium erfordert bei einer Arbeiterzahl von einem Monteur und sechs Mann zirka drei Wochen, so daß zwölf Wochen nach dem Arbeitsbeginn die Maschinen soweit fertiggestellt sind, daß die Läger in die Grundplatten eingelegt sind und die Wellen eingeschabt werden können. Gradführungen sind dann ausgerichtet, Gestellsäulen aufgesetzt, so daß der Zylindersatz, welcher in dieser Zeit fertiggestellt sein müßte, aufgebaut werden kann. In den Zylinder müssen bis dahin natürlich auch Kolben, Kolbenstangen, Deckel auf- und eingepaßt sein. Das Einsetzen der Zylinder und das Aufpassen der Kreuzkopfköpfe erfordert etwa acht Tage, weitere acht Tage der Einbau der

Schubstangen und der Steuerung, weitere acht Tage der Einbau der von der Maschine aus direkt betriebenen Pumpen (Luft- und Zirkulationspumpen, Lenz- und Speisepumpen) und der Schmiereinrichtung sowie das Regulieren der Maschine selbst. Es kann daher mit der Fertigstellung der gesamten Maschinerie zur Montage im Schiff mit zirka $3^1/_2$ Monaten Arbeitsdauer gerechnet werden. Vorher müßten im Schiff die Stevenrohre eingezogen und die Schwanz- und Anschlußwellen gelegt sein.

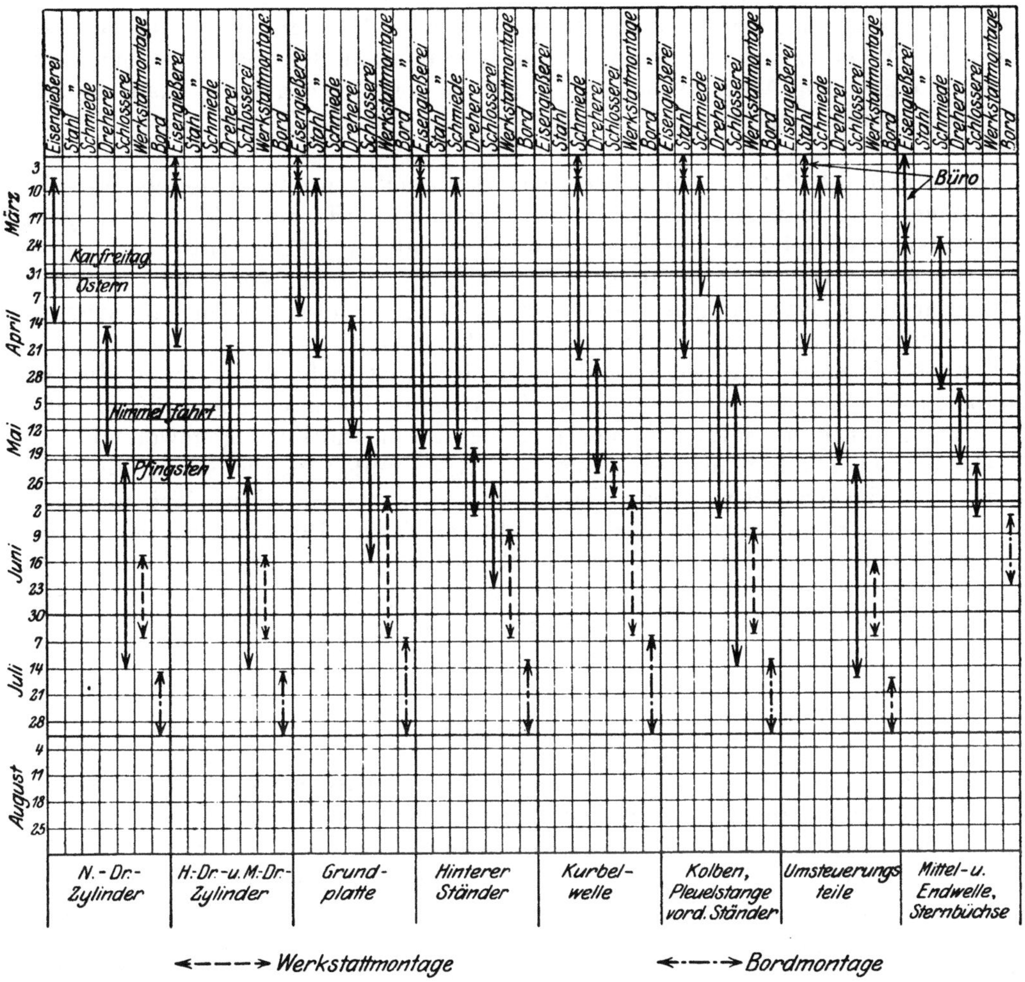

Fig. 120. Montageplan einer Schraubenschiffsmaschine (Schema nach dem Vertrag von Dr.-Ing. Förster im Jahrbuch der Schiffbautechn. Ges. Jgg.) Plan von Chr. Wirsing.

Die Fundamentlöcher für die Maschinen müßten nach Schablonen vorgebohrt sein, so daß von dem Augenblick, in welchem die Maschine zur Montage kommt, nach dem Regulieren im Schiff eine Zeit von längstens 2—$2^1/_2$ Wochen genügt, das Schiff fahrbereit zu machen. In dringenden Fällen ist es sogar möglich, eine solche Anlage in zehn Tagen betriebsklar zu machen. Es hängt dann gewöhnlich an den Rohrleitungen, die mit einer größeren Anzahl von Kolonnen hergestellt werden können. Die Kessel müßten kurz vor Einsetzen der Maschinen eingesetzt sein. Alle Bogen der Rohrleitungen könnten nach Holzmodellen schon vor Einsetzen der Maschine im Schiff vorbereitet sein.

Besondere Sorgfalt ist auf das genaue Ausrichten der Wellenleitung im Schiff zu verwenden. Die eingelegte Welle muß bei offenem Lager leicht drehbar sein und in Höhen- und Seitenlage gleich liegen. Das richtigste ist, wenn man jede Welle mit der an sie anschließenden ausrichtet. Bei Flanschenwellen ist die Arbeit insofern ganz einfach, als man beide Wellen, jede für sich, nach allen Richtungen, besonders über die vier Hauptrichtungen, dreht, und dann darauf achtet, daß der Abstand der Flanschen voneinander stets genau der gleiche ist. Wenn man keine Flanschen an den Wellen hat, bei Muffenkupplung, setzt man sich Zeiger auf die Wellenenden, deren Spitzen man annähernd zusammenstoßen läßt. Die Zeiger werden möglichst lang gemacht, damit sich jeder Fehler recht deutlich zeigt. Beim Drehen der Welle mit den Zeigern muß so reguliert werden, daß die Zeigerspitzen immer den gleichen Abstand behalten. Bei langen Zeigern kann man die vierte Lage nach unten gewöhnlich nicht nachprüfen, weil die Zeiger dort nicht Platz haben.

Wenn man die Welle so einreguliert hat, dann keilt man nachträglich, gemäß den Erfahrungen, die man mit der Durchbiegung der Schiffe gemacht hat, diejenigen Lager entsprechend hoch, welche nachzusacken pflegen. Man muß aber hier sehr vorsichtig sein, damit man nicht mehr verdirbt als man hat verbessern wollen. Es sind vielfach gute Erfahrungen mit einer nochmaligen Untersuchung und Korrektur der Wellenlagen nach dem Stapellauf gemacht worden.

Eine Nachregulierung der Maschinen im Schiff ist nicht mehr notwendig, wenn dieselbe in der Werkstatt ordnungsgemäß stattgefunden hat. Die Prüfung, ob die Regulierung gestimmt hat, wird hier nachher durch Indizierung gewonnen.

Die Kurbelwelle hält man zwischen den Lagerbunden möglichst eng, die Schubstangenlager dagegen etwas lose. Beim Anfahren der Maschine löst man sämtliche Drucklagerringe nacheinander und stellt sie während des Ganges der Maschine einzelnen wieder ein. Man hat dann die Sicherheit, daß jeder einzelne Ring auch wirklich trägt. Kolbenstangenpackung und Zylinderpackung müssen schon während der Montage in der Werkstatt vollkommen in Ordnung gebracht sein.

Der Kahn.

Allgemeines. Im Gegensatz zu der üblichen Transportart auf See, die darin besteht, daß das Transportgut in den mit Kraftmaschinen ausgerüsteten Schiffskörper selbst eingefüllt wird, ist auf Flüssen und Kanälen ein Transport im Schleppzug üblich. Wegen Wind und Seegang wäre eine derartige Transportmöglichkeit auf offenem Meer außerordentlich schwierig. Auch da, wo sie entweder in den Watten oder auf kurzen Strecken versucht wird, ist nur das Anhängen eines einzelnen Leichters an einen Dampfer üblich. Der Bau von Schleppgefäßen ohne eigene Kraft hat verschiedene große Vorteile. Ein solches Schleppgefäß, Kahn, Zille, Leichter, Elbe-Oder-Havel-Schiff, oder ähnlich genannt, wird viel billiger, als ein selbstfahrendes Schiff. Es faßt im Verhältnis zu seinem Eigengewicht eine größere Ladung, ist weniger empfindlich gegen Auflaufen, da Antriebsmechanismen außerhalb des Schiffes fehlen, kann in seiner Konstruktion einfacher gehalten werden und verträgt hierdurch längere Liegezeiten beim Laden und Entladen. Man nutzt durch dieses System das Schiff mit der starken Kraftzentrale, das auch mehr Besatzung erhalten muß, dauernd durch Anhängen verschiedener Kähne aus, während diese in den toten Löschzeiten Zinsverluste erleiden.

Größenverhältnisse. Die Kähne werden in den allerverschiedensten Abmessungen und Bauarten ausgeführt. Ihre Größe richtet sich auf Flüssen einmal nach der Tiefe, Breite und den Biegungen der Fahrstraße; dann aber auch nach den zur Verfügung stehenden Gütern für den Transport. So würde z. B. der Rhein und auch die untere Elbe größere Kahnmaße vertragen, als heute üblich sind. Die Schiffe müßten aber an den Endpunkten lange Zeit liegen, bis die nötige Ladung herbeigeschafft wäre, wodurch ihre Rentabilität in Frage gestellt würde. Man hat zwar schon Rheinkähne bis 3000 t Tragkraft und darüber, Elbkähne bis 1400 t Tragkraft, Weserkähne mit 800 t Tragkraft gebaut. Diese großen Abmessungen blieben aber Ausnahmen und sind nur zu ganz besonderen Transporten, wo sie voll ausgenutzt werden können, geeignet. An sich ist für den reinen Schlepp auf Strecken, wo größere Profile zur Verfügung stehen, das große Schiff günstiger als die Verteilung der gleichen Last in kleinere Schiffe. Auf Kanälen tritt außer der Größe des Kanalprofils noch die Größe der Schleusen und die Tiefenlage des Schleusendrempels als Begrenzung der Tragfähigkeit hinzu.

Ein größeres Rheinschiff wird heute etwa in folgenden Abmessungen gebaut:

Länge zwischen den Steven	85,00 m
Breite über Spanten	11,00 „
Seitenhöhe	2,65 „

Dabei hat das Schiff eine Tragkraft von etwa 1800 t. Der Völligkeitsgrad dieses Schiffes schwankt dabei, bei äußerstem Tiefgang gerechnet, zwischen 0,74—0,77. Früher baute man die Schiffe völliger bis 0,85 u. 0,87. Man ist jedoch in letzter Zeit davon abgekommen, weil der Widerstand dieser völligen Schiffe bei den immerhin großen Geschwindigkeiten gegen Strom, die auf dem Rhein gefahren werden, so stark wuchs, daß die Mehrladung den Mehrverbrauch an Kraft nicht mehr aufwog. Diejenigen Reedereien, die für sich selbst schleppen, haben daher schlankere Schiffsformen vorgezogen. Der Einzelschiffer läßt noch möglichst völlig bauen, da bis heute die Schleppleistung noch nach geschleppter Last und nicht nach überwundenem Widerstand bezahlt wird. Das Verhältnis würde ganz anders werden, wenn man sich dazu entschlösse, was technisch richtig ist, beim Schleppen Dynamometer einzuschalten und den Anhang nach verbrauchter Maschinenleistung zu bezahlen. Das ist natürlich nur da möglich, wo, wie auf dem Rhein, jedes Schiff an einem besonderen Strang geschleppt wird und nicht, wie auf der Elbe, der ganze Zug am gleichen Strang hängt. Ein Schiff, welches noch auf dem Rhein-Herne-Kanal, zugleich aber auf dem Rhein verkehren kann, wird etwa in folgenden Abmessungen gebaut:

Länge zwischen Steven	78,00 m
Größte Breite über Spanten	9,43 „
Seitenhöhe	2,50 „
Tragfähigkeit	1300 t

Auch diese Schiffe haben einen Völligkeitsgrad von 0,7—0,72. Die Abmessungen der Schiffe für den Dortmund-Ems-Kanal sind etwas geringer. Sie betragen normal:

Länge zwischen Steven	65,00 m
Breite über Spanten	8,10 „
Seitenhöhe	2,50 „

und haben eine Tragfähigkeit von etwa 950 t bei einem Völligkeitsgrad von 0,75. Der Völligkeitsgrad des Schiffskörpers geht bei modernen Kanalschiffen, die wenig auf dem Strom fahren, bis 0,84 in die Höhe. Diese Steigerung der Völligkeit kann unbedenklich stattfinden, da die Geschwindigkeiten auf dem Kanal nur geringe bleiben. Es muß hier beachtet werden, daß der höchste Punkt dieser Schiffe über Leerwasserlinie nicht höher als 3,7 m liegen soll.

Die Elbeschiffe entsprechen in ihren Abmessungen auch ungefähr denen, welche hier für den Rhein-Herne-Kanal angegeben wurden. Nur ist ihre Seitenhöhe niedriger. Ihr Völligkeitsgrad beträgt gewöhnlich 0,85—0,89. Da die Geschwindigkeiten auf der Elbe gegen Wasser geringer sind wie auf dem Rhein, ist eine solche Völligkeit auch zulässig. Es kommen dann noch verschiedene kleinere Fahrzeuge, z. B. das Oderschiff mit Finomaß in Abmessungen von

Länge zwischen den Steven	38,00 m
Breite über Spanten	4,60 „
Seitenhöhe	2,14 „

und Oderschiffe, Breslauermaß:

Länge zwischen den Steven	52,00 m
Breite über Spanten	8,00 „
Seitenhöhe	2,22 „

vor. Ein reines Kanalschiff, was auf deutschen Strömen selten einmal von Holland oder von Straßburg aus hereinkommt, ist die französische Pennische. Sie interessiert hier wenig. Nur läßt sich an ihr zeigen, wieweit die Bauart des Kanals und die Betriebsart auf den Bau der dort verkehrenden Schiffe Einfluß haben kann. Die Pennischen sind ganz kleine Schiffe mit Abmessungen von:

Länge	38,00 m
Breite	5,00 „
Seitenhöhe	2,38 „

mit ganz voll gebauter Brust und Heck. Sie haben einen Völligkeitsgrad von etwa 0,98—0,99 und sehen daher fast wie ein viereckiger Kasten aus. Ihre Bauart verdankt sie dem Bestreben, die sehr engen und kurzen Schleusen vollkommen auszufüllen und der geringen Schleppgeschwindigkeit, mit der sie durch Menschen oder Pferdekräfte in den Kanälen gezogen werden. Für einen derartigen Betrieb sind auch solche Schiffe nicht unpraktisch.

Formen. Die Form der großen Rheinkähne ähnelt der der großen Seitenradschlepper. Nur sind die Kähne hinten meist etwas schlanker gehalten, damit das Wasser besser zum Ruder zufließt. Fig. 121 zeigt die normale Schiffsform. Vielfach findet man noch in Holland gebaute große Rheinkähne, deren breitester Querschnitt, nicht in der Mitte, sondern etwa ein Drittel Schiffslänge hinter dem Kopf liegt. Man hat diese Schiffe gebaut in dem Bestreben, ihre Steuerfähigkeit zu erhöhen und ihren Widerstand zu verringern, indem man annimmt, daß das Wasser hinten besser abläuft. Durch Schleppversuche konnte kein Beweis erbracht werden, daß diese Bauart günstiger ist. Da sie aber in der Herstellung teurer wird, kommt man mehr und mehr von ihr ab. Der Spantenriß (Fig. 121) zeigt auch einen gewissen, wenn auch nicht sehr großen Sprung im Deck. In neuerer Zeit hat man vielfach versucht, diesen Sprung wegzulassen und die Schiffe in der Mitte gerade zu bauen. Ihre Herstellung wird dadurch wesentlich einfacher. Konstruktiv erscheint es auch richtiger, einen Balken gleicher Festigkeit und annähernd gleicher Belastung in der Mitte nicht dadurch zu schwächen, daß man ihn dort niedriger macht. Aus den Mitteilungen, die vorher schon beim Raddampfer gemacht waren, scheint jedoch diese Ansicht des Konstrukteurs nicht richtig zu sein. Es ist Tatsache, daß sich die Kähne mit geradem,

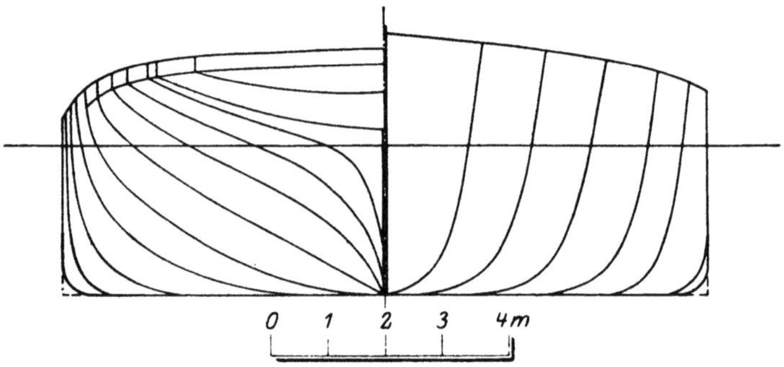

Fig. 121. Spantenriß eines großen Rheinkahnes.

Abmessungen: Länge 84,000 m. Breite 11,200 m. Höhe 3,000 m. Tiefgang 2,600 m.

durchgezogenem Mitteldeck bei ungeschicktem Verladen stärker durchbiegen als ganz gleiche Schiffe mit Decksprung. Es tritt noch ein Nachteil bei dem Schiff mit gerade durchgezogenem Mitteldeck auf. Wenn nämlich auf dem Fluß etwas Wellen und Wind herrschen und das Schiff tief weggeladen ist, so steht das ganze Gangbord dauernd unter Wasser, während bei Decks mit Sprung viel größere Teile des Gangbords wasserfrei sind. Aus demselben Grunde liebt es der Schiffer, wenn das Vor- und Hinterschiff möglichst hoch gezogen sind. Dies ergibt aber eine ungeschickte Schiffsform und erschwert die Bedienung des Schiffes beim Entladen, Verholen und dergleichen. Der Mittelweg ist hier vorzuziehen. Die Kimm dieser Schiffe ist wie bei den Seitenraddampfern gehalten.

Als zweites Beispiel sei noch der Spantenriß eines kleinen Kanalkahns von (Fig. 122):

Länge über alles	46,00 m
Breite	6,42 „

genannt. Es handelt sich hier um ein normales, sehr einfach gebautes Schiff mit Holzboden. Interessant ist hier, mit wie wenig Biegung in den Spanten man zu einer verhältnismäßig guten Schiffsform kommen kann. Zu beachten ist das Aufziehen des Bodens nach hinten und vorn, wodurch man einmal geringeren Widerstand und außerdem besseren Zulauf des Wassers zum Ruder erreichen will. Beide Zwecke werden auch tatsächlich erreicht. Nur läuft das Schiff bei flachem Wasser im Mittelschiff leicht auf, und ist dann schwer wieder abzuziehen, weil das gesamte Vorderschiff schon über die Untiefe hinweg ist.

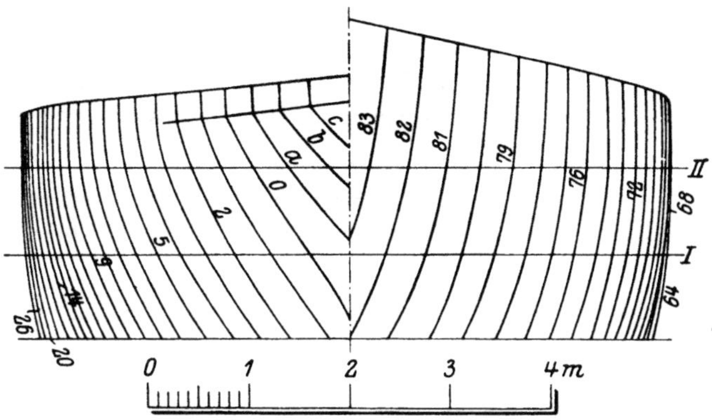

Fig. 122. Spantenriß eines ganz einfachen Elbekahns.

Die Heckform ist ausgebildet, passend für das bei diesen Schiffen vielfach übliche Wippruder. Das ist ein Ruder, welches nur an einem Punkte im Heck aufgehängt und als Balanceruder, ähnlich wie die bei Heckraddampfern erwähnten Ruder, ausgebildet ist. Die Ruder werden nicht mehr mit Quadrant und Maschine, sondern mit einfachem Handhebel bewegt. Sie setzen ihrer Drehung nur wenig Widerstand entgegen und sind leicht zu handhaben, jedoch bei jeder kleinsten Havarie beschädigt. Die neueren Schiffe haben fast alle normale Ruder in Form der Dampfer. Nur sind die Ruder meist, um ihren Widerstand zu erhöhen oder zu verringern, mit Schieber versehen, durch den Ruderfläche zugesetzt oder freigemacht werden kann. Auf kleineren Flüssen und Kanälen versucht man in neuerer Zeit anstatt der in dem Spantenriß (Fig. 121 und 122) gezeichneten Spitzform die Löffelform am Bug einzuführen. Die Schiffe erhalten dadurch eine etwas größere Tragfähigkeit, ohne daß sich der Widerstand erhöht. Es ist jedoch nicht anzunehmen, daß sich die Löffelform im Gebrauch halten wird. Diese Schiffe fahren, wie bei den Heckraddampfern bereits erwähnt, unruhiger und eignen sich daher nicht für den Schleppzug und für enge Kanäle.

Materialstärken. Zur Beurteilung der Stärkenverhältnisse vom Kahn seien hier drei Hauptspanten gegeben: Einmal der eines großen Rheinkahnes (Fig. 123), dann der eines kleineren Rheinkahns, der auch zugleich auf dem Dortmund-Ems-Kanal fahren kann (Fig. 124), und dann derjenige eines Elbkahns (Fig. 125). Man vergleiche

Hauptspant (Fig. 124) mit dem des Elbeschleppers (Fig. 11). Man findet da folgende Unterschiede: Die allgemeinen Abmessungen sind etwa gleich. Nur ist die Seitenhöhe der Schlepper durchweg etwas größer. Das verwandte Material und die Nietarbeit ist dieselbe. Der Vordersteven ist beim Kahn eine Kleinigkeit stärker, ohne daß ein besonderer Grund hierfür vorliegt. Der Hintersteven des Dampfers ist stärker, weil der Ruderdruck ein größerer ist. Die Außenhaut des Kahnes ist in allen Gängen um 2—3 mm stärker wie die des Dampfers.

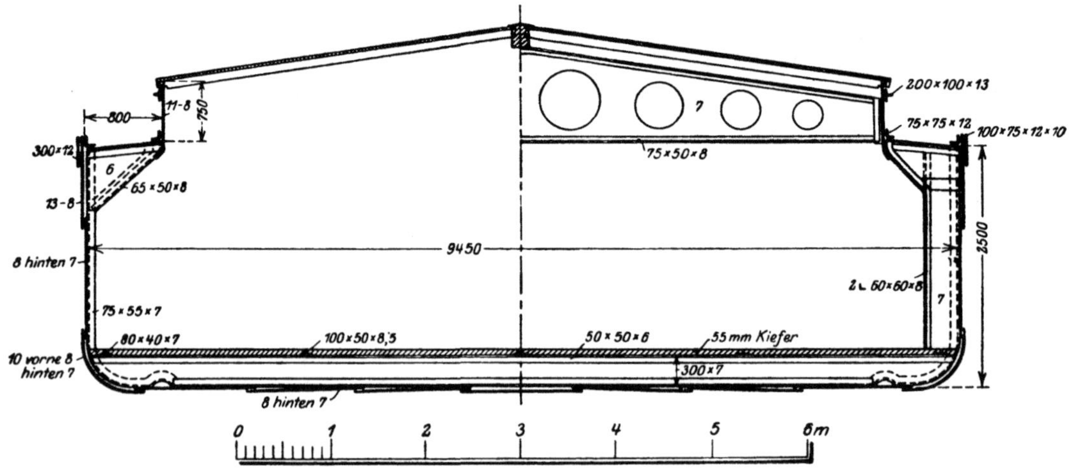

Fig. 123. Hauptspant eines großen Rheinkahnes.

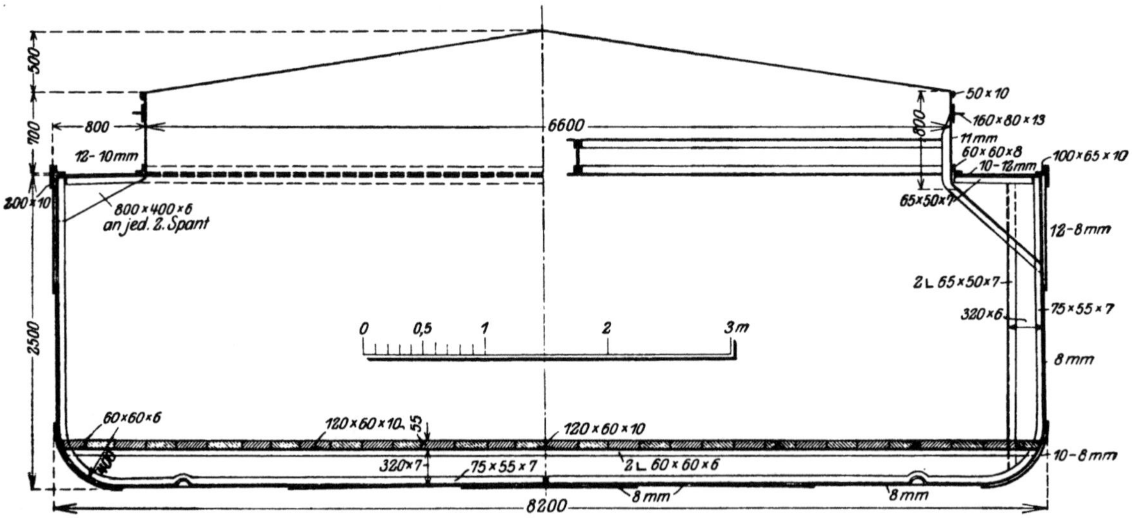

Fig. 124. Hauptspant eines mittleren Rheinkahnes.

Es liegt dies nicht nur in dem Unterschied, daß der vorliegende Kahn auch auf dem Rhein fahren soll, während der Dampfer auf der Elbe fährt, sondern man findet diesen Unterschied auch, wenn man den großen Rheinkahn (Fig. 123) mit dem großen Rheinschlepper (Fig. 9) vergleicht. Die Außenhaut des Kahnes wird durch das dauernde Liegen am Entladekai und durch die Ladung von innen stärker angegriffen, und braucht daher eine größere Dicke. Bei der Betrachtung der Spanten sieht man den grundsätzlichen Unterschied zwischen Radschlepper und Kahn. Die Spantwinkel sind im Durchschnitt beim Radschiff schwächer, jedoch unter Kessel und Maschine im Mittelschiff, wo die Hauptlasten liegen, sind sie ganz wesentlich stärker als die Spanten des Kahnes. Da die Belastung beim Kahn gleichmäßig ist, sind auch die Spantenabstände überall die gleichen, in unserem Falle 500 mm. Beim Dampfer sind die Spantenabstände nur an den Enden 600 mm, jedoch im Maschinen- und Kesselraum, wo die Hauptlasten liegen, und große, lokale Belastungen auftreten, wesentlich geringer. Dasselbe Bild findet sich bei dem Querfundament der Bodenwrangen. Es kommt hier aber noch hinzu, daß diese beim Kahn durchweg dicker sind, weil sie unter der Ladung stärker beansprucht werden und mehr dem Verrosten ausgesetzt sind.

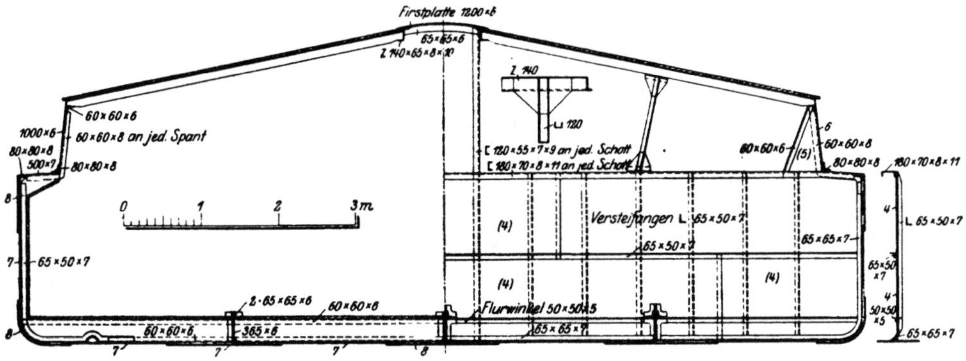

Fig. 125. Hauptspant eines Elbekahnes.

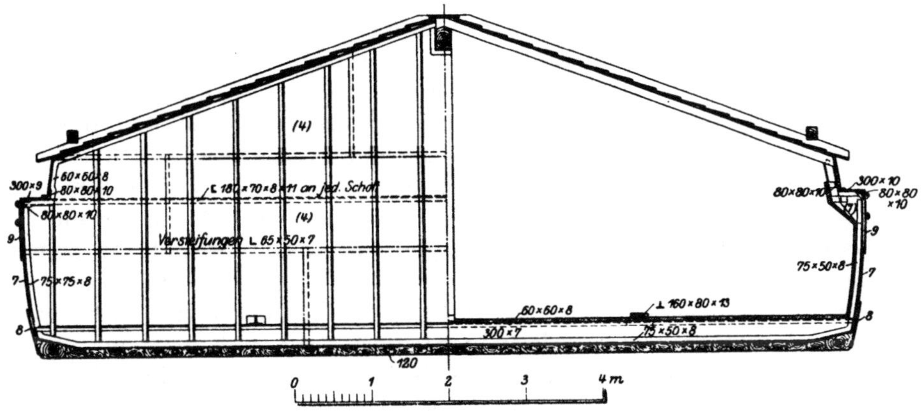

Fig. 126. Hauptspant eines Elbekahnes mit Holzboden.

Auch die Rahmenspanten sind beim Kahn ganz gleichmäßig über die ganze Länge verteilt, während beim Radschlepper wieder die Hauptverstärkungen mittschiffs sitzen. Wegen der durchweg stärkeren Belastung sind auch die Querversteifungen, welche im Kahn eingebaut sind, die Schotten, aus wesentlich dickerem Material hergestellt. In unserem Falle bestehen sie aus 8 mm dicken Platten, während die Dampferschotten nur aus 4—3 mm starken Platten gebaut sind. Die Kahnschotten haben auch die Last des in dem von ihnen begrenzten Raum lagernden Materials auszuhalten, welche wesentlich größer ist als der evtl. Wasserdruck, der auf sie kommen kann. Dieser Wasserdruck kann zusätzlich noch hinzukommen — und dann werden sie beim Ein- und Ausladen und im Betrieb stärker angegriffen. Bei den großen Kähnen hat man doppelte Schotten gesetzt, um die Seiten der Schotten, welche nach dem Laderaum liegen, möglichst glatt zu bekommen und hat die Versteifungen zwischen beiden Schotten angebracht. Die in einem Abstand von 1500 mm voneinander stehenden Schotten sind durch drei Zwischenwände gegeneinander abgesteift und haben auch noch Horizontalversteifungen auf der dem Laderaum abgekehrten Seite. Die Konstruktion ist bei solchen Kähnen, die schwere, wenig Raum einnehmende Ladung, wie Erze u. dgl. laden, nur zu empfehlen, da der Zwischenraum zwischen den beiden Schotten nicht mit für die Ladung benutzt wird. Das Schiff erhält also auf seiner ganzen Länge verteilt noch einige Auftriebkörper, die wesentlich zur Stützung des Ganzen beitragen. Die Längsverbände sind beim Kahn nicht so gut durchgebildet wie beim Dampfer. Die Kielschweine hat man aus Ersparnisrücksichten, dann aber auch, damit etwa durch den Boden durchfallende Ladung sich nicht in den Winkeln festsetzt, nicht aus interkostalen Platten gebaut, sondern man zieht nur einige, allerdings sehr starke T-Eisen über die Bodenwrangen von hinten bis vorn durch. Man stützt damit die Außenhaut nicht direkt ab, bildet aber immerhin noch einen brauchbaren Längsverband. Die zwei Stück T-Stähle in der Kimm, die auch noch mit als Längsverband gelten, werden zugleich als Gegenlager für den Bodenbelag verwandt. Die beiden Seitenstringer, die man auch nicht mit interkostal eingebauten Platten versieht, werden in derselben Weise über die Spantwinkel hinweggezogen. Sie werden jedoch derartig mit Holz hinterkeilt, daß sie eine direkte Abstützung der Außenhaut, welche wenigstens in der Wasserlinie erwünscht ist, abgeben. Der Längsverband eines geschlossenen Decks, der beim Dampfer bis auf die Unterbrechung der Kesselhaube und des Maschinenoberlichtes vorhanden ist, fällt beim Kahn fast ganz weg. Er muß über seine ganze Länge, soweit der Laderaum reicht, offen und gut zugänglich sein. Es bleibt an der Seite nur ein schmaler Gangbord, in diesem Falle von 800 mm Breite stehen, der aber zum Ersatz für seine geringe Breite sehr stark, hier 12—10 mm dick, genommen wird. Außerdem wird dieser Gang mit dem Schergang und dem ihn begrenzenden Dennebaum durch sehr kräftige Winkel verbunden. Den besten Längsverband bildet der Dennebaum, der beim Dampfer einem Luksüll entsprechen würde, hier aber beinahe über die ganze Länge des Schiffes wegreicht und den Träger für die Decksluken bildet. Da das Wasser vielfach über das Gangbord spült, wird der Dennebaum ziemlich hoch genommen, hier 500 mm, und etwa 11—8 mm dick. Er reicht außerdem noch unter das Deck herunter und wird an der Unterkante der Decksbalken herumgebogen, damit Greifer nicht an den scharfen Kanten hängen bleiben. Hierdurch erhält er in vorliegendem Falle eine Gesamthöhe von 800 mm, welche als Längsverband des Schiffes wesentlich in Frage kommt, sofern er an seiner Oberkante so kräftig garniert wird, daß er nicht seitlich ausweichen kann. Die Garnierung ist bereits bei diesem Schiff sehr schwer und besteht aus T-Stahl von $160 \times 80 \times 18$. Die Garnierung läuft aber nicht an der obersten Kante, sondern unter dem Ausschnitt für die Meerklinge, damit sie in einer Linie durchgeführt werden kann. Wie praktische Erfahrungen ergeben haben, ist durch diese Konstruktion, das schwere Gangbord und den kräftigen Schergang eine Längsversteifung meistens in so günstiger Weise erreicht, daß die Durchbiegung geringer ist wie diejenige von gleich großen Dampfern. Allerdings ist ihre Belastung auch günstiger und gleichmäßiger. Die Verbindungswinkel von Spanten mit Deck müssen beim Kahn wieder, wie Hauptspant zeigt, viel kräftiger sein und beinahe bis an innere Gangbordkante heranreichen, damit das Gangbord nicht in der Lage ist, nach unten auszuweichen, wobei der Dennebaum mit ausweichen könnte und das ganze Schiff in der Mitte durchknickte.

Fender und Lukendach. Größere Radschiffe werden gewöhnlich durch einen ringsherumlaufenden Fender aus Eichenholz geschützt. Dieser ist mit einem Halbrund garniert. Bei kleineren Schiffen läuft dieser Fender nur über die Abhalter weg. Auf den modernen Kähnen ist ein solcher Fender nur selten. Meistens wird er ersetzt durch eine Bergplatte, wie der Hauptspant zeigt. Diese ist auf die obere Kante des Schergangs aufgenietet und besteht hier aus Flachstählen von 200×10 mm. Die Bergplatte bildet, im Gegensatz zum Bergholz eine äußerst günstige Längsversteifung des ganzen Schiffes, außerdem auch einen gewissen Schutz gegen Stöße. Vor- und Hinterdeck werden bei den Kähnen wie bei den Dampfern in gleicher Weise ausgeführt. Fig. 127 zeigt verschiedene Schnitte durch ein Lukendach für einen Schleppkahn. Man sieht daran, in welcher Form gewöhnlich die Luken abgedeckt sind. In der Mitte stützt sich das aus Tannenholz bestehende Lukendach auf schwere Holzbalken, die sog. Scherstöcke. Diese werden in unserem Falle etwa 170 mm breit und 200 mm hoch. Sie stützen sich an den Enden in Lagerstellen, welche aus Winkeln gebildet sind, die gegen die Schotten angenietet werden. Auf den Scherstöcken wird der sog. Kappdeckel befestigt, der den oberen Abschluß der Luken bildet und dafür sorgen soll, daß in der Mitte kein Wasser durchschlägt. Die eigentlichen Lukdeckel werden unter den Kappdeckel geschoben. Sie ruhen selbst wieder auf Meerklingen, die ihre Lagerung, wie die Abbildung zeigt, einmal auf dem Dennebaum und auf der anderen Seite auf den Scherstöcken finden. Gegen Abrutschen ist die Meerklinge im Dennebaum mit einer Einkerbung eingesetzt.

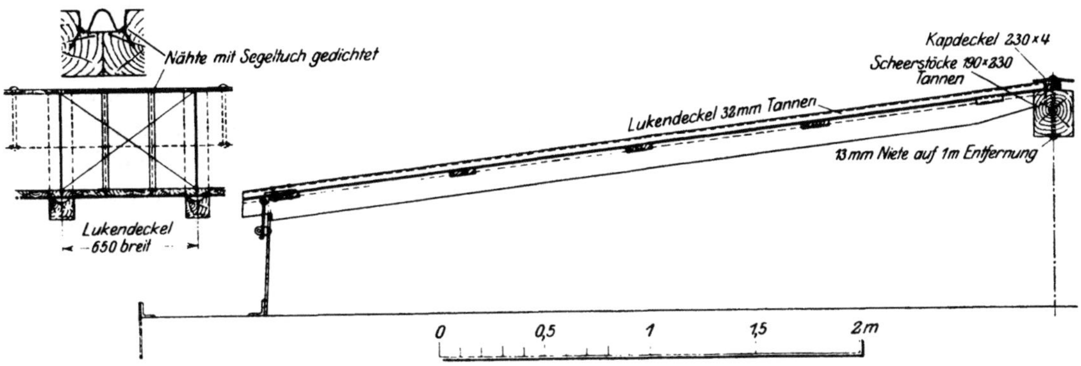

Fig. 127. Schnitt durch Lukendach eines Rheinkahnes.

Sie haben selbst wieder leichte Wasserrinnen, die das Wasser, welches durch die Lukenstöße durchsickert, nach außen abführen. Die Luken selbst bestehen aus guten Tannendielen ohne Riß und Sprung, welche etwa 32 mm stark sind und mit Schrauben auf einigen Querbrettern, etwa zu fünf oder sechs Brettern, verschraubt sind. Die Stöße der Dielen werden gegeneinander durch Segeltuch, wie Abbildung zeigt, gedichtet. Die Dielen bleiben dadurch beweglich, können sich heben oder eintrocknen, ohne daß die Luken undicht werden. Zum Verschluß für den Zoll dienen festgeschraubte Ringe, welche über eine Öse im Dennebaum geschoben werden. Durch diese Ösen werden dann zur Sicherung lange, eiserne Stangen durchgezogen, die an den Enden mit einem Schloß versehen sind oder plombiert werden, so daß ein Abheben der Luken während der Fahrt unmöglich wird. Dies ist die übliche Art der Luken auf dem Rhein und den westlichen Kanälen. Neuerdings werden jedoch die Scherstöcke bereits vielfach durch mit dem Schiff fest verbundene Längsbalken ersetzt. Diese tragen aus verzinktem Wellblech gebaute gekrümmte Abdeckungen, die über die ganze Lukenbreite reichen. Diese Abdeckungen sind ebenso fest, machen weniger Schwierigkeiten mit den Dichtungen und haben geringeres Gewicht. Es ist daher anzunehmen, daß sie sich auf die Dauer bei gewissen Reedereien einführen werden. Da aber die durch sie geschützten Räume einmal größeren Temperaturwechseln ausgesetzt sind und auch abtröpfelndes Schwitzwasser nicht zu vermeiden ist, werden sie nur bei weniger empfindlicher Ladung benutzt werden können.

Poller. Die in den östlichen Wasserstraßen verkehrenden Schiffe fahren meist noch mit einer etwas anderen Abdeckung, wie Hauptspant Fig. 125 zeigt. Es

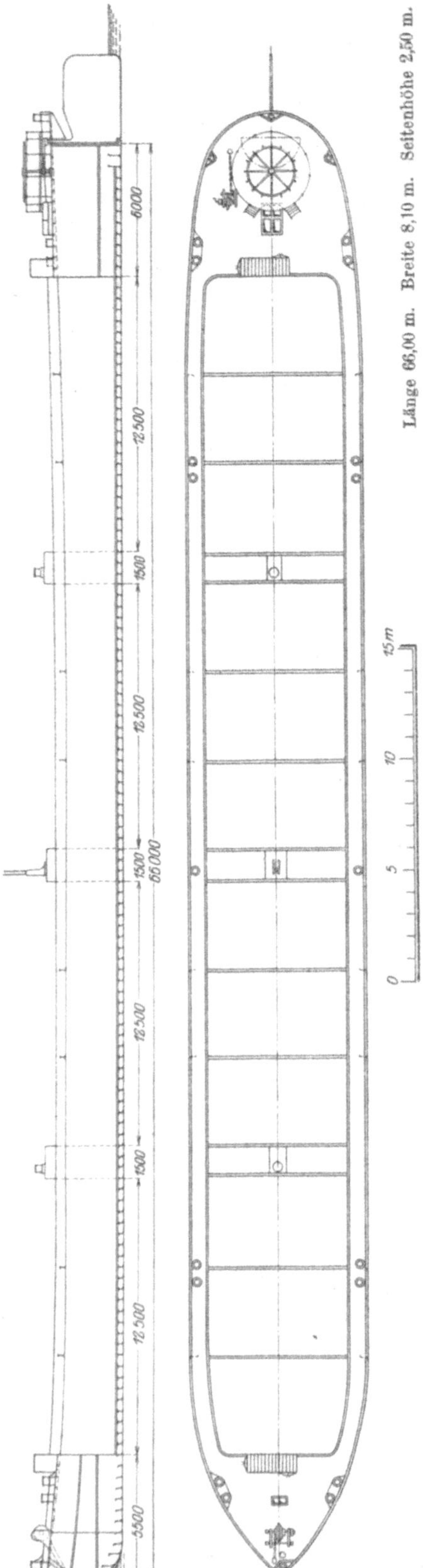

Fig. 128. Einrichtungsplan eines Rheinkahnes.

sind hier die etwa 0,3 m breiten Bretter Längsschiff auf Decksparren gelegt, so daß sie sich gegenseitig überdecken und das Wasser nach außen ablaufen lassen. Diese Luken erfordern mehr Zeit zum Öffnen und Eindecken, geben verhältnismäßig mehr Gewicht und haben einen bedeutend schwierigeren Zollverschluß. Sie werden daher durch die Tafeldecks immer mehr verdrängt. Diese sog. Spitzdecks gehen gewöhnlich annähernd bis an Außenkante-Kahn, so daß der Gangbord vollständig wegfällt. Er wird, wie Fig. 125 zeigt, dann durch ein Z-Eisen ersetzt. Auch der Dennebaum ist bei derartigen Schiffen meist nur lose aufgesetzt, so daß er nicht als Längsverband wirkt. Die Bauart ist dadurch bedingt, daß im Osten meistens die nötigen Entladevorrichtungen, wie Kräne und Winden fehlen, so daß die Kähne vielfach mit Karren oder Körben ausgeladen werden. Hierbei ist ein fester Dennebaum, besonders wenn er hoch ist, nur störend, weshalb er durch einen losen ersetzt werden muß. Die ganze Längsfestigkeit dieser Kähne ist aber eine sehr ungünstige, so daß ein Übergang auf die Bauart der westlichen Wasserstraßen wenigstens mit Gangbord, anzuraten ist.

Ein sehr wichtiges Fahrgerät der Kähne sind die Poller. Man baut, wie aus Fig. 128 zu ersehen ist, gewöhnlich drei Poller auf jeder Seite im Vorschiff, dann in den Gangbords auf jeder Seite noch vier oder fünf Poller und schließlich im Hinterschiff noch zwei Poller auf jeder Seite. Da die ganze Last des Kahnes dauernd an diesen Pollern hängt, müssen sie selbst gut fest sein und sehr fest eingebaut werden. Die Poller am Vorder- und Hinterschiff verbindet man daher gewöhnlich, wie auch aus Fig. 128 zu ersehen ist, mit dem Schanzkleid dadurch, daß man eine durchgehende Platte an dieses ansetzt, welche um die Poller herumgreift. Dann befestigt man sie unter Deck an der Außenhaut. Die Gangbordpoller, die leichter sind, und nur zum Verholen und Festlegen des Schiffes am Kai dienen, müssen auch durch das Gangbord durchgeführt und mit Konsolen an der Außenhaut befestigt werden. Da das Schanzkleid dort nicht mehr vorhanden ist, wird eine Stützung durch dieses unmöglich. Die Poller selbst sind gewöhnlich aus 8—12 mm starken, nahtlosen Stahlrohren mit gußeisernen

Deckeln gebaut. Einzelne, besonders die leichten, tragen auch Verholrollen auf ihren Köpfen.

Ankergeschirr und Winden. Viele der älteren Kähne führen noch ein Bugsprit, an dem Anker, ähnlich wie bei dem Dampfer, hängen. Da dieses jedoch bei Fahren im Zuge äußerst hinderlich ist, wird das Bugsprit bei neueren Kähnen immer mehr fortgelassen und durch einen kräftigen, einlegbaren Ankerkran, wie Fig. 128 zeigt, ersetzt. In diesem Kran hängt dann der Anker mit Fallgeschirr. Bei noch größeren Kähnen wird der Anker in der Klüse gefahren. Im Hinterschiff sind, wie Fig. 128 zeigt, noch zwei kleine Ankerkräne für zwei Heckanker vorgesehen. Die Winden für die Anker sind gewöhnlich noch Handwinden mit doppeltem Vorgelege, eingerichtet für Kabel- und Öhringskettenscheiben. Beide Scheiben erhalten Bremsen. Auf den großen Rheinkähnen kommen Anker bis 1100 kg auf den kleineren bis 700 kg vor. Die Hinteranker haben nur ein Gewicht von 300—550 kg. Auf der Elbe, Weser und Oder ist das Ankergeschirr wesentlich leichter. Für die ganz schweren Anker baut man in neuester Zeit Hilfsmotoren zur Bewegung der Ankerwinde ein. Man nimmt gewöhnlich dieselben Winden und steckt eine Kettenscheibe neben die Handkurbel auf. Der kleine Motor, der sehr leicht anfahren muß, wird in einem gesonderten Raum unter der Back eingebaut und die Kette durch das Deck durchgeführt. Es werden für diesen Zweck Motortypen zwischen 5 und 8 PS liegend oder stehend benutzt. Bei größeren Rheinkähnen ist eine derartige Anlage dringend zu empfehlen. Erstens sind die schweren Anker mit Hand kaum noch aufzuholen. Dann kann man mittels des eingebauten Motors auch die Verholwinden mit antreiben und evtl. eine Lenzeinrichtung anhängen. Außerdem macht sich eine solche Anlage sehr schnell bezahlt, da laut Polizeiverordnung auf dem Rhein, wenn solche mechanischen Verholanlagen vorhanden sind, ein Mann weniger gefahren werden kann, so daß die Kosten der ganzen Anlage in ein oder zwei Jahren völlig gedeckt sind. Leider hat sich für den Antrieb des Rudermechanismus ein passender Motorantrieb noch nicht finden lassen, weil hier die Bedingung gestellt werden muß, daß der Motor dauernd läuft und nur nach der einen oder anderen Seite eingerückt wird. Dadurch wird der Brennstoffverbrauch viel zu hoch. Außerdem treten leicht Stöße beim Einrücken auf.

Ruder. Der Antrieb des Ruders ist grundsätzlich auf Kähnen ein ganz anderer wie auf Dampfern. Soweit die kleineren, östlichen Wasserstraßen in Frage kommen, wird das Ruder meist noch mittels Handpinne, die bis vor die eingebaute Ruf schlägt, betrieben. Der Schiffer hat quer über das Hinterdeck ein Laufbrett mit quergenagelten Sprossen gelegt und stützt sich gegen dieses zur Bewegung der Pinne ab. Auf größeren Kähnen ist ein richtiger Ruderstuhl gebaut.

Die allgemein eingeführte und beliebte Rudertriebeinrichtung ist die direkte Übertragung von der Welle der Handradhaspel durch Zahnritzel auf den Quadranten, der auf den Ruderpfosten aufgekeilt ist. Zur besonderen Sicherung wird über dem halben Zahnkranz noch ein zweiter, im Abstand von einigen Zentimetern von dem ersten auf den Ruderpfosten aufgekeilt. Ein zweites Ritzel wird auf der Handradwelle, genau auf den unteren Trieb passend, angebracht, so daß beim Bruch eines Ritzels keine Störung eintritt. Fig. 129 zeigt eine solche Rudereinrichtung für einen mittleren Rheinkahn. Die Zahnkränze, die früher aus Gußeisen hergestellt wurden, macht man jetzt aus Stahlguß und die Ritzel aus Bronze. Es kommen daher in letzter Zeit selten Brüche eines Quadranten vor. Weil aber das ganze Leben des Schiffes von der Sicherheit der Steuerung abhängt, hat man den Doppeltrieb beibehalten. Da sich die Keile, welche den Ruderquadranten halten, sehr leicht lösen, muß eine Sicherung für diese vorgesehen werden. Gefräste Zähne sind beim Quadranten und Ritzel bis heute noch wenig vorhanden.

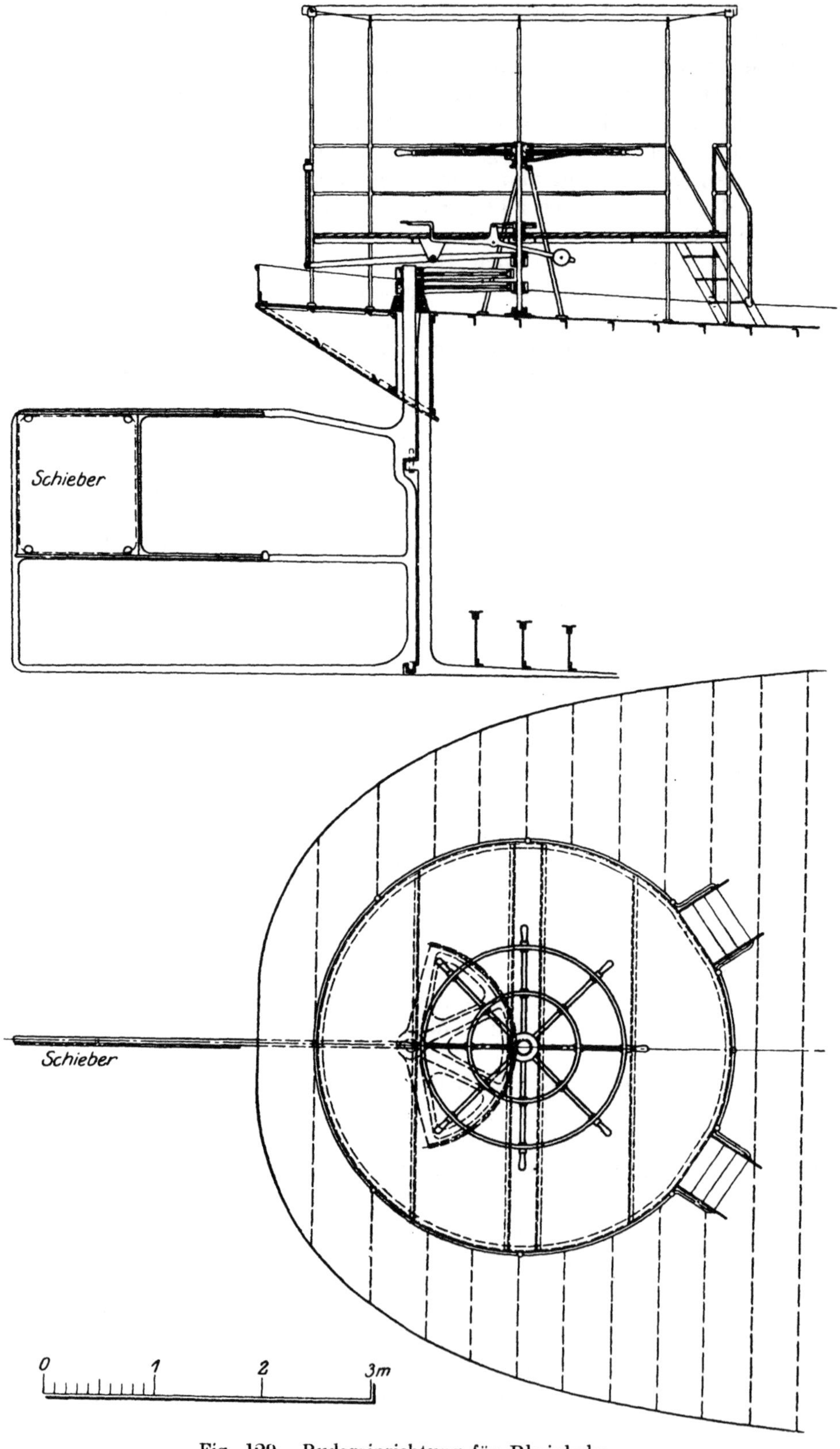

Fig. 129. Rudereinrichtung für Rheinkahn.

Man sollte sie jedoch in Zukunft durchweg fräsen, da hierdurch viel an Kraft gespart wird und außerdem die Wellenschläge auf die Ruderplatte sich nicht als Stoß, wie es bei losen, nicht passenden Zähnen stattfindet, sondern nur als Druck auf die Zähne fortpflanzen, wodurch ein unnötiger Verschleiß und Brüche vermieden werden. Da die Kähne im Zuge teilweise lange Zeit mit unbewegtem Ruder fahren, ist gewöhnlich eine Spindel- oder Hebelbremse zur Feststellung der Ruder vorgesehen. Über dem Ruderstuhl ist stets ein Sonnendach angebracht. Dieses muß aber abnehmbar angeordnet werden, damit beim Passieren niedriger Brücken das Schiff nicht unnötig hoch ist.

Geländer. Alle Kähne mit Gangbord sind mit Geländer versehen. Der Laie wird jedoch dieses Geländer nur selten gesehen haben, weil es umlegbar eingerichtet werden muß für das Verholen der Kähne und dann nie wieder aufgestellt wird. Vorgeschrieben werden gewöhnlich umklappbare Zepter mit durchgezogenen Ketten oder Drahtseilen und Spannschrauben.

Lenzeinrichtung. Zum Lenzen sind in jedem Laderaum zwei oder vier Pumpenkasten angebracht, deren Endrohre durch das Deck geführt sind. Es lassen sich hier einsteckbare Handlenzpumpen einsetzen, so daß der Kahn in jeder Lage von Hand gelenzt werden kann. Die Pumpenkasten sind in der Kimm an der Außenhaut befestigt und erhalten ein ziemlich engmaschiges Gitter, damit der Schmutz die Rohre nicht verstopft. Der Fußboden der Laderäume ist mit guten Pitschpine-Dielen oder Tannendielen ausgelegt. Diejenigen Reedereien, die großen Wert auf sauberen Kahnboden legen, lassen diese Dielen in doppelter Lage ausführen und zwar so, daß die Stöße der unteren Dielen gerade unter Mitte der oberen liegen, so daß ein Durchfallen von Materialien ganz unmöglich ist. Bei einzelnen Kähnen, besonders für Getreidetransport, sind die Seitenwände auch mit Holz bekleidet. Die meisten haben jedoch nackte Seitenwände.

Raumausnutzung. Die Einrichtung eines größeren Rheinkahnes ist aus Fig. 128 zu ersehen. Über die Ankeraufhängung und Führung ist vorher schon gesprochen. Dann folgt vorn ein kleiner, etwas versenkt eingebauter Decksraum, der als Küche, Klosett und gegebenenfalls Aufstellungsraum für Ankerwindenmotor benutzt wird und zugleich den Niedergang für die unter Deck befindliche Vorderkajüte enthält. Die Vorderkajüte ist mit Tisch, Betten und Schränken für einen Schiffer und Jungen versehen. Die Decke ist meist mit Holz verschalt. Seitenlichter sind meist nicht vorhanden, da der Kahn zu tief abgeladen wird, sondern nur ein kleines Oberlicht evtl. noch ein Decksglas. Die hintere Kante des eingebauten Vorderrufs ist auch wieder abgerundet wie die umgebogene Kante des Dennebaums, damit beim Entladen der Kran nicht haken kann. Die hinter der Vorderwohnung folgenden Laderäume von verschiedener Länge sind bereits vorher genügend besprochen worden. Irgendwelche Besonderheiten liegen hier nicht mehr vor. Zum Unterbringen von Schiffsgerät, Besen, Eimern, Lampen usw. sind jedoch zwischen je zwei Räumen auf das Schott aufgesetzte oder bei Doppelschotten zwischen diesen eingebaute, sog. Herfte angebracht. Es sind dies von Dennebaum zu Dennebaum reichende eiserne Kasten, entweder mit Holzgräting oder Holzboden, die zugleich die Stützpunkte für die Scherstöcke tragen. Sie sind ebenso wie die Luken eingedeckt. Mitten auf jedem Herft steht vielfach auf einer quer durch dasselbe gezogenen Trennungswand ein leichter Verholpoller. Der Querschnitt eines Herfts ist auch im Einrichtungsplan (Fig. 128) zu sehen.

Im Hinterschiff fällt zunächst die meistens verhältnismäßig große Schifferruf auf. Sie ist ähnlich wie die Vorderruf versenkt eingebaut. Bei größeren Schiffen, die vom Eigner selbst gefahren werden, ist dieser Raum verhältnismäßig groß und nochmals durch ein kurz darüber gezogenes Sonnensegel vor Sonnenbrand geschützt. Sie enthält dort gewöhnlich zwei Zimmer und Küche. Sie hat Seitenfenster, die durch Jalousien verschließbar und durch eiserne Schieber von außen abdeckbar sind. Hier ist der Hauptaufenthalt des Schiffers mit seiner Familie. Manchmal ist an diese Ruf sogar noch ein kleines, geschlossenes Sommerhaus mit Schiebetüren nach beiden Seiten angebaut, was dann gewöhnlich die Küche umschließt. Dieses Sommerhaus steht auf Deck und da es höher ist als die Ruf, ist sein oberer Teil umklappbar eingerichtet, damit es im Notfall nicht an Brücken hakt. Von der Ruf aus ist der Niedergang zu der im hinteren Schiff befindlichen Hinterkajüte, die als Schlafzimmer benutzt wird. Sie ist oftmals noch in zwei Zimmer eingeteilt und enthält die übliche Ausstattung, wo der Eigner mit Familie fährt, dessen ganzes Eigentum. Es sollte besonders darauf geachtet werden, daß der innere Schiffsboden beim Bau sowohl im Vorder- wie Hinterschiff möglichst sauber gereinigt und gut gestrichen wird. Dann müssen die Fußböden in Vorder- und Hinterkajüte ganz besonders sorgfältig, am besten doppelt, verlegt werden. Es bilden sich sonst durch durchfallenden Schmutz unter diesen Räumen Fäulnisherde, die die ganze Wohnung gesundheitsschädlich machen. Der stets darin lebende Schiffer merkt nicht mehr viel davon, schädigt sich aber an seiner Gesundheit.

Auf den im Osten fahrenden Schiffen sind alle diese beschriebenen Einrichtungen einfacher und bestehen meist nur aus einem Zimmer. Die hintere Ruf ist jedoch meistens vorhanden, wenn sie auch nur aus einem Raum besteht, der Küche und Stube zugleich bildet. Die Vorderruf fällt hier weg. Das Klosett ist gewöhnlich durch einen kleinen auf oder unter Deck stehenden Kasten ersetzt. Auf den größeren Rheinschiffen ist man in den letzten Jahren noch dazu übergegangen, einen kleinen, abgetrennten Raum für einen verheirateten Matrosen im Vorderschiff zu schaffen. Besonderen Eingang hat man für diesen Raum gewöhnlich nicht vorgesehen. Jedoch ist es leicht möglich, ihn so einzurichten, daß er zugleich als Küche, Schlaf- und Wohnraum einigermaßen wohnlich ist. Man kann dann auch meist ordentliche Leute halten.

Masten und Ladebäume. Diejenigen Kähne, die im Westen verkehren, führen heute keine Masten und Ladebäume mehr, da überall für gute Ladeeinrichtung vorgesorgt ist. Im Osten sind wenigstens Lademasten erwünscht. Das Segel ist jedoch auch hier immer mehr abgekommen, da die Schiffe für diesen Zweck zu groß werden und die Dampfkraft billig ist. Wo noch Segeleinrichtung vorhanden ist, wird dieselbe manchmal zur Beschleunigung der Talfahrten ausgenutzt. Es gibt aber nur noch wenig Schiffer, die wirklich segeln können.

Petroleumschiffe. Die hier beschriebenen Kähne sind alle für normale Ladung, sei es Massen- oder Stückgüter, eingerichtet. Es gibt noch eine Abart dieser Kähne, die zum Transport von Petroleum und Ölen gebraucht werden. Sie haben eine von diesen abweichende Bauart. Zunächst müssen sie in ihren sämtlichen Eisenteilen ganz besonders gut an allen Stößen und Längsnähten und Schotten doppelt genietet sein, da eine unbedingte Dichtigkeit, und zwar nicht nur Dichtigkeit gegen Wasser, sondern Dichtigkeit gegen Petroleum, für sie Lebensbedingung ist. Die Nähte sollen auch ohne Zwischenlagen dichthalten, so daß schon vor dem Einziehen von Nieten eine sehr reichliche Heftung mittels Heftschrauben notwendig ist. Im übrigen ist das Material das gleiche wie bei den gewöhnlichen Kähnen. Bodenwrangen und Außenhaut können etwas leichter gehalten sein, da besondere Beanspruchungen durch Aufstürzen von Lasten nicht vorkommen. Die Längsverbände müssen äußerst kräftig sein, da die Füllung der Räume eine dichtere ist, die Endräume daher auch größer werden und mehr Last tragen wie beim gewöhnlichen Kahn, und daher mehr Zug und Druck auf die Längsverbände kommt. Vorteilhaft ist es hierfür, daß bei diesen Schiffen das Deck als geschlossenes Eisendeck durchgeführt ist und außer den Ventilen zum Füllen und Entleeren nur noch von kleinen, hoch aufgesetzten Einsteigluken durchschnitten wird, welche zugleich als Dehnungskammern für das Öl dienen. Um die Beanspruchung der Längsverbände nicht zu weit zu steigern, wird vielfach, besonders bei Schiffen für schwerere Ölladung, wie Teeröl usw., mittschiffs ein größerer Leerraum zwischen zwei Doppelschotten vorgesehen. Dieser Raum stützt dann mit seinem Auftrieb das ganze Mittelschiff. Die Schotten in dem Petroleumschiff sind nicht einfache Querschotten, sondern stets Doppelschotten mit geringem Abstand etwa 300 mm, deren Zwischenraum mit Wasser gefüllt wird. Etwa durchdringendes Petroleum kann dann nur bis in den Wasserraum einströmen und schwimmt dort auf, so daß der lenzgepumpte Nachbarraum petroleumfrei gehalten werden kann. Viele dieser Schiffe haben eigene Pumpvorrichtung an Bord, so daß sie überall von Landseite und nach Land drücken können. Die anderen haben wenigstens Rohrleitungen und Anschlüsse derartig, daß eine an Land aufgestellte Pumpe jeden einzelnen Raum füllen und lenzen kann. Fig. 130 zeigt den Decksplan eines Petroleumschiffes mit darauf liegenden Lei-

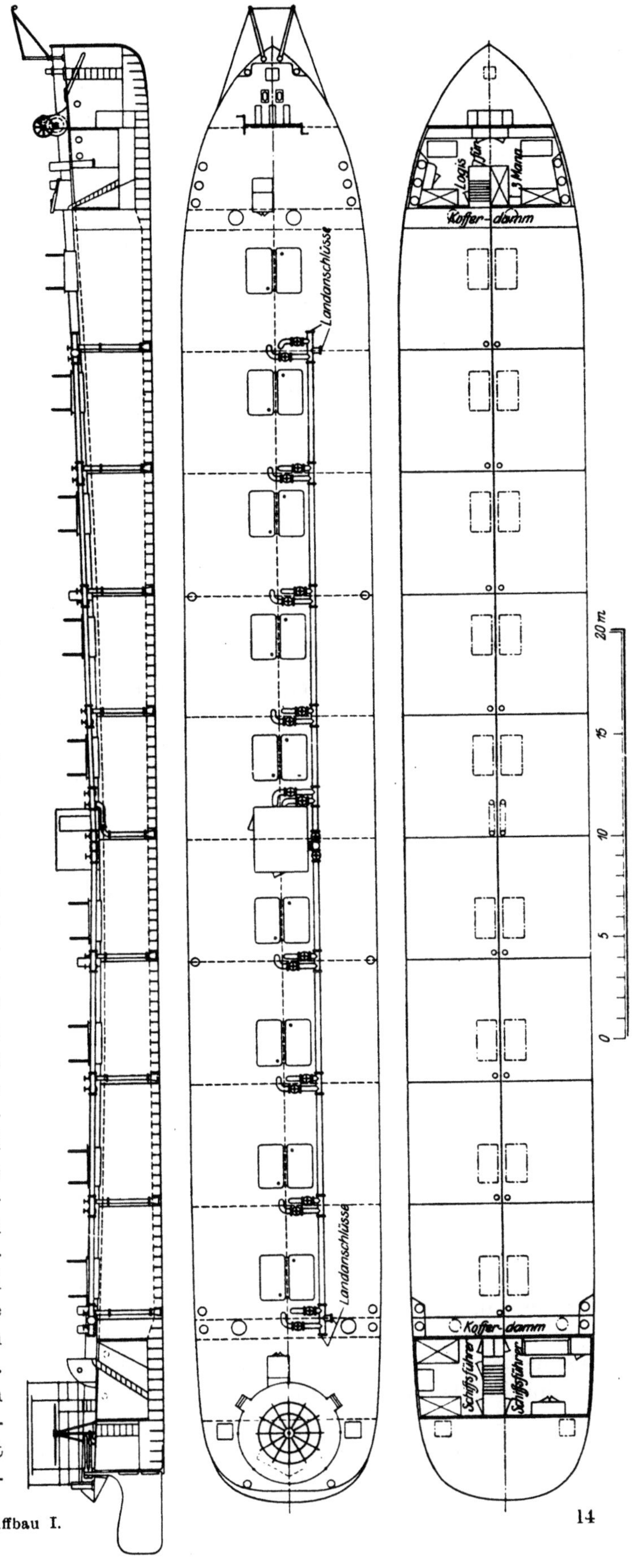

Fig. 130. Decksplan eines Petroleumtankkahnes.

Länge über alles 70,00 m. Breite auf Spanten 9,00 m. Seitenhöhe 2,60 m. Tiefgang 1,40 m. Tragfähigkeit 1000 t.

tungen. Die Wohnräume und anderen Einrichtungen unterscheiden sich nicht von denen normaler Kähne. Der Anstrich ist gewöhnlich zur Kenntlichmachung der Ladung wegen der Feuersgefahr vorgeschrieben. Meistens ist er grau mit blauer Wasserlinie.

Gewichte. Die Gewichte der einzelnen Kahnteile könnten ebenso angesetzt werden, wie diejenigen ähnlicher Dampfer. Als allgemeine Richtlinie kann dienen, daß das Gewicht kleinerer Schiffe etwa ein Viertel ihrer Tragfähigkeit und das der größeren Rheinschiffe wenig mehr als ein Fünftel ihrer Tragfähigkeit beträgt. Als Beispiel für die weniger bekannten Gewichte der Kähne mit Holzboden seien hier noch solche eines Kahnes mit folgenden Abmessungen angeführt: $L = 76$ m, $B = 10$ m, Seitenhöhe an niedrigster Stelle 2 m.

Steven	1 000 kg	Winden	300 kg
Spanten	9 000 „	Bugspriet	80 „
Decksbalken	1 400 „	Ankerkräne	180 „
Boden	38 000 „	Anstrich	800 „
Außenhaut	24 000 „	Ausbau	500 „
Aufbauten	6 850 „	Poller	750 „
Schottwände	10 450 „	Zollverschluß	750 „
Duchten	450 „	Deckstringer	3 000 „
Rißbord	4 700 „	Zwischenspanten	1 500 „
Inventar	5 000 „	Rinnsparren	1 400 „
Steuer	600 „		

Der Flußfrachtdampfer.

Das Schiff.

Verschiedene Typen. Zum Transport eiliger Stückgüter hat sich mit großem Erfolg auf sämtlichen Wasserstraßen neben dem Schleppzug der Flußfrachtdampfer behaupten können. Bei guter Disposition der Ladung und schnellen Booten braucht das Gut auf dem Wasserwege keine längere Transportzeit als auf der Eisenbahn. Es können daher ganz gute Frachtsätze erzielt werden. Die Dampfer kommen auf Elbe, Oder und Havel in kleineren Formen, auf dem Rhein in größerer Ausführung vielfach vor. Man kann drei Hauptformen unterscheiden. Die ganz flachen Gewässer und Kanäle lassen sich nur mit Heckraddampfern vorteilhaft befahren. Es ist dann der Transport auch bei Niedrigwasser einwandfrei möglich. Auf mitteltiefen Gewässern fahren diese Dampfer mit in der Mitte liegenden Maschinen, meistens einer Doppelschraubenmaschinerie, so daß sie bei Entladung annähernd gleichmäßig austauchen. Ist etwas größerer Tiefgang zugelassen, kommt man hier auch mit Einschraubenschiffen durch. Die größeren Schiffe, bei denen ein Tiefgang von über 2 m zulässig ist, haben dann meist die Maschinerie hinten liegen, wodurch der Laderaum bequemer eingeteilt, die Ladung einfacher zu löschen und die Wellenleitung kürzer und billiger wird. Der große Typ für den Rhein, dessen

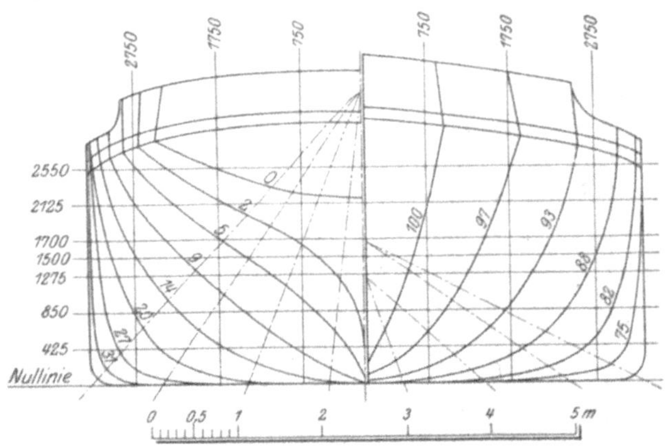

Fig. 131. Spantenriß eines mittleren Flußfrachtdampfer.

Maschinenanlage ganz hinten zu schwer würde, hat hinter dem Maschinenraum noch einen kurzen Laderaum von 7—8 m Länge.

Größenverhältnisse und Formen. Fig. 131 zeigt den Spantenriß eines mittleren Flußfrachtdampfers, der zwischen Hamburg und Berlin verkehrt. Man sieht hier, daß die Schiffe im Hinterschiff schlank gehalten werden, daß der Hauptspant sehr völlig ist, und daß das Vorderschiff nicht so schlank gebaut wird wie das Hinterschiff, damit es bei Zuladung der Last nicht zu tief eintaucht.

Übliche Abmessungen derartiger Frachtdampfer sind folgende:

Länge zwischen den Perpendikeln	65,0	53	48,4	41	35
Breite über Spanten	8,3	6,6	5,92	4,9	5,3
Seitenhöhe	2,8	2,6	2,3	2,7	2,10
Höchster Tiefgang	2,5	1,7	1,57	1,7	1,7

Heckraddampfer:

Länge zwischen den Perpendikeln	52,5
Breite über Spanten	7,44
Seitenhöhe	2,5
Höchster Tiefgang	1,45

Das Verhältnis von Länge zu Breite schwankt also zwischen 1 : 6,5 bis 8,4. Der Völligkeitsgrad der Schiffe liegt etwa bei 0,75, für volle Eintauchung gerechnet. Der Völligkeitsgrad des Hauptspants ist ganz besonders groß und liegt etwa bei 0,98. Sie bekommen dadurch bequeme Laderäume und breite Bodenflächen.

Materialstärken. In ihrer Bauart stehen die Schiffe zwischen dem Schraubenschlepper und dem leichten Kahn des betreffenden Flußgebietes. Der Hauptspant Fig. 132, der Fig. 133 und 140 gibt ein Bild der Materialstärken dreier mittlerer Frachtdampfer für den Rhein. Fig. 134 und 135 gibt die Materialstärken eines von Gebr. Wiemann in Brandenburg gebauten Dampfers, der sich recht gut bewährt haben soll. Der Typ 140 ist oft mit gutem Erfolg von der Firma Ruthof in Mainz-Kastel gebaut worden. Es ist dabei folgendes zu beachten:

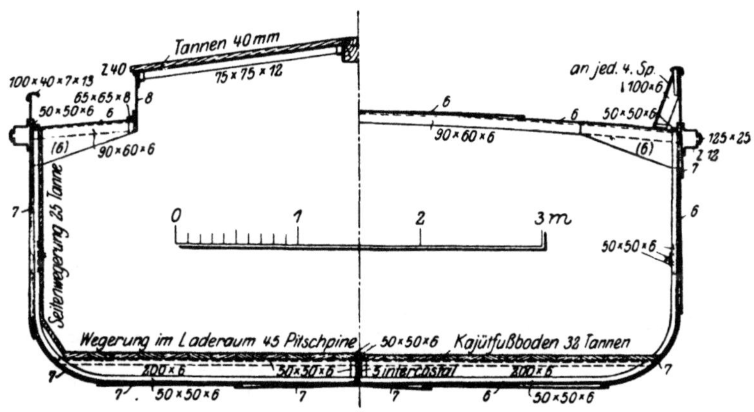

Fig. 132. Hauptspant eines Flußfrachtdampfers.

Vor- und Hintersteven sind verhältnismäßig leicht, ebenso die Spanten des kleineren Schiffes. Das Vorschiff ist gegen Beschädigungen bei Fahrten im Eis verstärkt. Die Bodenwrangen sind auf jedem Spant eingebaut, wie beim Kahn, da sie die Last der Fracht aus dem Laderaum abzufangen haben. Die Schotten sind stärker als bei Dampfern, jedoch schwächer als bei gleichgroßen Kähnen. Die Außenhaut, die beim Anlegen, bei dem häufigen Laden und Löschen und bei Fahrten im Eis sehr leidet, ist bei den größeren Schiffen stärker als bei gleichgroßen Dampfern und Kähnen. Ebenso ist die sehr niedrige Reeling bei den Rheindampfern sehr kräftig gehalten. Das Deck, auf dem oft auch Fracht gefahren und auf dem viel transportiert wird, ist kräftig und die Decksbalken haben einen hohen Tragschenkel. Ebenso sind die Gangbordknie ähnlich wie auf den Kähnen in voller Größe bis an die Luken durchgezogen. Sehr gut ist die Ruthofsche Konstruktion mit abnehmender Höhe der Decksbalken nach den Luken zu, wie Hauptspant 140 zeigt.

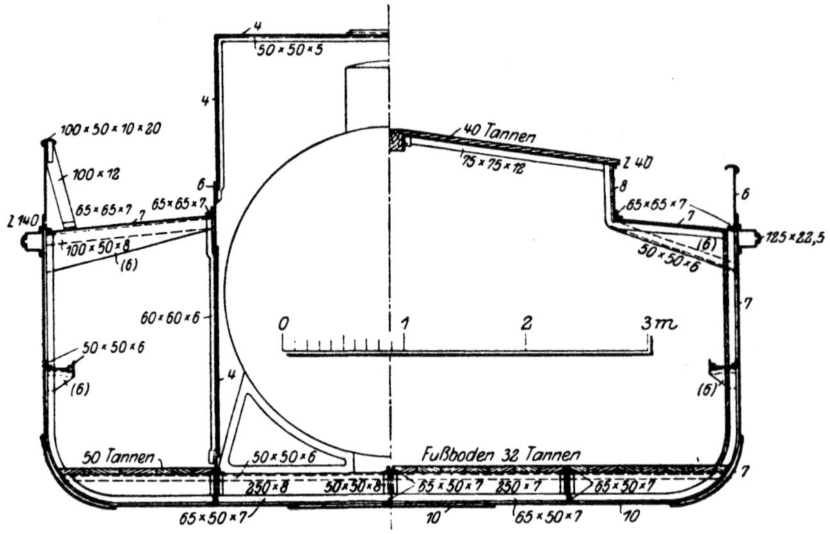

Fig. 133. Hauptspant eines Flußfrachtdampfers.

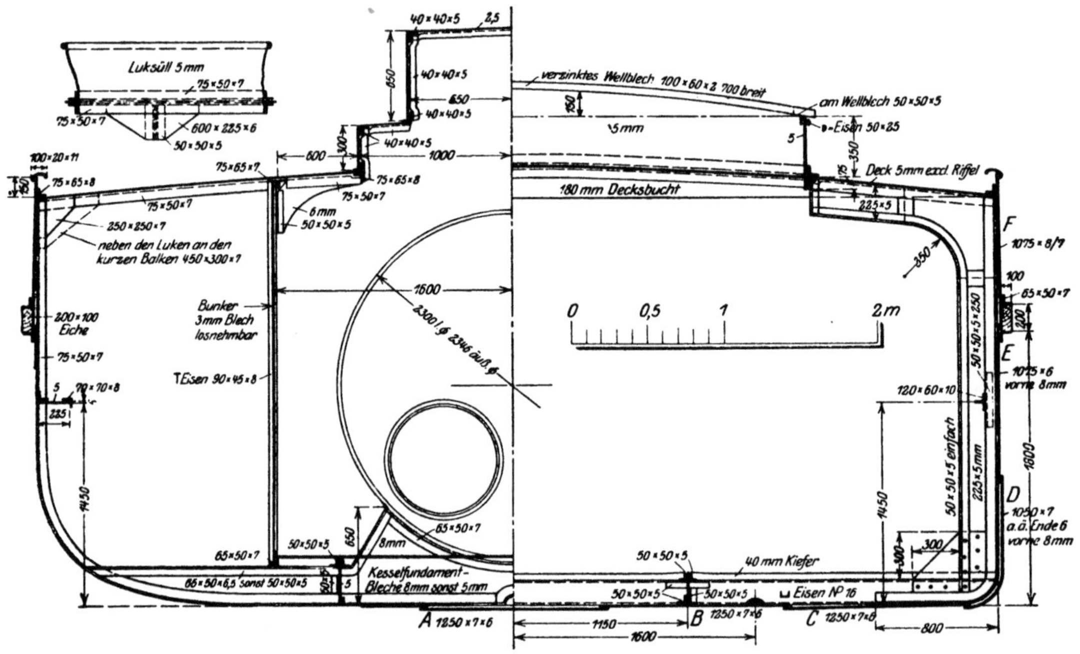

Fig. 134. Hauptspant eines Flußfrachtdampfers für Elbe und Havel (gebaut von Gebr. Wiemann, Brandenburg a. d. Havel).

Hauptdimensionen:

Größte Länge über Deck	52,00 m.
Länge zwischen den Loten	50,45 m.
Länge in der Wasserlinie	49,50 m.
Größte Breite auf Spanten	6,40 m.
Geringste Seitenhöhe	2,70 m.

Ausrüstung:

1 Buganker 220 kg.
1 Heckanker 175 kg.
1 Ankerkette 45 m lang 18 mm.
1 Ankerkette 85 m lang 16 mm.
1 Boberseil 50 m lang 16 mm Durchmesser.
1 Boberseil 40 m lang 14 mm Durchmesser.

Vordersteven: Flacheisen 105 · 26.

Hintersteven: 100 · 40.

Spanten: 75 · 50 · 7; Entfernung 500 mm; vorn ca. 8,00 m vom Vorsteven.

Zwischenspanten: 75 · 50 · 7.

Bodenwrangen: Im Hinterschiff bis Schott 32 gebaut 250 · 6 mm; von Spant 33—86 ⊏-Eisen 160 · 65 · 7,5 · 10,5 von Spant 87 bis vorn gebaut.

Gegenspanten: 50 · 50 · 5 an d. gebauten Bodenwrangen.

Kielschweine: 2 Stück, Bleche 6 mm intercostal, obere ∢ durchlaufend 50 · 50 · 5.

Maschinenfundament: Bleche 8 mm.

Längsträger durchgehend ∢ 70 · 70 · 8.

Querschotte: 6 Stück, wasserdicht genietet, 4 mm.

Versteifung: ∢ 65 · 50 · $6^1/_2$.

Deck: 5 mm Riffelblech, im Bereiche des Kesselschotts $6^1/_2$; 120 · 60 · 10 glatt genietet, Quernähte einfach, Stöße doppelt genietet.

Außenhaut: Kiel- Boden- und Kimmgänge 7 mm a. d. E. 6 mm; Scheergang 8 mm a. d. E. 6 mm; vorn Eisplatten 8 mm.

Nietung: Längsnähte einfach, Stöße doppelt überlappt genietet.

Kielschweine. Decksunterzüge und Seitenstringer sind bei den schwereren Schiffen nach Art der Schlepper mit interkostal eingebauten Blechen durchgeführt. Decksunterzüge sind meist nicht nötig, da sie durch die hohen Scherstöcke der Luken ersetzt werden. Auch hier ist wieder zu empfehlen, die Luken nicht einfach auf Deck zu setzen, sondern die Scherstöcke genau wie den Dennebaum der Kähne unter Deck noch ein Stück weiter zu ziehen und umzubiegen, damit das Ladegeschirr nicht hakt. Außerdem sollte man die Scherstöcke unter Deck, an Stellen, wo keine Luken sind und wo die Masten stehen, durchziehen, so daß sie dort sehr starke Decksversteifungen bilden. Bei dem von Gebr. Wiemann gebauten Schiff sind die starken rahmenartigen Unterstützungen der Masten besonders bemerkenswert. Derartige Einbauten sind bei so leichten Schiffen notwendig, da eine Durchführung der Klappmasten bis zum Schiffsboden nicht möglich ist, und auch ein durchgeführter Mast in dem schwachen Boden ohne eine breite Auflage nicht die notwendige Unterstützung finden würde. Ruthof führt den Mastkocher bis zum Schiffsboden durch, und stützt ihn dort mit einer kräftigen Platte auf den Bodenwrangen ab. Der Bodenbelag der Laderäume wird genau so wie der der Kähne ausgestaltet. Außerdem haben fast alle diese Schiffe noch eine Seiten-

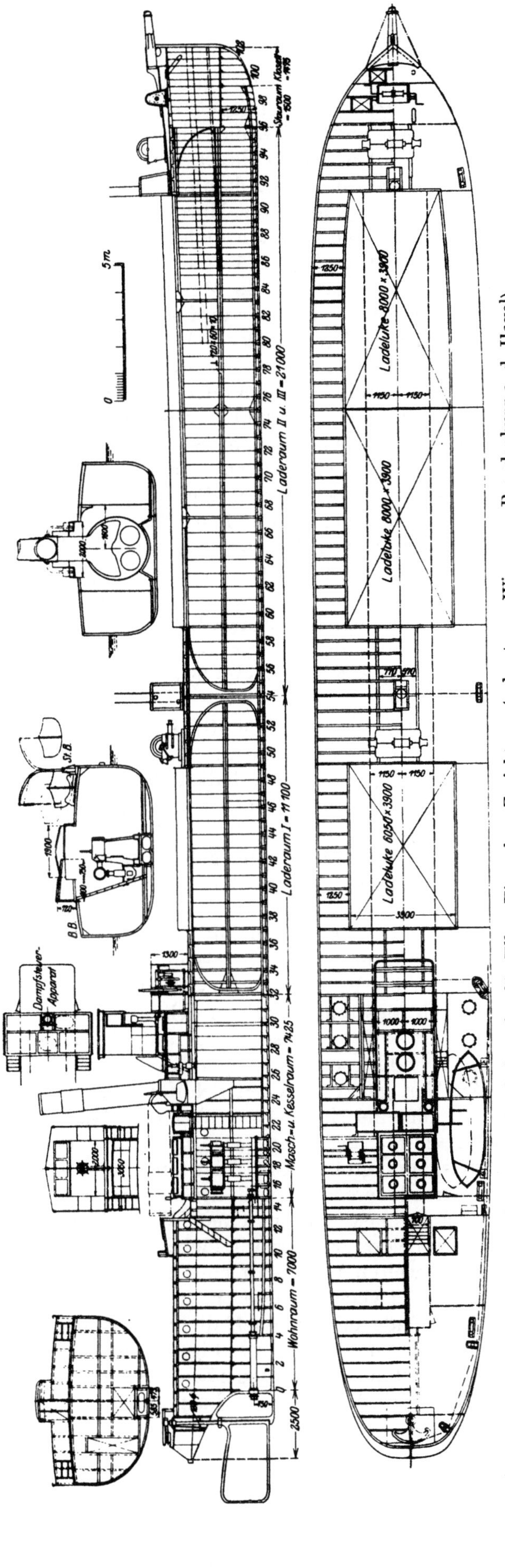

Fig. 135. Frachtdampfer für Elbe; Eisenplan, Zurichtung (gebaut von Wiemann, Brandenburg a. d. Havel).
Größte Länge über Deck 52,00 m. Länge zwischen Vorderkante. Hintersteven und Hinterkante. Vorsteven 50,450 m. Länge an der Wasserlinie 49,500 m.
Größte Breite auf Spanten 6,400 m. Geringste Seitenhöhe 2,700 m.

wegerung von etwa 20—25 mm Tannendielen, weil das wertvollere Gut nicht gegen die stets nasse Außenhaut anliegen soll. Die Lukendeckel sind meist wie bei den neueren Kähnen aus Wellblech, ohne Abstützung in der Mitte. Die kräftigen Ruthofschen Luken haben dagegen dreifache Abstützung, damit auf den Luken noch Ladung verstaut werden kann. Auf den besseren Schiffen werden die Luken wie bei Seeschiffen jedoch aus Holz oder starkem Eisenblech mit Garnierwinkeln gebaut. Breite Luken erhalten einlegbare Meerklinge aus Winkeln.

Raumausnutzung. Fig. 135 und 136 zeigen Einrichtungspläne normaler Frachtdampfer für Elbe—Havel. Die Maschinerie liegt hier einmal in der Mitte, einmal am Ende und erhält ihren Dampf aus einem Kessel. Kohlen liegen Steuerbord und Backbord vom Kessel. Das Schiff mit mittschiffs liegender Maschinerie taucht annähernd gleichmäßig aus. Die durch Schotten von der Maschine und Kessel und vorn noch einmal voneinander abgeteilten Laderäume sind ganz glatt, ohne besondere Einbauten. Sie sind von Deck aus durch Luken zugänglich. Im hinteren Laderaum liegen bei dem Schiff von Fig. 136 die beiden Wellentunnel, die aber selbst nicht begehbar sind, sondern an den einzelnen Lagern aufklappbare Deckel haben. Das Schiff nach Fig. 135 hat nur eine Maschine und einen kurzen befahrbaren Wellentunnel. Das Logis für die Besatzung liegt bei Schiff nach Fig. 136 vorn und zwar ist hier Maschinenpersonal und Schiffspersonal getrennt gehalten. Die Räume bekommen Luft durch ein aufgesetztes Oberlicht und Seitenfenster. Die Seitenfenster sind hier möglich, da die Schiffe vorn und hinten ziemlich gehoben sind. Vor dem Kollisionsschott ist noch ein Klosett eingebaut und ein einfacher Raum für Unterbringung von Schiffsmaterial. Im übrigen sieht der Schiffskopf ähnlich einem Schleppdampferkopf aus mit aufgebautem Bugspriet, in dem der Anker hängt.

Ankergeschirr. Da die Schiffe selten ankern und meist anlegen, kann man mit Handankerwinde auskommen. Die großen Frachtdampfer für den Rhein fahren den Anker häufig in Klüsen, haben dann auch Dampfankerwinde. Der Kapitän muß sich im Hinterschiff mit einem einzigen Raum, der zugleich Küche, Wohn- und Schlafzimmer bildet, begnügen. Bei dem Schiff nach Fig. 135 ist die gesamte Besatzung im Hinterschiff untergebracht. Um die notwendige Fußbodenfläche zu schaffen, ist das Deck hinter dem Maschinenraum erhöht.

Ruder. Das Ruder hat die Größe des entsprechenden Schraubenschleppers, Seite 163. Da die Schiffe viel mit dem Ruder arbeiten, weil sie schnell fahren, ist meist Dampfersteuerwinde vorgesehen, die vor der Brücke aufgestellt ist, und das Ruder mittels Reebleitung und Quadrant betreibt. Die Ruderleitungen laufen an Innenkante des sehr niedrigen Schanzkleides. Wo die Brücke mittschiffs steht, ist sie zumeist auf der Kesselhaube aufgebaut. Die Kesselhaube wird dann nicht mehr rund, sondern als viereckiger Kasten mit 5 mm starken Seitenwänden ausgeführt. Auf den ganz einfachen Schiffen, die direkt von Heck aus geführt werden, steht dann nur eine Handhaspel über dem Ruder, von wo aus dieses betätigt wird.

Ladegeschirr. Besonders wichtig ist das Ladegeschirr, da es die Rentabilität des Schiffes zum großen Teile bestimmt. Auf Fig. 136 sind zwei Lademasten vorgesehen, der vordere mit zwei, der hintere mit einem Baum. Fehlerhaft ist hier, daß der Vordermast nur mit einer Winde bedient wird, so daß bei gleichzeitigem Löschen der beiden vorderen Ladebäume Störungen eintreten müssen. Das Aufsetzen einer zweiten Winde, welches zwar Platzschwierigkeiten gegeben hätte, wäre trotzdem sehr erwünscht gewesen, und hätte sich in kurzer Zeit bezahlt gemacht. Mittels der Winde müssen auch die Masten gelegt und gehoben werden. Die Umlegevorrichtung ist ähnlich wie Fig. 30 eingerichtet. Es kommt darauf an, möglichst schnellaufende, gut steuerbare Winden aufzusetzen. Die Seilführung muß so angeordnet werden, daß die Last nicht nur gehoben, sondern auch die Bäume

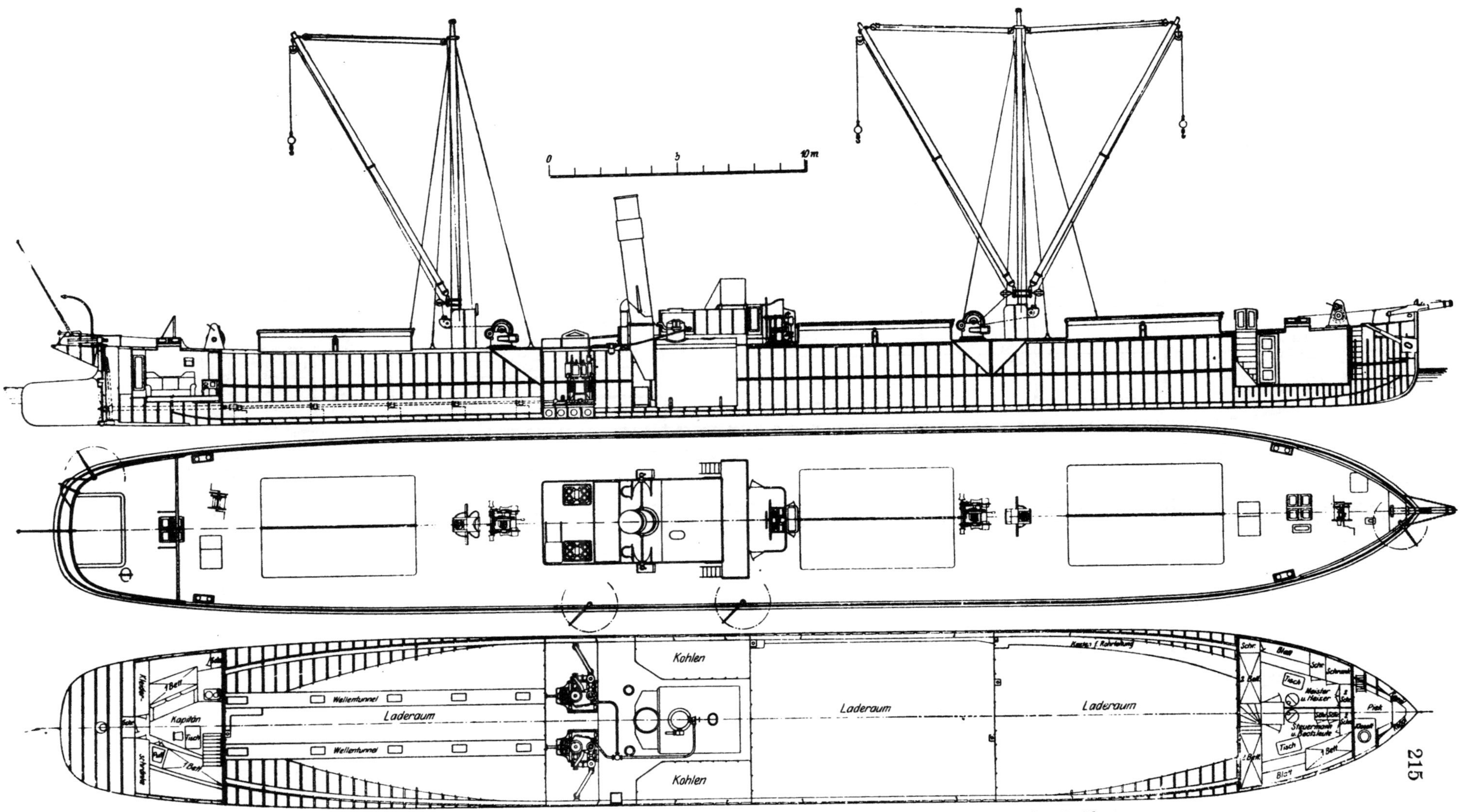

Fig. 136. Flußfrachtdampfer für Elbe und Havel (erbaut von Gebr. Sachsenberg A.-G., Roßlau).

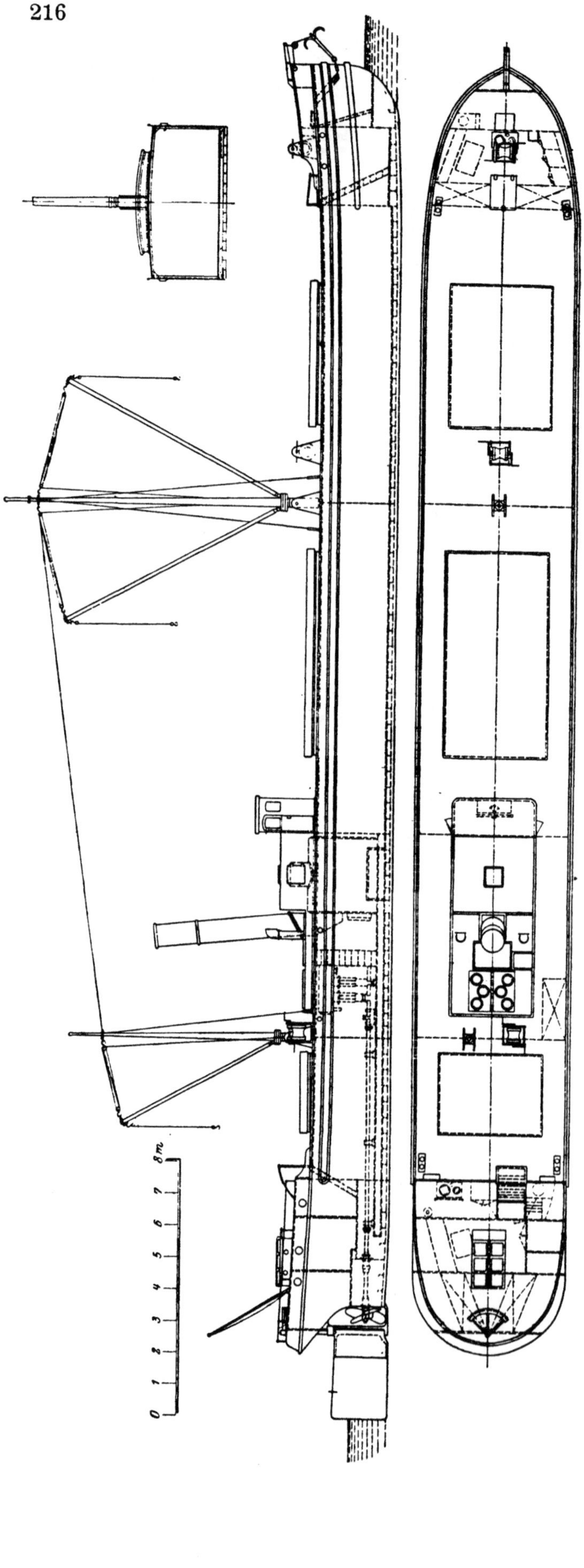

Fig. 137. Flußfrachtdampfer für Elbe und Havel (erbaut von Paucksch, Landsberg a. d. Warthe).

Länge über alles 41,0 m. Größte Breite über Spant 4,97 m. Größte Breite über Bergholz 5,1 m. Höhe und Unterboden bis Seitendeck 2,4 m.

zu gleicher Zeit gehoben, gesenkt und seitwärts ausgeschwenkt werden. Es ist dies genau wie beim Rhein-Seedampfer durch Anbringung einiger Rollen am Schanzkleid leicht möglich, wenn die nötigen Spillköpfe an der Winde selbst vorhanden sind. Auch die Ruthofsche Anordnung (Fig. 139) ist sehr zu empfehlen. Der Leitdraht wird hier durch einen hoch gestellten Galgen geführt, wodurch gute Angriffswinkel am Ladebaum erzielt werden und der Gang im Schiff unbehindert bleibt. Die Ladeluken müssen mit Ösen versehen sein, so daß sie mittels der Bäume leicht aushebbar sind.

Fig. 137 zeigt das Bild eines ganz einfachen kleinen Frachtdampfers, wie er von der Firma Paucksch in Landsberg a. d. Warthe mit Erfolg gebaut ist, die Fig. 138 eines von der gleichen Firma gebauten Heckraddampfers. Man sieht auf diesem Bilde, daß nur zwei, wenn auch breite, Laderäume vorgesehen werden konnten und daß der vordere Ladebaum trotz der großen Raumschwierigkeiten, die sich gerade hier zeigen, doch seine eigene Winde bekommen hat. Das Schiff ist außerdem zum Schleppen eingerichtet, wodurch

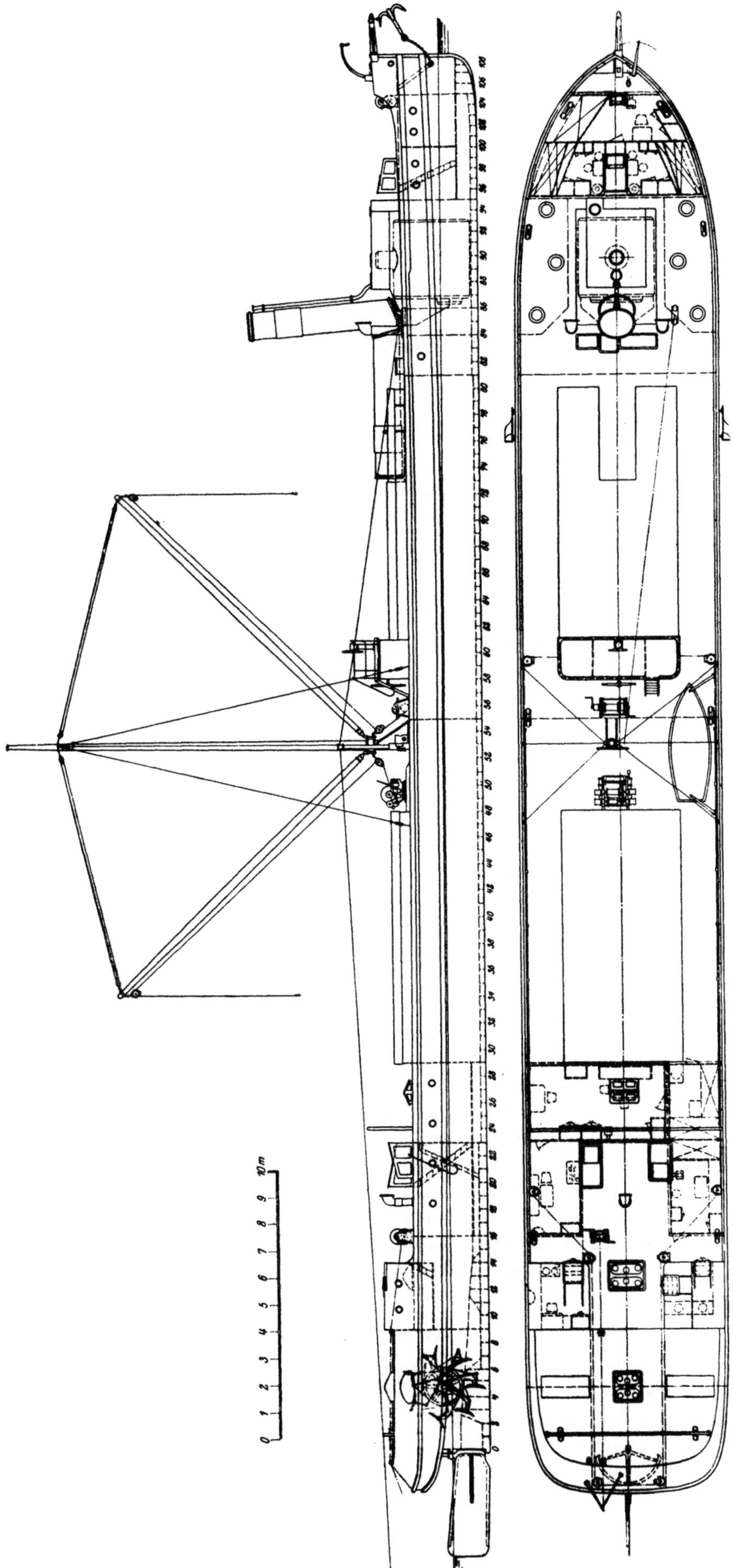

Fig. 138. Flußfrachtdampfer mit Heckrad (erbaut von Paucksch, Landsberg a. d. Warthe).

allerdings wieder viel Geschwindigkeit verloren geht, wenn die Schleppvorrichtung wirklich ausgenutzt wird. Die Geschwindigkeiten dieser Schiffe betragen gewöhnlich 11—13 km gegen Strom. In Kanälen wird natürlich wesentlich langsamer gefahren.

Fig. 139. Ausschwenkvorrichtung für Ladebäume (von Chr. Ruthof, Mainz-Kastel).

Die Maschine.

Maschinenstärken, allgemeine Gesichtspunkte der Konstruktion. Die Maschinenleistungen liegen zwischen 100 und 450 i. PS. Der Frachtdampfer Fig. 137 hat eine Maschine von einer normalen Leistung von 100—120 i. PS. Der Dampfer Fig. 136 hat zwei Maschinen von zusammen 200 i. PS. Die größeren Rheinschiffe haben 250 bis 450 i. PS, der Heckraddampfer Fig. 138 eine Maschinenanlage von 250 i. PS. Die Frachtdampfermaschinen sind wie die Schleppermaschinen mit kurzem Hub und ähnlicher Steuerung gebaut, haben aber gewöhnlich, da die Schraube weniger belastet ist, etwas höhere Umdrehungszahlen, etwa 180—200. Wenn man sehr an Gewicht sparen will, kann man hier mit weniger Bedenken zu der leichten Konstruktion nach Fig. 101 übergehen, weil die Maschinen weniger angestrengt werden. Sonst ist über diese Maschinenanlagen gegenüber den Schleppermaschinen nichts Besonderes zu sagen. Die Kessel werden auch gewöhnlich als normale Zylinderkessel, bei den kleineren Schiffen als Lokomotivkessel, meistens mit Überhitzung ausgeführt. Die Anlagen arbeiten fast alle mit Kondensation, und zwar Einspritzkondensation. Die Gewichte der Maschinenanlage sind dieselben wie diejenigen der Schlepperanlage. Als Beispiel für die Gewichte des Schiffes seien folgende gegeben:

Gewichte.

Bei dem Frachtdampfer, dessen Hauptspant Fig. 133 darstellt, wiegt der gesamte Schiffskörper rund 60 t. Davon beanspruchen die Eisenarbeiten des rohen Schiffskörpers mit Außenhaut, Deck, Spanten, Verstärkungen usw. 47 t. Die Holzarbeiten, wie Masten, Fender, Holzausbauten im Vorder- und Hinterschiff, Fußboden und Verschalung zusammen 10 t. Der Rest kommt auf Kesselhaube, Eingangsluken, Oberlichter, Reeling, Winden usw.

Diegleichen Gewichte sind bei dem Schiff mit dem Hauptspant (Fig. 132) rund 80 t, der Schiffskörper beansprucht hiervon 61 t, die Holzarbeiten 12 t, der Rest wieder die allgemeinen Bauten. Bei dem leichten Schiff für die Elbe nach Fig. 135 sind die entsprechenden Gewichte folgende:

Schiffskörper komplett	110 000 kg
Maschine einschl. Durchlager, Wellenleitung, Schraube usw.	8 500 „
Kessel, komplett inkl. Wasser	32 000 „
Inventar einschl. Winden und Bort	17 000 „
Kohle	16 000 „
Depl. des fertigen Schiffes, fahrbereit	178 000 „
Ladung	250 000 „
Depl. beladen mit Tiefgang 1,60 m.	428 000 „

Die Tragfähigkeit des Schiffes (Fig. 135 und 136) beträgt rund 250 t, bei 1,60 und 1,70 m Tiefgang. Die Tragfähigkeit des Dampfers (Fig. 138) bei 1,45 m Tiefgang beträgt 270 t. Die größeren Rheinschiffe tragen bis zu 750 t bei 2,5 m Tiefgang. Ihr Schiffskörpergewicht beträgt insgesamt 282 t, die Maschinenanlage, Kessel usw. von 440 PSi wiegen 60 t.

Besondere Eigenarten unserer Rheinfrachtdampfer.

Diese zuletzt erwähnten schweren Schiffe für den Rhein, die mit besonderem Erfolg von der Firma Ruthof in Mainz-Kastel entwickelt worden sind, haben allerlei Eigentümlichkeiten, die hier noch kurz erwähnt werden sollen. Fig. 140 zeigt den Einrichtungsplan eines solchen Schiffes. Es fällt hierbei vor allen Dingen auf, daß der gesamte Schiffsraum unter Deck bis auf einen kurzen Raum im Vorschiff nur als Nutzraum, d. h. als Laderaum oder Maschinen- und Kesselraum, ausgebaut ist. Die Unterbringung der Mannschaften und des Schiffsführers ist an Deck eingerichtet. Hinten am Schiff befindet sich das nur wenig versenkte Deckshaus mit den Räumen für den Kapitän. Es hat außer der Bedachung noch ein zweites Schutzdach, so daß es im Sommer verhältnismäßig kühl ist. Unter der Brücke ist der Raum für den Maschinisten gleich in der Nähe seiner Maschine und vorn die Kombüse und Lampenkammer. Ebenso ist der Abort für Mannschaften im Deckshaus untergebracht und nur die Mannschaft selbst nimmt einen kleinen Raum im Vorderschiff in Anspruch. Dieser würde als Laderaum doch sehr unbequem werden; als Wohnraum ist er aber noch ausnutzbar. Außerdem ventiliert er vorteilhaft, da die Bulleyes in den gegen die Fahrrichtung bereits schrägliegenden Schiffswänden die Luft gut auffangen. Die Luken sind verhältnismäßig schmal. Dadurch wird zunächst ein großer Decksraum für Decksladung geschaffen und außerdem die Möglichkeit, auf den schmalen, kräftig unterstützten Luken auch noch Decksladung zu verstauen. Die Rudermaschine steht hier auf der Brücke selbst, was durch die kräftige Konstruktion des Hauses unter der Brücke möglich gemacht ist. Die Bunkerklappen sind sehr groß, so daß das Schiff seine Kohlen schnell einnehmen kann. Es ist ferner bemerkenswert, daß jeder Ladebaum seine eigene Winde hat, die so aufgestellt ist, daß der bedienende Mann den Ladebaum stets im Auge behalten kann. Sämtliche Ladebäume sind mit Hilfe der Winden mechanisch seitlich ausschwenkbar. Die Schiffe laufen mit 750 t bei 2,2 m Tiefgang immer noch 9 km gegen 4 km Strom. Erwähnenswert ist vielleicht, daß sie durch vier Schrauben angetrieben werden, je zwei Schrauben auf einer Welle, was sich bei Niedrigwasser als vorteilhaft erwiesen hat, eine Anordnung, die auch einzelne Schleppdampfer führen. Die zweite Schraube hat dann natürlich eine wesentlich höhere Steigung als die erste.

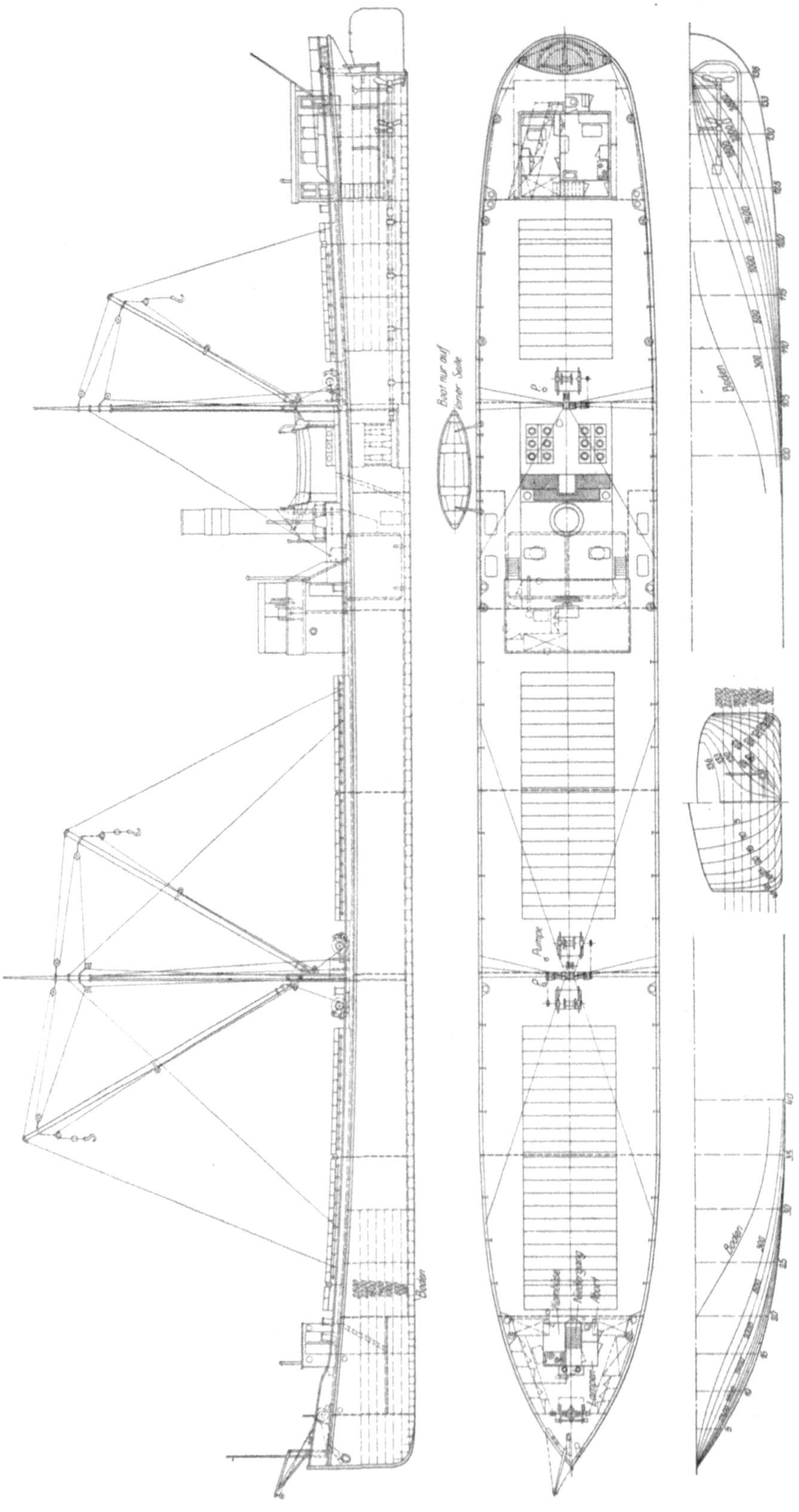

Länge zwischen den Steven 65,06 m. Breite 8,30 m. Höhe 2,80 m. Tragfähigkeit 754 Tonnen bei 2,5 m Tiefgang, 2 Dreifach-Expansionsmaschinen zusammen 440 PS.
2 Kessel zusammen 150 qm Heizfläche. Geschwindigkeit mit 570 Tonnen Ladung und 2,2 m Tiefgang 9 km gegen 4 km Strom 1 : 400.

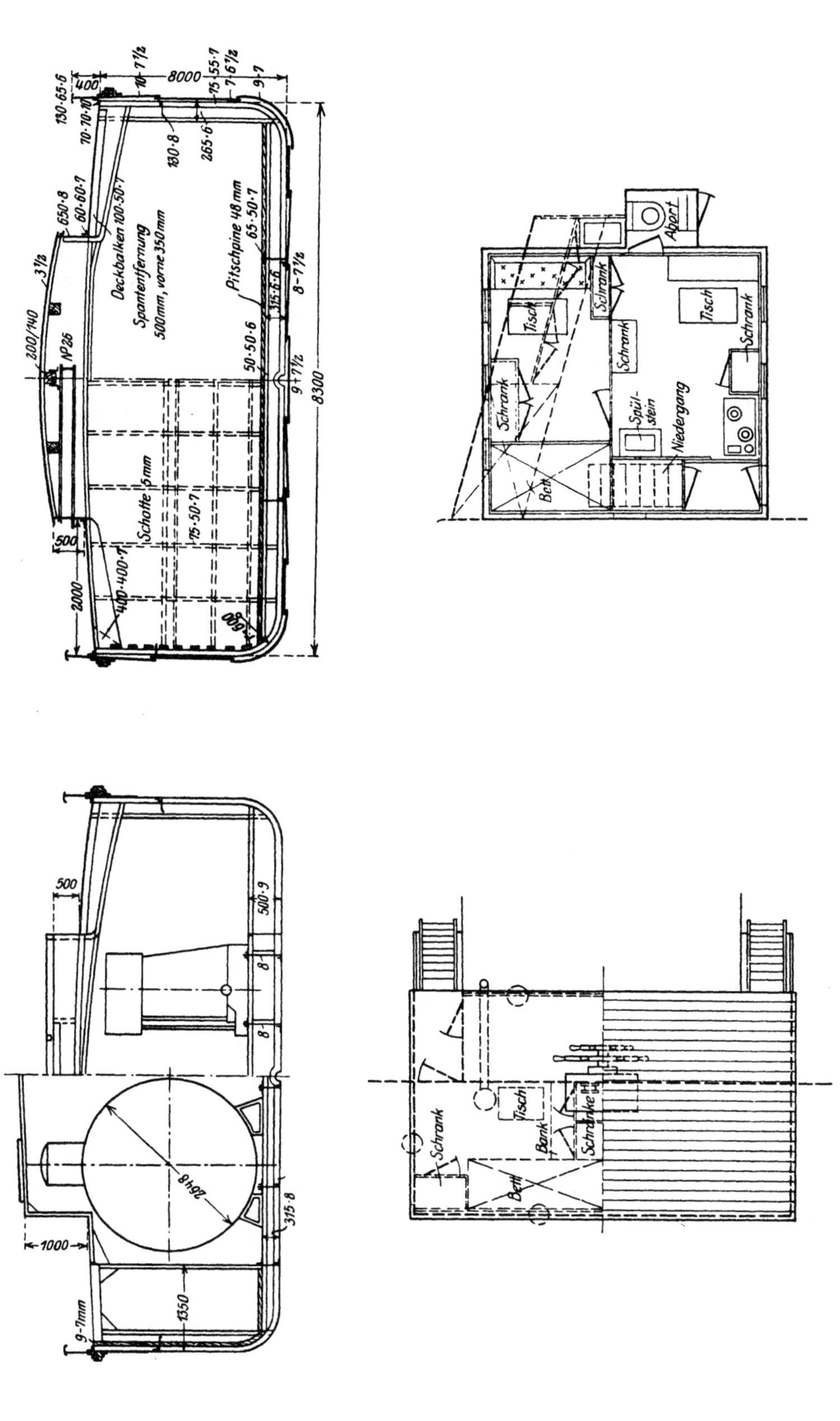

Fig. 140. Doppelschrauben-Güterdampfer für den Rhein (erbaut von Chr. Ruthof, Mainz-Kastel).

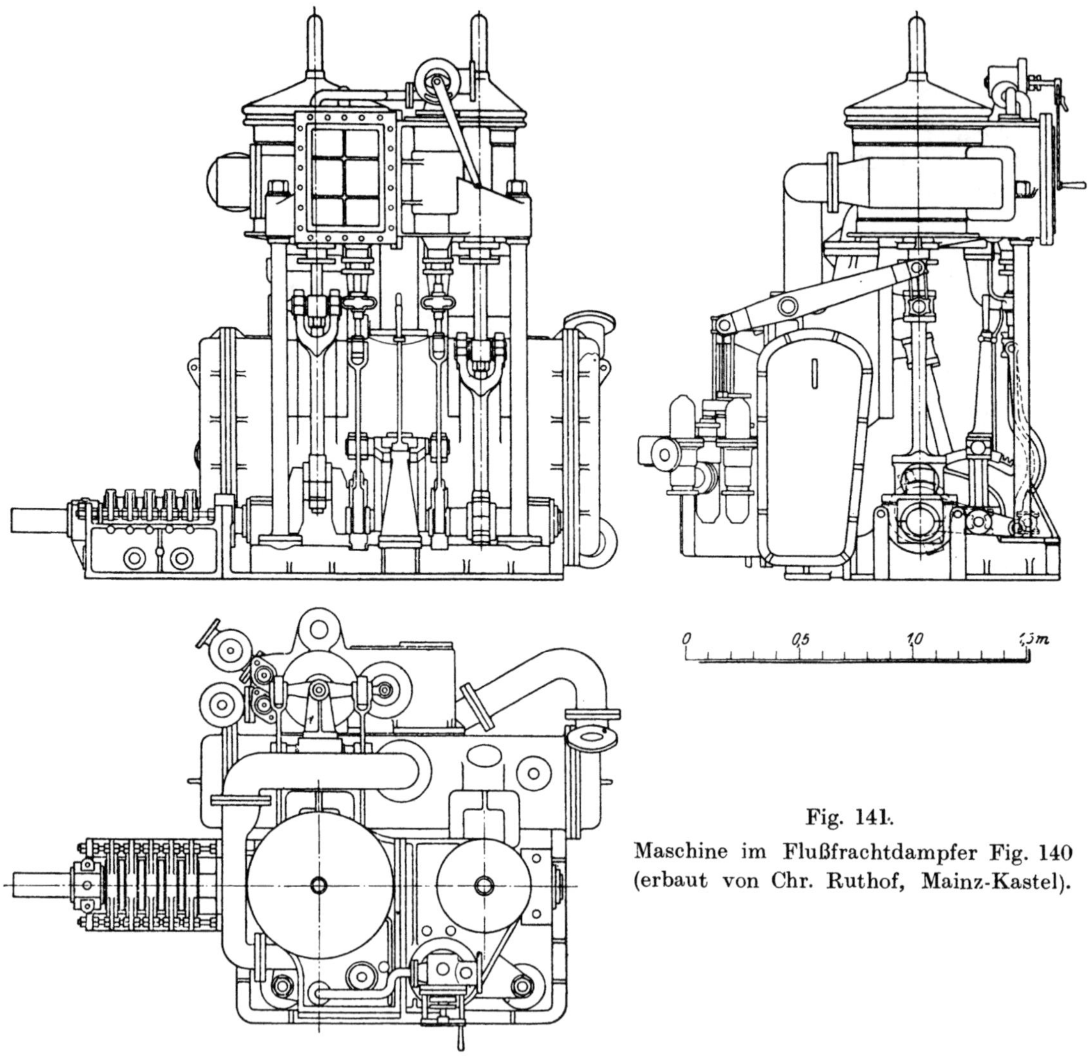

Fig. 141.
Maschine im Flußfrachtdampfer Fig. 140 (erbaut von Chr. Ruthof, Mainz-Kastel).

Der Rhein-Seedampfer.

Das Schiff.

Allgemeines. Die Aufgabe, Güter ohne Umladung von Überseeplätzen bis tief in das Land hinein zu fahren, lockt sehr. Sie verlangt Ausbildung von Dampfertypen, die zwischen den Eilgutdampfern der Flüsse und Frachtschiffen für See stehen. Wenn man das Problem aber genau prüft, so wird man meistens finden, daß es, wenn auch nicht undurchführbar, so doch unwirtschaftlich ist. Ein Hineinfahren in die Flußmündungen auf der Elbe bis Hamburg, auf dem Rhein bis Rotterdam, auf der Donau bis Braila hat mit der vorliegenden Aufgabe nichts zu tun, denn bis zu diesen Hafenplätzen kann ein schweres Seeschiff ohne weitere Schwierigkeiten und ohne besondere Bauart fahren.

Weiter oben liegen bei fast allen Flüssen derartige Untiefen oder so niedrige Brücken, daß ein Durchfahren dieser Strecken für Schiffe, die auf See noch wirtschaftlich sein müssen, nicht mehr möglich ist. In größerem Umfange findet man den durchgehenden See-Flußverkehr bis heute nur auf dem Rhein mittelst den sog. Rhein-Seedampfern, welche bis Köln durchfahren. Die Aufgabe bei diesen Rhein-

Seedampfern ist es, den Bauvorschriften des Germanischen Lloyds und der See-Berufsgenossenschaft wenigstens für große Küstenfahrt voll zu entsprechen und dabei doch ein Schiff herzustellen, das auch eine möglichst große Ladefähigkeit auf dem Fluß hat, ohne die dort gegebenen Tiefgänge zu überschreiten. Da man Flußdampfer viel leichter zu bauen pflegt wie Seedampfer, sind diese Aufgaben in Wirklichkeit gar nicht miteinander zu vereinbaren. Es müssen hier Mittelwege eingeschlagen werden.

Tiefgang. Einer der wichtigsten Punkte, der beachtet werden muß, ist der, daß man auf dem Rhein einen Tiefgang herzustellen hat, der so gering wie möglich ist, auf See dagegen dem Schiff einen ziemlich großen Tiefgang gibt. Man kommt hier zu verschiedenen Lösungen. Einzelne Schiffe fahren Trimmtanks, die sie auf See füllen und auf dem Fluß leerlaufen lassen. Andere Schiffe müssen dagegen in den Flußmündungen soviel Gut ausladen, daß der Tiefgang auf dem Fluß erreicht wird. Man kann auf dem Unterrhein bis Köln in den meisten Jahreszeiten mit 2,50 m Tiefgang fahren. Da aber der Wasserstand dort sehr wechselnd ist, und man immer darauf Rücksicht nehmen muß, daß man mit diesem Schiff unterwegs schwer leichtern kann, muß man häufig mit geringerem Tiefgang in Rotterdam abfahren. Wirtschaftlich unangenehm ist dies besonders deshalb, weil die Frachten bei Niedrigwasser stark wachsen und daher gerade dann ein Transport möglichst großer Warenmengen erwünscht ist. Eine gute kaufmännische Disposition ist hier besonders wertvoll, um das technische Problem lösen zu können. Wenn man z. B. alle Ladungen, die weiter gehen als bis zum Endpunkt, da sie doch wenigstens einmal umgeladen werden müssen, schon im Mündungshafen, in diesem Falle in Rotterdam, löscht und bei umgekehrter Fahrt dort erst in Empfang nimmt, kann man das Schiff für Ladung bis zu seiner Endstation auf dem Fluß und für die Zwischenstationen sehr hoch ausnutzen. Außerdem hat man dann auf See auch mehr Ladung. Allerdings werden die Eisenbahnfrachten bei den langen Wegen wiederum höher, was besonders ins Gewicht fällt, wenn man Ladung hat, welche den langsameren Flußtransport verträgt. An sich rentiert ein Rhein-Seeschiff, wenn man es mit dem normalen Frachtverkehr vergleicht, keinesfalls, da das teure schwimmende Kapital mit den wesentlich billigeren Eildampfern oder auch den besonders geschleppten Kähnen nicht konkurrieren kann. Auch die Bemannung der Rhein-Seedampfer ist verhältnismäßig höher, als sie auf Flüssen bei gleicher Tragfähigkeit notwendig wäre, da die Bemannung eben für See vorgesehen ist. Ein Vorteil in der Geschwindigkeit der Abfertigung der Güter liegt auch kaum vor, da sowohl der Eilgüterdampfer auf dem Fluß als auch der besonders geschleppte Kahn die direkte Fahrt von Rotterdam nach Köln ebenso schnell zurücklegen können als der Rhein-Seedampfer. Die gesparten Umladekosten heben diesen ökonomischen Nachteil auch nicht auf.

Wirtschaftliche Gründe für den Bau von Rhein-Seedampfern. Trotz alledem hat sich in dem Küstenverkehr und Innenverkehr nach der Ostsee das Rhein-Seeschiff immer mehr eingeführt. Es liegt dies an der besseren Erhaltung der Ladung, da das Umladen gespart wird. Besonders wichtig ist dies bei langen Platten, Stabeisen, Bandeisen und ähnlichen empfindlichen Gegenständen der Eisenindustrie, die bei Umladung leicht verbogen werden. Ebenso gilt dies für Waren, die zerbrechlich sind, deren Verpackung schwach ist, oder die bei Umladung leicht gestohlen werden. Es werden daher für solche Güter im direkten Verkehr bessere Frachten gezahlt, als im Umladeverkehr, wodurch sich die Rhein-Seeschiffe auch halten können. Allerdings hat hier auch der Techniker sehr mitzuarbeiten, da die schwierige Rentabilität nur durch Sparsamkeit im Kohlenverbrauch und Öl, durch schnelles Entladen, leicht zu bedienende Zollverschlüsse und sonstige praktische Konstruktionen gehoben werden kann.

Sonderkonstruktionen. Eine besondere Aufgabe des Rhein-Seeschiffes ist auch die Zollbehandlung, d. h. die Festhaltung der Identität der Waren, die doch umgeladen werden oder der Zollverschluß für die Räume, die unterwegs nicht geöffnet werden. Unter diesen Umständen wird man einsehen, daß auch die Gestaltung von Luken und Einrichtung derselben, ihre Länge und Breite für Lang- und Kleingut Schwierigkeiten bietet. Die Luken können an sich gar nicht lang und groß genug sein, dürfen aber den Verband des Schiffes nicht beeinträchtigen. Die Zahl der Luken muß auch groß sein, damit man immer teilweise durch Zoll verschlossene, teilweise offene Räume fahren kann. Auch auf das Ladegeschirr muß besonderes Augenmerk gelegt werden. Es muß so eingerichtet werden, daß es selbst nicht schwer ist, um das Eigengewicht des Dampfers und dessen Leertiefgang nicht zu erhöhen. Daneben soll es jedoch eine möglichst große Leistungsfähigkeit und Tragfähigkeit haben und vor allen Dingen rasch arbeiten. Wie dies erreicht wird, soll an Hand von Fig. 142 gezeigt werden.

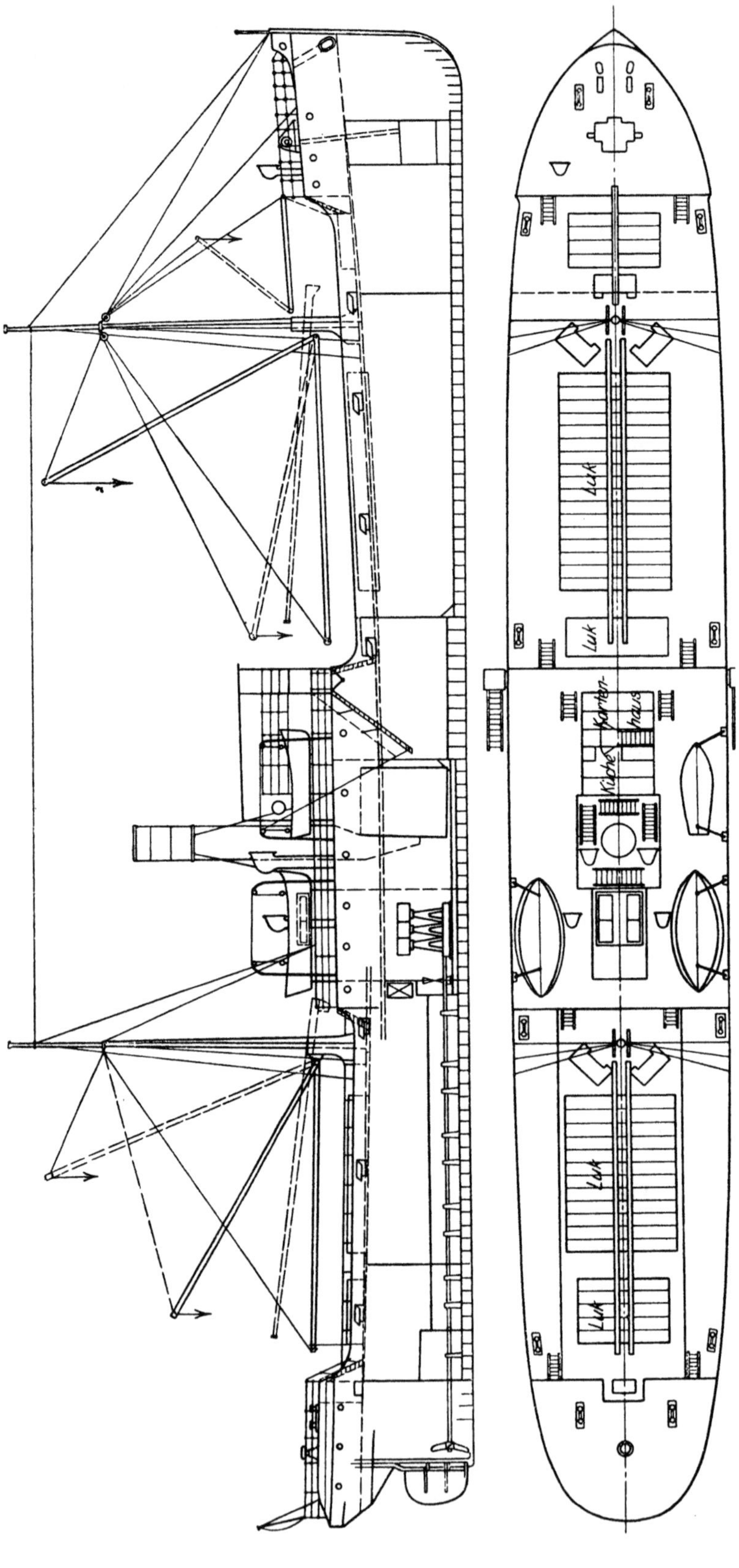

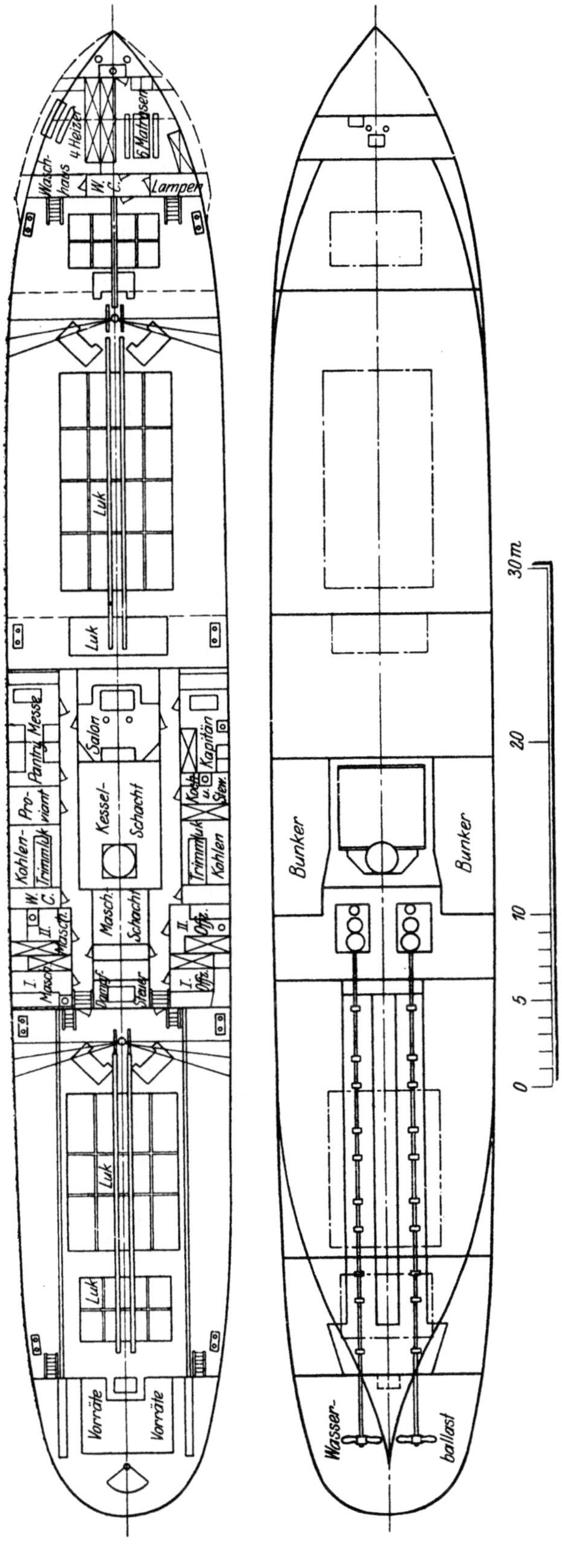

Fig. 142. Rhein-Seedampfer normaler Ausführung.

Größenverhältnisse. Rhein-Seeschiffe werden in verschiedenen Abmessungen gebaut. Die größten haben:

eine Länge	von	73,50 m
„ Breite	„	10,80 „
„ Seitenhöhe	„	4,30 „
„ Tragfähigkeit	„	1410 t
einen hinteren Tiefgang . .	„	3,36 m

und eine Geschwindigkeit von 9 Seemeilen bei tiefem Wasser.

Die nächstgroßen haben:

eine Länge	von	66,00 m
„ Breite	„	10,00 „
„ Seitenhöhe	„	3,90 „
„ Tragfähigkeit	„	1085 t
einen Tiefgang, hinten, voll beladen	„	3,20 m

und eine Geschwindigkeit von 9 Seemeilen.

Gefahren werden immer noch Schiffe bis zu 500 t und 600 t Tragfähigkeit. Deren Wirtschaftlichkeit ist jedoch heute bereits sehr in Frage gestellt. Sie können nur noch durch niedrige Anlagekosten mit den größeren Schiffen konkurrieren.

Die Völligkeit des Rhein-Seedampfers, bereits auf Leerladelinie, muß eine sehr große sein, damit das Schiff auf dem Fluß möglichst geringen Tiefgang hat. Sie liegt bei 0,80 und steigt beim vollbeladenen Schiff auf 0,85. Gebaut sind die Schiffe nach dem Germanischen Lloyd, Klasse 100 AK. Sie haben erhöhte Back mit den Logis für Heizer und Matrosen und erhöhte Brücke mit den Räumen für die Offiziere und Maschinisten. Damit das Schiff bei Be- und Entladung möglichst gleichmäßig ein- und austaucht, müssen Kohlen, rund 110 t, etwa im Schwerpunkt des Schiffes untergebracht werden. Platz ist sehr wenig vorhanden, da aller freier Raum als Laderaum ausgenutzt werden soll, so daß Maschinen- und Kesselraum besonders eng werden. Da das Vorderschiff gewöhnlich etwas länger gehalten wird wie das Hinterschiff, ist das Deck des

Hinterschiffs als erhöhtes Quarterdeck gebaut, so daß der Unterschied des Inhalts der Laderäume nicht zu groß wird.

Raumausnutzung. Wenn man das Schiff auf Fig. 142 von vorn nach hinten durchgeht, so liegt vorn zunächst ein Wasserballasttank, dann kommt das Kabelgatt mit dem darunter befindlichen Kettenkasten. Hieran schließt bereits der erste kurze Laderaum an, der durch ein kurzes, aber breites Luk bedient werden kann. Dahinter liegt ein Laderaum für Langgut, dessen Luke in der Länge sehr reichlich ist. Hierauf folgt, annähernd mittschiffs, wieder ein großer Wasserballasttank für rund 180 t Wasser, der auch als Laderaum benutzt wird. Unter diesem Raum in einem kurzen Doppelboden befinden sich etwa 37 t Speisewasser. Der anschließende Kesselraum ist vom Maschinenraum wenigstens durch ein Staubschott getrennt. Der hintere lange Laderaum wird durch die beiden Wellentunnel in seiner Größe noch arg verringert. Er hat aber wieder eine so große Luke und eine größte Länge von 9 m, daß immer noch ziemlich lange Güter in ihm gefahren werden können. Im Hinterschiff befindet sich dann noch ein zweiter kleinerer Laderaum mit schmaler, kurzer Luke und am Ende ein Wasserballasttank zum Vertrimmen. Auf der Back, unter der die vier Heizer und sechs Matrosen untergebracht sind, steht die Dampfankerwinde und gewöhnlich ist dort noch eine kleine Pantry und ein schmaler Baderaum eingerichtet. Das ganze vordere Deck nimmt die Ladeeinrichtung mit den Winden und Luken ein. Im Mitteldeck ist zunächst die Brücke, das Kartenhaus, die Küche, darunter Wohnraum, Messe, Salon und der Raum für einige Trimmluken für die Kohlen. Die Dampfsteuerwinde, welche das Ruder mittels einer Reebleitung antreibt, steht gewöhnlich am hinteren Ende der Brücke. Die Maschine selbst, sowie das Ruder muß kräftiger und größer gewählt werden als auf See, da die Wendungen auf dem Fluß sonst nicht genommen werden können. Das Verhältnis von Ruder zu Lateralplan ist etwa 1 : 18.

Ladegeschirr und Luken. Das Hinterdeck wird wieder vollkommen von dem hinteren Lademast mit seinen zwei Winden beherrscht. Vielfach wird die Aufgabe gestellt, besonders lange Stücke zu lagern. In diesem Falle kann man sich damit helfen, daß man das hintere Schott vom vorderen Laderaum losnehmbar einrichtet und soweit als möglich nach vorne rückt. Wenn man kein besonders langes Gut hat und viel Stückgüter mitnehmen will, kann man die langen Laderäume durch eingebaute provisorische Schotten wieder trennen. Die Luken müssen so eingerichtet sein, daß sie eben auch teilweise verschließbar sind und einen derartigen Raum zollsicher abschließen können. Das Ladegeschirr muß vielen Bedingungen zugleich entsprechen. Es soll leicht, stark, schnell und umklappbar sein. Die Leichtigkeit erzielt man gewöhnlich dadurch, daß man für alle Masten und Bäume gezogenes Mannesmann-Rohr verwendet. Die Ladegeschwindigkeit wird durch zweierlei erreicht. Erstens bringt man an jedem Mast mehrere Bäume an, am Vordermast zwei nach hinten und einen nach vorn, am Hintermast zwei nach hinten. Jeder Baum bekommt seine eigene, schnellaufende Winde. Diese arbeitet am schnellsten mit losem, um den Spillkopf geführten Draht. Man sieht vorteilhafterweise noch einen weiteren Zug vor, der den Baum, wenn die Last gehievt ist, seitwärts ausschwenkt. Die Aufgabe läßt sich auf die verschiedenste Art lösen, z. B. indem man den Baum durch Blöcke, welche an der Reeling befestigt sind, von der Winde aus seitlich zieht. Wegen der Umlegbarkeit müssen die Masten in schweren Kochern stehen. Sie werden dann, genau wie bei den Schleppdampfern, nur mit schwererem Zeug gelegt, wie Fig. 30 und 143 zeigen.

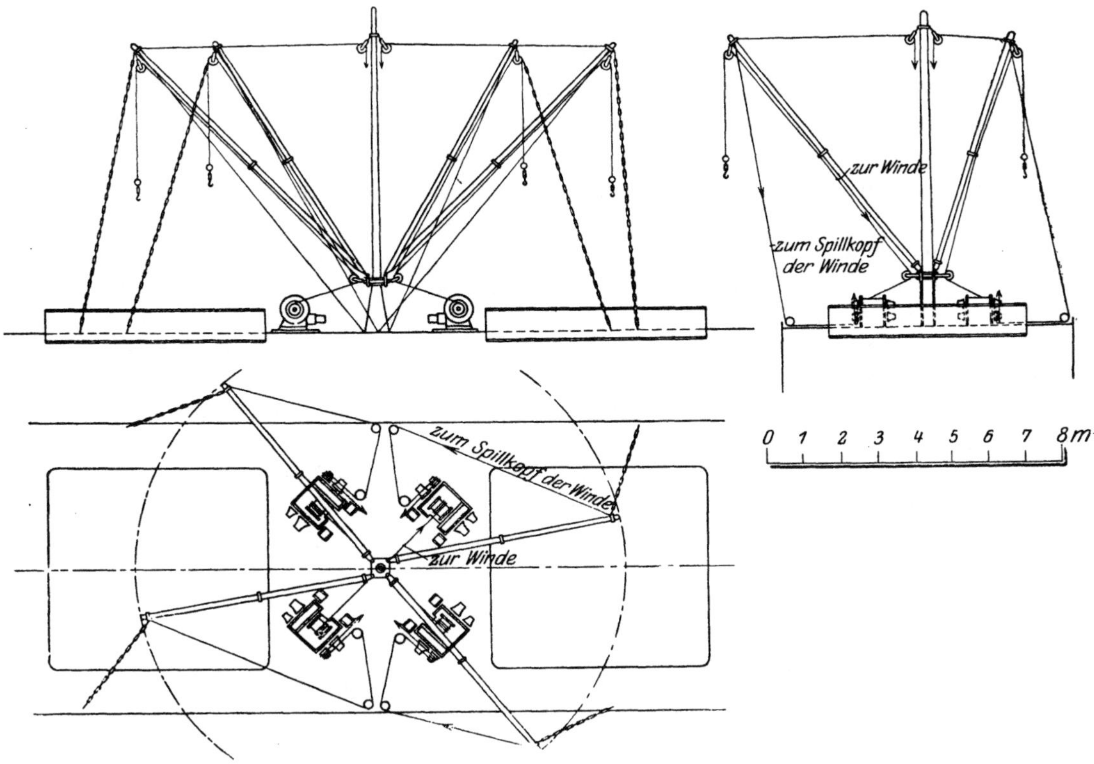

Fig. 143 a. Ladevorrichtung für Rhein-Seedampfer.

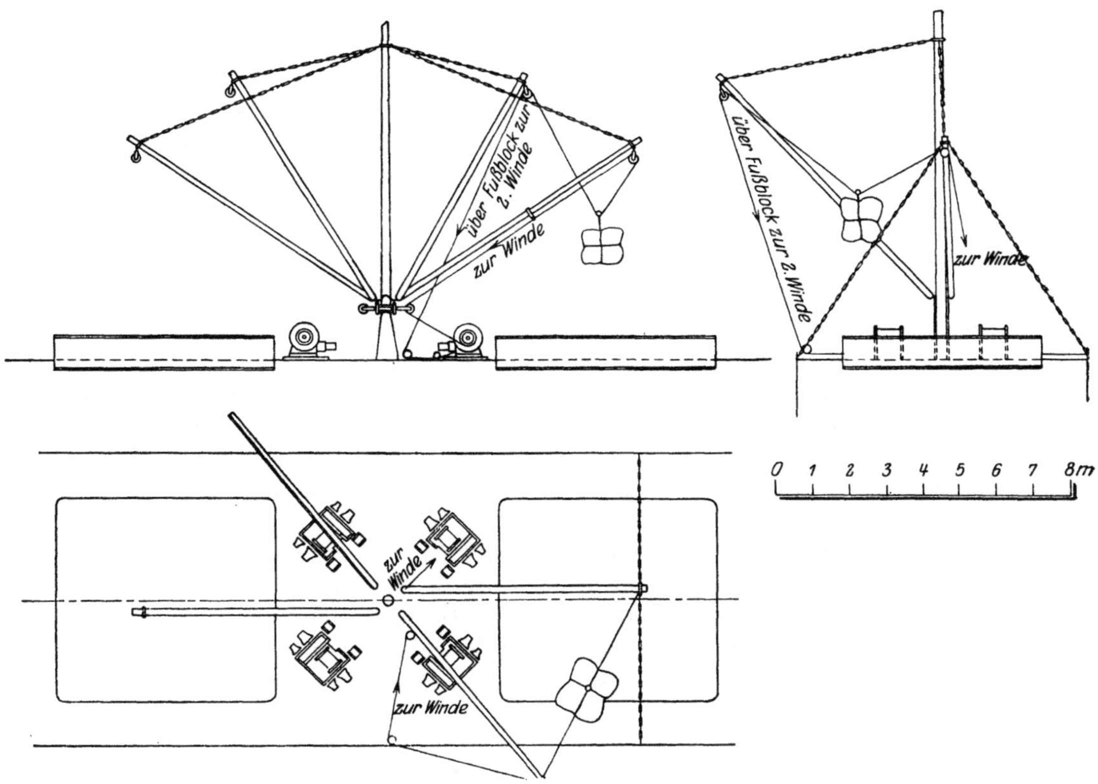

Fig. 143 b. Ladevorrichtung für Rhein-Seedampfer.

Die Maschine.

Maschinenstärken. Für die Maschinenanlage wählt man meist zwei Dreifach-Expansionsmaschinen von zusammen 450—550 PSi. Die Maschinen können wegen der kleinen, tiefliegenden Schraube mit verhältnismäßig hoher Umdrehungszahl, 180—200, arbeiten. Es fahren aber noch eine ganze Menge älterer Schiffe mit einer Maschine von 150—160 Umdrehungen. Als Kessel wird ein normaler Zylinderkessel, der Kohlenersparnis wegen am besten mit Überhitzung, und der Rauchverhütung sowie der Leistungserhöhung des Kessels wegen mit Howden-Gebläse eingebaut. Man nimmt hier meist Originalhowden, weil die Aufsicht auf diesen Schiffen ebenso gut ist wie auf Seeschiffen und ein zu schnelles Anheizen darum ausgeschlossen erscheint. Das Zweischraubensystem ist hier darum im Vorteil, trotz des geringen Mehrgewichts, weil man größere, tiefliegende Schraubenflächen unterbringen will.

Gewichte. Der Leertiefgang eines 1400 t Dampfers in Frischwasser ist ungefähr 55 cm. Sein Eigengewicht beträgt etwa 290 t. Hiervon ist Schiffsgewicht inkl. Kohlen und Frischwasser 180 t. Das Gewicht der Maschine und Kessel mit Wasser 110 t.

Der Prahm.

Größen und Typen. Prähme sind kleine, kahnartig gebaute Schiffe zum Transport von Kohlen, Schutt und sonstigen, wenig wertvollen Massengütern. Die Transportwege der Prähme sind kurz, wonach diese eingerichtet sind. Sie kommen vor in den verschiedensten Größen. Üblich sind Fassungsräume von 50—300 cbm. Grundsätzliche Unterschiede bestehen in der Art, wie die Materialien gelöscht werden. Man hat darnach zu unterscheiden Prähme mit festem, vollen Boden, in welchem Kohlen, Sand usw. hinein geschüttet und wieder ausgebaggert oder ausgekarrt werden, und solche mit losem Boden, sog. Klappenprähme, die das Material unter sich wegfallen lassen. Letztere, die sehr häufig vorkommen, werden hauptsächlich für Transport von Baggergut gebraucht. Im allgemeinen sind die Prähme ohne eigene Fortbewegungseinrichtung und werden von Schleppern neben die Verladungsstelle bzw. den Bagger geholt und zur Entladungsstelle geschleppt. Nur in Flußmündungen und auf See findet man auch Dampfbaggerprähme, die eigene Fortbewegungseinrichtung besitzen. Den Transportraum bildet gewöhnlich ein einziger viereckiger Kasten, welcher fast die ganze Länge des Schiffes einnimmt und mit schrägen Seitenwänden versehen ist. Die Schräge der Seitenwände richtet sich nach der Art der Entleerung und der Art des Transportgutes. Bei Kohlenprähmen stehen die Seitenwände meist senkrecht, weil die Greifer so am besten arbeiten können. Bei Klappenprähmen ist ihre Schräge zwischen 50 und 60°. Die steileren Wände müssen vorgesehen werden bei klebigem Ton, Lehm, Schlick u. dgl., welche sich leicht versetzen. Die geringeren Schrägen können bei Kies, Felsen und groben Steinen angewandt werden. Die Auftriebsräume bilden die Enden der Prähme, sowie die seitlich der Tragräume stehengebliebenen Leerräume. Bei ganz einfachen und billigen Prähmen kommt es vor, daß die seitlichen Auftriebsräume wegfallen und hier die Außenhaut den Transportkasten begrenzt. Die kleineren Schiffe haben häufig erhöhte Enden und in der Mitte kaum Freibord, so daß das Wasser in den Gangbord hineinspült und die Ladung beim Schleppen vom Wasser nur noch durch ein Setzbord getrennt ist. Diese Bauart ist wenig zu empfehlen, da derartige Schiffe häufig überladen werden und doch einmal wegsacken, zumal ihre Stabilität durch die kurzen über Wasser befindlichen Enden nicht mehr gewährleistet ist.

Größenverhältnisse. Übliche Abmessungen kleinerer, mittlerer und größerer Prähme sind folgende:

Länge	m	18	19	22	24	37	42
Breite	„	5,0	5,1	5,15	5,0	7,2	8,2
Tiefgang, leer . . .	„	0,5	0,45	0,4	0,5	0,6	0,5
„ ganz beladen	„	1,3	1,3	1,8	1,8	2,0	2,2
Tragfähigkeit . . .	cbm	50	70	140	175	150	250

Die Prähme werden im Schiff sehr völlig gebaut, nur Vor- und Hinterschiff sind schlanker ausgezogen. Aus Fig. 144 ist die Form gut zu ersehen. Die Enden werden meist nicht aufgeholt, weil dies die Schiffe in der Herstellung zu sehr verteuert. Sie schleppen sich ihrer vollen Form wegen schlecht und steuern unsicher. Da sie aber keine großen Strecken zurückzulegen haben, wird hierauf weniger Wert gelegt.

Bauart und Materialstärken. Der Laderaum der Prähme ist meist nicht unterteilt. Nur diejenigen größeren Prähme, die sehr flüssigen Schlamm, Schlick u. dgl. fahren müssen, erhalten unterteilte Laderäume, damit nicht die ganze Ladung nach einem Ende fließt und ein Wegsacken des Schiffes verursacht. Längsunterteilungen der Laderäume sind bei diesen kleinen Schiffen nicht üblich. Die Bemessung der Materialstärken der Schiffe kann nach den Vorschriften des Germanischen Lloyds, etwa für kleine Küstenfahrt, vorgenommen werden. Da die Schiffe stark beansprucht werden, sind diese Abmessungen nicht zu reichlich. Die Bauarten selbst sind ganz verschiedenartig. Fig. 145 zeigt den Hauptspant eines Prahms in seiner billigsten Ausführung. Spanten, Bodenwrangen, Platten sind sämtlich grade. Der Kimmwinkel braucht nur in den Enden soweit herumgebogen werden, daß er am Steven mit dem Kimmwinkel der anderen Seite schließt. Die Bauart ist an sich sehr praktisch und billig. Sie hat jedoch den Nachteil, daß bei jedem Auflaufen des Prahms der Kimmwinkel weggedrückt wird und der Prahm dadurch leck springt. Diese Bauart ist daher nicht zu empfehlen. Auch wenn man den Kimmwinkel nach innen legt, wie es an der Klappenseite des Prahms zu sehen und auf der rechten Seite im Hauptspant gezeichnet ist, wird man große Schwierigkeiten mit dem Dichthalten der Kimm haben. Praktischer ist daher die Bauart nach Fig. 146 mit etwas gerundeter Kimm. Auf beiden Hauptspanten sieht man die Abstützung der inneren Längswände in der Mitte. Da zwei Abstützungen vorgesehen sind, scheint zunächst eine Abstützung dieser Wände an zwei Punkten günstiger zu sein. Man hat aber zu bedenken, daß das Auftreffen des Materials, besonders beim Baggerbetrieb, soweit dasselbe nicht direkt auf den Boden fällt, zumeist auf die Mitte der Längswand stattfindet, so daß hier die Unterstützung wichtig ist.

Laderaumboden. Die Ausbildung des Bodens im Laderaum wird verschieden durchgeführt. Er liegt entweder, wie Fig. 145 zeigt, etwa 100—150 mm höher als der Schiffsboden und besteht aus einer einzelnen, sehr schweren, in diesem Falle 14 mm starken Platte, die genügend versteift ist. Die Platte selbst würde die Last des Bodens nicht voll tragen können. Sie wird daher an querschiffs liegenden, hohen Trägern aufgehängt. Die Träger bestehen aus mit Winkeln garnierten Stahlplatten, welche sich an beiden Seiten der inneren Längswände abstützen. Die Berechnung dieser Träger als gleichmäßig belastete, an beiden Enden abgestützte Balken genügt den Ansprüchen nicht, da sie durch das fortwährend aufstürzende Material in kurzer Zeit stark angegriffen werden. Sie müssen etwa drei- bis viermal so stark genommen werden, als die eben angeführte Rechnung ergeben würde. Bei besseren Ausführungen wird der Laderaumboden nach Fig. 147 ausgeführt. Das Schiff nach dieser Konstruktion wird teurer und schwerer für die gleiche Tragfähigkeit, wie die nach Konstruktion Fig. 145. Die Ausführung nach Fig. 147 ist aber besser und solider, wenn man darauf achtet, daß der Abstand zwischen

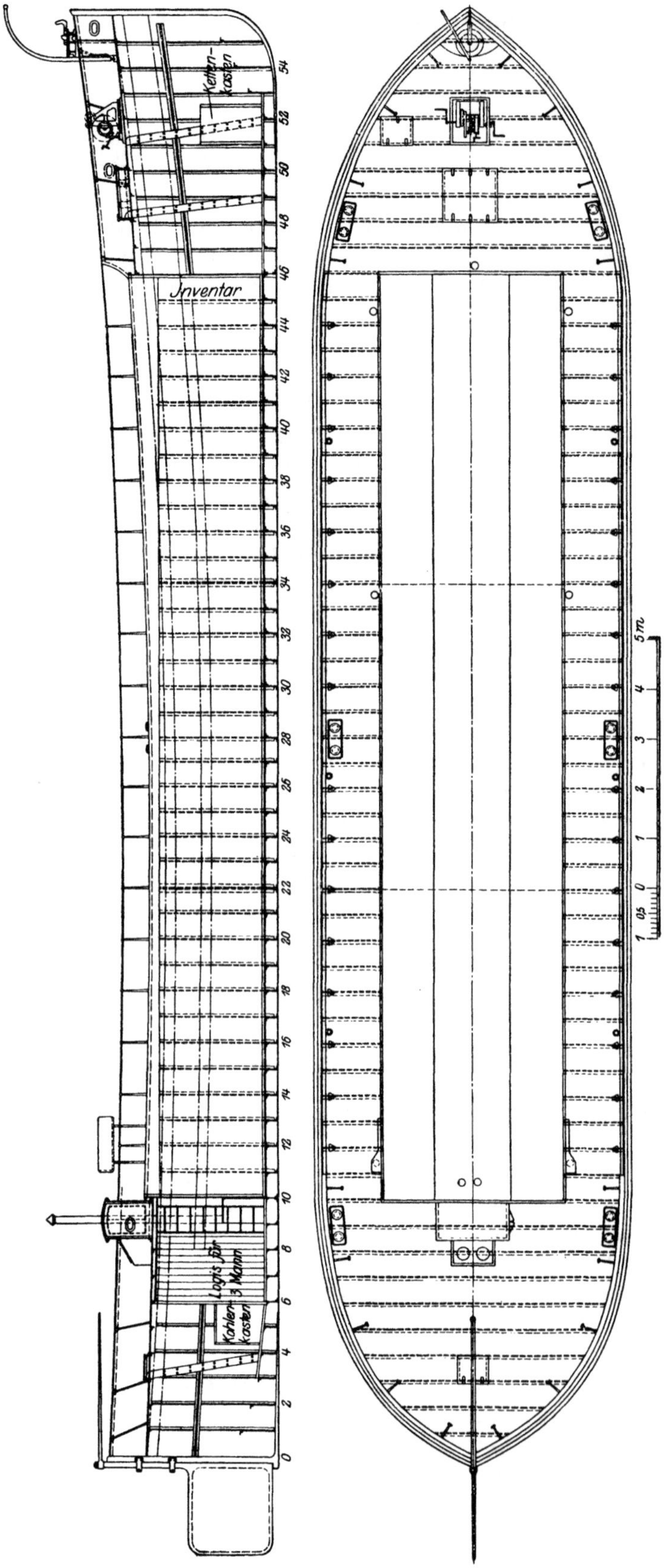

Fig. 144. Eisenplan eines Prahms.

Laderaumboden und Schiffsboden so groß wird, daß der Zwischenraum zwischen beiden Böden leicht befahren werden kann. Wenn man hierauf keine Rücksicht nimmt, so wird dieser Zwischenraum sehr schnell derartig durch Rost und Schutt verrotten, daß das Schiff in wenigen Jahren reparaturbedürftig ist. Der doppelte Boden hat auch noch den Vorteil, daß bei Havarien nicht nur die Abteilungen einer Seite des Prahms vollaufen, sondern die gegenüberliegenden Abteilungen zugleich mit vollaufen. Wenn also das nötige Reservedeplacement vorhanden ist, so daß der Prahm nicht bereits beim Vollaufen einer Abteilung wegsackt, wird er meist noch schleppfähig bleiben, während der Prahm mit einfachem Boden beim Vollaufen einer Abteilung an nur einer Seite meistens kentern wird. Die Schotteinteilung muß bei doppeltem Boden allerdings so gewählt werden, daß der Prahm wenigstens das Vollaufen der beiden einander gegenüberliegenden Abteilungen noch verträgt.

Seitenwände des Laderaums. Die inneren Seitenwände der Prähme läßt man über das Deck so weit überstehen, daß ein Überlaufen des Laderaumes bei normaler Abladung nicht stattfinden kann. Das Deck selbst führt man außen am besten ohne jeden Randwinkel über den oberen Fender hinweg, so daß neben den Laderaum fallendes Material sich nicht festsetzen kann, sondern leicht abwaschbar bleibt (siehe Fig. 144). Umklappbare Geländer wie bei dem Kahn müssen natürlich vorgesehen sein. Die Seitenwände des Transportraums sind meistens glatt aus Stahlblech.

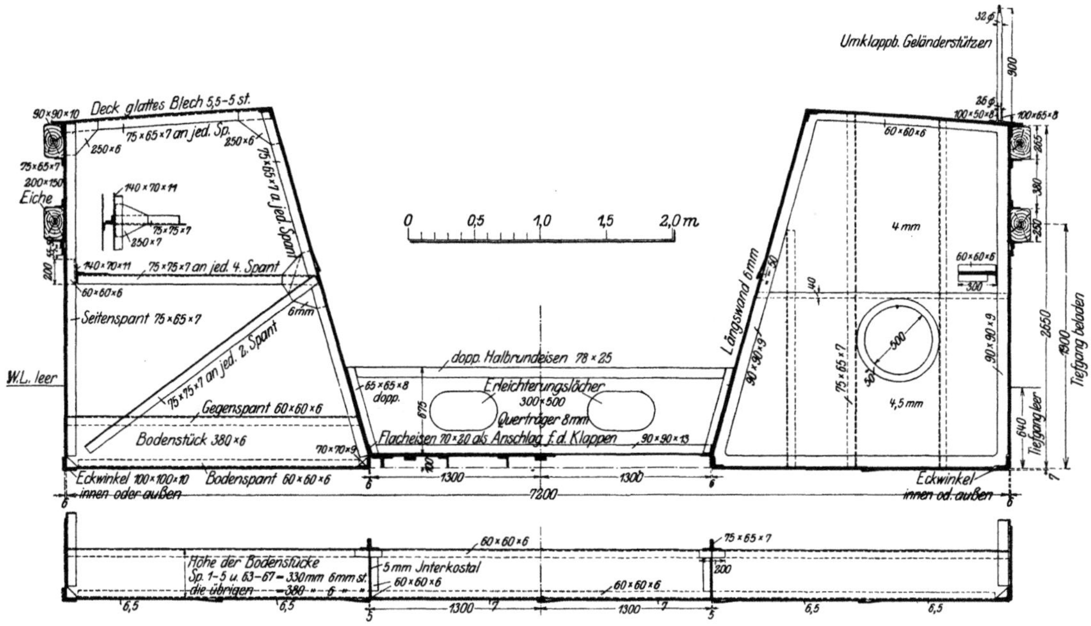

Fig. 145. Hauptspant eines Prahms mit viereckiger Kimm.

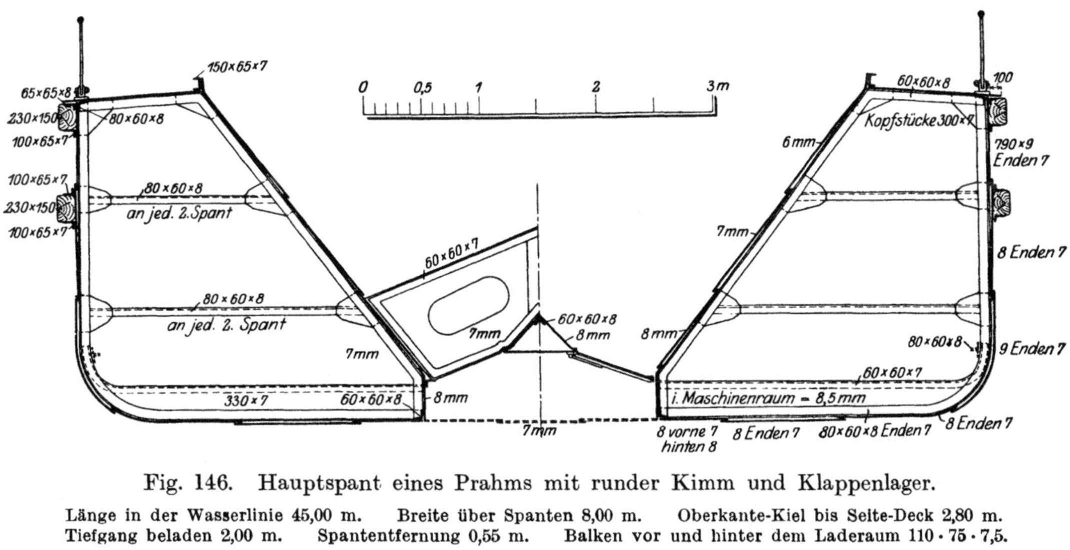

Fig. 146. Hauptspant eines Prahms mit runder Kimm und Klappenlager.

Länge in der Wasserlinie 45,00 m. Breite über Spanten 8,00 m. Oberkante-Kiel bis Seite-Deck 2,80 m. Tiefgang beladen 2,00 m. Spantentfernung 0,55 m. Balken vor und hinter dem Laderaum 110 · 75 · 7,5.

Die Nähte sollen so liegen, daß die obere Platte über die darunterliegende übergreift, damit sich der Schmutz nicht festsetzen kann. Da, wo größere Steine in den Prahm eingestürzt werden, ist eine Schutzgarnierung der Seitenplatten mit leicht auswechselbaren Fichtenschutzbohlen, die auf Balken verschraubt sind, zu empfehlen. Die Balken werden dann ihrerseits auf die Seitenwände in Schuhen lose aufgelegt.

Besondere Einrichtungen. Da die Prähme dauernd längsseits anderer Schiffe liegen, ist ein schwerer doppelter Pitschpine- oder Eichenfender, der um das ganze Schiff herumläuft, durchaus notwendig. Der untere Fender liegt $^3/_4$ bis 1 m tiefer wie der obere. Bei voller Abladung verschwindet er gewöhnlich schon unter der Wasserlinie. Es ist zu empfehlen, den Fender selbst noch mit einem Halbrundeisen zu garnieren, da er sonst zu schnell abgebraucht wird. Da die Fender dieser Schiffe dauernd gestoßen werden, ist hier besonders darauf zu achten, daß sie nicht durch die Außenhaut, sondern durch die beiden Begrenzungswinkel vertikal verschraubt werden, weil andernfalls dauernde Leckagen des Schiffes nicht zu vermeiden sind. Das Schanzkleid an den Enden wird am besten etwas nach innen gezogen, weil es sonst Verbeulungen stark ausgesetzt ist. Die Ruder für die auf Flüssen verkehrenden Prähme werden gewöhnlich wesentlich leichter gehalten wie nach dem Germ. Lloyd erforderlich wäre, und sind, wie Fig. 144 zeigt, auf die Spur des Hinterstevens aufgesetzt und mit zwei Schnallen am oberen Hals befestigt. Das Verhältnis von Ruderfläche zur Fläche des Lateralplans beträgt 1 : 20 bis 1 : 25, da gute Steuerfähigkeit von den Schiffen nicht verlangt wird. Sie werden vom Schleppdampfer gewöhnlich sehr kurz gebunden oder längsseits geschleppt. Das Ruder wird mit Handpinne bedient. Gewöhnlich wird es so eingerichtet, daß es seitlich ganz an die Bordwand geklappt werden kann, damit es beim Anfahren anderer Schuten nicht verletzt wird.

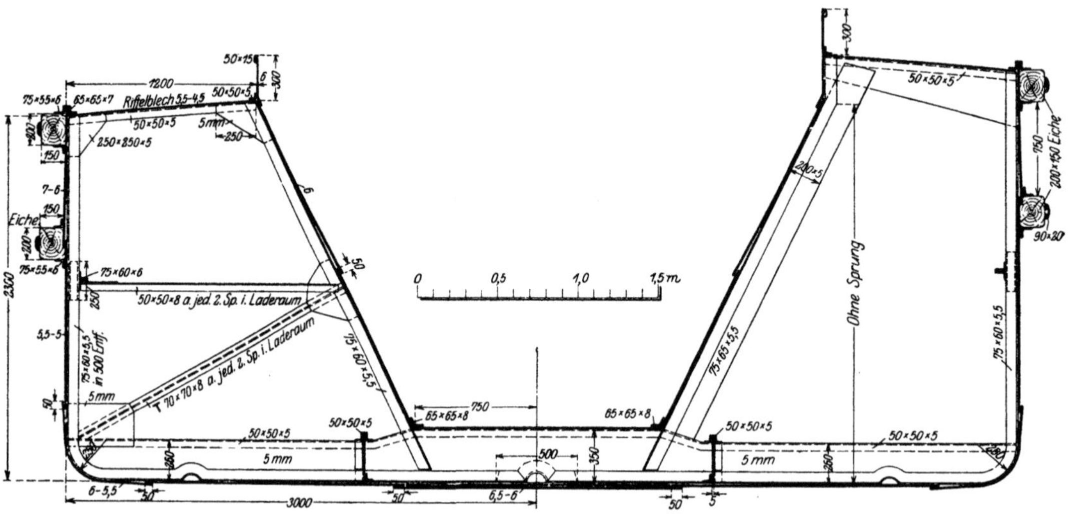

Fig. 147. Hauptspant eines Prahm mit Schiffboden unter Laderäumeboden.

Klappen. Bei den Prähmen, welche Bodenklappen haben, unterscheidet man solche, deren Klappen beim Leertiefgang trocken liegen und solche, deren Klappen auch dann unter Wasser bleiben. Erstere haben den Vorteil, daß sie viel leichter in Ordnung gehalten und nachgesehen werden können. Jedoch hat der Baggerprahm weniger Inhalt, wenn nicht seine Seitenwände so hoch geführt sind, daß der Verlust wieder ausgeglichen wird. Der Prahm wird aber hierdurch unstabiler und läßt sich auch schwieriger beladen. Im normalen Betrieb ist also die bei Leertiefgang unter Wasser liegende Bodenklappe bequemer. Wenn es jedoch auf äußerste Ausnutzung der Tragfähigkeit nicht ankommt und man etwas teuerer bauen kann, wählt man am besten trocken liegende Bodenklappen, ohne Ausgleich des Tragfähigkeitsverlustes durch Hochführen der Seitenwände. Bei normal gebauten Klappenprähmen liegen die Klappen so, daß sie parallel zur Längsrichtung des Schiffes ausschlagen. In einzelnen Fällen hat man versucht, die Schlußfuge quer zur Schiffsrichtung schlagen zu lassen, weil die Konstruktion der Kettenführung und die Größeneinteilung der Klappen auf diese Art leichter ist. Es kann aber nur angeraten werden, die Klappen überall längsschiffs wegschlagen zu lassen, weil eine querschiffs schlagende Klappe bei fahrendem Schiff sich entweder nicht öffnet, da sie durch den Wasserdruck festgehalten wird, oder sehr stark an der Kette zerrt, wenn der Wasserdruck sie aufreißt. Außerdem stoppt der geschleppte Prahm bei Öffnung der Klappen sofort ab, so daß nur auf einem Punkt geschüttet werden kann. Außerdem schütten die Räume nicht richtig aus. Die längsschiff schlagenden Klappen liegen gewöhnlich an einem Sattel an, welcher mittschiffs durch den ganzen Laderaum geführt ist. Einen Querschnitt durch diesen Sattel zeigt Hauptspant Fig. 146. Der Sattel wird getragen durch Querwände, welche von innerer Seitenwand zu innerer Seitenwand laufen, und die ähnlich gebaut sind wie die bereits beschriebenen Querwände zur Abstützung des geschlossenen Prahmbodens. Ein Anschlag an der inneren Seitenwand des Prahmes entweder aus Holz oder aus Flacheisen muß ziemlich stark ausgeführt werden, damit die Klappen mit den Ketten nicht nach innen durchgeholt werden können. Man baut Holz- und Eisenklappen, bei Felsenschüttung häufig Eisenklappen, innen mit Holz garniert. Die Scharniere sind sehr kräftig gehalten. Die Drehzapfendurchmesser betragen bei normalen Klappen 45—50 mm, die Ketten, welche die Klappen tragen, haben 25—35 mm Glieddurchmesser. Jede Klappe, deren Fläche $2^1/_2$—3 qm nicht überschreiten soll, hängt an zwei bis drei Scharnieren und wird durch zwei Kettenenden festgehalten. Die Enden der Scharniere laufen gewöhnlich über die ganze Klappe als Verstärkung hinweg. Die Kettenaugen, welche schräg stehen müssen, damit sie durch die Ketten immer möglichst geraden Zug bekommen, sollen mit wenigstens vier Nieten gut vernietet sein und auf der anderen Seite der Klappe eine Gegenverstärkung tragen, damit die Nieten nicht so leicht durch das Klappenmaterial durchgezogen werden können. Die beiden Kettenenden vereinigen sich dann in einem Joch oder einem Ring zu einer Kette, welche über eine Rolle zur Winde führt. Die Rolle sitzt, wie Fig. 144 zeigt, oben an der inneren Seitenwand und so gegeneinander versetzt, daß die Kette der vorherliegenden Rolle an der dahinterliegenden gerade noch vorbeigeht. Man arbeitet beim Aufziehen der Klappen auf normalen Prähmen mit Handwinden. Die Winden müssen Bremsvorrichtung haben, damit die Klappe langsam abgelassen oder plötzlich fallen gelassen werden kann. Alle Klappen werden gemeinsam bewegt. Gewöhnlich steht auf jeder Seite eine Winde, welche die Hälfte der auf ihrer Seite stehenden Klappen zu bedienen hat. Es kommen dann, wie Fig. 144 zeigt, vier Winden in Frage. Will man jedoch sämtliche Klappen der einen Schiffshälfte mit einer Winde bedienen, so kann man, wie bei Fig. 148, mittels Blockvorgelege arbeiten und die Winde vor die Mitte des Laderaumes stellen. Die letzte Konstruktion ist etwas billiger und leichter und sichert vor allen Dingen eine gleichmäßige Bedienung der beiden Klappenseiten. Sie braucht aber viel Deckraum, weswegen sie nicht sehr beliebt ist. Drahtseile anstatt der Ketten zu verwenden, ist nicht ratsam, da sich dieselben ungleichmäßig dehnen. Die Fundamente für die Klappenwinden müssen sehr kräftig gebaut werden. Das Deck sollte unter den Winden eine Doppelung erhalten, weil große Beanspruchungen auf die Winden kommen. Auch die Winden selbst können gar nicht kräftig genug gehalten sein, nicht nur der direkten Beanspruchung wegen, sondern weil sie dem Auffallen von Schmutz, Aufschlagen von Steinen und Greifern ausgesetzt sind und auch diesen Beanspruchungen wenigstens in gewisser Weise standhalten sollen. Die normalen Ladewinden genügen für diese Zwecke keinesfalls.

Allgemeine Raumausnutzung. Im übrigen ist die Einrichtung eines Prahms, sei es Klappprahm oder Prahm mit festem Boden, sehr einfach. Entweder im Vorder- oder Hinterschiff liegt auf dem größeren Prahm ein kleiner Unterkunftsraum evtl.

mit Betten für zwei bis drei Mann. Auch ist in diesem Raum ein Kochherd vorgesehen, weil sich die Besatzung doch häufig nachts hier aufhalten muß und besonders, weil sie täglich ihr Essen auf dem Prahm bereitet. Der andere Tragraum wird dann als wenig benutzter Laderaum für Schiffsgeräte eingerichtet. Gewöhnlich ist er nur durch ein Luk und ein paar Steigeisen am Schott zugänglich und gedielt. Die Wände sind kahl. Auf dem Vorderschiff trägt der Prahm einen Ankerkran, zum Festmachen des selten gebrauchten Ankers, eine kleine Handankerwinde und dann einen Schlepphaken zum Festlegen im Zug und auf jeder Seite einen Doppelpoller. Vor dem Kollisionsschott unter der Handankerwinde liegt der Kettenkasten. Die Poller müssen dann noch einmal mittschiffs im Seitengang, bei längeren Schiffen zwei Poller, auf jeder Seite und einmal im Hinterschiff vorgesehen werden, weil die Prähme sehr viel verholen und immer neben anderen Schiffen festlegen müssen. Im Hinterschiff unter der Ruderpinne ist dann nochmals eine kleine Luke vorgesehen, damit auch im Hinterraum noch Geräte verstaut werden können. Die Eigengewichte der oben angeführten Prahmgrößen betragen 45—155 t. Über die Einrichtung der Prähme ist sonst nichts weiter zu bemerken.

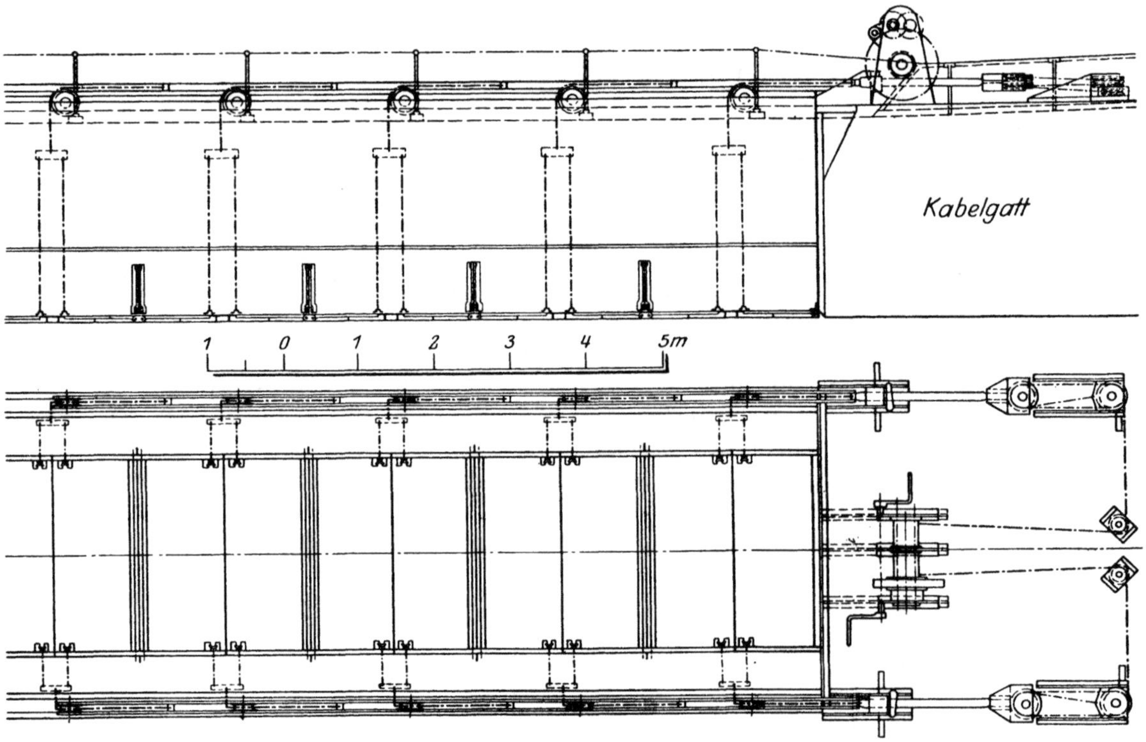

Fig. 148. Klappenbewegung durch eine Winde mit vorgelegtem Flaschenzug.

Dampfklappenprähme. Die Einrichtung der Dampfklappenprähme unterscheidet sich nicht wesentlich von der der normalen Klappenprähme. Die Schiffe selbst sind nur schwerer gehalten, da sie meist auf See fahren. Sie haben eine Maschinenanlage zur eigenen Fortbewegung. Sie liegen im leeren Zustand hinten tiefer als vorn, da die Maschinenanlage mit Kessel in das Hinterschiff gelegt wird, in einen Raum, der sonst einen wenig benutzten Laderaum bilden würde. Ihre Tragfähigkeit ist meist nicht größer als die der größeren Klappenprähme ohne eigene Fortbewegungsmöglichkeit. Es sind, wie Fig. 149 zeigt, immer zwei Maschinen vorgesehen, weil die Prähme mit einer Maschine zu schlecht steuern würden. Natürlich können die zwei Maschinen ihren Dampf aus einem kleinen Kessel beziehen,

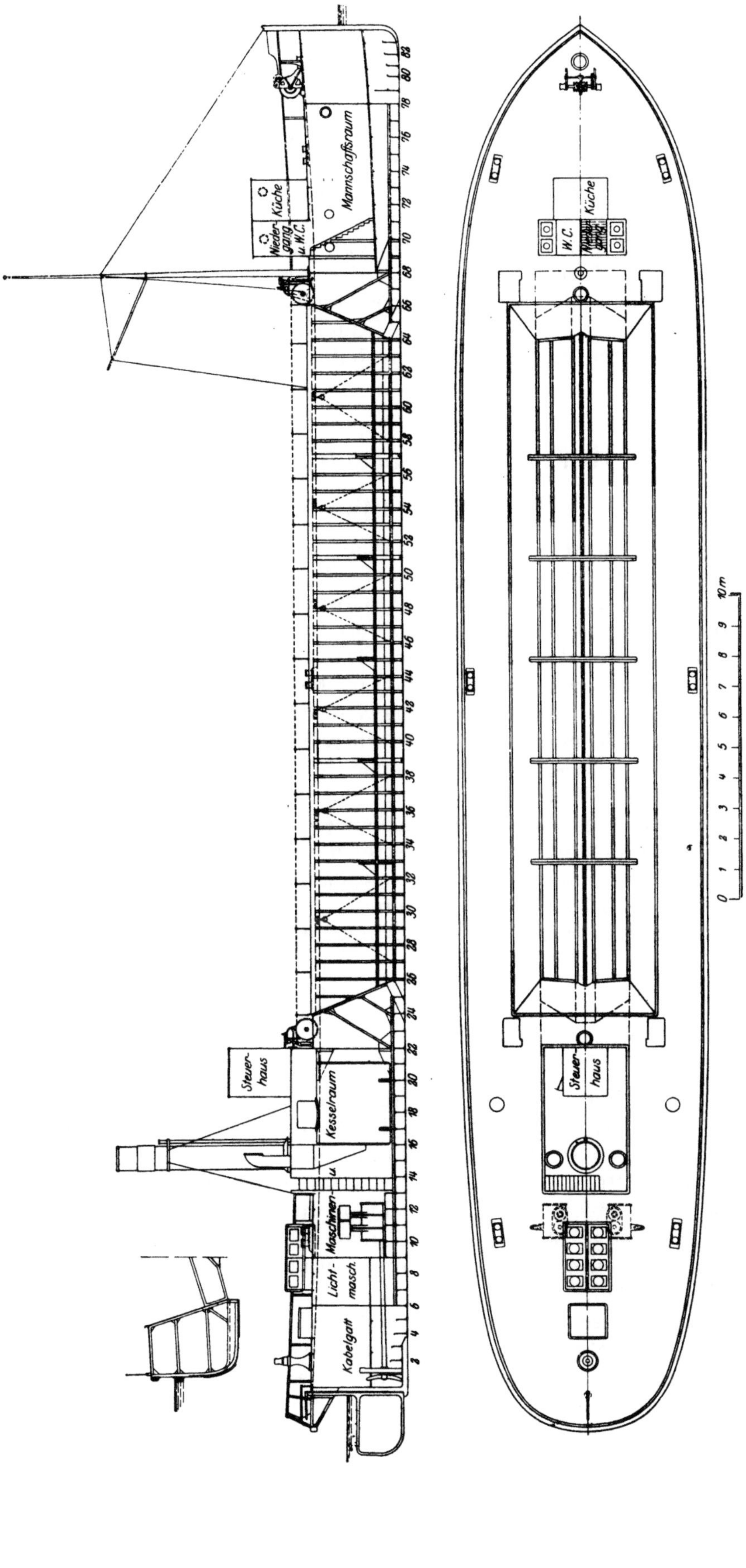

Fig. 149. Einrichtung eines Dampfklappenprahms.

Länge zwischen dem Perpendikel 44,0 m. Breite auf ∅ m der C. W. L. 8,0 m. Tiefgang beladen 2,0 m.

da die Maschinenstärke jeder Maschine nur zwischen 100—150 PSi liegt. Es wird hier alles so einfach und leicht wie möglich gehalten, einmal, um unnötiges Gewicht im Hinterschiff zu vermeiden und dann, um die Bedienung, die häufig nicht sehr sachkundig ist, zu erleichtern. Es müssen darum die Maschinen so leichter Konstruktion, wie sie bei Torpedobooten und ähnlichen Schiffen üblich sind, vermieden werden, trotzdem die Konstruktion dieser Maschinentypen ähnlich ausgestaltet wird. Die Umdrehungszahlen der Maschinen können zwischen 160 und 190 liegen, da besonders hohe Widerstände nicht zu überwinden sind. Diese Anlagen werden, da sie auf See fahren, mit Oberflächenkondensation ausgerüstet. Vielfach hat man noch eine kleine Lichtmaschine an Bord, um bei Nachtarbeit für Beleuchtung beim Verholen und Füllen der Klappenräume sorgen zu können. Die Schiffe haben Geschwindigkeiten von 5—6 Seemeilen pro Stunde, was für den normalen Betrieb genügt. Das Gewicht des in Fig. 149 dargestellten Dampfklappenprahms beträgt etwa 380 t.

Hafen- und Seeschlepper.

Das Schiff.

Allgemeines. Der Unterschied der Hafen- und Seeschlepper gegenüber den kleineren Schleppern in Binnenhäfen besteht einmal darin, daß erstere im Tiefgang nicht beschränkt sind und daher viel schwerer und kräftiger gebaut werden können, und dann darin, daß sie wegen der fortdauernden höheren Beanspruchung größere Maschinenkräfte haben als letztere. Die Haupterfordernisse, denen solche Schiffe genügen müssen, sind große Stabilität, hohe Zugkraft, geringe Empfindlichkeit gegen Druck und Stoß und eine gewisse Seefähigkeit. Seefest müssen die Schiffe selbstverständlich sein, jedoch ist bei ihrer Bauart ein wasserfreies Arbeiten, besonders des Hinterschiffes, schwer zu erzielen. Die Schiffe müssen hinten so niedrig wie möglich gehalten werden, damit der Schlepphaken und das Schleppgeschirr recht tief liegen und das Kränkungsmoment auf Seitenzug möglichst niedrig wird. Um das Schiff seefähig zu halten, ist es dann sehr erwünscht, das Vorschiff kräftig in die Höhe zu ziehen, und zwar so weit, daß der Schiffsführer von der Brücke gerade noch bequem darüber hinsehen kann.

Abmessungen und Formen. Normale Abmessungen derartiger Schlepper sind:

Länge	15	30	35	50
Breite	4	6,8	7,3	9,4
Tiefgang	2	2,8	3	3,4
Seitenhöhe	2,3	4	4,3	4,8
Freibord	0,6	1,2	1,3	1,4

Man sieht also, daß die Seeschlepper, außer dem kleinen Hafenschlepper, einen guten Freibord und großen Tiefgang haben. Der Tiefgang ist gewöhnlich nicht gleichlastig, sondern im vollen Ausrüstungszustande hinten tiefer wie vorn. Das Verhältnis von Länge zu Breite schwankt bei solchen Schleppern zwischen 1 : 3,6 bis 1 : 5,7. Normal geht man bei mittleren Schleppern nicht weiter wie 1 : 4,5. Man erhält dann noch günstige Stabilitätsverhältnisse, so daß der Schlepper bei Querzug nicht so leicht umgeworfen werden kann. Bei den großen Schleppern kann das Verhältnis größer werden, weil die Stabilität an sich bei diesen Schleppern so bedeutend ist, daß der Trossenzug die Schiffe nicht mehr gefährdet. Außerdem müssen die größeren Schlepper etwas schlankere Form haben, weil sie als Bergungsschiffe benutzt werden, und es in solchen Fällen darauf ankommt, möglichst schnell das gefährdete Schiff zu erreichen. Der Völligkeitsgrad des Schiffskörpers bis zur Konstruktionswasserlinie schwankt zwischen 0,48—0,53. Die Stabilität muß in allen

Fällen, sowohl für belastetes als unbelastetes Schiff sorgfältig nachgerechnet werden. Eine geringere metazentrische Höhe als 0,48—0,50 sollte nicht vorkommen. Die größeren Schlepper haben oft eine solche von 0,70—0,90. Die Geschwindigkeiten der Schlepper schwanken zwischen 8—14 Seemeilen. Die geringeren Geschwindigkeiten kommen bei Hafenschleppern und Bugsierdampfern, die größeren bei Seeschleppern vor. Fig. 150 zeigt den Spantenriß eines mittleren Seeschleppers mit einer Schraube. Auffällig ist hier der stark hochgezogene Vordersteven. Dies geschieht deshalb, weil die Schlepper viel im Eis arbeiten müssen und dann als Eisbrecher wirken sollen. Sie setzen sich mit dem hochgezogenen Vorderschiff auf das Eis und drücken dieses mit ihrem Gewicht nieder. Würde man den Vordersteven nicht hochziehen, keilten sie sich ein. Dann könnten unter Umständen die Seitenwände eingedrückt werden. Ferner ist zu beachten, daß die Linien dieser Schlepper hinten sehr scharf zulaufen, damit das Wasser zu der Schleppschraube, die eine verhältnismäßig große Fläche hat, gut zulaufen kann. Auch das Heck hat eine eigentümliche Form, wie auf Fig. 152 noch besser zu sehen ist.

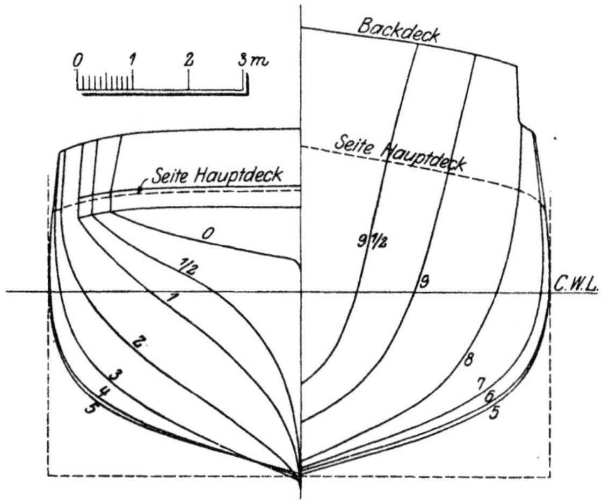

Fig. 150. Spantenriß eines mittleren Seeschleppers.

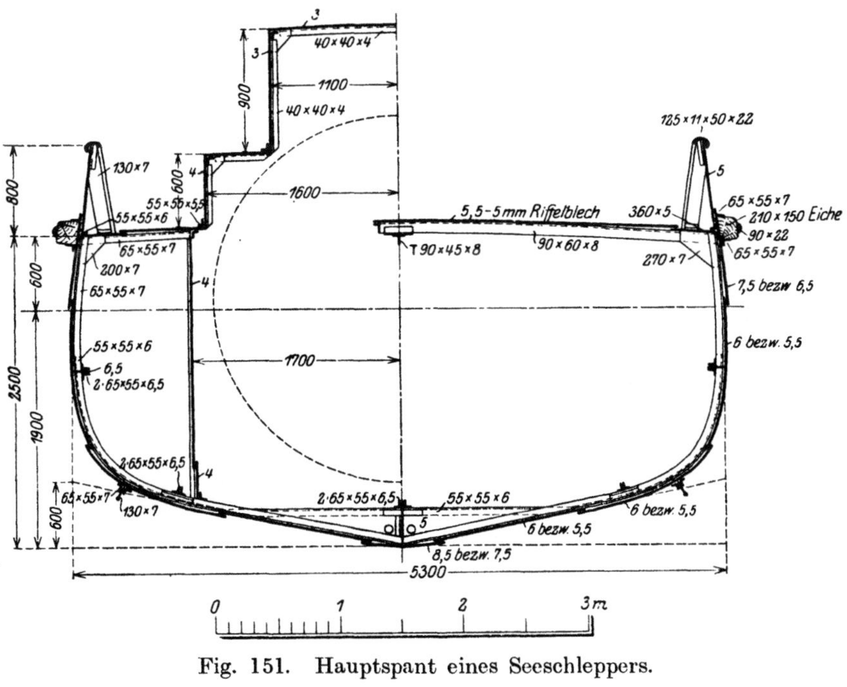

Fig. 151. Hauptspant eines Seeschleppers.

Es ist sehr breit und kräftig gehalten, weil das Schiff vielfach auch rückwärts drücken muß und bei der normalen Heckform das Hinterschiff verletzt würde. Außerdem ist das Schanzkleid am Heck stark eingezogen. Es ist eine Streitfrage, ob man die Seitenwände des Schiffes nach oben einziehen soll, wie auf Fig. 151 zu sehen, oder ob man sie gerade läßt. Das Einziehen hat den Vorteil, daß sich nicht leicht Gegenstände zwischen Schiffswand des Schleppers und der Wand des geschleppten Schiffes festklemmen. Vor allen Dingen kann das Schanzkleid in Weiterführung der Außenhaut dann gut eingezogen werden. Treibt man die Einziehung jedoch zu weit, so daß die Außenhaut vor dem Fender vorsteht, oder sich dicht an Außenkante Fender befindet, so wird meist die Außenhaut verletzt und hat durch den Fender keinen Schutz mehr. Es ist daher gegen eine geringe Einziehung nichts einzuwenden, während eine starke Einziehung unbedingt vermieden werden muß.

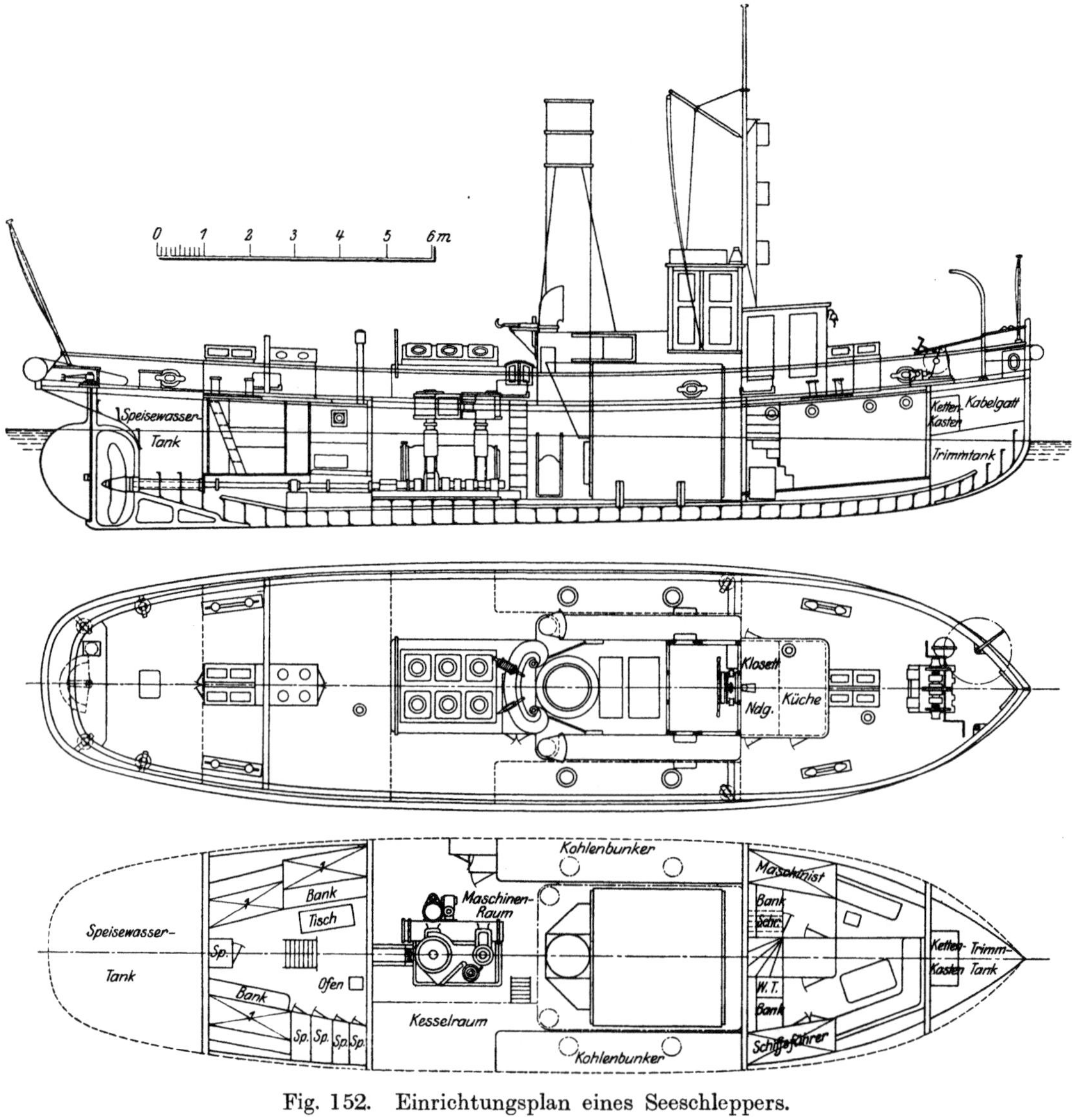

Fig. 152. Einrichtungsplan eines Seeschleppers.

Materialstärken. Gebaut werden die Hafen- und Seeschlepper fast alle nach der Klasse des Germ. Lloyd 100 A_4, manchmal für kleine, zumeist für große Küstenfahrt. Eisverstärkung ist fast überall vorgesehen. Die Eisverstärkung selbst wird gewöhnlich noch viel weiter getrieben als der Germ. Lloyd vorschreibt. So finden sich vielfach vorn, in der Höhe der Wasserlinie, Dopplungsplatten und ein zweiter Stringer, der die Außenhaut stützt. Auch die Steven der Schlepper können gar nicht stark genug vorgesehen werden, der Vorsteven wegen der Eisbeschädigungen und der Hintersteven wegen der starken Belastung durch die Schleppschraube. Außerdem kommt es doch häufig vor, daß diese tiefgehenden Schiffe, die in alle kleinen Buchten und Häfen hineinfahren, aufsetzen und dann jedesmal mit dem Hintersteven. Daher ist zu empfehlen, diesen wenigstens noch einhalbmal so stark zu bauen, als nach den Vorschriften nötig wäre. Schlingerkiele werden oft angebracht, damit das Schiff beim Schleppen einigermaßen ruhig liegt. Unbedingt nötig wären sie nicht, wenn das Verhältnis von Länge zu Breite richtig gewählt ist. Auch die Reeling, welche, trotzdem sie gewöhnlich eingezogen ist, viel zu leiden hat, muß besonders stark gebaut und reichlich und kräftig abgestützt werden. Aus dem Hauptspant Fig. 151 ist diese Abstützung zu ersehen. Alle anderen Verbände unterscheiden sich nicht von den Schiffen, die sonst nach der gleichen Klasse des Germ. Lloyds gebaut werden. Die hintere Partie der Kesselhaube muß auch besonders kräftig gehalten werden, da hier der Schlepphaken sitzt, an dem unter Umständen die gesamte Maschinenkraft des Schleppers abgefangen wird. Man tut gut, von der Ansatzstelle des Bügels, der den Schlepphaken trägt, Bänder nach vorn und nach den Seitenwänden der Kesselhaube zu führen, damit die Abstützung eine möglichst vollkommene ist. Es sollten nur Schlepphaken mit Federeinlage gefahren werden, damit die Stöße des Stranges nicht zu hart auf das Schiff kommen. Da auf den Schleppern meist wenig Zeit auf Instandhaltungsarbeiten verwendet werden kann, sollte man die Bilge und die Verbindungsstellen der Kielschweine mit der Außenhaut bereits beim Neubau auszementieren. Die Rostgefahr ist dann wesentlich geringer. Der Fender, der in Deckshöhe sitzt, gegebenenfalls noch ein zweiter, in $^3/_4$ m Abstand darunter, soll aus Eichenholz bestehen. Er muß sehr kräftig gehalten werden. Auch bei kleineren Schleppern hat er bereits Abmessungen von 150×210. Auch dieser Fender sollte nie durch die Außenhaut, sondern durch die beiden Begrenzungswinkel verbolzt werden. Die Eckbleche, welche die Spanten mit den Decksbalken verbinden und unter den Reelingsstützen sitzen, können schwerer und größer gehalten werden wie die normalen Eckbleche, damit die Stütze nicht durch das Deck durchgedrückt wird.

Raumausnutzung unter Deck. Die allgemeine Einrichtung eines Seeschleppers ist, wie aus Fig. 152 zu ersehen, etwa folgende:

Der Schlepper wird als Eindeckschiff gebaut. Unter dem Deck befinden sich von vorn nach hinten zunächst das Kabelgatt, dann in diesem ein feststehender oder drehbarer Kettenkasten, unter dem Kabelgatt ein Trimmtank. An diesen Raum, durch ein Schott getrennt, schließt sich die Wohnung des Schifführers, welche meist aus einem kleinen Salon, einem Schlafzimmer und einem zweiten Schlafzimmer für etwaige Gäste besteht. Diese Wohnungen sind etwas solider und besser, vor allen Dingen schiffsmäßiger, ausgerüstet wie die auf Flußschiffen. Man nimmt überall Hartholz und baut die Möbel fest ein. Wo man eine gute Beleuchtung und Lüftung von oben schaffen kann, tut man gut, auf Seitenfenster zu verzichten, da diese doch ständig eingedrückt werden. Hinter der Wohnung des Kapitäns, von dieser wieder durch ein gut isoliertes Schott getrennt, liegt der oder die Schiffskessel. Die Kesselanlage mit den seitwärts von ihnen liegenden Bunkern ist mittschiffs eingebaut, um beim Kohlenverbrauch ein Vertrimmen des Schiffes zu verhüten. Bei kleinen Schleppern kann der Kesselraum vom Maschinenraum nur durch ein Staubschott getrennt werden. Bei größeren Schleppern sind beide gewöhnlich durch ein normales Schott getrennt. Die Länge des Kesselraumes mit Bunker beträgt bei den angeführten Schiffsgrößen etwa 10—14 m, die des Maschinenraumes 5—$6^1/_2$ m. Bei den kleinsten Booten muß der Kessel- und Maschinenraum gemeinschaftlich, auch ohne Trennung durch Staubschott, gebaut werden, weil kein Platz in der Länge ist. Diese Bauart ist aber nicht erwünscht, weil die Maschine sehr leidet. Hinter dem Maschinenraum, wieder durch ein Schott getrennt, liegen die Aufenthaltsräume der Mannschaften. Auf größeren Schleppern gelingt es, hier zwei getrennte Räume unterzubringen, bei kleineren Schiffen ist ein gemeinschaftlicher Raum für Maschinen- und Deckspersonal vorgesehen. Der Fußboden dieses Raumes soll so hoch wie möglich gelegt werden, um ihm eine möglichst große Bodenfläche zu geben. Er darf aber nicht so hoch gelegt werden, daß ein Aufbau an Deck notwendig ist, da man das Hinterschiff glatt haben will. Fenster sind auch hier zu vermeiden und Beleuchtung durch Oberlichter anzustreben. Die Schraubenwelle liegt ohne einen besonderen Tunnel unter dem Fußboden dieses Mannschaftsraumes und ist von diesem aus durch Klappen zu beobachten. Bei Schleppern, die im Hafen arbeiten und bei denen sich nachts gewöhnlich nur eine Wache an Bord befindet, wird weniger Wert auf Ausstattung der Mannschaftsräume gelegt. Bei Seeschleppern müssen aber auch hier gut eingebaute, solide Betten und Möbel vorgesehen werden. Der letzte Raum im Hinterschiff wird nicht weiter ausgebaut, sondern nur in der Tiefe auszementiert und als Speisewasser- und Trimmtank ausgenutzt.

Raumausnutzung auf Deck. Die Einrichtung auf Deck ist folgende:

Die Aufklotzung im Vorderschiff trägt zwei kräftige Klampen, durch die Leinen und Trossen geführt werden können. Neben der Aufklotzung ist ein versetzbarer Ankerkran vorgesehen zum Aussetzen des Ankers. In Klüsen wird der Anker nicht gefahren. Jedoch sind im Schanzkleid zwei offene, gußeiserne Klüsen zur Durchführung der Ankerkette vorgesehen. Die Ankerwinde steht gewöhnlich auf dem Kollisionsschott, wo sie gute Unterstützung findet. Bei den besseren Schiffen wird sie als Dampfankerwinde ausgebildet. Im allgemeinen genügt aber eine Handankerwinde, weil die Schlepper nicht allzuviel mit dem Ankergeschirr arbeiten. Kurz hinter der Ankerwinde befindet sich im Schanzkleid auf jeder Seite eine schwere, offene Klüse mit Belegnasen, durch die Leinen zu den auf jeder Schiffsseite im Vorderschiff stehenden kräftigen Pollern geführt werden. Auf den besten Schleppern sind auch diese Poller aus Stahlrohren gebaut, durch das Deck durchgeführt und mit Konsolen an der Außenhaut befestigt. Die einfacheren und kleineren Schlepper haben wenigstens starke gußeiserne oder Stahlgußpoller, die unter Deck gut versteift und auf Deck aufgenietet sind. Oberlichter und Ventilationsklappen für die Kapitänswohnung liegen dann vor dem Aufbau, welcher den Niedergang zu dieser und außerdem noch ein Klosett und eine Küche für die Schiffsbesatzung enthält. Auf diesem Aufbau steht der Signalmast, den jeder Schlepper haben muß, um sich verständigen zu können und die vorgeschriebenen Laternen zu führen. An den meisten Plätzen führt ein Schlepper an diesem Mast, wenn er ein Schiff im Schlepp hat, drei Laternen übereinander. Hinter dem Deckshaus auf dem Kesselaufbau, in einer Höhe, daß die Fenster gerade noch über das Deckshaus wegsehen können, liegt das Brückenhaus, in dem sich die Apparate für das Handruder und Maschinentelegraph befinden. Das Ruderhaus ist durch ein paar an den Kesselaufbau angenietete Stufen zu erreichen. Das Ruder der kleineren und mittleren Schlepper wird von Hand betrieben mittels Reebleitung, welche vom Ruderhaus aus betätigt wird. Die Reebleitung liegt an dem eingezogenen Schanzkleid gut geschützt. Der Kesselaufbau ist ziemlich kräftig durchgeführt, da er, wie vorhin schon bemerkt, den Zug des Schlepphakens aufzufangen hat und außerdem die Brücke trägt. Er hat oben ein paar große Lukenöffnungen, in welche Grätings eingelegt sind, damit er bei gutem Wetter gelüftet werden kann. Außerdem trägt er seitlich noch Schieber zur Betätigung der Ventile, Beobachtung der Sicherheitsventile usw. Mittschiffs ist im Schanzkleid wieder eine große offene Klüse mit Nase zum Belegen angebracht, damit auch hier Leinen durchgeführt werden können. Die Kohlenbunkerdeckel, die mittschiffs liegen, sollten möglichst groß ausgeführt werden, damit die Bekohlung leicht vonstatten gehen kann. Es ist zu empfehlen, das Deck in ihrer

Umgebung zu doppeln, weil es dort leicht durch auffallende Kohlen, Scheuern beim Einschieben der Kohlen und Aufsetzen der Greifer weggearbeitet wird. Als Schornstein wird in Häfen vielfach ein Klappschornstein vorzusehen sein, besonders, wenn die Schlepper dann und wann gezwungen sind, niedrige Brücken zu passieren. Die reinen Seeschlepper haben feste, nach den Seiten mit Stagen abgestützte Schornsteine. Hinter dem Kesselaufbau, etwas seitlich unter dem Schlepphaken, liegt der Niedergang, für die Maschine. Durch diesen wird auch durch eine Tür im Schott der Kesselraum betreten, der aber noch einen besonderen Aufgang mittels Steigeisen durch den Kesselaufbau haben muß. Das Maschinenoberlicht wird kräftig und in der für Seeschiffe üblichen Art ausgeführt. Es braucht nicht besonders hoch zu sein, da die Maschine nicht über das Deck hinwegragt, weil diese Schiffe vollkommen Platz haben, die Maschinen unter Deck unterzubringen. Das Hinterdeck wird so glatt wie möglich gehalten. Es befinden sich dort nur Oberlichter und Lüftungen für die Mannschaftsräume, Niedergang für diese und wieder zwei kräftige Poller zum Belegen mit Leinen, sowie offene Klüsen im Schanzkleid, außerdem gewöhnlich noch eine Klappe zum Befahren des hinteren Trimmtanks. Die Gräting über dem Ruderquadranten kann ziemlich kurz gehalten werden, da das Ruder im Schutz des eingezogenen Schanzkleides liegt. Viele der besseren Schlepper führen auf dem Hinterschiff noch ein Spill mit vertikal stehender Trommel zum Aufholen der Trosse. Vorder- und Hinterschiff erhalten kräftige Kork-, Rohr- oder Tau-Fender, welche dem Schiff die Möglichkeit geben, durch direktes Angreifen die zu schleppenden Schiffe zu schieben und zu drücken, ohne sich selbst zu verletzen.

Die Maschine.

Anzahl, Zylinderverhältnis, Umdrehungen usw. Die Maschinen der Schlepper sind im Verhältnis zum Schiff ganz besonders stark, da sie ja nicht nur den eigenen Schiffskörper, sondern oft noch wesentlich größere Schiffskörper, häufig im Strom und Sturm, fortzubewegen haben. Man unterscheidet Einschrauben- und Doppelschraubenschlepper. Letztere haben den Vorteil, daß die Schiffe, die sehr viel manövrieren müssen, dadurch beweglicher werden. Sie können fast auf der Stelle drehen, durch Vorwärtsschlagen der einen und Rückwärtsschlagen der anderen Schraube. Es liegt aber bei ihnen der Nachteil vor, daß es fast nie möglich ist, die Schrauben noch so unterzubringen, daß sie nicht aus dem durch die Deckslinie geschützten Raum herausragen. Die Schrauben werden daher bei diesen Schiffen leicht verletzt. Bei den großen Kräften, die jedoch unterzubringen sind, läßt sich die Verwendung von zwei Maschinen bei größeren Schleppern meist nicht vermeiden, weil man sonst zu große Maschinen bekommen würde. Bei kleineren Schleppern kommt man mit einer Schraube aus, so daß man reine Hafenschlepper, die so große Kräfte wie das große Schiff nicht brauchen, gewöhnlich mit einer Maschine, die reinen Seeschlepper mit zwei Maschinen versieht. Die Maschinenstärken der vorher angeführten Schiffsgrößen liegen zwischen 110 und 1600 PSi. Die Umdrehungszahlen werden möglichst niedrig, zwischen 120 und 150 Umdrehungen, gehalten. Dadurch können große Schraubenflächen untergebracht und große Zugkräfte erzielt werden. Mit dem Hub dieser Maschinen ist man nicht so ängstlich wie mit dem bei Binnenschiffahrtsschleppern. Die schweren Schiffe haben erstens hohe Räume, so daß hohe Maschinen bequem einzubauen sind. Auch bringt das etwas höher liegende Gewicht bei der an sich großen Breite der Schiffe und der damit verbundenen günstigen Formstabilität keinen großen Schaden. Außerdem arbeitet die Maschine mit etwas längerem Hub ruhiger. Der Hub der Schleppermaschine von 500—800 PSi liegt zwischen 550 und 620 mm. Der Kohlenersparnis wegen wählt man meist drei Zylinder, Dreifach-Expansionsmaschinen. Die Zylinderverhältnisse betragen etwa

1 : 2,9 : 7,1. Das Pleuelstangenverhältnis ist 1 : 5 bis 1 : 5,2. Bei kleinen, billigeren Schleppern mit PS-Zahlen bis zu 200—250 findet man noch vielfach Zweifach-Expansionsmaschinen, deren Hub aber auch hier 300—400 mm beträgt.

Drucklager, Steuerung. Besondere Vorsicht bei der Konstruktion der Schleppermaschinen muß wieder beim Drucklager angewandt werden, weil dies der stärkstbeanspruchte Teil ist. Belastungen über 3,5 kg pro Quadratzentimeter bei den üblichen Umdrehungen lasse man nicht zu und nehme außerdem am besten auch bei dieser Bemessung noch einen besonderen Reservedruckring, dessen Fläche bei der angegebenen Belastungszahl nicht berücksichtigt ist. Die Steuerung dieser Schleppermaschinen ist gewöhnlich wieder Klug-Steuerung: Wenn man zwei Maschinen anwendet, nimmt man die Stephenson-Steuerung, um die Maschinen schmaler zu bekommen. Die Maschinen arbeiten, da sie nur im Brackwasser oder Salzwasser fahren, alle mit Oberflächenkondensation. Man rechnet etwa 0,15 qm Kühlfläche pro PSi.

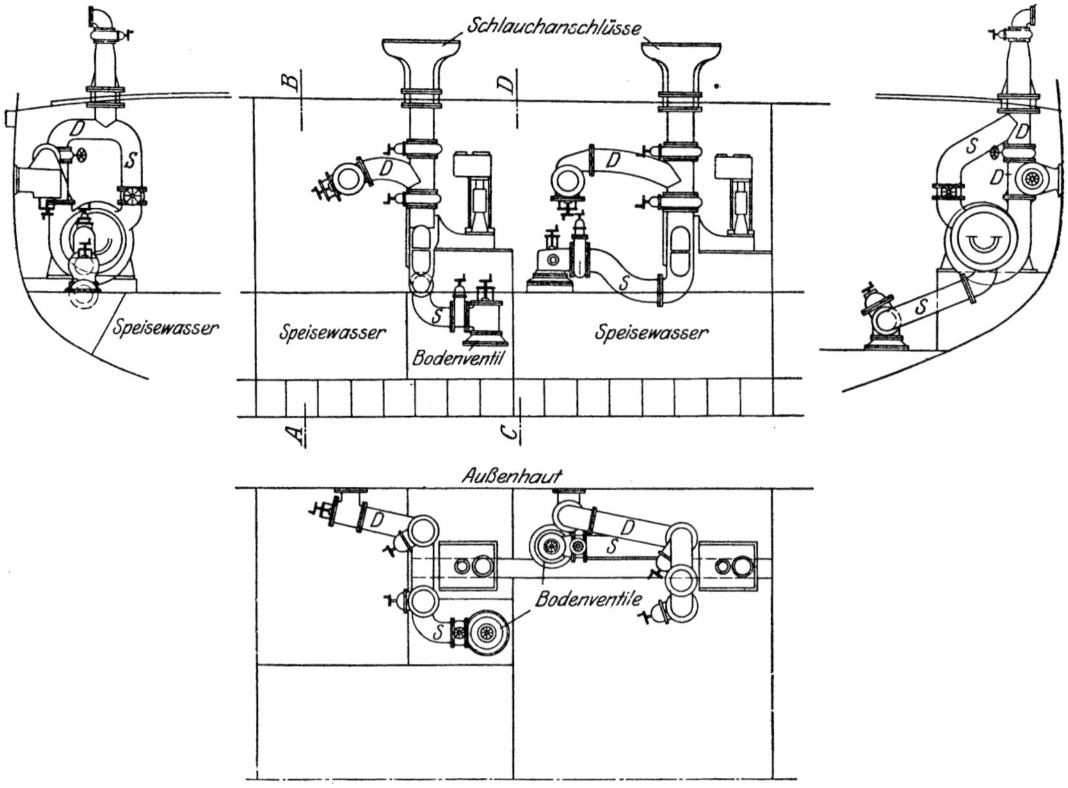

Fig. 153. Pumpenanlage für Seeschlepper.

Die Kondensatoren sind entweder an der Maschine selbst angebracht oder gesondert gelagert und dann bei zwei Maschinen vorteilhaft als Zentralkondensation durchgebildet. Es ist hier dabei dasselbe zu beachten, was früher schon bei den Kondensationsanlagen für Flußschiffe gesagt war. Viele Schlepper, die auch für Bergungszwecke Verwendung finden sollen, haben noch große Dampfpumpensätze oder Dampfejektoren an Bord. Diese Apparate sind gewöhnlich im Maschinenraum eingebaut und saugen durch große Rohrleitungen, welche durch das Deck durchgeführt sind und an weite Schläuche oder Rohrleitungen, die über Bord gehängt werden können, angeschlossen sind. Fig. 153 zeigt eine solche Pumpenanlage, wie sie häufig gebaut werden. Die Antriebsmaschinen der Pumpen werden direkt durch den Dampf des Hauptkessels betrieben. Die Hauptmaschine ist dann abgesetzt, so daß das ganze Dampfquantum für die Pumpe frei wird.

Der Kessel.

Art, Heizfläche, Unterwind. Die Kesselanlagen der Seeschlepper bestehen meist aus einem, selten aus zwei Zylinderkesseln. Der kurzen Schiffe wegen sind gewöhnlich Einenderkessel vorgesehen mit rückkehrender Flamme. Einzelne Dampfer, die sehr schnell bereit sein müssen und nicht dauernd unter Dampf liegen sollen, erhalten Wasserrohrkessel. Jedoch sind diese weniger zu empfehlen, wenn dauernd schwere Arbeit geleistet werden muß. Wenn man pro PSi 0,3 qm Heizfläche rechnet und ein Verhältnis von Heizfläche zu Rostfläche von 1 : 30 bis 1 : 33 wählt, bekommt man normale Verhältnisse. Auch hier ist zu empfehlen, die Schmidtsche Dampfüberhitzung vorzusehen, weil dann viel Kohlen gespart werden. In Seeschlepper, die unter gewissen Umständen forciert fahren müssen, sollte man ein kräftiges Gebläse einbauen, so daß der Kessel wenigstens mit 20 mm Unterwind betrieben werden kann. Das Gebläse soll selbstverständlich nur in Ausnahmefällen in Betrieb genommen werden, kann aber dazu dienen, daß ein in Gefahr befindliches Schiff wesentlich schneller gerettet wird.

Gewichte.

Das Gewicht des vorhin erwähnten normalen Seeschleppers von 35 m Länge verteilt sich etwa wie folgt:

Schiffskörper	165 t
Maschinerie und Kesselanlage	100 t
Kohlen	50 t
Wasser	16 t
Inventar	20 t
Summa	351 t

Das Gewicht eines Schleppers von 50 m Länge setzt sich etwa folgendermaßen zusammen:

Schiffskörper	400 t
Maschinerie und Kesselanlagen	200 t
Kohlen	100 t
Wasser	27 t
Inventar	25 t
Summa	752 t

Es wäre noch einiges zu sagen über die jetzt vielfach in Betrieb befindlichen Motorschlepper.

Motorschlepper.

Allgemeines. Die Motorschlepper führen sich jetzt immer mehr ein. Sie werden schiffbaulich in genau derselben Art gebaut wie die Dampfschlepper. Ihre Abmessungen, das Verhältnis von Länge zu Breite, ihre Völligkeitsgrade könnten die gleichen sein. Dadurch jedoch, daß durch den wegfallenden Kessel die Länge des Maschinenraumes und Kesselraums wesentlich geringer wird, da ein Teil des Kesselraums gespart wird, erhalten die Schlepper meist eine geringere Länge. Auch ihr Tiefgang ist gewöhnlich nicht so groß, da das Gewicht des Motors mit Zubehör etwas geringer ist als das Gewicht der kompletten Maschinenanlage mit Wasser. Der große Tiefgang ist auch hier nicht so notwendig, weil der Schraubendurchmesser des Motorschleppers wegen der meist höheren Tourenzahl des Motors ein kleinerer ist und daher die Schraube noch tief genug im Wasser liegt, auch wenn der Schlepper nicht ganz den vollen Tiefgang des Dampfschleppers hat. Die schwersten Schlepper werden heute noch nicht als Motorschlepper gebaut. Normalerweise fahren solche von 100—600 PSi. Die Einrichtung der Motorschlepper kann etwas bequemer gehalten werden wie diejenige der Dampfschlepper, weil durch Wegfall des Kesselraumes mehr Platz zur Verfügung steht.

Bei den Motoren selbst nd zwei Hauptgruppen zu unterscheiden, Dieselmotoren und Verbrennungsmotoren. Die Dieselmotoren finden immer mehr Eingang, da sie im Brennstoffverbrauch sparsamer sind. Ihr Brennstoffverbrauch beträgt pro PSi und Stunde 150—150 g. Fig. 154 zeigt die Zusammenstellung eines solchen Motors, wie er im Schiff eingebaut wird. Die Verbrennungsmotoren sind im Gewicht etwas leichter und billiger. Sie können auch schlechteren Brennstoff verarbeiten als der Dieselmotor. Im Betrieb sind sie teurer.

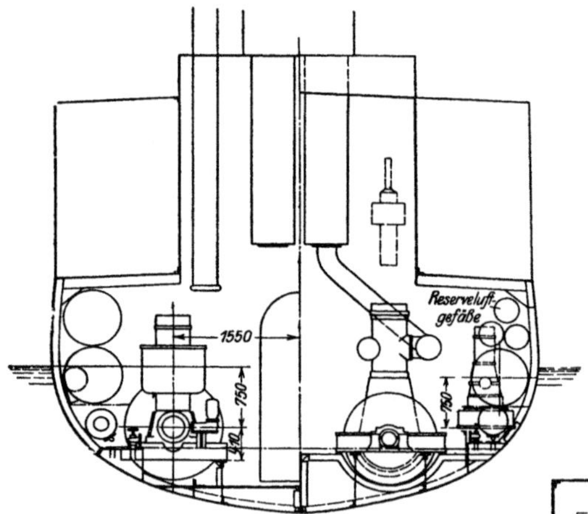

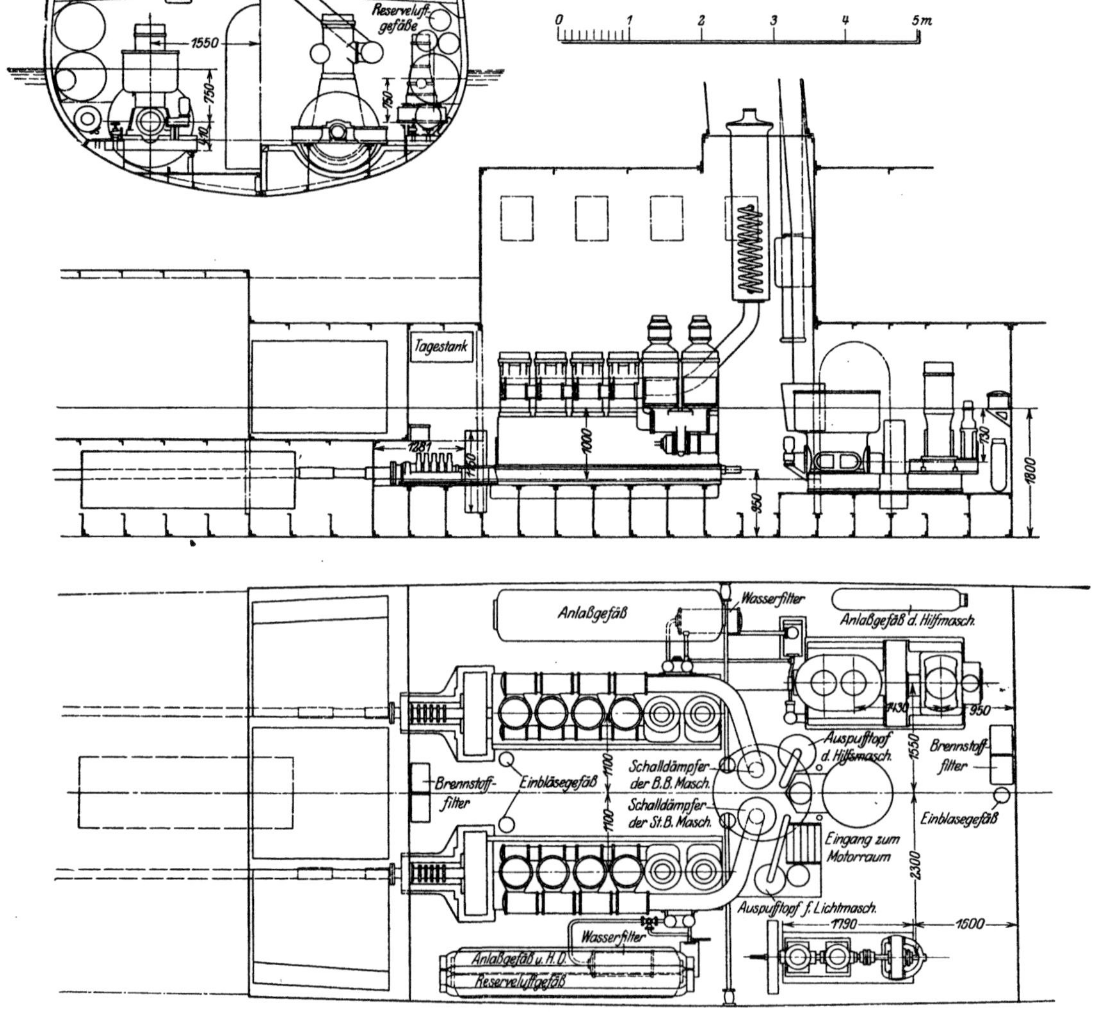

Fig. 154. Dieselmotorenanlage für Seeschlepper (erbaut von Benz, Mannheim).

Der Hauptvorteil der Motoren ist der, daß sie in wenigen Minuten vollständig fahrbereit sind und mit höchster Kraft arbeiten können. Ihr Nachteil liegt darin, daß sie schwieriger zu bedienen sind, teurer in Reparatur und Unterhaltung werden, und daß sich der Maschinist bei Havarien nicht so leicht helfen kann wie bei Dampfmaschinen. Außerdem ist die Erschütterungsgefahr, wenn die Motoren unglücklich stehen, bei diesen meistens größer als bei Dampfmaschinen, da die Stöße härter und stärker sind. Bei den Sechszylindermaschinen sind jedoch die auf das Schiff wirkenden Kräfte wegen des gegenseitigen Ausgleiches der Zylinder meist unbedeutend. Es können fast nur noch Schwingungen höherer Ordnung zur Wirkung kommen, die aber auch für die Nietverbände unangenehm werden können. Um sich eine gute Bedienung des Motors zu sichern, ist es immer zu empfehlen, den Maschinisten, der später mit dem Motor arbeiten soll, während des ganzen Zusammenbaues in der Motorenfabrik mit anleiten zu lassen. Viele Motorenfabriken empfehlen sogar als Maschinisten eigene Leute, welche sie in ihrer Werkstatt ausgebildet haben. Die Sicherheit einer sachgemäßen Bedienung ist hier noch größer. Kleine Motore arbeiten noch mit 250—300 Umdrehungen, größere mit 170—200.

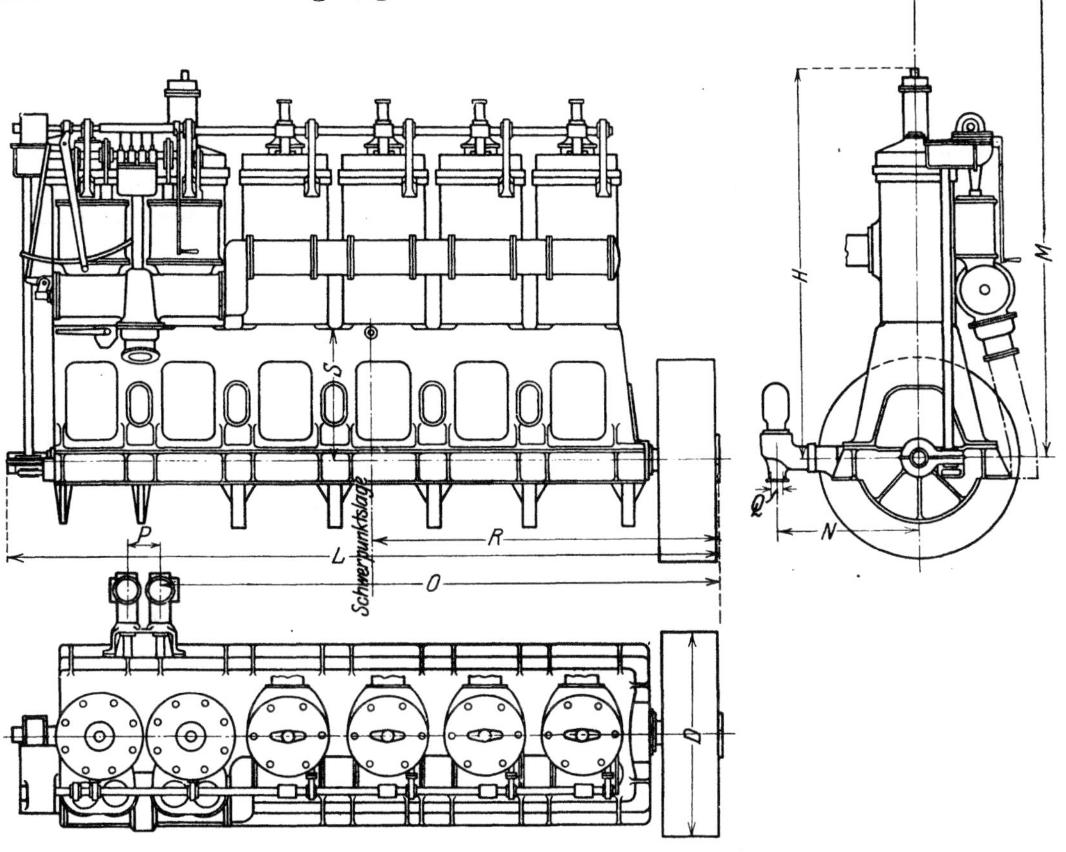

Fig. 155. Figur zur Größentabelle von Benz, Mannheim.

Gewichte. Als Beispiele für Gewichte mögen folgende dienen:

Bei einem Motorschlepper von rund 20 m Länge, $5^1/_2$ m Breite und 2,40 m mittlerem Tiefgang mit einem Dieselmotor von 530 PSi bei 190 Umdrehungen verteilt sich das Gewicht folgendermaßen:

Gewicht des Schiffskörpers	rd. 80 t
„ der Motoranlage	48 t
Brennstoff	15 t
Wasser	1 t
Inventar	4 t

Der gleiche Schlepper mit Verbrennungsmotor würde für den Schiffskörper dasselbe Gewicht haben. Die Motoranlage von nur 350 PSi bei 180 Umdrehungen wiegt hier allerdings 53 t. Bei einem etwas kleineren Schlepper von 18 m Länge, $4^1/_2$ m Breite und 1,90 m Tiefgang verteilen sich die Gewichte wie folgt:

Gewicht des Schiffskörpers	rd.	43 t
„ der Motoranlage (Diesel)		18 t
Brennstoff		1,5 t
Wasser		0,9 t
Inventar		3 t

Es ist anzunehmen, daß der Motorschlepper seiner großen Eignung für den Hafenbetrieb wegen immer mehr Ausbreitung finden wird. Behindert kann diese Ausbreitung nur werden durch ungünstige Ölpreise. Bei dem Seeschlepper sind allerdings die Aussichten des Motors heute noch ungünstiger, sowohl seiner Empfindlichkeit wegen als wegen des geringen Anzugsmomentes. Es ist aber anzunehmen, daß die Motoren bei weiterer Ausbildung sich all den guten Eigenschaften gleichstarker Dampfschiffsmaschinerien ebenso deren Preisen immer mehr nähern werden, so daß sie hier auch Eingang finden.

Größentabelle. Um dem Schiffbauer für neue Entwürfe einen Anhalt zu geben, sei hier noch eine von der Firma Benz in Mannheim zur Verfügung gestellte Tabelle für die Hauptmaße einer Motorenanlage gebracht. Fig. 155 bringt den zugehörigen Motor.

Einheits-P-Type.

	Type	P 2 G	P 4 G	P 4 I	P 4 K	P 4 L	P 4 N
Anzahl der Arbeitszylinder		2	4	4	4	4	4
Indizierte Leistung PSi der Arbeitszyl.			160	270	345		
Effektive Leistung PSe		60	120	200	260	320	400
Umdrehungen pro Min.		300	300	280	250	230	205
Stündl. Brennstoffverbrauch: g pro SPi			155	155	155	155	155
Lenzpumpenleistung: Liter pro Min.		60	95	130	180		260
Entsprechende ind. Dampfmaschinenleistung PSi		70	140	235	305	375	470
Zugehörige Maße zu Zeichnung Nr. 394	L	2575	3450	3850	4240	4950	5400
	D	1000	1000	1150	1300	1400	1600
	H	1800	1800	2200	2500	2700	3100
	M	2350	2350	2850	3200	3600	4100
	N	640	640	685	880		965
	O	1551	2489	2839	3360		4015
	P	260	260	260	190		370
	Sauganschluß Q in mm	50	50	50	70		90
	R		1690	1880	2075	2400	2650
	S		550	670	760	820	940

Der Fischdampfer.

Das Schiff.

Allgemeines. Einer der am häufigsten vorkommenden und dabei eigenartigsten Seedampfer ist der Fischdampfer. Gefischt wird mittels Dampfern bei den verschiedenen Nationen auf allerlei Arten. Vielfach werden ganze Fangflotten kleiner, ziemlich glatter Dampfer ohne eigenen Fischraum und Eisraum auf die Fangplätze geschickt. Ein großes Begleitschiff, welches für die Einlagerung der Fische in Eis in großen Mengen und für Abgabe von Kohlen und Öl eingerichtet ist, begleitet diese Flotten und stellt die Verbindung mit dem Heimathafen her. Diese kleinen

Dampfer bleiben daher sehr lange Zeit außerhalb des Hafens und ergänzen Proviant, Kohlen usw. aus den Begleitschiffen, an die sie ihren Fang abgeben. In Deutschland und teilweise auch in anderen Ländern pflegt man die Fischerei in anderer Weise zu betreiben. Der Fischdapfer selbst wird genügend groß gebaut, um Kohlen und Wasser für 8—10 Tage, für die Islandreise für 3—4 Wochen, mitzunehmen und seine Fische im eigenen Fischraum selbst einzulagern. Diese Dampfer fischen dann in der Nordsee oder im Kanal, die großen bei Island und kehren in ihre Heimathäfen zurück, wenn sie genügend Fische gefangen haben, oder wenn ihnen der Kohlenvorrat ausgeht. Da für Deutschland nur die letztere Fangart in Frage kommt, seien auch nur die Dampfer, die hierfür geeignet sind, besprochen.

Größere Formen. Die Fischdampfer wurden bisher in verschiedenen, jedoch nicht allzusehr voneinander abweichenden Größen hergestellt. In letzter Zeit hat man sich jedoch auf sechs Typen geeinigt. Man wird in Zukunft bauen:

Typen für die Elbe:

1.	Länge 36,2 m	Breite 7,36 m	Seitenhöhe 3,98 m	Maschine 400 i. PS
2.	„ 38 „	„ 7,36 „	„ 3,98 „	„ 400 „ „
3.	„ 40 „	„ 7,64 „	„ 4,10 „	„ ca. 500 „ „

Typen für die Weser:

1.	Länge 36,0 m	Breite 6,85 m	Seitenhöhe 3,75 m	Maschine 350 i. PS
2.	„ 38,0 „	„ 7,20 „	„ 3,98 „	„ 400 „ „
3.	„ 40,0 „	„ 7,36 „	„ 4,15 „	„ 500 „ „

Das kleine und mittlere Schiff ist für Nordsee- und Kanalfischerei, das größere für Islandfahrten geeignet. Wegen der Eigenart der Weserhäfen konnte eine vollständige Einigung noch nicht erzielt werden. Bei der Ausbildung eines kleineren Elbeschiffes ist diese vielleicht auch noch möglich. Die unrunden Zahlen in der Seitenhöhe, auf die man sich geeinigt hat, sind hervorgerufen durch die Klasseneinteilung des Germanischen Lloyds. Die Schiffe bleiben bei diesem Bau gerade noch an der Grenze der niedrigeren Klasse.

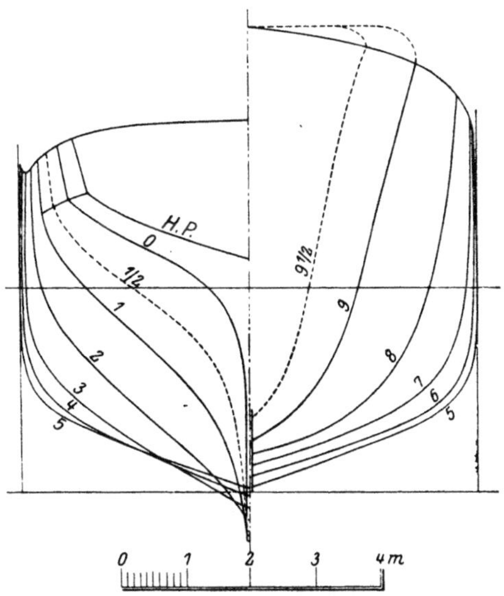

Fig. 156. Spantenriß eines Fischdampfers.

Die Fischdampfer sind, wie ein Blick auf Fig. 156 lehrt, ziemlich schlank gehalten. Ihr Völligkeitsgrad beträgt 0,48—0,55. Sie sollen hinten, voll ausgerüstet, etwa 4 m tief gehen und liegen vorn ziemlich hoch heraus. Ihr Tiefgang beträgt dort etwa 2,25 m. Aus diesem Grunde kann das Hinterschiff schon vom Mittschiff aus gut schlank gehalten werden, so daß das Wasser gut zur Schraube zuläuft. Das Vorderschiff muß aus mehreren Gründen möglichst völlig gehalten werden und an der Back mit ausfallenden Spanten gebaut werden. Diese kleinen, verhältnismäßig schnell fahrenden Schiffe haben, wenn sie falsch konstruiert sind, bei grober See leicht die Neigung, unterzudampfen. Dies tritt besonders dann ein, wenn der Fischraum gut gefüllt ist und der Kohlenbunker, besonders die Seitenbunker am Kessel, nur noch wenig Inhalt haben. Ist das Schiff dann vorn zu schlank gebaut, so daß es unter der Last des Fischraums tief eintaucht, und weist die Back das Wasser nicht mehr genügend ab, so kommt es bei entgegenlaufender See nicht mehr vom Wasser frei. Da sich der Fischdampfer, besonders wenn er vor dem Netz läuft, seine Lage zum Seegang nicht so aussuchen kann wie ein normaler Seedampfer, muß hierauf Rücksicht genommen werden.

Materialstärken. Fast alle Fischdampfer werden nach den Klassen 100 AK (E) oder 100 $\overset{A}{4}$ (E), des Germanischen Lloyds unter dessen Aufsicht gebaut. Es braucht also die normale Materialstärke des Schiffskörpers nicht mehr näher besprochen werden. Großen Wert lege man jedoch auf eine außerordentliche Verstärkung des Vorschiffes gegen Eisdruck und eine solche in der Wasserlinie. Gewöhnlich wird daher der Spantabstand vorn auf $^1/_4$ der Schiffslänge stark verringert oder Zwischenspanten eingebaut, und werden zwei Plattengänge auf eine Länge von etwa 10 m vom Vordersteven aus, 5 mm dicker als Mittschiffsdicke, genommen.

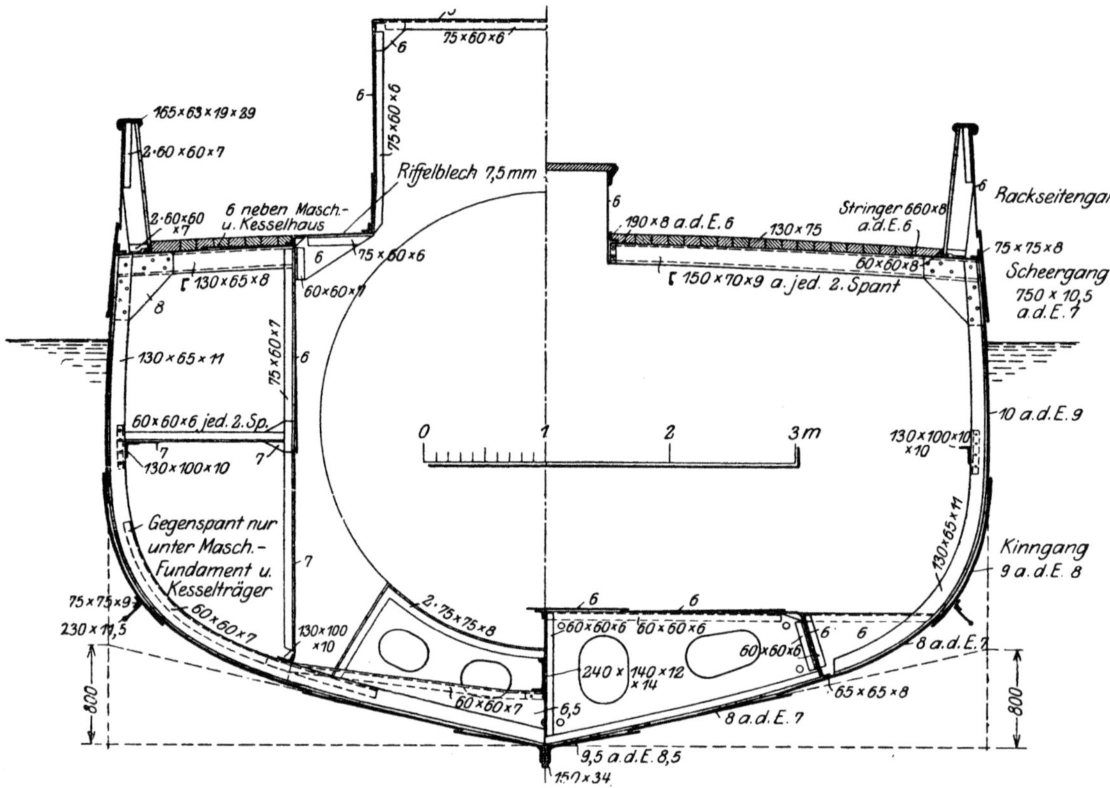

Fig. 157. Hauptspant eines Fischdampfers.

Abmessungen:
- Länge zwischen den Loten 38,95 m.
- Breite auf Spanten 7,00 m.
- Seitenhöhe 4,10 m.

Klasse: Germ. Lloyd † 100 $\overset{A}{4}$ (E).
(B + H) · L = 432,35.
LH = 9,5.

Material: Stahl.

Balkenkiel u. Vorsteven: 150 · 34.

Schraubensteven: 150 · 105.

Rudersteven: 140 · 105.

Stevensohle: 180 · 100.

Ruderschaft: 135 Durchm.; Fingerlinge 76 Durchm.

Spanten: ∢ 130 · 65 · 11; Piekspanten ∢ 115 · 65 · 8; Backspanten 90 · 75 · 8; Schottspanten 90 · 90 · 9.

Bodenstücke: 450 · 6,5 auf 0,5 L; an den Enden 6; im Maschinenraum 7,5; im Kesselraum 85.

Gegenspanten: ∢ 60 · 60 · 7; Kesselraum 9; am Masch.-Fundament doppelt; an Kesseltr. doppelt 75 · 75 · 8.

Schotte: Unten 7; oben 6.

Vernietung:
- Längsnähte der Außenhaut einfach, Schergang und nächster Gang doppelt überlappt.
- Nähte der Kimmgänge u. Nähte im Bereich der Eisverstärkung doppelt überlappt.
- Stöße des Schergangs überlappt auf 0,5 L 3 fach; an den Enden doppelt.
- Stöße des Kielgangs gelascht auf 0,5 L 3 fach; an den Enden doppelt.
- Stöße der übrigen Gänge überlappt u. doppelt genietet.
- „ des Deckstringers „ „ „ „
- „ „ Backganges „ „ „ „
- „ „ Schanzkleides „ „ einfach „

Es hat sich auch bewährt, wenn man den Gang unter dem Schergang im ganzen Schiff etwas stärker nimmt und ihn auch in den Längsnähten doppelt nietet. Man hat dadurch viel weniger mit Leckagen zu tun. Besondere Verstärkungen in der Außenhaut müssen noch unter den Stellen angebracht werden, wo die Fischgalgen, die später besprochen werden, stehen. Die Galgen unterliegen hohen Beanspruchungen, da im Seegang das ganze Schiff vielfach an ihnen pendelt, so daß eine wesentliche Verstärkung der Außenhaut und des Decks unter ihnen notwendig wird. Da auch bei schwerem Wetter auf den Fischdampfern meist an Deck gearbeitet werden muß und die Netze über das Schanzkleid hinweggeholt werden, so unterliegt letzteres einer besonderen Beanspruchung und muß stärker und höher gehalten werden wie bei gewöhnlichen, gleich großen Dampfern. Man baut es aus wenigstens 6 mm Stahlblech, mindestens 900 mm hoch, steift es durch kräftige Flußeisenstützen ab und garniert es oben noch mit einem Profileisen von etwa 165 mm Breite. Auf und unter diesem Profileisen sind noch eine größere Anzahl Rollen, Klampen und Bolzen, die beim Hochseefischereibetrieb gebraucht werden, angebracht. Da selbst die bestgebauten Fischdampfer viel Wasser über Deck nehmen, ist für reichliche Wasserpforten Sorge zu tragen. An jeder Seite 4—5 Wasserpforten und außerdem noch 5 Speigatten genügen den allgemeinen Bedürfnissen. Das Deck besteht gewöhnlich außer der Partie über dem Kessel aus 75 mm starkem Pitchpineholz und wird mit galvanisierten oder feuerverzinkten eisernen Schraubenbolzen auf den Decksbalken befestigt. Die Nähte müssen hier besonders sorgfältig kalfatert werden.

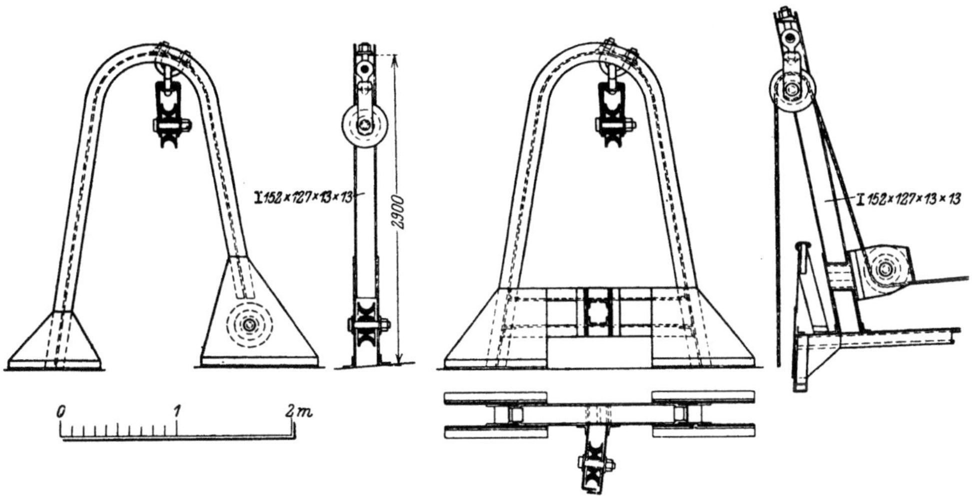

Fig. 158. Fischgalgen.

Eisendeck empfiehlt sich nicht, da die Mannschaft auf ihm zu leicht ausgleitet und das Schiff durch die starken Temperaturschwankungen unwohnlich wird, sowie im Sommer zu viel Eis erfordert. Unter dem Pitchpinedeck sind natürlich nach den Vorschriften des Germanischen Lloyds die notwendigen Stringer, Lukenstringer und Diagonalen anzubringen. Auf den Deckstringer ist dann auch der Wassergang gebaut, der rings um das ganze Schiff herum muldenförmig auszementiert wird, da dauernd Wasser durch ihn abläuft. Eigenartig für den Fischdampfer ist der sog. Überbau, auch Dom genannt, ein eiserner Aufbau auf Mitteldeck, etwa 1,80 m hoch und 2,10 m breit, der den Maschinenüberbau, Kesselüberbau und Unterbau für die Brücken enthält. Er setzt gewöhnlich über dem Kessel, wo größere Höhe notwendig ist, stufenförmig ab und läuft dann gerade bis unter die Brücke durch. Der Überbau besteht gewöhnlich aus innen mit Winkeln $65 \times 50 \times 6$ garnierten, 5 mm starken Stahlblechen. Das eiserne Oberlicht für den Maschinenraum, das auf den Überbau aufgesetzt ist, wird am besten nicht vernietet, sondern gut wasserdicht verschraubt, damit es bei der Demontage der Kolben, Zylinderdeckel usw. leicht abgenommen werden kann. Das Vorschiff erhält vorn eine Back aus 6—8 mm Stahlblech. Sie ist etwa 2,20 m hoch und wird an den Seiten abgerundet. An ihrer Hinterkante steht noch ein kräftiger, mit Halbrundeisen garnierter Wellenbrecher. Unter dem Vormast und den vor diesem stehenden Rollern, ebenso unter der Fischnetzwinde und unter dem Galgen muß das Deck nach Möglichkeit mittels Stützen gut abgesteift werden.

Die allgemeine Anordnung und Verteilung des Materials sowie ein Schnitt durch den Überbau ist aus dem Hauptspant, Fig. 157, zu ersehen. Alle Luken haben 310 mm und alle Türen nach Vorschrift 560 mm hohe Scherstöcke und sind mit Profileisen eingefaßt. Die Luken müssen zum Verschalen eingerichtet und die Lukendeckel, auch der kleinen Luken, sehr kräftig, etwa 50 mm Tannen, sein. Die häufig und schnell zu öffnenden Luken über Fischraum und Eisraum können auch verzinkte, eiserne Kappen erhalten.

Ein besonderer, nur auf Fischdampfern zu findender Konstruktionsteil sind die sog. Fischgalgen. Es sind dies kurze Bogen mit geraden Enden aus U-Eisen, die auf Deck stehen und deren Enden unten wieder mittels schwerer Dreiecksplatten und einem

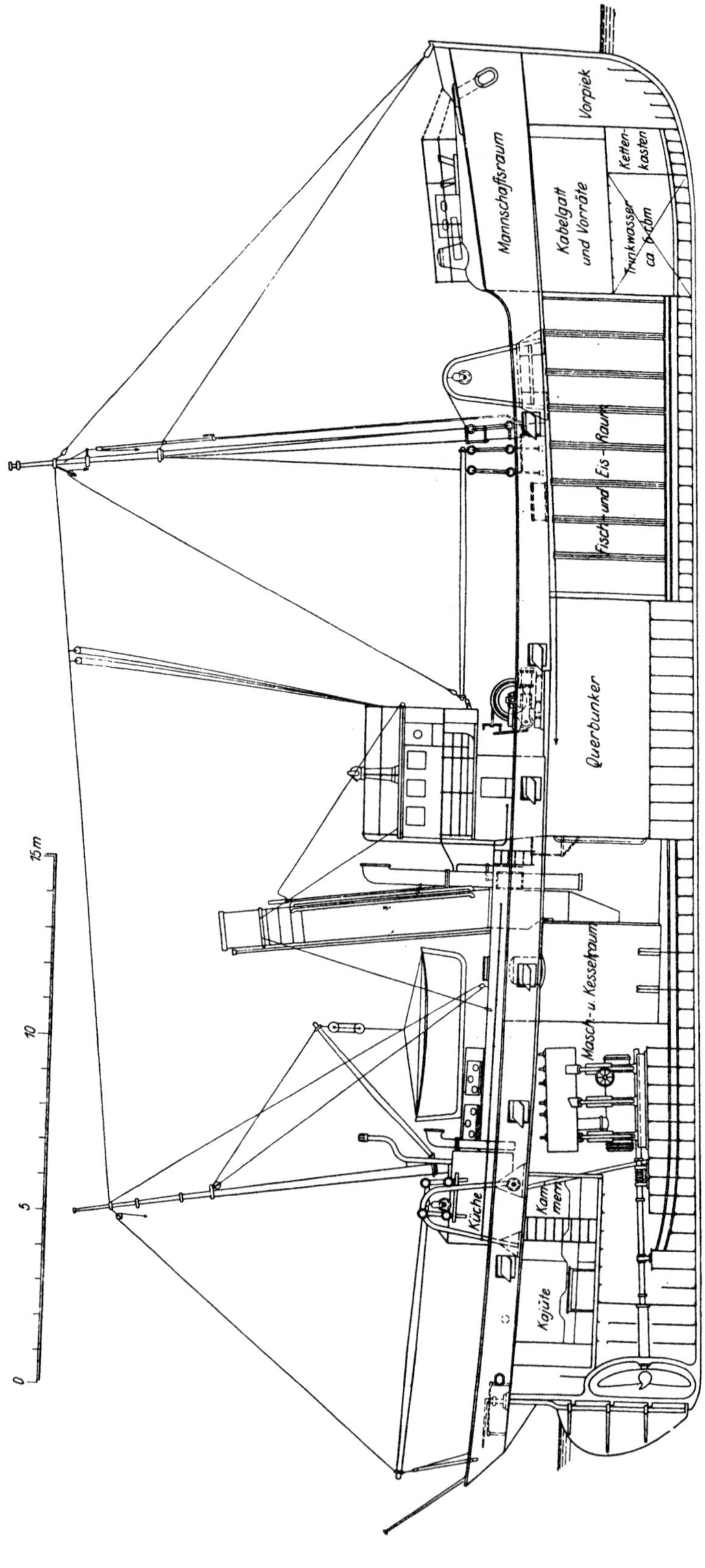

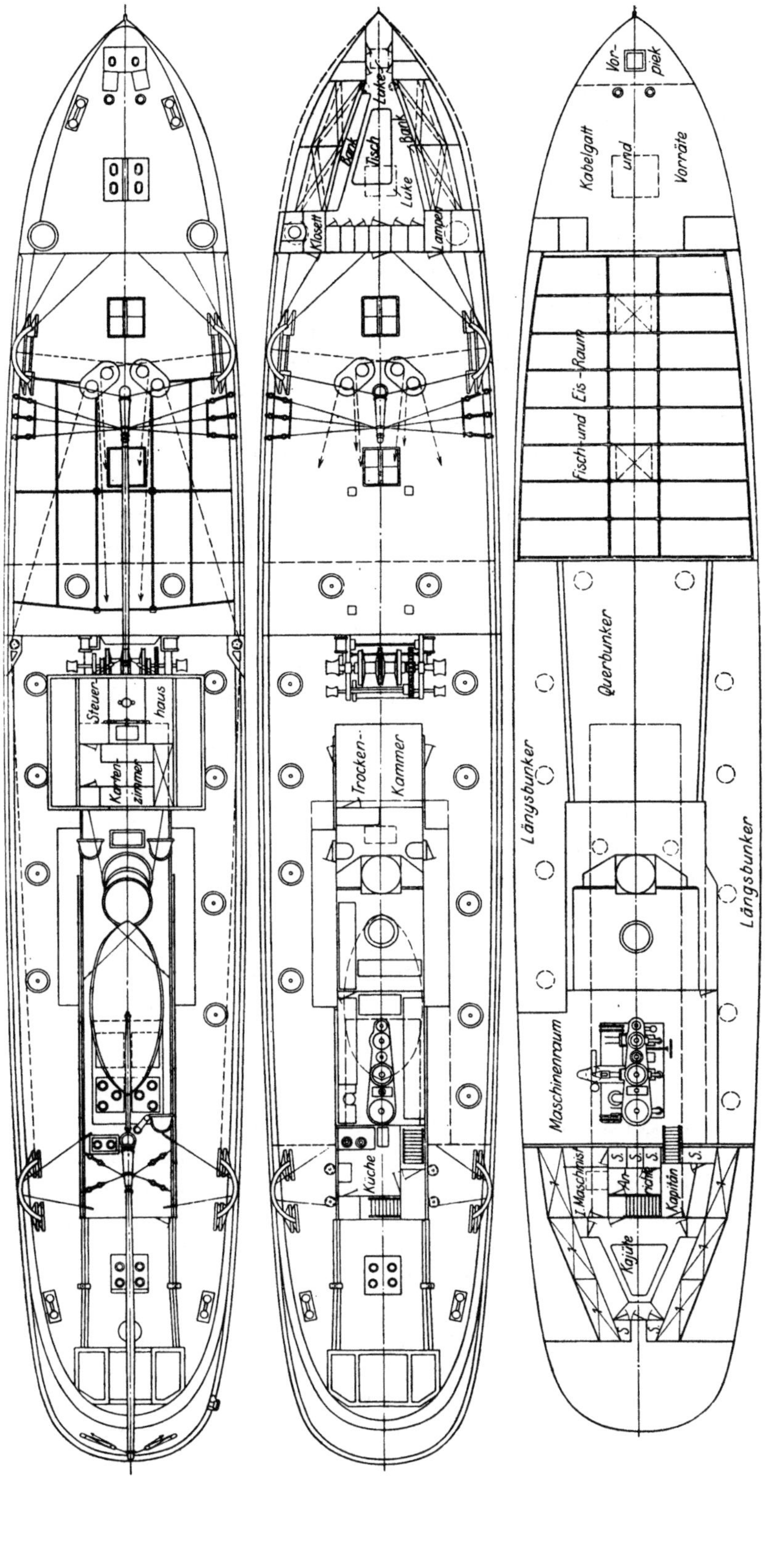

Fig. 159. Einrichtungsplan eines Fischdampfers.

weiteren U-Eisen miteinander verbunden sind. Fig. 158 zeigt einen solchen Fischgalgen. Die Flanschen des U-Eisens stehen nach außen. Der vordere und hintere Fischgalgen ist verschieden. Beide tragen oben über dem Bogen aufgehängt eine Rolle, durch die der Draht nach dem Scherbrett läuft. Der vordere Galgen hat an seinem Fuß, durch doppeltes U-Eisen gehalten, eine zweite Rolle, welche den Draht vom Roller nach der oberen Rolle leitet. Diese Rolle steht beim hinteren Fischgalgen in vertikaler Richtung zwischen den Dreiecksverbänden und leitet dort unter den U-Eisenfuß durch den vom Vorderschiff kommenden Draht für das Scherbrett nach der oberen Rolle. In jedem Fischgalgen sind außerdem oben noch zwei Augen zum Festlegen der oberen Rolle angebracht. Das U-Eisen, woraus die Fischgalgen gebogen werden, kann gar nicht kräftig genug gehalten werden. Man nimmt heute 22er U-Eisen, dessen Flanschen nach außen stehen. Die Fischgalgen, an denen das ganze Schiff gekrängt wird, müssen sowohl gegen Deck durch

Holzunterlagen, wie nach vorn und hinten, der hintere Fischgalgen gegen den Überbau, kräftig abgesteift werden. Die Absteifungen der vorderen Galgen laufen gewöhnlich nach dem Mast und nach der Back.

Raumausnutzung. Die Einrichtung eines Fischdampfers ist aus Fig. 159 zu ersehen. Die beiden toten Ecken der Back sind entweder für Klosetts oder die eine Seite für ein Klosett, die andere für ein Brausebad oder Lampenkammer ausgenutzt. Zwischen diesen beiden Türen liegen die Zugänge zum Logis, das auch unter der Back ist, und zum Kabelgatt. Das Kabelgatt liegt mit dem Kettenkasten unter dem Logis. Es ist gut, wenn man über dem Niedergang zum Kabelgatt eine leichte Rolle zum Aufhieven kleiner Lasten anbringt, weil das Kabelgatt nur durch Leiter bestiegen werden kann. Wo die Schiffe mit Klüsen versehen sind, laufen diese durch das Logis. Gewöhnlich führen die Schiffe jedoch nur an der Vorderaufklotzung Klampen mit Schieber. Die Anker werden dann nicht in den Klüsen, sondern auf der Back verzurrt gefahren. Die Ankerkette läuft in diesem Falle von der Netzwinde über den Wellenbrecher zur Klampe in der Aufklotzung. Gewöhnlich werden sie aber nicht auf die Netzwinde aufgelegt, da sie dort nur stören, und direkt nach dem Kettenkasten geführt. Die Schiffe ankern fast nie. In See haben sie dazu keine Gelegenheit und im Hafen liegen sie am Kai. Da sie leicht beweglich sind, haben sie es nicht nötig, sich irgendwo im Strom festzulegen, sondern finden immer ihren Platz im Hafen. Man fährt deshalb auch mit diesen Schiffen nicht gern Klüsen, einmal des Gewichtes wegen, und dann treibt die See durch die Klüsen, und das Spritzwasser kommt in schweren Strahlen auf die Brücke.

Zwischen Kohlenschott und Bunker liegen Fisch- und Eisraum, beide nur durch Luken und Leitern oder steile Treppen betretbar. Diese Räume müssen sehr gut gegen Wärmeverluste isoliert werden und einen kräftigen Fußboden haben, auf dem das Wasser abläuft. Fig. 160 zeigt einen Schnitt durch den Fischraum. Der Fußboden besteht dort aus 60 mm Pitchpinebohlen, die gut kalfatert sind. Er hat eine starke Neigung nach der Mitte und wird dort mit einem auszementierten Wasserlauf versehen. Dieser hat am hinteren Ende ein Sieb, durch welches Leckwasser abfließen kann, so daß der Raum mit der Maschinenpumpe gelenzt wird. Die Seitenwände und die Decke sind durch eine 40 mm starke Pitchpineverschalung mit dahinterliegender Korkisolierung abgedeckt. Nach dem Kesselschott zu, wo große Wärmeverluste zu erwarten sind, ist die Korkisolierung etwa 150 mm stark, nach dem Logis zu 100 mm stark. Wenn Kork nicht in genügender Menge zur Verfügung steht, kann man auch Torfmull zur Isolierung verwenden. Es ist ratsam, den Boden im Fischraum möglichst hoch zu legen. Man erhält dadurch einen breiteren Raum und die Sortierung der Fische wird leichter. Allerdings wird das Schiff etwas ranker, da die Fischlast dann höher liegt. Der Fischraum ist dann durch losnehmbare, gehobelte Böden in ca. $1^1/_4$ m Höhe und ebenso losnehmbare Schotten in verschiedene Abteilungen geteilt, in welche die Fische hineinsortiert werden. Alle Fächer werden gleich groß gemacht, damit die Bretter ausgewechselt werden können. Der Eisraum ist etwa 1,40 m lang und der Gang im Fischraum 1,40 m breit. Man sortiert dort die Fische in der Weise ein, daß man immer eine Lage Eis und eine Lage Fische gibt. Man rechnet dabei im Winter 1 Korb, im Sommer $1^1/_2$ Korb Eis auf 6 Körbe Fische.

Hinter dem Fischraum liegt ein großer Querbunker mit anschließenden zwei Seitenbunkern. Zwischen den Seitenbunkern liegt der Kessel. Die Bunker fassen, je nach Größe der Fischdampfer, 100—150 t Kohlen. Sie dürfen nicht zu klein gehalten sein und müssen möglichst voll gestaut werden, damit der Fischer nicht genötigt ist, aus Kohlenangst mit halbem Fang heimzufahren. Besonders bei den Islandsfahrten ist dies wichtig. Es muß bei den kleinen Fischdampfern von 400 PSi damit gerechnet werden, daß bei der Ausfahrt mit 10 Knoten täglich 5—6 t und beim Fischen bei einer Fahrt von 3 bis 4 Knoten $3^1/_2$—4 t Kohlen verbraucht werden. Hierbei ist bereits berücksichtigt, daß die 400 PSi der Maschine, die bei der Probefahrt nachgewiesen werden, beim Dauerbetrieb nicht voll ausgenutzt werden. Außerdem ist es erwünscht, die Kohlenbunkerwände wasserdicht und steif genug gegen Wasserdruck zu gestalten und die Bunkertüren als wasserdichte Schleusentüren auszubilden, damit die Unterteilung des Schiffes noch einigermaßen günstig ist.

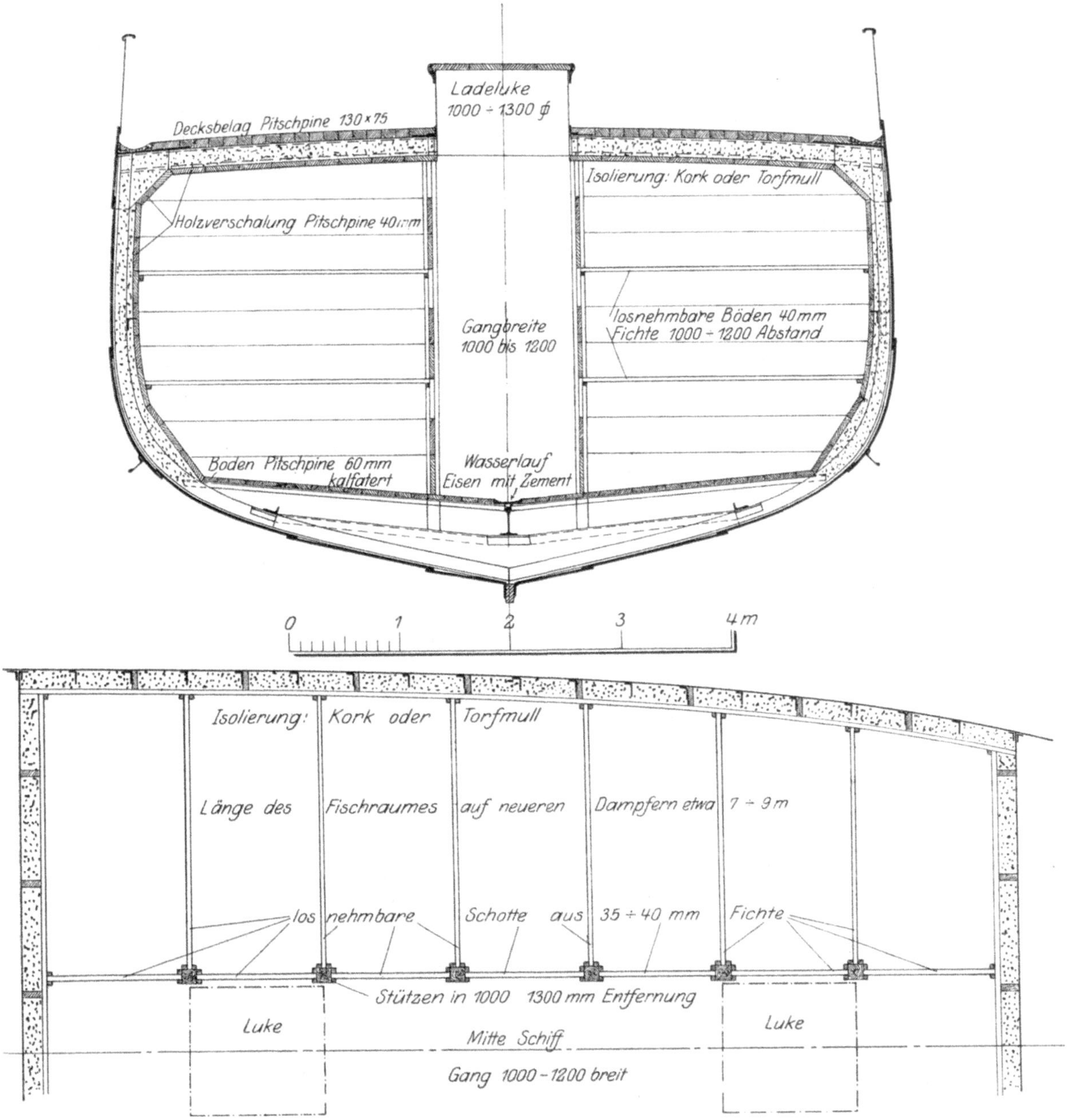

Fig. 160. Fischraum.

Unter dem Kohlenbunker, als Doppelboden, liegt ein großer Wassertank für Kesselspeisewasser mit Schlagwasserplatte. Der Inhalt dieses Tanks, der etwa 18 t beträgt, reicht gewöhnlich für die Fahrt nicht aus. Es ist daher notwendig, in Vorderpeak einen weiteren Reservespeisewassertank von etwa 6 t unterzubringen. Das

Wasser aus diesem Tank kann zuerst verbraucht werden, so daß das Schiff, wenn der Fischraum sich füllt, durch Speisewasserverbrauch vorn bereits wieder leichter geworden ist. Auch das Trinkwasser ist gewöhnlich an Bord von Fischdampfern sehr knapp. Der seitliche Trinkwassertank im Maschinenraum ist schnell aufgebraucht Es empfiehlt sich daher, im Kohlenbunker selbst noch zwei kleine, am besten ge-

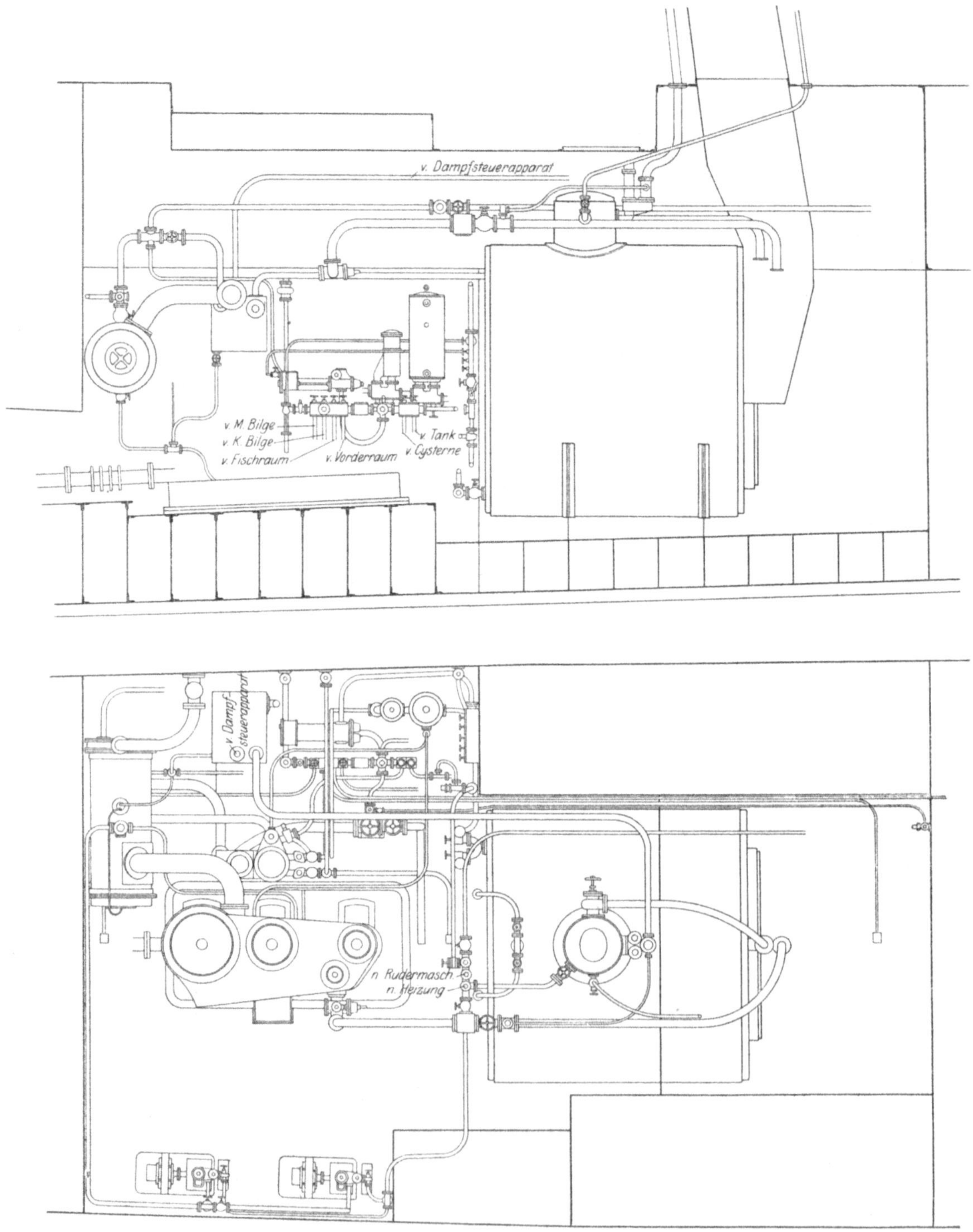

Fig. 161. Rohrplan für Fischdampfer

trennt gelagerte Trinkwassertanks von 1—1,5 t Inhalts neben dem Wassertank einzubauen.

Zwischen den beiden seitlichen Kohlenbunkern liegt der Kessel. Der Heizraum ist nach vorn gelegen. Normalerweise steht direkt hinter dem Kessel, von diesem nur durch einen 0,6 m breiten Gang getrennt, die Maschine. Heizraum und Maschine sind nur durch ein um den Kessel herum gebautes leichtes Staubschott voneinander getrennt. Wenn man es irgend möglich machen kann, sollte man versuchen, zwischen Kessel- und Maschinenraum ein festes Schott zu ziehen. Erstens wird die Maschine wesentlich mehr vor Staub geschützt und dann ist auch die Hitze im Maschinenraum weniger unangenehm. Da der Maschinenraum an sich aber eng ist, müßte hierauf besonderer Wert gelegt werden. Wie schon vorher gesagt, ist der Fischdampfer hinten ziemlich spitz. Man kann daher den nötigen Platz für den Umgang um die Maschine nur dadurch gewinnen, daß man alle Hilfsmaschinen, Pumpen, Ventilkästen, Tanks usw. hoch setzt, wie Fig. 161 zeigt. Dabei bleibt durch die große Schiffshöhe im Hinterschiff und den Überbau immer noch genug Platz, um unter dem Flur sämtliche Bilge- und Ballastleitungen unterzubringen. Es ist daher nicht zu empfehlen, die an sich hohen Fischdampfermaschinen allzu tief zu setzen, weil die Überwachung der Lager und die Reinigung der Maschine dadurch erschwert wird, wenn die Hauptlager unter Flurhöhe liegen. Natürlich muß hier bei der Verteilung des schweren Maschinengewichts auf die Stabilität Rücksicht genommen werden, so daß man das Hochsetzen der Maschine auch nicht übertreiben darf. Das Drucklager liegt bereits in einer Nische unter dem Logis, das wegen des spitzen Hinterschiffs mit seinem Fußboden fast 1 m höher liegt als der Maschinenraumfußboden.

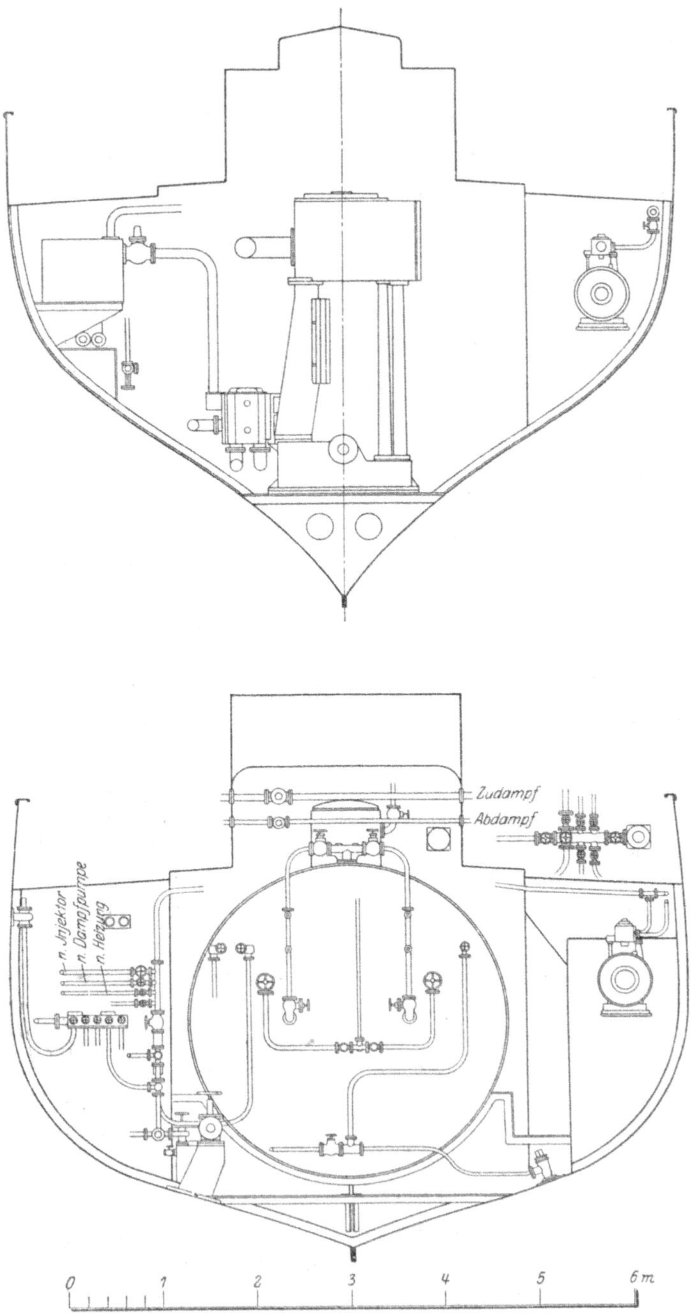

(erbaut von Steen & Kaufmann, Elmshorn).

Auch das Logis soll man möglichst hoch legen, damit man große Räume erhält. Hohe, ganz enge Räume, in denen sich die

Leute gar nicht bewegen können, sind trotz des größeren Kubikinhalts unangenehm. Die Deckshöhe genügt vollkommen, wenn ein großer Mann sich noch nicht an der Decke stößt, besonders dann, wenn ein großes Oberlicht aufgesetzt ist. Man erreicht dadurch auch den Vorteil, daß der Wellentunnel höher und bequemer zugänglich wird. Es ist wichtig, die Betten im Logis von der Außenhaut gut zu isolieren. Da die Außenhaut sehr schräg liegt, gelingt es gewöhnlich, zwischen Bett und Außenhaut einen Schrank einzubauen, ohne daß vom Raum Breite verlorengeht. Der Niedergang zum Logis geht meist vom Überbau aus an der Kombüse vorbei. Man erhält dann unten noch drei Räume mit sechs Betten. Ein vierter Raum ließe sich dadurch noch schaffen, wenn man den Niedergang nicht von der Kombüse aus quer nimmt, sondern ihn besonders legt. Diese bisher selten angewandte Einrichtung wird vorteilhafter sein. Hinter dem Logis trennt ein wasserdichtes Schott noch einen Stauraum, in manchen Fällen auch noch einen Trimmtank ab. Der Trimmtank ist unnötig, da die Dampfer hinten meist tief genug liegen.

Ruder. Das Ruder, welches bei Fischdampfern genau wie jedes andere Seeruder gebaut ist und gewöhnlich aus einer 15 mm starken schmiedeeisernen Platte, welche zwischen Fingerlinge genietet ist, besteht, muß bei Fischdampfern etwas größer gehalten werden als bei normalen Seedampfern. Bei Aus- und Einfahrt genügen natürlich kleinere Ruder vollkommen. Wenn jedoch der Dampfer unter Netzdruck steht, sind die Netzleinen schwer von den Schrauben klar zu halten, wenn die Ruderfläche nicht reichlich bemessen ist. Man nimmt daher das Verhältnis von Ruderfläche zur Fläche des Lateralplans nicht kleiner als 1 : 22. Außerdem ist es gut, wenn man den Schwerpunkt der Ruderfläche etwas nach oben zieht, weil die Schiffe bei dem großen Tiefgang unter dem Ruderdruck leicht krängen. Bei der Konstruktion des Ruders muß auch noch die Tatsache beachtet werden, daß der vorn völligere Fischdampfer, der an sich das bessere Seeschiff ist, vor dem Netz schlecht steuert, auch wenn er ohne Netz sehr gut dem Ruder folgt.

Das Ruder wird mit Quadrant und gewöhnlicher Reebleitung bedient. Die Leitung führt am Überbau entlang und geht an dessen Hinterende nach dem Schanzkleid über. Viele Fischdampfer haben Dampfruderantrieb. Die Rudermaschine steht dann gewöhnlich hinter dem Schornstein auf dem Überbau oder in dem Trockenraum unter dem Kartenhaus. Bei den meisten Schiffen wird jedoch die Rudermaschine wieder weggelassen, weil sie viel Dampf verbraucht und man beim Fischen, wo man meistens auf festem Kurs liegt, nur wenig mit dem Ruder zu arbeiten hat. Außerdem kann man bei den Einfahrten mit den verhältnismäßig großen Ruderflächen das kleine Schiff auch mit Hand in Kurs halten.

Masten und Boot. Die meisten Fischdampfer sind als Yawl getakelt. Der Vormast, der einen Lademast führt, ist durch das Deck geführt und auf den Schiffsboden festgesetzt. Der hintere Mast steht auf dem Überbau, der hier eine kräftige Versteifung erhält, und trägt zwei Ladebäume, einen hinteren, zum Einsetzen des Bootes, und einen vorderen, für Anheißen des Netzes, Demontage der Maschine und ähnliche Arbeiten. Das Rettungsboot selbst, in Größe gemäß den Vorschriften der See-Berufsgenossenschaft, wurde bei den älteren Fischdampfern immer auf dem Überbau, vor dem hinteren Mast aufgesetzt. Es konnte mit dessen vorderen Baum zu Wasser gesetzt werden. In neuerer Zeit wird es jedoch hinter dem Überbau, zwischen diesem und der Rudergräting, auf Hinterdeck aufgestellt und steht in drei Gestellen, von denen die beiden äußeren aufklappbar sind. Das mittlere ruht auf einer Drehscheibe. Das Boot wird dann auf dieser Drehscheibe über die Reeling weggedreht und ins Wasser geschoben. Der Nachteil dieser Aufstellung ist, daß das Boot nicht so wasserfrei steht, wie oben. Es ist dagegen wieder leichter zu Wasser zu bringen, bequemer auf seinen guten Zustand zu überwachen und verringert bei dieser Aufstellungsart die Oberlast des Dampfers. Da Fischdampfer an sich sehr oberlastig gebaut sind, ist dieser Punkt wichtig.

Überbau. Wenn man den Überbau von hinten nach vorn durchgeht, so liegt im hintersten Ende zunächst die Kombüse, häufig mit Niedergang zum Logis. Auf der anderen Seite ist der Niedergang zur Maschine. Die Türen sind hier meist geteilt, damit auch bei schlechtem Wetter etwas Luft in die Räume dringen kann. Weiter nach vorn überdacht der Dom den Maschinenraum und dann den Kesselraum. Hier ist er höher, weil der Kesseldom und die Rohrleitungen noch mit im Überbau untergebracht werden müssen. In dem Heizraum ist die Decke des Domes durch eine Gräting durchbrochen, damit bei nicht allzuschlechtem Wetter gute Belüftung des Kesselraumes gesichert ist. Vor dem Kesselraum liegt noch ein Trockenraum; über diesem, auf allen Seiten überstehend, das Kartenhaus und auf diesem die Brücke mit Kompaß, Steuerrad und Signalgeber nach der Maschine. Das Kartenhaus ist mit vier schweren Pfosten nach unten im Überbau verschraubt, damit es nicht losgeschlagen wird. Ein loses Aufsetzen dieses Hauses und direktes Verschrauben der Wände genügt gewöhnlich nicht. Es hat nach jeder Seite einen Ausgang mit einer kurzen, etwa 1 m langen Laufbrücke. Wenn man es erreichen kann, ist auch ein schmaler, vorderer Umgang noch erwünscht. Dieser muß aber so hoch liegen, daß der Mann, der hinter der Netzwinde steht, noch bequem, ohne sich zu bücken, unter diesem Umgang durchlaufen kann. Der Überbau soll kurz gemacht, und die Brücke so weit als möglich nach hinten gerückt werden. Ein großes, freies Vorderdeck ist unbedingt notwendig, damit die gefangenen Fische dort ohne Störung verarbeitet werden können. Baut man die Brücke zu bequem, so leidet der ganze Fischereibetrieb darunter. Praktisch ist es, wenn man das Kartenhaus so aufsetzt, daß es vorn etwa 1 m übersteht und durch Konsolen gestützt wird. Man erhält dadurch langes Vordeck und doch nicht allzu enge Brücke. Der Schornstein ist aus wenigstens 6 mm starkem Blech herzustellen und ist nicht umklappbar, sondern mit Drähten am Überbau versteift.

Poller usw. Poller, Klampen und Klüsen sind etwa in derselben Art aufgestellt wie bei gleichgroßen Seeschleppern. Hinten stehen zwei gußeiserne Poller, vorn auf der Back ein Kreuzpoller. Je zwei Klampen hinten und vorn, kräftige Bugklüsen, welche durch das Schanzkleid gehen und mit Schieber versehen sind und vier Seitenklüsen durch das Schanzkleid genügen den Anfordungen. Am Vordermast müssen noch einige besonders starke Augbolzen zum Einhaken der großen Fußblöcke, die zum Aufziehen des Netzes dienen, auf Deck befestigt werden.

Einrichtung für Fischerei. Die Deckseinrichtung für die Fischerei ist aus Fig. 162 zu ersehen. Das Netz wird in Lee ausgesetzt, und zwar ähnelt es einer großen Tasche, deren Maul durch Scherbretter auseinandergehalten wird. Diese Tasche wird mit einer Fahrt von 3 bis 4 Knoten über Grund gezogen. Auf der Fig. 163 sind die Scherbretter, vor den Netzgalgen stehend, zu erkennen. Beim Auswerfen des Netzes werden zunächst die Scherbretter an den Fischleinen befestigt und dann über Bord gesetzt. Die Fischleinen werden folgendermaßen geführt: Auf jeder Trommel der Netzwinde liegt eine Leine. Nehmen wir nun an, daß das Netz auf der Backbordseite ausgesetzt werden soll, so läuft die Steuerbordleine an Steuerbordseite des Mastes vorbei über die Roller vor dem Mast durch die untere Rolle am vorderen Fischgalgen über dessen obere Rolle nach dem Scherbrett. Die Backbordleine läuft an Backbordseite des Mastes vorbei über den Roller Backbordvormast, durch eine Rolle am Schanzkleid, dann am Schanzkleid längs nach hinten über die Rolle im Fuß des hinteren Galgens und über die obere Rolle des hinteren Galgens nach dem Scherbrett. Nach dem Aussetzen legt man das Schiff so, daß das Hinterschiff vom Netz abgeht, damit sich die Leine nicht in den Schrauben verfängt. Man gibt dann etwa dreimal soviel Draht als die Wassertiefe beträgt.

Bei tiefem Schlick gibt man etwas weniger, damit das Netz nicht zu tief geht. Die Drähte selbst bestehen aus verzinktem Stahldraht. Dieser ist am besten massiv ohne Hanfseele, weil er sich da beim Laufen über die vielen Rollen weniger verquetscht.

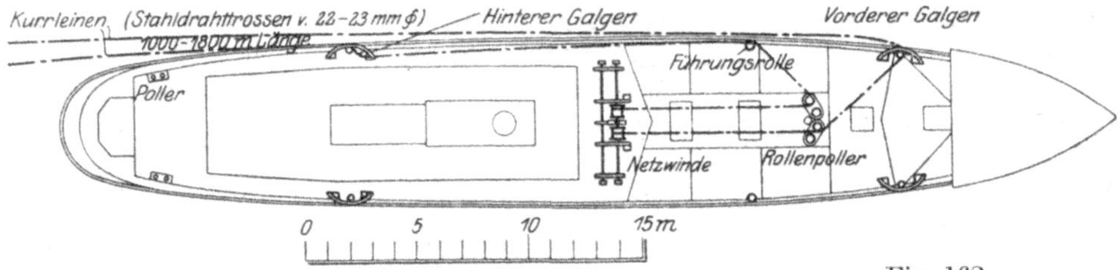

Fig. 162.
Seilführung bei Fischerei.

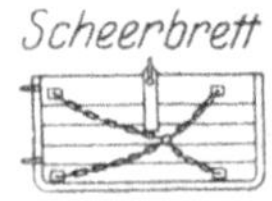

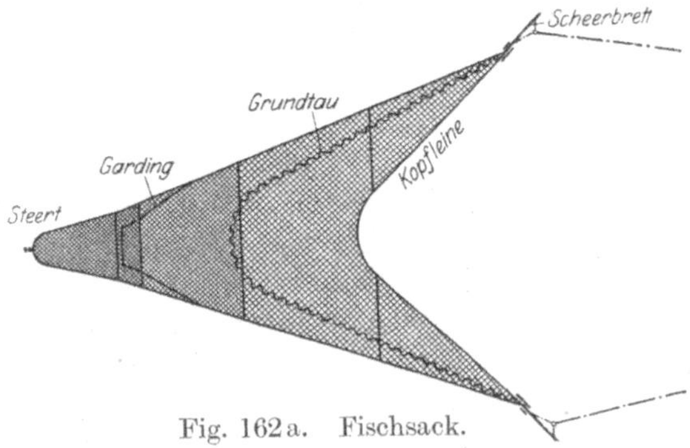

Fig. 162a. Fischsack.

Sein Umfang ist etwa 7 cm. Die Rollen bestehen aus gutem, dichtem Gußeisen. Die Roller, welche vor dem Mast stehen, sind verschieden ausgebildet. Entweder stehen zwei kleine Rollen und eine große, wie auf Fig. 162, vor dem Mast.

Fig. 163. Fischdampfer Steinbutt (erbaut von Gebr. Sachsenberg A.-G., Roßlau).

Sie sind mit schweren Zapfen in einem gußeisernen Fundament mit Bronzebuchsen, abgestützt. Das Fundament ist sehr fest mit Unterzügen mit dem Deck verbunden, welche durch Säulen abgefangen werden. Anstatt dieser drei Roller kommen vielfach auch vier Roller vor, so daß je zwei kleine Roller auf jeder Seite des Mastes stehen. Wenn das Netz, was ungefähr alle sechs Stunden geschieht, herausgeholt werden soll, so werden die Scherbretter mit der Winde bis annähernd an die Fisch-

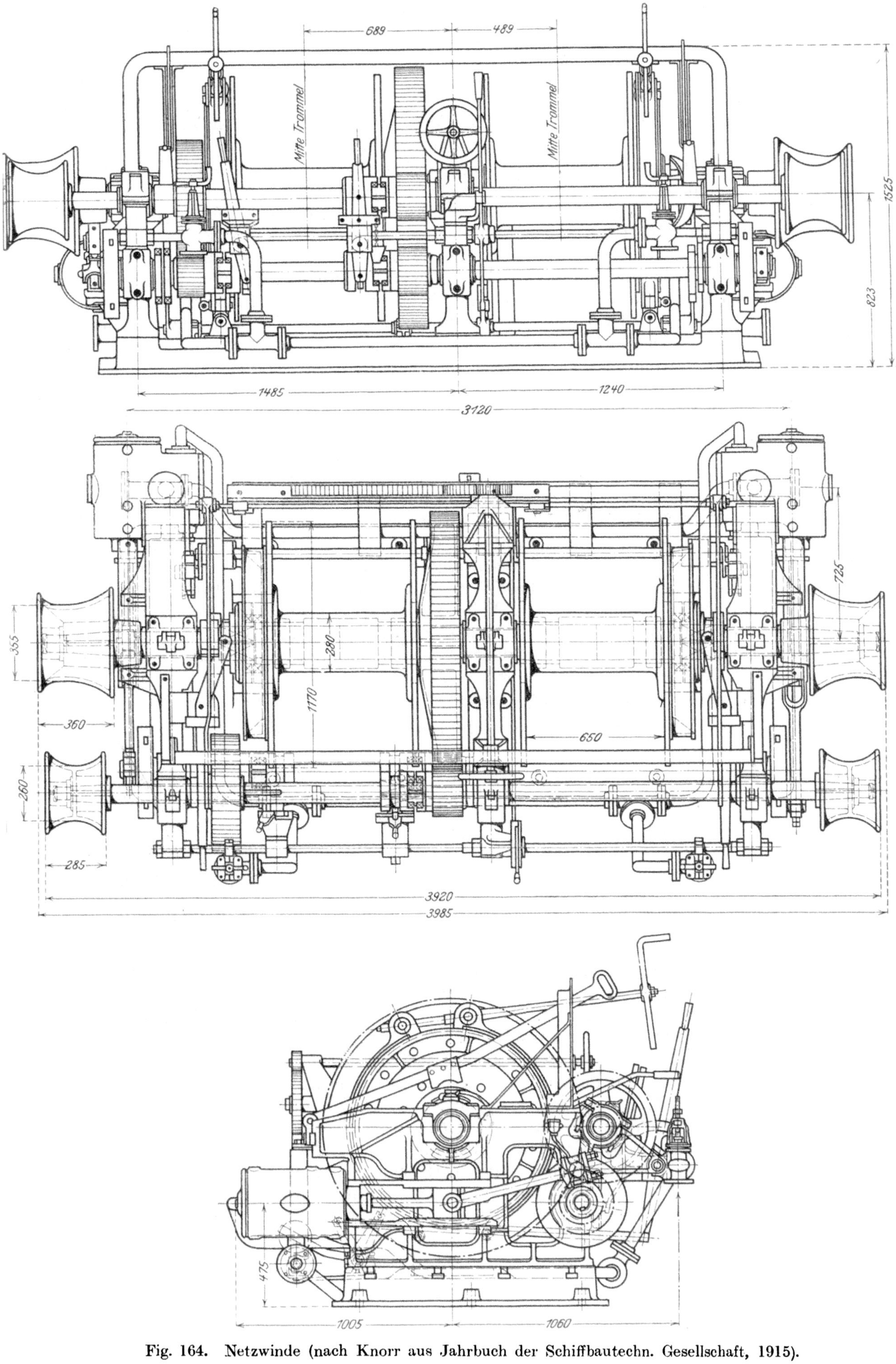

Fig. 164. Netzwinde (nach Knorr aus Jahrbuch der Schiffbautechn. Gesellschaft, 1915).

galgen herangeholt. Dann wird mittels einer bereits beim Auswerfen um das Netz befestigten Leine die Mitte des Netzes an das Schiff herangeholt, das untere, engmaschige Ende desselben, in dem sich die Fische befinden, der sog. Fischsack, wird zugebunden und das Ende desselben am Vordermast aufgehievt. Dann wird die Schleuse geöffnet, und die Fische rauschen auf das Vorderdeck aus. Vorher ist das Vorderdeck mit Brettern, welche in Führungen zwischen Schanzkleid und kurzen, aufgesetzten Säulen auf Deck eingeschoben werden, in Abteilungen eingeteilt, damit die Fische nicht über das ganze Deck weglaufen können und hier verarbeitet werden. Sobald das Netz leer ist, wird es wieder ausgeworfen. Inzwischen werden die Fische gereinigt, in Körbe sortiert und in den Fischraum gegeben, wo sie wieder verstaut werden. Die Netzwinde, mit der die Netzleinen eingeholt und abgefiert werden, ist die dem Fischdampfer eigentümliche Hilfsmaschine. Sie ist in Fig. 164 dargestellt.

Die Netzwinden der Atlaswerke werden in 3 Größen gebaut, für 500, 700 und 1000 Faden Kurrleine (1 Faden = 1,829 m). Als Leinen werden Stahltrossen von 67 mm Umfang verwendet. Den Antrieb erhalten die Winden durch eine Zwillingsmaschine von 200 mm Zylinderdurchmesser und 300 mm Hub. Die Übertragung auf die Trommelwelle erfolgt durch ein doppeltes Stirnradvorgelege. Die Trommeln sitzen lose auf der Welle und lassen sich durch eine Klauenkupplung ein- und ausrücken. Die Einrichtung ist so getroffen, daß jede Trommel für sich ein- und ausrückbar ist. Eine kräftige Bremsvorrichtung in Gestalt einer Bandbremse hält die ausgekuppelte Trommel in ihrer Lage fest. Am Ende jeder Trommelwelle befindet sich ein starker Spillkopf. Die erste Welle des doppelten Vorgeleges läßt sich auch für sich allein ankuppeln. Sie hat an jedem Ende einen kleinen Spillkopf. Die Betätigung der Bandbremsen geschieht durch Drehen einer Spindel, die vorn auf einem starken Wickeleisenrahmen gelagert ist[1]).

Die Zugkraft der Winde beträgt bei 8 kg/qcm Schieberkastendruck:

bei kleinstem Trommeldurchmesser		15 000 kg,
,, mittlerem	,,	6 250 kg,
,, größtem	,,	4 000 kg.

Anstrich. Der Anstrich des Fischdampfers muß in vielen Teilen sorgfältiger sein wie der gewöhnlicher Seedampfer. Vor allen Dingen muß der Fischraum mehrfach mit nichtklebender, absolut geruch- und giftfreier Ölfarbe angestrichen werden. Der ganze Schiffsboden wird am besten bis zur Kimm hinauf zementiert. Das spitze Hinterschiff wird vollständig auszementiert bis zur Höhe der Wellenlager.

Die Maschine.

Hub, Umdrehungen, Zylinderverhältnisse. Die Maschine für Fischdampfer ist in ihren Hauptabmessungen anders wie eine gleichstarke Maschine normaler Seeschlepper oder Frachtdampfer. Sie arbeitet gewöhnlich mit der für ihre Größe besonders niedrigen Umdrehungszahl von 100—110, damit die durch das Netz sehr stark belastete Schraube die nötige Fläche erhalten kann und gleichmäßig durchzieht. Da man außerdem bei Fischdampfern die nötige Höhe zur Verfügung hat, baut man diese Maschinen sehr langhübig. Sie arbeiten daher ruhig und vorteilhaft. Da es beim Fischdampfer auf einen geringen Kohlenverbrauch viel ankommt, nimmt man Dreifach-Expansionsmaschinen mit einer Füllung von 0,60—0,70 im Hochdruckzylinder und gewöhnlich mit Überhitzung. Der Hochdruckzylinder bekommt dann Rundschieber mit Innenkanteneinströmung zur Schonung der Stopfbuchse. Die beiden anderen Zylinder erhalten meist Flachschieber. Da Länge nicht vorhanden ist, wohl aber, besonders oben im Maschinenraum, die nötige Breite

[1]) Nach Knorr aus Jahrbuch der Schiffbautechn. Gesellschaft, 1915.

zur Verfügung steht, dreht man die Schieber wieder seitlich heraus und wendet Klug-Steuerung für den Schieberantrieb an. Man erhält dadurch kurze Maschinen. Gute Zylinderverhältnisse und Hübe sind für 400 PS-Maschinen 320 × 510 × 820 bei 560 mm Hub.

Kondensator. Der Oberflächenkondensator von 0,1 qm Fläche pro PSi wird gewöhnlich, wie Fig. 161 zeigt, getrennt angeordnet, und zwar Querschiffs an die hintere Maschinenraumwand gelegt. Man kommt dadurch in dem unten sehr engen Maschinenraum am besten mit den Rohren frei. Speise-, Luft- und Lenzpumpen werden gewöhnlich an die Hauptmaschine angehängt. Die Umsteuerung erfolgt meistens von Hand. In einzelnen Fällen ist, wie Fig. 165 zeigt, auch Dampfsteuerung vorgesehen. Das Drucklager wird sehr hoch beansprucht. Man soll daher die Flächenbeanspruchung der Druckringe höchstens wie bei Schleppdampfern zu 3,5 kg pro Quadratzentimeter nehmen, nicht wie bei Seedampfern. Wellenleitung, Sternbuchsen usw. werden wie bei gewöhnlichen Seedampfern ausgeführt.

Fig. 165. Fischdampfermaschine von 400 PSi (erbaut von Steen & Kaufmann, Elmshorn).

Der Kessel.

Der Kessel der Fischdampfer ist ein normaler Einzylinderkessel mit zwei Flammrohren und Dampfdom. Seine Größe beträgt etwa 0,275—0,33 qm pro PSi, wobei der kleinere Wert für Howdengebläse und Überhitzung gilt. Gewöhnlich ist Überhitzung eingebaut. Man soll der Kohlenersparnis wegen die Heizfläche reichlich bemessen. Es ist bequem, wenn an der Hinterseite des Kessels Wasserstände und die schon früher besprochene Ausblasevorrichtung für Flugasche angebracht werden. Wenn ein festes Schott Maschine und Kesselraum trennt, treffe man eine Einrichtung, daß die Wasserstände entweder durch das Schott sichtbar oder durch dasselbe hindurchgezogen sind. Fischdampfer haben im allgemeinen eine besonders schwere Dampfpumpe. Die Abmessungen geeigneter Duplexpumpen sind etwa 52 × 102 × 150. Man soll die Rohrleitung so einrichten, daß diese Pumpen aus See, aus allen Schiffsräumen, aus dem Kessel, dem vorderen Tank, dem Speisewassertank und aus dem Kondensator saugen kann. Drücken soll sie nach See, an Deck, nach dem Kondensator und nach dem Kessel. Die einzelnen Verbindungen müssen durch Ventilkästen hergestellt werden. Außerdem müssen für die Pumpen noch Verschraubungen vorgesehen werden, um einen Schlauch anschlagen zu können, der zum Fischwaschen benutzt wird. Ein gleicher Schlauch, nur länger, kann als Feuerlöscheinrichtung vorgesehen werden. Auch Speisewasserreiniger und -vorwärmer werden gewöhnlich eingebaut. Wenn der vorher empfohlene Tank im Vorderschiff eingebaut wird, so ist die Inbetriebnahme des Speisewasserreinigers allerdings selten. Doch muß er als Reserve vorhanden sein.

Inventar.

Mitgeliefert werden den Fischdampfern ein sehr reichliches Inventar: drei Kompasse, Bootskompaß, Gläser, Loggs, Barometer, Loote, Laternen, Chronometer, dann das nötige Fahrmaterial, Brechstangen, Rettungsringe, Kanonenschläge, Raketen, Leitern, Schlipphaken zum Schleppen, Fischmatten, Schlepp- und Stahltrossen und Werkzeug. Es sei hierbei bemerkt, daß es empfehlenswert ist, die Fahrlaternen nicht wie bisher üblich, in Feuertürmen, auf der Back anzubringen, sondern oben an der Brücke. Die Laternen stehen hier trockener und sind leichter nachzusehen. Die ganze Beleuchtung des Fischdampfers und der Laternen ist gewöhnlich elektrisch.

Der Schlipphaken und die Schlepptrossen werden allerdings nur in äußerst seltenen Fällen benutzt werden. Da der Schlipphaken nur hinter dem letzten Mast am hinteren Ende des Überbaues angebracht werden kann, so liegt er einmal sehr hoch und dann weit hinten, so daß das Schiff unter ihm kaum noch drehen kann und beim Querlegen weit überholen wird.

Gewichte.

Das Gesamtgewicht eines mittleren Fischdampfers mit einer Maschinenanlage von 400 PS ohne Kohlen, Eis und Wasser beträgt etwa 340 t. Das Gewicht verteilt sich folgendermaßen:

Eisenarbeiten am Schiffskörper, ohne Aufbau, Reeling und Holzarbeiten	120 000	kg
Übrige Eisenarbeiten am Schiffskörper inkl. Davits, Galgen usw.	30 500	„
Holzarbeiten, wie Deck, Logis, Ausbau des Fischraums u. dgl.	35 500	„
Fischnetzwinde	7 500	„
Gesamte Rohrleitung	3 700	„
Inventar	8 000	„
Lichtanlagen	1 200	„
Rettungsboot	600	„
Zement	30 000	„
Maschinenanlage und Pumpen	55 000	„
Kesselanlage mit Überhitzer	46 000	„

Verlag von Julius Springer in Berlin W 9

Johows Hilfsbuch für den Schiffbau

Vierte Auflage

Neu bearbeitet in Gemeinschaft mit

Dr.-Ing. **C. Commentz**, Dipl.-Ing. **A. Garweg**, Marinebaurat **H. Paech** (Kriegsschiffbau) Marinebaurat Dr.-Ing. e. h. **F. Werner** (Unterseefahrzeuge) und Dipl.-Ing. **G. Zeyss**

von

Dr.-Ing. E. Foerster

2 Bände

Mit über 700 Textabbildungen und 30 Tafeln

Gebunden Preis etwa M. 80.—

Im Sommer 1920 wird dieses, für den deutschen Schiffbau wichtigste und umfassendste Hilfswerk nach weitgehender Neubearbeitung in vierter Auflage erscheinen.

Fünf in der Konstruktions- und Baupraxis angesehene Fachgenossen haben sich unter der Führung des Hamburger Schiffbauers Dr.-Ing. E. Foerster vereinigt, um in fast zweijähriger Arbeit, rückhaltlos unterstützt von den maßgebenden Fachkreisen, ein den heutigen Bedürfnissen entsprechend ausgestaltetes Buch zu schaffen, welches jetzt nicht mehr allein für den Schiffbauer, sondern auch für den Reederei-Ingenieur Gebrauchswert haben wird.

Textband und Konstruktionstafelband sind inhaltlich miteinander verbunden und werden nur gemeinsam abgegeben.

Inhaltsverzeichnis.

GPSR Compliance

The European Union's (EU) General Product Safety Regulation (GPSR) is a set of rules that requires consumer products to be safe and our obligations to ensure this.

If you have any concerns about our products, you can contact us on ProductSafety@springernature.com

In case Publisher is established outside the EU, the EU authorized representative is:

Springer Nature Customer Service Center GmbH
Europaplatz 3
69115 Heidelberg, Germany

Batch number: 10684220

Printed by Printforce, the Netherlands